Motorrad-Schrauberbuch von und für **FRAUEN**

Pflege, Wartung und Reparatur von Motorrädern und ihre Technik praxisnah erklärt

Keine Angst vor großen Teilen: Das Wichtigste ist, dass du weißt, wie sie funktionieren und was zu beachten ist, damit sie lange und zuverlässig ihren Dienst tun. Schrauben am Motorrad macht nicht nur großen Spaß, sondern steigert das Selbstbewusstsein und hält die Werkstattkosten niedrig.

In Zusammenarbeit mit den Zeitschriften

MOTORRAD
Europas größte Motorradzeitschrift

REISE ride on! MOTORRAD

bucheli verlag

Impressum

Impressum

ISBN 978-3-7168-2091-9

Motorrad-Reparaturanleitung
Technik-Sonderband 6007

Basisrecherche und Grundlagentexte: Sandra Hauber und Dipl. Ing. Doris Schubert
Fotos: Sandra Hauber, Fotostudio fact, Axel Schermer, Harley-Davidson-/Buell-Presse
Zeichnungen: Stefanie Schenk, Daniel Horvat, Wolf Kurz
Redaktionelle Bearbeitung: Steven Flier, F. J. Schermer, Helmut Strauß
Redaktion und Gestaltung: Büro Schermer, D-70469 Stuttgart

Danke! Ein ganz spezieller Dank geht an die Motorradfrauen Irina, Lixi, Marion, Nathalie, Petra, Sabine, Sigi und Thea, die nicht nur ihre Maschinen zu Fotozwecken zur Verfügung gestellt und aktiv mitgeschraubt haben, sonden auch viele Fragen gestellt haben, deren Antworten eine gute Basis bilden zu den Texten in diesem Buch. Danke auch an Harry Humke und Ralph Söhner von MOTORRAD sowie Lixi Laufer und Toni Sacher von »ride on!«/ REISE MOTORRAD für ihre unbürokratische Hilfe bei der Besorgung von Geschichten für dieses Buch.

Satz und Layout: Stefanie Schenk, Steven Flier
Lektorat: Myrta Baumberger
Druck: Druck- und Medienzentrum Gerlingen GmbH
D-70839 Gerlingen
Bindung: K. Dieringer
D-70839 Gerlingen

Verkauf:
Gewerbestraße 10
CH-6330 Cham
Postadresse:
Postfach 4161
CH-6304 Zug
Telefon: ++41 (0)41 741 77 55
Telefax: ++41 (0)41 741 71 15
www.bucheli-verlag.ch

1. Auflage 2007

Bilder und Texte rund um Motorräder zu Pflege, Wartung, Technik und kleineren Reparaturen bilden den Inhalt dieses Buches. Sie finden jede Menge Tipps und Kniffe in Text und Bild zur fachgerechten Durchführung. Dieses Bild gehört zum Thema »Handhebel einstellen«, das im Kapitel 6 »Einstellungen« ausführlich behandelt wird.

Warum dieses Buch entstanden ist

Seit Mitte der 90er-Jahre des letzten Jahrhunderts sind weibliche Motorrad-Fahrschüler deutlich in der Überzahl. Schön ist die Tatsache, dass sie nicht nur den Schein machen, sondern auch aktiv fahren: Mehr als 700 000 Motorräder in Deutschland, Österreich und der Schweiz sind auf Frauen zugelassen.

Der unter dem Helm herausschauende Zopf ist zum Symbol für die weibliche Mobilmachung auf zwei Rädern geworden: Wurde noch bis Mitte der 80er-Jahre über ihn sehr gerne, sehr oft und auch sehr bösartig gelästert, gehören Motorrad fahrende Frauen nicht nur zum heutigen Straßenbild, sondern sind auch an jedem Motorradtreffpunkt als fachkundige Gesprächspartner voll akzeptiert.

Die weibliche Ausgrenzung aus dem früher »typisch männlich« geltenden Hobby Motorradfahren ist also ebenso endgültig zu Ende wie es heute ganz normal ist, dass Frauen in technischen Berufen arbeiten, die noch vor wenigen Jahren ausschließlich Männern vorbehalten waren.

Weil wir immer wieder hören, dass Motorrad fahrende Frauen gerne mehr über ihr Motorrad wissen möchten, als in Tests und Prospekten steht, haben wir dieses Buch geschrieben. Die Erklärungen der Technik und Arbeitsschritte in den einzelnen Kapiteln sind dabei nicht »typisch weiblich«, sondern betont sachlich, weil es ja schließlich um technische Grunderklärungen von Baugruppen geht, aus denen ein Motorrad zusammengesetzt ist. Und weil wir in diesem Buch eine eher einfache Sprache mit wenig Fachausdrücken pflegen, hoffen wir, dass die oft komplizierten Zusammenhänge so klar dargestellt sind, dass sie auch von Lesern mit geringem technischen Grundverständnis verstanden werden können – ob Frau oder Mann ist uns letztendlich egal!

Keine Angst vor großen Bikes: Auch eher zart gebaute Mädchen können große Motorräder fahren (und reparieren).

Die meisten Motorradfahrerinnen haben nicht genügend Geld, um ihre Maschine wegen jeder Kleinigkeit in die Werkstatt zu bringen. Doch weil wir genau wissen, dass in vielen Fällen ein Werkstattbesuch überhaupt nicht nötig gewesen wäre, wenn die Fahrerin rechtzeitig vorher eine entsprechende Pflegearbeit gemacht hätte, zeigen und beschreiben wir in diesem Buch sehr viele Pflege- und Wartungstipps, die in erster Linie der Betriebssicherheit dienen.

Die Mischung aus Information über die Funktion der verschiedenen Baugruppen, ihrer Wartung und Pflege bestimmt also den Inhalt dieses Buchs. Denn wer die Grundzüge der Technik verstanden hat, traut sich leichter ran und kann dann auch daran arbeiten: Laden der Batterie, Pflege der Antriebskette oder Aus- und Einbau der Räder kann jede Motorradfahrerin an ihrer Maschine selbst machen, wenn sie nicht gerade zwei linke Hände hat.

Wir scheuen uns aber auch nicht, die Grenzen des Selbermachens deutlich zu nennen – denn in der Motorrad-Fachwerkstatt ist manche Wartungsarbeit und Reparatur schneller und preiswerter gemacht, als wenn du dich selbst daran versuchst.

Doch dieses Buch ist mehr als nur eine Reparaturanleitung, die man dann zur Hand nimmt, wenn etwas kaputt ist: Wenn du dieses Buch gekauft hast, um deine Maschine besser kennen zu lernen, kann es dir helfen, die komplexe Mechanik eines Motorrads zu begreifen. Und wer sein Fahrzeug versteht, geht sorgsamer damit um, was hilft, Probleme entweder im Ansatz zu erkennen oder gar nicht erst auftreten zu lassen.

Einige Grundsätze zum Buch:

- Die Lektüre kann weder eine Lehre zur Motorradmechanikerin noch Praxis im Kfz-Handwerk ersetzen.
- Laien sollten sich vor allem die Pflegetipps zu Herzen nehmen, denn gute Pflege erhält den Wert der Maschine.
- Zu den im Buch gezeigten Arbeitsschritten braucht man gutes Werkzeug. Deswegen behandeln wir dieses Thema sehr ausführlich in einem extra Kapitel.
- Ventile einstellen, Radlager erneuern oder Arbeiten an Bremsen erfordern umfangreiches Wissen und genaues Arbeiten, weswegen die Maschine dazu in eine Fachwerkstatt gebracht werden soll.

In diesem Sinne wünscht das Team von Verlag und Redaktion allen Leserinnen und Lesern eine allzeit sichere, gute und pannenfreie Fahrt mit dem Motorrad.

Weil dieses Buch von Motorrad fahrenden Frauen geschrieben ist, kommt der Begriff »Fahrerinnen« öfter vor. Männliche Leser sollten sich davon nicht irritieren lassen.

Inhalt

Folgende Symbole verdienen während der Arbeiten besondere Beachtung:

Sichtprüfung: *Teil genau ansehen, besonders beachten*

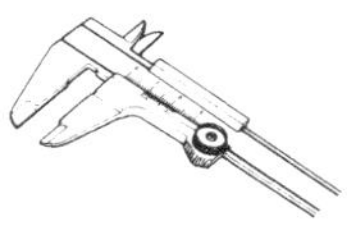

Messen: *Messschieber oder anderes Messwerkzeug nötig*

Achtung: *Besondere Vorsicht geboten, Sicherheitshinweise beachten*

Tipp: *Wertvoller Hinweis für einfacheres Schrauben*

Inhalt

Folgende Symbole verdeutlichen den Schwierigkeitsgrad der Arbeiten:

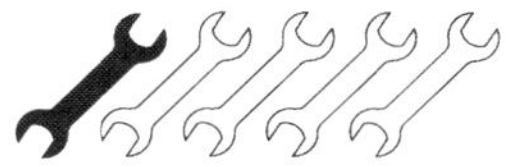

Ein Schlüssel:
Einfache Arbeit, erweitertes Bordwerkzeug reicht aus

Zwei Schlüssel:
Anspruchsvolle Arbeit, extra Werkzeug notwendig

Drei Schlüssel:
Gutes Werkzeug und Spezialkenntnisse erforderlich

Vier Schlüssel:
Spezialwerkzeug und sehr gute handwerkliche Fertigkeit nötig

Fünf Schlüssel:
Spezialwerkzeug und meisterliche Fertigkeiten notwendig: Fachwerkstatt!

Kapitalanlage

Original-Artikel aus der Zeitschrift REISE MOTORRAD 01/2003

Mal wie in der Karibik, mal wie in der Schweiz: Kaum ein zweiter Fleck der Erde bietet so reizvolle und extreme landschaftliche Kontraste wie Neuseeland. Sandra Hauber machte sich auf eine dreiwöchige Reise durch ein Motorrad-Paradies.

für die Seele

Fotos: Sandra Hauber

Der Makarora River mit seinen Schotterbänken unterhalb des Mount Mcfarlane (großes Foto). Lake Tekapo (rechts) gehört zum Pflichtprogramm.

Ein langweiliger Tag kurz nach Weihnachten. Ich surfe durchs Internet, ohne ein bestimmtes Ziel im Kopf zu haben. Plötzlich bleibe ich wie elektrisiert auf der Homepage von „Towanda Women Motorcycle Tours" hängen. Towanda? Den Namen kenn ich doch! Klar, aus dem Film „Grüne Tomaten" und der war spitze! Neugierig fange ich an zu lesen und stelle fest, Towanda bietet Motorradtouren in Neuseeland an. Für Frauen! Ein Blick aus dem verschneiten Fenster, ein Blick auf die Sonne und das satte Grün auf meinem Computerbildschirm, schon dreht meine rechte Hand in Gedanken am Gasgriff...

Drei Monate später ist es so weit: Ich steige in Christchurch auf der Südinsel von Neuseeland mit meinem Helm unterm Arm aus dem Flieger und werde von Tourleiterin Tina begrüßt. Die anderen Teilnehmerinnen kommen ebenfalls aus Deutschland: Sabine, Sibylle und Brigitte. Als wir bei der Motorradvermietung unsere Bikes abholen und ich zum ersten Mal auf der Yamaha XT 600 sitze, merke ich, dass der Traum vor meinem PC zu Hause wahr geworden ist.

Bei unserer ersten Tagestour nach Kaikoura fühlen sich meine Knochen

„Blind Date" an der Küste von Dunedin, Gelbaugen-Pinguin trifft Schaf (oben). Unser erster Blick auf schneebedeckte Gipfel: Rakaia Bridge (unten).

noch ein wenig eingerostet an, aber wir haben genau die richtige Strecke zum Eingewöhnen – vor allem auch an den hier herrschenden Linksverkehr! Zuerst ein paar Kilometer Schnellstraße, bevor uns eine gemütliche Landstraße an den ersten Schafen vorbei an die Küstenstraße bringt. Jede Kurve eröffnet neue Ausblicke auf das türkisblaue Meer und viel zu schnell erreichen wir Kaikoura.

Hier erwartet uns eine Wal-Beobachtungstour. Mit umgerechnet fünfzig Euro Eintritt ist sie zwar recht teuer, lohnt sich aber angesichts der vielen Delfine, Pottwale und Robben.

Am nächsten Tag öffnet der Himmel alle Schleusen. Das Wetter in Neuseeland ändert sich so zackig, darum heißt das erste Gebot: die Regenkombi stets griffbereit halten. Doch Petrus hat ein Einsehen mit uns und so weckt uns anderntags in Christchurch die Sonne. Wir verlassen die Stadt in Richtung Südwesten mit Tagesziel Lake Tekapo. Eine wunderschöne Brücke führt uns über den Rakaia River weiter bis Geraldine. Der Wind bläst so stark von der Seite, dass ich auf der Geraden in Schräglage fahren muss. Wir kommen durch eine ockerfarbene Steppenwüste, nur noch selten begegnen uns Autos. Bald darauf wird es wieder grün. Durch die ersten Bäume kann ich einen kurzen Blick auf den See werfen: Lake Tekapo, was für ein atemberaubendes Türkis! Den ganzen Abend sitze ich am Ufer

und genieße den Anblick des Sees, bis die Sonne die Gebirgskette der „Southern Alps“ in ein lilafarbenes Licht taucht – einfach schöööön!

Am nächsten Morgen geht es weiter Richtung Dunedin, vorbei am Gletschersee Lake Pukaki. Heute ist wohl unser Glückstag, denn wir haben einen völlig freien Blick auf den Mount Cook. Mit 3.764 Metern ist der Aoraki, wie ihn die Maoris, die Ureinwohner nennen, der höchste Berg Neuseelands, dessen Gipfel meist von Wolken verhüllt ist. Zur Mittagszeit erreichen wir Moeraki und laufen mit einem Sandwich in der Hand an den Strand hinunter.

Danach geben wir ordentlich Gas, denn wir werden am Nachmittag noch zu einer Wildlife-Tour erwartet. Pünktlich treffen wir oberhalb der Stadt Dunedin im Schloß „Larnach Castle“ ein. Unsere Zimmer befinden sich im ehemaligen Pferdestall. Dann werden wir auch schon mit dem Jeep zur Tour abgeholt. Mit einem Fernglas bewaffnet, amüsiere ich mich über die seltenen Yellow-Eyed Pinguine, die tolpatschig

aus dem Meer an den Strand hüpfen. Seerobben räkeln sich faul im Sand, Albatrosse durchschneiden die Luft und ich stolpere fast über einen zwei Meter langen, schlafenden Seelöwen...! Zurück in unserem „Stall“ lassen wir den Tag gemütlich ausklingen und satteln am nächsten Morgen bei Sonnenschein wieder unsere „Pferde“.

Gleich die ersten Kilometer hängt sich eine Kurve an die andere. Dann geht es über ewig lange Straßen, auf de-

Südinsel: atemberaubende Naturschauspiele und viele Kurven

Auf dem Queen Charlotte Drive durch die Marlborough Sounds – Fahrspaß pur (oben). Immer ein Foto wert: die Westküste gleich hinter Punakaiki, den Pfannenkuchenfelsen (rechts). Die Vergnügungsmetropole Queenstown bei Nacht (links), hier tanzt der Bär – Bungy Jumping, Jetboat-Touren, Rafting, alles was das Adrenalin explodieren lässt.

nen uns so gut wie niemand begegnet. Das hat schon was: gemütlich dahingleiten, das gleichmäßige Vibrieren meiner Maschine spüren und tief in Gedanken versunken sein – wann habe ich dazu schon mal Zeit? Im Vergleich zu dem hektischen Leben in Deutschland erscheint es mir wie der wahre Luxus.

Abends werden wir von Carol begrüßt, einer Farmerin mit Gummistiefeln, kariertem Hemd und grauen Haaren. Auf etwa acht Quadratkilometern leben hier 6000 Schafe und jede Menge Black Angus Rinder. Während Carol uns herumführt, kocht Tina für uns das neuseeländische Nationalgericht: Lammbraten mit Kürbis und süßen Kartoffeln, einfach lecker!

Da wir auf der Farm zwei Nächte verbringen, starten wir morgens ohne Gepäck zum Milford Sound, einem der bekanntesten der insgesamt 14 Fjorde. Nach fast 100 Kilometern über eine kurvenreiche Straße durch den Regenwald haben wir ihn erreicht. Da es die

ganze Nacht geregnet hat, können wir auf unserer anschließenden Schiffsfahrt Hunderte von Wasserfällen sehen, die sich rechts und links in den Fjord ergießen – ein überwältigender Anblick.

Nach der Abgeschiedenheit auf der Farm freue ich mich auf unser nächstes Tagesziel, die Vergnügungsmetropole Queenstown. Eine gemütliche Strecke von 150 Kilometern, teilweise entlang des Lake Wakatipu, so richtig zum Genießen. Schon zur Mittagszeit kommen wir in unserem Quartier, einer komfortablen Lodge am Stadtrand an. Zeit zum Relaxen, Wäsche waschen und für einen kleinen Stadtbummel. Abends gehen wir schön essen und erkunden das Nachtleben von Queenstown.

Am nächsten Morgen steht eine Off-Road-Tour auf dem Programm. Eine kurze Einweisung in die wichtigsten Grundregeln des Offroad-Fahrens und schon geht's los. Drei Stunden fegen wir auf einer Suzuki DR 250 rauf und runter, durch Wasser und durch Sand, wir springen über Hügel und genießen dabei noch die Aussicht über Queenstown – der absolute Hammer! Völlig zufrieden mit mir schlafe ich nach einem köstlichen Barbecue ein.

Tags darauf genießen wir die vielen Spitzkehren, die uns auf der neu asphaltierten Straße nach Wanaka führen. Lake Wanaka zur Linken, Lake Hawae zur Rechten, eine wunderbare Seenlandschaft liegt vor uns, bevor wir langsam in den Regenwald eintauchen und unser Ziel an der Westküste erreichen. Pünktlich zum Sonnenuntergang drehen wir am menschenleeren Strand von Haast Village unsere letzten Runden im Sand.

In aller Frühe starten wir zu einem langen Tag durch den Regenwald der Westküste, am Fuße der neuseeländischen Alpen entlang – was für eine Kombination! 90 Kilometer später stellen wir die Motorräder ab und kommen nach einem halbstündigen Fußmarsch an den Lake Matheson, der auch Spiegelsee genannt wird. Der Tag ist fast perfekt, nur kleine Wolken wabern um die Gipfel des Mount Cook und Mount Tasman. Gleich nebenan ragt der Fox-Glacier in den Himmel, dessen Gletscherzunge sich fast bis ans Meer zieht.

Nach einer Nacht in Hokitika passieren wir die Punakaiki, die Pfannenkuchenfelsen; sie gehören zweifelsohne zu den Highlights der Westküste.

Pelzrobben, die sich auf den Felsen von Kaikoura aalen (oben). Wunderschöne Küstenstraße auf der Halbinsel Coromandel (unten).

Die Strecke bis nach Cape Foulwind ist wie für Biker gemacht, eine Rechts-Links Kombination nach der anderen. Unseren englischen Nachmittagstee genießen wir direkt am Meer im Café „The Bay House" – wir möchten gar nicht mehr weiterfahren, so schön ist es hier. Die restlichen 100 Kilometer bis nach Murchison führen uns entlang des Buller River.

„Zwei Tage Schwimmen und Faulenzen im exotischen Abel Tasman Nationalpark" stehen nun auf dem Programm. Auf dem Weg an die Küste komme ich mir wie in der Schweiz vor, es fehlen nur noch die Kühe. In Riwaka angekommen, lassen wir die Motorräder in der Garage des Bootbesitzers, der uns mit seinem Wassertaxi in den Nationalpark bringt. Unterwegs schwimmen unter dem Boot zwei Rochen durch und in dem glasklaren Wasser sehe ich unendlich viele Seesterne. Ja, so ist das in Neuseeland: eben noch in der „Schweiz" und ein paar Kilometer weiter ist man schon in der „Karibik". Unsere Unterkunft, die Awaroa-Lodge, liegt in einer traumhaft schönen Bucht – so etwa muss es im Paradies aussehen! Ich gebe mich dem süßen Nichtstun am Strand hin. Mit leichtem

Wehmut steigen wir mit dem Sonnenaufgang wieder ins Wassertaxi.

An diesem Tag genießen wir die sagenhaften Kurven des Queen Charlotte Drives durch die Marlborough Sounds. Ohne Zeitdruck kommen wir in Picton an und verzurren die braven Bikes im Unterdeck der Fähre, die uns in drei Stunden auf die Nordinsel bringt.

Jenseits der Cook Street erwartet uns Neuseelands Hauptstadt Wellington. Ich hatte schon fast vergessen, was das Wort „Verkehr" bedeutet. Unsere Lodge am Stadtrand von Wellington kommt mir dann vor wie eine Oase, diese Ruhe! Tourleiterin Tina spielt am nächsten Morgen den Osterhasen für uns, das ist auch der Moment, an dem ich zum ersten Mal seit Beginn der Tour denke: Was ist heute eigentlich für ein Datum?

Wir verlassen Wellington in Richtung Masterton über die Rimutaka Hills und kommen ins Tal des Wanganui River, dem die Maoris eine mystisch, spirituelle Kraft nachsagen. Ungefähr in der Mitte des Tals erreichen wir unser Ziel, „The Flying Fox".

Aoatearoa – das Land der langen, weißen Wolken

So nennen die Maoris, die Ureinwohner Neuseelands liebevoll ihr Land. Moeraki Boulders (oben) erinnern stark an den Film „Cocoon". Ein Geysir in Rotorua, übersetzt aus der Maori-Sprache: „schlecht riechender Ort" (rechts). Sonnenuntergang am menschenleeren Strand von Haast Village (links).

Auf der anderen Seite des Flusses sehe ich ein buntes Haus mit einem kleinen, spitzen Turm und vielen kleinen Lichtern – wie ein Märchenschloss. Und wie kommen wir da jetzt rüber? Logisch, denke ich, mit einem Boot. Irrtum! Wir haben die Hälfte von dem schlammigen Hang hinunter zum Fluss zu Fuß geschafft, als Tina sagt, wir seien da. Vor mir ein Drahtseil, das in etwa 15 Metern Höhe über dem Fluss schaukelt. Daran hängt ein Metallkorb mit einem blauen Dach und ruck, zuck stehen auch schon zwei von uns im Korb und werden von unseren Gastgebern auf die andere Seite gezogen. Ich kommen mir vor wie bei Indiana Jones! Das also ist unsere Unterkunft für die nächsten zwei Nächte. Ein absolut abgefahrener Ort – Wellblechhäuser, Avocadobäume, Gartenzwerge und zwei total nette Gastgeber, die uns abends mit einem Drei-Gänge-Menü superlecker bewirten.

Am nächsten Tag regnet es Bindfäden, so dass unsere Kajaktour auf dem Fluss sprichwörtlich ins Wasser fällt. Deshalb stöbern wir in einer uralten Schallplattensammlung und hören Sachen, die ich zu Hause freiwillig nicht auflegen würde. Aber am Ende der Welt eine Weihnachtsplatte von Heintje zu finden, das hat schon fast wieder was.

Am nächsten Morgen gelangen wir über Raetihi zu unserer Lodge im Tongariro Nationalpark. Nach dem Frühstück am offenen Kamin fahren wir gut gestärkt auf den Vulkan Ruapehu, der über 2000 Meter hoch ist und im Winter als Skigebiet genutzt wird. Je höher wir kommen, umso kälter wird es. Nach einer kleinen Schneeballschlacht fahren wir entlang dem Lake Taupo, einem riesigen Kratersee, bis nach Putaruru. Hier übernachten wir bei zwei Frauen, die auf ihrer Farm Bäume anpflanzen. Bei einem Glas Wein erfah-

ren wir fast alles über neuseeländische Baumarten.

Rotorua, bekannt für seine Geysire, erreichen wir am nächsten Tag. Ein ständiger Schwefelgeruch hängt über der ganzen Stadt. Wir machen einen Spaziergang durch den Park Wai-O-Tapu, dessen Seen und Gesteine in den tollsten Farben schimmern. Daneben blubbern heiße Schlammgruben. Umso angenehmer empfinde ich die frische Luft, die bei der Weiterfahrt um meine Nase wedelt. Die Straße nach Tairua auf der Coromandel-Halbinsel ist schön kurvig und oft können wir wunderschöne Blicke auf das Meer erhaschen. Wir trudeln gemütlich im Motel ein und haben noch genügend Zeit, um einen Ausflug zur Naturbrücke Cathedral Cove zu machen. Das ist eine imposante Grotte, die wir bei Ebbe durch einen zwanzigminütigen Fußmarsch erreichen.

Auch bei schlechtem Wetter ist das Meer wunderschön, wie etwa bei der nördlichen Küstenstadt Thames.

Ja und dann steht er bevor, der letzte Tag auf dem Bike! Bei Regen erreichen wir Coromandel, ein richtig nettes Städtchen. Hier machen wir ein letztes Mal Kaffee-Pause – irgendwie sind wir in komischer Stimmung. So weit es geht, fahren wir am Meer entlang in Richtung Auckland und genießen die letzten Kurven. Kurz darauf sitzen wir im Taxi und fahren zu unserem Hotel in Auckland. Der Abschied naht, wir sind glücklich und doch traurig, dass es nun nach drei Wochen und 4.500 Kilometer vorbei ist.

Mir bleiben noch drei Tage, um die Millionenmetropole Neuseelands kennen zu lernen, bevor ich endgültig Richtung Deutschland aufbreche. Auf dem langen Heimflug lasse ich die Tour in meinen Gedanken nochmals Revue passieren. Es war eine unglaublich erlebnisreiche Reise durch ein Motorrad-Paradies. Sie hat mich ziemlich viel Geld gekostet. Aber dennoch bereue ich nichts, denn für mich war diese Investition zugleich eine wertvolle Kapitalanlage für die Seele.

Bungeesprung über dem Kawarau River bei Queenstown.

Allgemeines
Haere mai! Willkommen! Willkommen in Aotearoa, dem Land der großen weißen Wolke, wie Neuseeland in der Landessprache der Maori heißt. Geologisch eines der jüngsten Länder der Erde, bietet Neuseeland auf zwei Hauptinseln und vielen kleinen umliegenden Inseln eine atemberaubende landschaftliche und kulturelle Vielfalt, die ihresgleichen sucht: Fjorde, Vulkane, blaue Meeresbuchten, gemäßigter Regenwald, subtropische Küste, alpines Hochgebirge, Kiwi-Plantagen, abgelegene Schaffarmen und moderne Weltstädte drängeln sich auf einer Fläche, die kleiner ist als Deutschland.
Die Insellage hat eine Vielzahl von seltenen Pflanzen- und Tierarten hervorgebracht. Charakteristisch für die ursprüngliche Tierwelt ist das fast völlige Fehlen von Landsäugetieren und die große Vogelvielfalt. Der bekannteste Vogel ist der Kiwi, ein seltsamer braungrauer Zeitgenosse ohne Flügel, den sich die Neuseeländer zu ihrem Wahrzeichen erkoren haben und nachdem sie sich auch selbst Kiwis nennen. Etwa 3,3 Millionen Menschen bevölkern Neuseeland und der „typische Kiwi" ist nicht etwa Schaffarmer und Landmensch, sondern Städter. Über zwei Millionen Einwohner leben in den großen Städten und deren Einzugsgebieten. Der größte Teil der Europäer, die vor 200 Jahren nach Neuseeland einwanderten, kamen von den britischen Inseln. Heute repräsentieren sie etwa 90 Prozent der Bevölkerung. Dabei darf man aber nicht vergessen, dass sich Auckland mittlerweile zur größten polynesischen Stadt der Welt entwickelt hat. Hier wohnen über 100.000 Maori und zahlreiche Einwanderer von den pazifischen Inseln. Deshalb ist neben Englisch natürlich auch Maori Amtssprache. Außerdem leben viele andere Nationalitäten im Schmelztiegel Neuseeland, so etwa Chinesen, Skandinavier, Deutsche, Griechen oder Italiener. Gemeinsam arbeiten sie alle an einer eigenen neuseeländischen Kultur, die weder rein polynesisch, noch rein westlich geprägt sein soll. Man möchte eine aufregende, friedliche Mischung aus den verschiedenen Einflüssen sein. Neuseeländer sind außerdem für ihre Gastfreundschaft und Hilfsbereitschaft berühmt. Nichts scheint im Land der „No worries!" ein Problem zu sein.

Klima und Reisezeit
Der Sommer startet pünktlich mit Weihnachten und ist zusammen mit dem üblicherweise goldenen Spätsommer, der bis in den Mai hineinreicht, die beste Reisezeit, denn dann ist das Wetter am beständigsten. Im Norden der Nordinsel herrscht das ganze Jahr über ein recht mildes Klima. Für alle Gegenden weiter südlich ist es auch im Sommer unbedingt notwendig einen warmen Pullover, Windjacke und Regenkombi einzupacken. Im Winter kann es in der Mitte und im Süden der Nordinsel sowie an der Küste der Südinsel kalt, in den mittleren Gegenden der Südinsel unter Umständen sogar sehr frostig werden. In den Touristenregionen rund um Queenstown und den neuseeländischen Alpen sind im Winter also dicke Kleidung und passendes Schuhwerk unbedingt notwendig. Die meisten Neuseeländer machen ihren Jahresurlaub an Weihnachten und im Januar. Diese Hauptverkehrs- und Urlaubszeit sollte also man also, wenn möglich, meiden oder sich in jedem Fall rechtzeitig Zimmer und Tickets für Inlandfahrten oder -flüge reservieren.

Sehenswürdigkeiten und Aktivitäten
In Neuseeland kann man vor allem einzigartige Landschafts- und Naturerlebnisse genießen, aber auch die Städte mit ihrem liebenswerten und oft multikulturellem Charme haben ihren ganz besonderen Reiz. Aufgrund der einzigartigen und wilden Natur ist Neuseeland außerdem ein Mekka für alle Outdoor- und Funsportarten geworden, aber natürlich kann man auf den vielen Tracks auch ohne Nerven-Overkill ganz normale, wunderschöne Wanderungen unternehmen. Prinzipiell sollte man für die Südinsel etwas mehr Zeit einplanen als für den Norden, da sich hier viele der absoluten Highlights befinden. Dazu zählen z. B. der Fjordland-Nationalpark im Südwesten, größter Nationalpark Neuseelands und Naturerbe der Menschheit. Hier kann man eine einzigartige Seen-, Gebirgs-, Wasserfall- und Fjordlandschaft bestaunen. Entlang der Küste reichen 14 Fjorde bis zu 40 Kilometer ins Landesinnere. Die bekanntesten sind Milford, Doubtful und Dusky Sound. Am Rande des Nationalparks, direkt am Lake Wakatipu liegt das Örtchen Queenstown, das sich in den letzten Jahren zur Action-Metropole und absoluten Touristenattraktion gemausert hat. Adrenalinsüchtige können sich hier bei über 40 Outdoor- und Abenteuersportarten austoben, vom Bungeespringen, übers Wildwasser-Rafting und Gleitschirmfliegen bis hin zum Jet-Boat-Fahren. Nicht entgehen lassen sollte man sich auch die zwei Nationalparks in den neuseeländischen Alpen: den Mount Cook und den Westland National Park. Der Mount Cook ist mit 3764 m der höchste Berg Neuseelands und umgeben von weiteren 18 über 3000 Meter hohen Gipfeln. Im Westland National Park laden der Franz-Josef- und der Fox-Gletscher zu zahlreichen Wanderungen oder einem Helikopterflug über eine glänzende Eis- und Schneelandschaft ein. Auf der Südinsel locken außerdem noch der exotische Abel Tasman Nationalpark, wo man Kajakfahrten unternehmen kann und Christchurch, drittgrößte Stadt Neuseelands und „very british". Auf der Nordinsel gehört der Tongariro Nationalpark, der ebenfalls Teil des UNESCO Weltkulturerbes ist zum absoluten touristischen Pflichtprogramm. Heiß geht es hier zu, wenn man sich auf eine Tour durch die Geysire und heiligen Vulkanberge der Maori begibt. Auch die Stadt Rotorua, kulturelles Zentrum der Maori und die umliegenden heißen Thermalquellen sollte man unbedingt besuchen. Auckland, Stadt zwischen zwei Meeren und Millionenmetropole ist aufgrund seiner kulturellen Vielfalt und des Großstadtflairs ein echter Anziehungspunkt.

Neuseeland Anreise
Der Flug dauert zwischen 27 und 36 Stunden, mit 3–12 Stunden Aufenthalt, entweder in Los Angeles oder in Asien, je nach Fluglinie. Die günstigsten Flüge liegen zwischen 1200 und 1500 Euro.

Formalitäten
Urlaubsreisende aus Deutschland, Österreich und der Schweiz brauchen für einen Aufenthalt bis zu 90 Tagen kein Visum, der Reisepass genügt. Den strengen Importbestimmungen für bestimmte Waren, v.a. für Pflanzen- und Tierprodukte sollte unbedingt Folge geleistet werden. Bei der Einreise müssen alle organischen Stoffe sowie gebrauchte Campingausrüstung und dergleichen zum Schutz der neuseeländischen Agrarindustrie deklariert werden.

Essen und Unterkunft
Bis vor ungefähr fünfzehn Jahren war die neuseeländische Küche sehr stark an der britischen orientiert, dann hat sie jedoch begonnen eigene, durchaus schmackhafte Wege zu gehen. Zu ihren Spezialitäten gehören Lammgerichte, aber auch Hühnchen, Wild und vor allem Fisch und Schalentiere. Zusätzlich gibt es eine riesige Auswahl an Gemüse, wie etwa Spargel, Avocados und Artischocken.
Neuseeland produziert erlesene Weine, von denen der Savignon Blanc weltweit als einer der führenden anerkannt wird. Gutes Bier wird in vielen Regionen gebraut, getreu der neuseeländischen „Do-It-Yourself"-Devise. Die Schanklizenz für alkoholische Getränke wird nach sehr strengen Bestimmungen vergeben. Entsprechende Restaurants und Bars sind an dem Aushängeschild „licenced" zu erkennen. Die meisten übrigen Gaststätten verfügen über eine eingeschränkte Lizenz, die den Verzehr von mitgebrachten Alkoholika erlaubt („BYO" = bring your own).
Motels, Hotels, B&Bs und so genannte Farmstays gibt es fast überall und in allen Preisklassen. In der Hochsaison empfiehlt sich eine Reservierung im voraus. Hier helfen die überall ansässigen „Visitor's Centres" gerne weiter. Das Preisniveau ist etwa wie in Deutschland, allerdings kann man auch relativ gut und wesentlich günstiger in den vielen Backpacker-Lodges und auf Campingplätzen in „Cabins" unterkommen.

Geld und Kosten
Währungseinheit ist der Neuseeland-Dollar (NZ$), der aus 100 Cent besteht. 1 NZ$ = ca. 0,5 Euro; 1 Euro = ca. 2 NZ$. Das Preisniveau ist allgemein etwas niedriger als in Deutschland. Wesentlich günstiger ist das Benzin mit etwa 0,50 Euro pro Liter. Auch die vielen Abenteuersportarten, für die Neuseeland berühmt ist, sind sehr viel preiswerter.

Motorrad fahren
Einfach traumhaft, auf den vielen extrem kurvigen und wenig befahrenen Straßen. Aber Vorsicht! Linksverkehr! Ein Motorrad mieten ist wesentlich teurer als ein Auto, im Durchschnitt kostet eine 600er Maschine 60 bis 80 Euro pro Tag. Die führende Vermietung mit großer Auswahl an Modellen, gutem Service und Qualität, ist NZ Motorcycle Rentals mit Outlets in Christchurch, 166 Gloucester St., und Auckland, 31 Beach Rd., www.nzbike.com.
Die Tour in der Reportage wurde organisiert von:
- Towanda Women Deutschland, Bürgelerstraße 48, 63075 Offenbach, Telefon (069) 866682, Fax 82363072, ridewithus@towanda.org, www.towanda.org

Weitere Reiseveranstalter für organisierte Motorradtouren in Neuseeland:
- RM-Reiseteam, Abt-Aemilius-Straße 33, D-50259 Pulheim-Brauweiler, Telefon (02234) 98651 7, Fax 986518, rita@rm-reiseteam.de, www.rm-reiseteam.de
- B.T.A., Lenzhalde 20, D-70192 Stuttgart, Telefon (0711) 6405131, Fax 6405132, info@bta.de, www.bta.de

Siehe auch ab Seite 74.

Literatur und Karten
- DuMont Reisetaschenbuch Neuseeland, 12 Euro, ISBN 3770132548
- Marco Polo, Neuseeland, 7,95 Euro, ISBN 3895258172
- Geo Special Neuseeland, 7,80 Euro, ISBN 3570191885
- Baedeker Allianz Reiseführer Neuseeland, 25,95 Euro, ISBN 3895251259
- Nelles Maps, New Zealand, 7,90 Euro, ISBN 3886185524
- Neuseeland 1:200 000, RV World Cart., 7,50 Euro, ISBN 357511823X

Wichtige Adressen
- www.neuseeland-news.com
- www.pureNZ.com oder www.newzealand.de ist die offizielle Webseite von Tourismus Neuseeland
- Neuseeländische Botschaft, Friedrichstraße 60, D-10117 Berlin, Telefon (030) 206210, Fax (030) 20621114
- Neuseeländisches Fremdenverkehrsbüro in Frankfurt, Rossmarkt 11, D-60311 Frankfurt, Telefon (069) 97121111

Gebrauchtberatung Suzuki DR Big 750 S/800 S

Original-Artikel aus der Zeitschrift MOTORRAD 10/2004

LASS LIEBE

Sollen andere doch vom Schnabel der DR 800 S halten, was sie wollen. Für Silke war es bei der Suzuki jedenfalls Liebe auf den ersten Blick.

Von Thorsten Dentges; Fotos: Katrin Sdun

Wo die Liebe so hinfällt... Silke fiel. An einer Bordsteinkante. Und die geliebte DR Big auf sie drauf. Aua. Liebe kann schmerzen. Bilanz der ersten körperlichen Annäherung der zierlichen Frau an die mächtige Suzuki: Bremshebel gebrochen, etliche blaue Flecken und die Einsicht, dass man sich vielleicht doch ein wenig übernommen hat. Ein mehr als holpriger Start für die beiden, zumal das Einzylinder-Triebwerk auch irgendwie zu kränkeln schien. Dabei hatte zunächst alles ganz gut angefangen, als der Zufall Silke und Suzi zusammenführte.

1998 war Silke Fechter in Kanada unterwegs und stand in Watson Lake vor einem Schilderwald, wo Reisende Ortsschilder, Bilder und Nachrichten anpinnen. Dort entdeckte sie ein Foto von zwei Suzuki DR 800 S samt Fahrern, die drei Monate zuvor an dieser Stelle ihre Absicht bekundet hatten, die legendäre Kontinentalstraße Panamericana komplett unter die Stollenreifen zu nehmen. Super Idee, fand Silke, will ich auch irgendwann.

Ein paar Monate später in Mannheim beim Motorradhändler. Silke startet ihre Motorradkarriere als Sozia und will ihren ersten eigenen Helm kaufen. Im Verkaufsraum stehen zwei Suzuki DR Big, verschmutzt, verkratzt, ungepflegt. „Sind direkt von Argentinien verschifft worden und in diesem Zustand zu mir gekommen. Ich will sie schnell los werden, selbst wenn ich nichts daran verdiene“, erklärt der Händler. Silke erkennt die beiden Maschinen vom Foto aus Watson Lake wieder, reibt den patagonischen Staub, der noch an den Maschinen klebt, zwischen ihren Fingern. Der Helmkauf wird verschoben. Für 5500 Mark pro Stück kaufen die Studentin und ihr damaliger Freund die beiden gerade mal neun Monate alten DR. Kilometerstand: 35 000, das sind einmal Panamericana mit vielen netten Umwegen.

ES SEIN

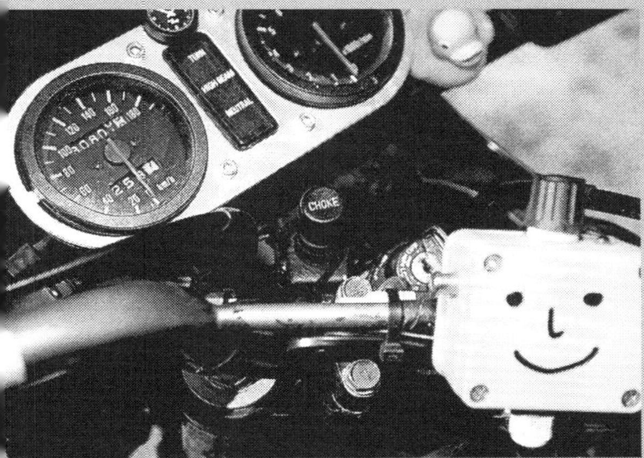

Keep smiling: gut erreichbarer Regler für die beheizbaren Winter-Handschuhe

Ohne Profil: Wegen zu kurzer Finger muss Silke zum Kuppeln mit der ganzen Hand arbeiten

Silke Fechter: lebt im Elsass und liebt Reisen mit kernigen Einzylinder-Enduros

Direkt vor der Haustüre: Im Elsass findet Silke ein ideales Offroad-Trainingsgelände für ihre Big

Mit vereinten Kräften: Alleine bekommt Frau die störrische DR kaum auf den Zubehör-Hauptständer

Der Motorradführerschein folgt fünf Wochen darauf, zusammen mit dem Helm.

Und, große Liebe? Nein. Nicht ganz. Die erste Ausfahrt der 1,68 Meter kleinen Frau endet, wie schon beschrieben, nach 15 Kilometern als Desaster. Weil der Fall von Silke eigentlich ein Garantiefall war – dem unfreiwilligen Halt an besagtem Bordstein ging ein abrupter Leistungsabfall des Einzylinder-Triebwerks voraus –, ersetzte der Händler kurzerhand das Motorgehäuse. Weitere Garantiefälle folgten. Vier Tage nach der Reparatur beim Händler und nach nur wenigen Stadtkilometern ist die Nockenwelle hin. Austausch. Danach geht's in den Odenwald auf eine Kurzrunde. Nockenwelle wieder kaputt. Erneuter Austausch. Nach dem Spanienurlaub bei Kilometer 38 000 sind das Lenkkopflager und die Beziehung zum Freund am Ende. Vorbei der Traum, mit denselben beiden DR Big die Panamericana-Tour zu zweit zu wiederholen. „Wenigstens wir beide werden noch von Alaska nach Feuerland reisen", verspricht Silke ihrer unzuverlässigen Big.

Der Tacho zeigt 44 000 Kilometer, als die Kette reißt. Nach weiteren 1000 Kilometern vibriert die Suzuki so stark, dass sich sogar die Sicherungsschrauben des Kettenritzels losrappeln. Silke erklärt dem Händler verzweifelt: „Meine Big spinnt!" Der antwortet: „Quatsch, ist bei einem so großen Einzylinder normal." Silke findet dagegen die Reaktion des Händlers nicht normal und wechselt die Werkstatt. Dort erkennt man sofort, dass zuvor bei den zahlreichen Garantiearbeiten gepfuscht wurde und behebt den Schaden.

Nun ist die Garantiezeit um. Alle Bekannten raten Silke zum Verkauf des „Hobels", sie hängt jedoch an der DR: „Das sind doch nur Ausnahmen. Die Zwillings-Big hat diese Allüren nicht. Überhaupt, keine andere Big hat diese Allüren. Also wird sich meine auch noch fangen." Um die Lästermäuler zum Schweigen zu bringen, setzt Silke ihre DR in die Zeitung. Aber zu einem utopischen Preis, so dass sich niemand auf die Annonce meldet. „Seht ihr, das ist ein Zeichen, sie soll bei mir bleiben", schließt sie das Thema Verkauf ab.

Bei Kilometer 50 000 ist das Federbein fertig, der Beifahrer setzt in Kurven schon mit den Stiefeln auf. Eine neue Batterie, bereits die dritte, wird eingebaut. Nach 60 000 Kilometern gehen die Bremskolben vorn fest, weitere 10 000 Kilometer später steht Silke nachts – es ist Winter – mit abgerissenem Lichtmaschinenkabel ohne Strom auf der Autobahn. Nach 78 000 Kilometern ist im Frühjahr 2003 das Lenkkopflager erneut austauschreif, und die Kolben der vorderen und hinteren Bremszangen

MOTORRAD-CHECKPOINT
SUZUKI DR BIG 750 S/800 S

lassen sich nicht mehr bewegen. Sie erhalten eine Politur sowie einen neuen Dichtsatz verpasst. Alles Schäden durch den Alltagsgebrauch, ganz normal, versichert Silke. Aber warum sollte man sich überhaupt eine Suzuki DR Big zulegen, wird sie gefragt. „Ganz einfach. Weil sie Charakter hat. Sie legt ein typisch männliches Dickkopfverhalten an den Tag. Das gefällt mir."

Jetzt, im März 2004, stehen knapp über 80 000 Kilometer auf der Uhr. Es ist ein wunderschöner Frühlingstag, doch die Suzuki verweigert den morgendlichen Kaltstart, selbst mehrmaliges Anschieben bringt den Eintopf nicht zum Laufen. „Oh Mann, Biggie. Was soll das?" Silke ist das Versagen ihrer „Biggie" peinlich. „Wenn ich jetzt alleine mit ihr wäre, würde ich sie schlagen und treten. Na gut, lassen wir sie ein paar Minuten in der Sonne stehen, dann wird sie sich das schon anders überlegen." Die Geografie-Diplomandin erzählt von ihren Reisen. Alle Länder Mittelamerikas hat sie bereits gesehen, selbst Exoten wie Französisch-Guyana oder Belize, in Nordafrika war sie, Äthiopien kennt sie, ebenso Vietnam und Israel. In Europa hat sie viele Länder mit der Suzuki bereist. Dort gab's zahlreiche Motorradtreffen, Endurotrainings und super Touren, an denen die Big teilgenommen hat.

Wie sieht es denn nun mit dem Versprechen aus, ihre DR von Alaska nach Feuerland zu führen. „Mmh, weiß nicht, ich traue es ihr ehrlich gesagt nicht wirklich zu. Wir sind zwar ein Paar, aber ein sehr ungleiches." Im Radio läuft der aktuelle Hit von Rosenstolz. „,... lass es Liebe sein" intoniert das Berliner Duo. Silke drückt noch einmal auf den Starterknopf. Endlich springt der Funke über, der riesige Einzylinder hämmert zufrieden vor sich hin. Silke strahlt. Liebe ist wirklich alles – auch im Leben mit ihrer Suzuki. ■

MODELLGESCHICHTE

Alle haben sie auf dem Entenschnabel herumgehackt, als die DR Big 750 S im Frühjahr 1988 bei den Händlern stand. Und stand. Und stand. Da fragt man sich heute, wie es das andere Schnabeltier der Motorradwelt, die BMW R 1100 GS, zum Bestseller bringen konnte, wenn nur das Aussehen zählen soll. Der Verkauf der Suzuki schien ebenso zum Flop zu werden wie der Auftritt bei der prestigeträchtigen Rallye Paris-Dakar im selben Jahr, als der ausgewiesene Wüstenfuchs Gaston Rahier nur Neunter wurde.
Technik-Skeptiker trauten dem 727 cm³ großen Riesen-Single zunächst keine Langlebigkeit zu. Dabei war es gerade der Motor, der nur selten Probleme bereitete. Andere Dinge sorgten schon für mehr Ärger. So etwa das komplizierte Startprozedere, bei dem gleichzeitig der Dekompressionshebel betätigt, die Kupplung gezogen und der Startknopf gedrückt werden mussten. Zudem versteckte sich der schlecht erreichbare Choke bei der 750er am Vergaser. Außerdem rostete die Auspuffanlage rasend schnell, und der zu lang geratene Seitenständer sorgte für viele Umfaller im Stand.

Trotzdem gewann die DR Big mit ihrem robusten und dank zweier Ausgleichswellen erfreulich vibrationsarmen Motor allmählich Freunde unter den Fernreisenden. Mit einem Preis von deutlich unter 10 000 Mark war der Einzylinder eine günstige Alternative zu den schon damals sehr beliebten Zweizylinder-Enduros. Dennoch erreichten die Verkaufszahlen nicht die anfänglich hohen Erwartungen. Suzuki reagierte 1989 mit einer Touren-Version, die für einen geringen Aufpreis neben Kofferset und Topcase mit einem Hauptständer aufwartete. Schließlich war die DR Big mit ihrem zweigeteilten 29-Liter-Tank, der im Zusammenspiel mit dem moderaten Verbrauch Reichweiten bis zu 700 Kilometern ermöglichte, geradezu prädestiniert zum Kilometerfressen.

Für 1990 wurde der Einzylinder der Big noch bigger. Die Bohrung von 105 Millimetern blieb, der Hub wuchs von 84 auf 90 Millimeter. Jetzt also 779 cm³ Hubraum, dadurch mehr Drehmoment (59 statt 55 Nm), jedoch unverändert 50 PS Leistung. 1991 wurde das Motorrad komplett überarbeitet und erhielt die Typbezeichnung SR 43 B. Es ist das beliebteste und meist verkaufte Modell der Big-Familie. Änderungen gegenüber der Vorgängerin SR 41 B: Doppelauspuff, geschrumpfter, einteiliger 24-Liter-Tank mit abgesenktem Deckel, höhere Zuladung (200 statt 180 Kilogramm), Durchmesser der Gabel-Standrohre wuchs von 41 auf 43 Millimeter, geänderte Verkleidung und Lackierung. Die Fans und Fahrer nannten die neue DR 800 S wie bereits die 750er weiterhin Doktor Big, obwohl die Bezeichnung „Big" ab 1994 offiziell entfiel.

Bis zu ihrem letzten Modelljahr 1999 blieb die DR 800 fast unverändert im Programm, lediglich 1996 wurde ein Drosselklappensensor hinzugefügt und die Zündbox modifiziert, um den gesetzlichen Vorgaben zum Geräuschverhalten Genüge zu tun. Außerdem änderte Suzuki 1996 die Bremsbeläge und den Bremszylinder. Auch wenn die Big während ihrer gesamten Bauzeit nie zum Star oder Bestseller avancierte, hat sie eine eingeschworene Fangemeinde. Zu Recht, denn zu einem gutem Motorrad gehört ein tolles Fahrwerk und ein robuster Motor, der Spaß bereitet. Die DR 750 und 800 S besitzen beides.

MARKTSITUATION

Sparen leicht gemacht. Die Suzuki DR 800 S kostet heute kaum mehr als 3500 Euro. Fünf Jahre nach Produktionseinstellung hält sich die Anzahl wenig gefahrener und entsprechend teuer gehandelter Exemplare in Grenzen. Lediglich die letzten DR 800 S der Baujahre 1998 und 1999, die damals für 11 580 Mark beim Händler standen, werden mit Laufleistungen bis maximal 10 000 Kilometer teurer offeriert.

Das sind jedoch Angebote mit Seltenheitswert, weil die große DR in der Regel viele Kilometer sammelt und entsprechende Gebrauchsspuren aufweist. Genauso selten sind die 800er-Modelle ohne Doppelauspuff vor 1991, und fast nirgends gibt's noch die altehrwürdige DR 750 S, die Ur-Big. Das Gros der angebotenen Fahrzeuge stammt aus den Baujahren 1993 bis 1996 mit Kilometerständen zwischen 25 000 und 40 000. In gutem Pflegezustand wechseln diese Motorräder für etwa 2500 Euro den Besitzer. Ältere Modelle liegen je nach Laufleistung zwischen 1000 und 2000 Euro. Ein Preisniveau, das die Schnabel-Suzuki zum attraktiven Zweitmotorrad macht. Zu finden sind die Maschinen vorzugsweise in Anzeigenblättern und auf Internetmärkten als Privatannoncen.
Eine Umfrage bei Händlern in ganz Deutschland ergab: Eine DR 800 ist selten im Angebot, die Nachfrage aber prinzipiell vorhanden. Meist sind es Kunden zwischen 30 und Mitte 40, die eine preisgünstige und zuverlässige Reisebegleiterin suchen

Fotos: gad (3), Herzog (3), Hartmann (1), Jahn (1), Schwab (1), MOTORRAD-Archiv (1)

1988

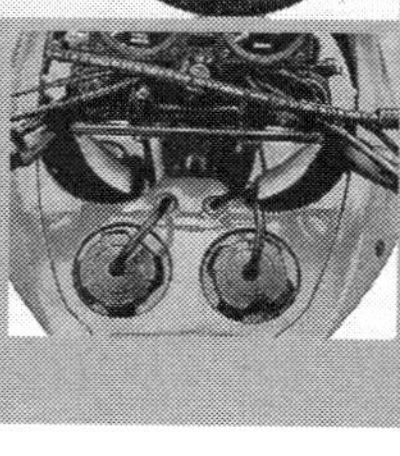

1990

1991

oder ein solides Alltagsmotorrad. Eintopffreunde, die sich dem Charme des größten Serien-Einzylinders nicht entziehen können, sind ebenso unter den Interessenten wie DR 600/650-Aufsteiger und jede Art von Hobby-Enduristen. Deshalb kommen sogar DR 800 S mit Laufleistungen jenseits der 50000 Kilometer locker an den Mann oder die Frau. Weil die Käufer wissen, was sie erwartet: ein robuster Motor, der nach einer etwaigen Revision wieder anstandslos einige zigtausend Kilometer läuft. Um typische Mängel wie etwa Lack- oder Rostschäden kann man sich getrost nach dem Kauf kümmern, so die Philosophie dieser Käuferschicht. Preistreibender sind da schon die mitangebotenen Zubehörteile wie eine höhere Windschutzscheibe, ein Koffersystem oder ein hochwertiger Nachrüst-Auspuff aus rostfreiem Edelstahl sowie ein Hauptständer.

BESICHTIGUNG

Die Big ist ein Motorrad, das nach Pflege und regelmäßiger Wartung verlangt. Bei der Besichtigung ist deshalb ganz besonders auf den Pflegezustand und das Service-Scheckheft zu achten. Die Qualität der Auspuffanlage ist eher bescheiden. Daher werden häufiger Edelstahlanlagen aus dem Zubehör verbaut, die allerdings nur dann einen leichten Preisaufschlag rechtfertigen, wenn sie eine EG-Betriebserlaubnis haben.

Auch der dünne Rahmenlack lässt zu wünschen übrig, weshalb Interessenten stets unter den großflächigen Verkleidungsteilen nach Korrosion fahnden sollten. Die Lebenserwartung des Lenkkopflagers ist nicht besonders hoch. Ein verschlissenes Lager macht sich sowohl mit einem kippeligen Fahrverhalten als auch mit dem Einrasten des Lenkers – zumeist in Geradeaus-Stellung bei entlastetem Vorderrad – bemerkbar. Weist die DR Spuren von Geländeritten auf, unbedingt die Speichenspannung überprüfen, da diese für das hohe Gewicht von weit über 200 Kilogramm etwas unterdimensioniert sind und brechen können. Preissteigernd sind sinnvolle Zubehörteile. Etwa ein Motorschutz aus Alu, der das schwache Plastik-Original ersetzt. Oder Stahlflex-Bremsleitungen für einen besseren Druckpunkt. Ein Hauptständer ist zur einfacheren Kettenpflege von Vorteil, Sturzbügel machen gerade bei kleineren Fahrern, die beim Rangieren des Kolosses öfter einen Umfaller riskieren, ebenfalls Sinn. Wer sich einen schnellen Überblick über die typischen Stärken und Schwächen der DR Big verschaffen möchte, findet im Internet unter www.dr-big.de wertvolle Ratschläge.

DATEN

(Modell SR 43 B)

■ **Motor:** luft-/ölgekühlter Einzylinder-Viertaktmotor, eine oben liegende, kettengetriebene Nockenwelle, vier über Kipphebel betätigte Ventile, Nasssumpfschmierung, zwei Mikuni-Gleichdruckvergaser, Ø 33 mm, Transistorzündung, keine Abgasreinigung, E-Starter, Lichtmaschine 195 Watt, Batterie 12 V/14 Ah, mechanisch betätigte Mehrscheiben-Ölbadkupplung, Fünfganggetriebe, O-Ring-Kette.

Bohrung x Hub	105 x 90 mm
Hubraum	779 cm³
Verdichtungsverhältnis	9,5:1

Nennleistung
37 kW (50 PS) bei 6600/min

Max. Drehmoment
59 Nm bei 5400/min

■ **Fahrwerk:** Einschleifen-Rohrrahmen aus Stahl mit geteilten Unterzügen, Telegabel, Ø 43 mm, Zweiarmschwinge aus Stahl, Zentralfederbein, über Hebelsystem angelenkt, verstellbare Federbasis, Einscheibenbremse vorn, Ø 300 mm, Doppelkolben-Schwimmsattel, Einscheibenbremse hinten, Ø 250 mm, Einkolben-Schwimmsattel.

Speichenräder	1.85 x 21; 2.50 x 17
Reifen	90/90 S 21, 130/80 S 17

■ **Maße und Gewichte:** Radstand 1520 mm, Lenkkopfwinkel 61 Grad, Nachlauf 135 mm, Federweg v/h 240/220 mm, Sitzhöhe* 860 mm, Gewicht vollgetankt* 223 kg, Zuladung* 202 kg, Tankinhalt/Reserve 24/4 Liter.

* MOTORRAD-Messwerte

MESSWERTE

(MOTORRAD 10/1993)

■ **Fahrleistungen**	
Höchstgeschwindigkeit	167 km/h
Beschleunigung	
0–100 km/h	5,5 sek
0–140 km/h	13,1 sek
Durchzug	
60–120 km/h	10,7 sek
60–140 km/h	15,7 sek

■ **Verbrauch**
4,6 bis 8,9 l/100 km, Normalbenzin

Trotz des hohen Gewichts macht die DR auch im Gelände einiges mit

Tests in MOTORRAD*

Suzuki DR Big 750 S: 5/1988 (T); 16/1988 (VT); 10/1989 (VT); 12/1989 (LT)
Suzuki DR Big 800 S: 1/1990 (T); 20/1990 (VT); 18/1991 (T); 18/1992 (VT); 9/1994 (34-PS-VT); 13/1998 (MR)

* T = Test, VT = Vergleichstest, LT = Langstreckentest, MR = Modellreport; Nachbestellungen unter Telefon 0711/182-1229

MODELLCHRONIK

1988 Markteinführung der DR Big 750 S (Modellcode SR 41 B) zum Preis von 8999 Mark

1990 Hubraumerweiterung auf 779 cm³ durch Erhöhung des Hubs; geänderte Primärübersetzung

1991 Verkaufsstart des gründlich überarbeiteten Modells (Typ SR 43 B) zum Preis von 9870 Mark mit folgenden Neuerungen: kleinerer, nunmehr einteiliger Tank mit 24 Liter Fassungsvermögen, Auspuff mit zwei Schalldämpfern, stabilere Gabelstandrohre (Ø 43 mm), größere, schwimmend gelagerte Bremsscheibe (Ø 300 mm), kürzere Endübersetzung, modifizierte Rahmengeometrie mit längerem Radstand und verringertem Nachlauf, Dekompressionsautomatik sowie neues Design mit kürzerem Schnabel, Tank-Seitenblenden und niedrigerer, etwas kantiger gezeichneter Sitzbank

1994 Entfall des Beinamens „Big"

1996 Drosselklappensensor, modifizierte Zündbox zur Anpassung an die verschärften Geräusch- und Abgasbestimmungen; überarbeitete Vorderradbremse

1999 Abverkauf der letzten Exemplare, Listenpreis 11580 Mark

Tipps und Tricks

In diesem Kapitel: Gebrauchtes oder neues Motorrad kaufen? · Passende Sitzhöhe, Hebel und Lenker · Motorrad auf Hauptständer aufbocken und abbocken · Motorrad anschieben · Motor fremdstarten · Am Boden liegendes Motorrad aufheben · Sicherheitstrainings.

Gebrauchtes oder neues Motorrad kaufen?

Es sind immer wieder die gleichen Fragen, die auftauchen, wenn ein neues Motorrad in den Haushalt kommen soll:
1. Für eher kleines Geld ein altes Gebrauchtmotorrad kaufen, weil man ja doch nur vorhat, ein paar wenige tausend Kilometer im kommenden Jahr sehr gemütlich zurückzulegen?
2. Oder doch lieber etwas mehr Geld ausgeben und ein junges Bike kaufen, das nur drei oder vier Jahre alt und deswegen noch technisch besser in Ordnung ist als eine alte Kiste?
3. Oder richtig hinlangen und ein neues (oder fast neues!) Motorrad anschaffen, das nicht nur gut aussieht, sondern auch technisch auf der Höhe der Zeit ist, also Kat hat und ABS?
4. Und dann hätten wir noch die Klassiker: Vorsicht, wenn du davon wirklich angebissen hast, gibt es kein Zurück mehr, denn das Fahr- und Besitzgefühl, das ein 25 bis 40 Jahre altes Motorrad vermittelt, ist der Hammer schlechthin.

Nicht Oldtimer, sondern »Youngtimer« nennt man übigens die tollen Kisten, die zwischen 1965 und 1990 auf den Markt kamen – sei vorsichtig, denn wenn du dich in eine verguckst, kann es Liebe werden (wie bei Silke Fechter und ihrer Suzuki DR BIG in Kapitel 1).

Es gibt für jeden der oben genannten vier Fälle sowohl ein klares »Ja!« als auch ein »Entweder! Oder?«. Und weil die »Für und Wider« für das »Entweder-oder« so umfangreich sind, geben wir im Kapitel 2 Antworten auf alle grundsätzlichen Fragen zu diesem Thema.

Bild 1

Bild 1: Es fällt schwer, sich dem Charme eines Youngtimers zu entziehen. Ältere Motorräder sind ehrlich, haben Charakter und ihre Gesichter stechen aus der Menge heraus.

Passende Sitzhöhe, Hebel und Lenker

Betrachten wir weder einen niedrigen Chopper noch eine hohe Geländemaschine, sondern ein ganz normales Straßenmotorrad: Dessen Sitzhöhe liegt zwischen 780 und 820 Millimeter. Und wir sagen gleich dazu, dass die tatsächliche Sitzhöhe überhaupt nicht alleine entscheidend ist, ob man mit den Füßen im Stand gut auf die Erde kommt, sondern dass die Sitzhöhe immer in Verbindung mit der Sitzbreite beurteilt werden muss:
- Je breiter nämlich der Sitz, desto weiter muss man im Stand die Beine oben im Beckenbereich »aufmachen«, und desto »kürzer« werden die Beine unten an den Füßen!
- Umgekeht gesagt: Je schmaler der Sitz im vorderen Bereich, desto »weniger hoch« kommt einem das Motorrad vor und desto eher erreichen die Füße beim Anhalten den Boden.

Nun sind alle Tatsachen nichts wert, wenn man sehr klein ist. Im Kapitel 7 »Sitzhöhe« behandeln wir das Thema ausführlich: Einmal durch Verändern der Sitzbank und zum zweiten durch Einbau eines so genannten »Tieferlegungssatzes«.

Aber nicht nur die Sitzhöhe muss in Ordnung sein, wenn man mit seinem Motorrad sicher stehen möchte (oder »sicher zum Stehen kommen will«, an der Ampel zum Beispiel oder vor dem Eiscafe), zum ermüdungsfreien Fahren müssen auch Lenker und Handhebel passen:

- Wer kurze Arme hat, muss sich weiter über den Tank beugen als eine Fahrerin mit langen Armen.
- Wer kurze Finger hat, der tut sich schwer beim Bedienen von Kupplungs- und Bremshebel, was bei der Kupplung zu hoppelndem Anfahren oder krachenden Schaltvorgängen und bei der Bremse zu richtigen Gefahrensituationen führen kann.

Die richtige Einstellung eines Motorrads auf die ergonomischen Gegebenheiten der Fahrerin sind also sehr wichtig, deswegen behandeln wir sie im Kapitel 6 »Einstellungen« sehr ausführlich.

Motorrad auf- und abbocken

Das Motorrad auf dem Seitenständer abzustellen ist zwar bequem, aber in einigen Fällen muss der Mittelständer einfach sein: Zur Ölkontrolle zum Beispiel und zum Schmieren der Kette ist das Aufbocken auf den Mittelständer (sofern vorhanden, klar doch!) zwingend nötig. Keine Angst, es braucht dafür garnicht »viel Kraft«, sondern nur die richtige Technik.

Motorrad aufbocken

1. Motor ist AUSgeschaltet. Motorrad muss absolut senkrecht stehen und die Lenkung in Geradeausstellung sein (Umgekehrt gesagt: Vorderrad darf nicht eingeschlagen sein, Bild 2).
2. Mit der linken Hand den linken Lenkergriff fest umfassen, mit der rechten von unten an den Heckrahmen fassen (Bild 2).
3. Mit dem rechten Fußballen auf den Ständerausleger treten und den Hauptständer nach unten klappen, Fußspitze zeigt nach hinten.
Wichtig: Beide Ständerfüße müssen die Erde berühren (Bild 3).

- Jetzt bloß keinen Schiss bekommen und das Motorrad nicht zu sich herziehen, sonst steht der Ständer nur auf dem linken Fuß (Bild 4) und das Motorrad kann so nicht aufgebockt werden.
- Du musst deutlich spüren, dass beide Hauptständerfüße korrekt aufstehen: Kippe das Motorrad ganz leicht hin und her, dann merkst du, ob beide Ständerfüße Bodenkontakt haben.

4. Finale: Jetzt mit Schwung das ganze Körpergewicht auf den Hauptständer stellen, gleichzeitig mit dem rechten Unterarm kraftvoll am Rahmen ziehen, Arm gestreckt lassen und dabei den Oberkörper in Richtung Hinterrad neigen (Bilder 5 und 6). Motorrad steht sicher, fertig!

Ausweichtipp: Wenn du am Anfang Bedenken hast, dass das Motorrad losrollt, während du den Hauptständer nach unten klappst, dann lege den ersten Gang ein. Allerdings geht das Aufbocken dann einen Tick schwerer.

Also am Besten den Leerlauf einlegen, denn wo will das Motorrad denn hin? Du hältst es ja mit beiden Händen. Es sei denn, du bist mit dem »Handling« der (neuen?) Maschine noch unsicher

Bilder 2 bis 6: Das Aufbocken auf den Hauptständer ist Übungssache und mit der richtigen Technik überhaupt nicht schwer.

Richtig: Ständer beidseits auf dem Boden

Falsch: Ständer einseitig auf dem Boden

und kommst deswegen ins »Wackeln«. In dem Fall solltest du mit deinem Motorrad einfach öfter mal rangieren üben.

Motorrad abbocken

Es gibt zwei Möglichkeiten das Motorrad wieder abzubocken:

Die coole Nummer: Auf Sitzbank setzen, Füße auf Rasten stellen, Hände fest an den Lenker, zwei Finger der rechten Hand auf Bremshebel legen: Jetzt mit dem Becken das Motorrad nach vorne »schubsen«. In dem Moment, wo es vom Hauptständer gerollt ist und das Hinterrad den Boden berührt, zeitgleich beide Füße auf die Erde stellen und die Bremse betätigen. Die Sache verlangt ein wenig Übung, aber wenn du sie beherrschst, ist es so einfach!

Der Klassiker: Links neben das Motorrad in Höhe der Sitzbank stehen, beide Hände an Lenker: Jetzt das Motorrad über den Lenker vom Hauptständer nach vorne runter drücken bzw. schieben. In dem Moment, wo der Hauptständer einklappt, die Bremse betätigen.

Wichtig: Genau in die Mitte der Maschine stehen, Füße im Ausfallschritt neben den Ständer, denn wenn du zu weit vorne stehst, hast du nicht genug Kraft zum Drücken, weil die Arme zu weit eingeknickt sind.

> **Tipp:** Wenn du das Motorrad auf den Mittelständer aufbocken willst und dabei daran denkst, dass dir das Motorrad aus den Händen gleiten und zur anderen Seite umfallen könnte, ist das falsch! Das ist nur Panik vor etwas, das bei richtiger Abfolge der Aufbockschritte einfach nicht passieren kann – aber dennoch ist es in deinen Kopf regelrecht eingemeißelt! Um es für immer wegzubekommen, übe das Aufbocken zusammen mit einer Freundin, die sich (nur zu deiner psychologischen Sicherheit!) auf die rechte Motorradseite stellt. Dann kannst du ohne Bedenken üben – und hast du es erst einmal geschafft, verlierst du die Angst von ganz alleine.

Motorrad anschieben

Wenn du den Startknopf drückst und es tut sich nichts oder nur sehr wenig, kann es sein, dass entweder die Batterie leer oder der Anlasser defekt ist. Ein Motorrad lässt sich aber auch mit defektem Anlasser und/oder schwacher Batterie durch Anschieben starten.

Am bequemsten geht das Anschieben an einer leicht abschüssigen Straße, bitte beachten:

1. Batterie muss eingebaut sein, auch wenn sie entladen ist.

2. Zündung EIN, Motorabstellschalter auf ON, Licht aus (falls du es ausschalten kannst).

3. Fahrerin sitzt auf dem Motorrad, Hände am Lenker, hinten hilft eine Freundin: Zweiten Gang einlegen, Kupplung ziehen, Motorrad mit gezogener Kupplung etwas zurückschieben: Damit ist gesichert, dass die Kupplung wirklich trennt.

4. Fahrerin auf dem Motorrad, Hände fest am Lenker, Kupplung ist gezogen, 2. Gang ist eingelegt: Hinten fängt die Freundin an zu schieben, am Anfang hilfst du mit einem Bein etwas mit (»paddeln«).

5. Danach stehst du auf und bleibst auf den Fußrasten stehen (Bild 7)!

6. Wenn das Motorrad eine gewisse Grundgeschwindigkeit (ca. 15 km/h) erreicht hat, lässt du dich mit dem Gesäß kräftig auf die Sitzbank fallen, lässt gleichzeitig die Kupplung los und gibst leicht Gas – der Motor müsste jetzt anspringen.

7. Sobald der Motor angesprungen ist, Kupplung sofort wieder ziehen, Motor mit kurzen Gasstößen am Leben halten und nicht unter 2000 Touren kommen lassen.

Warum kann ein Motor überhaupt durch Anschieben gestartet werden?

Die normale Reihenfolge beim Starten eines Motorrades ist: Motor mit Elektro- oder Kickstarter starten, Motor dreht, springt an, Kupplung ziehen, Gang einlegen – und die Kraft des Motors wird über Kupplung, Getriebe und Kette auf das Hinterrad übertragen, Motorrad fährt los.

Beim Anschieben funktioniert diese Reihenfolge genau anders herum: Durch das Anschieben drehen wir zuerst das Hinterrad und somit über die Kette das Getriebe. Weil die Kupplung gezogen ist, ist der Kraftschluss zum Motor unterbrochen, er dreht sich also nicht. Lässt man die Kupplung los, wird der Kontakt hergestellt und es passiert Folgendes: Die Drehung des Getriebes überträgt sich über die Kupplung auf den Motor, die Kurbelwelle dreht sich und der Motor springt an.

Entscheidend für jeden Anschiebeerfolg ist:

- Du brauchst eine gute Grundgeschwindigkeit, damit die Kraft ausreicht, den Motor zu drehen.

- Immer im zweiten Gang anschieben, nicht mit dem ersten versuchen.
- Die Kupplung muss ruckartig losgelassen werden (»schnalzen lassen«), nicht wie beim normalen Anfahren (»schleifen lassen«).
- Während des Einkuppelns den Körper (bzw. den Hintern) in die Sitzbank fallen lassen, damit das Hinterrad beim ruckartigen Einkuppeln nicht blockierend über die Straße rutscht, sondern kraftschlüssig wird und sich dreht.
- Wenn die Kupplung schnalzen gelassen wird und der Motor sich zu drehen beginnt, gleichzeitig leicht und gefühlvoll Gas geben.
- Wenn der Motor zu laufen beginnt, die Kupplung wieder ziehen, um den Motor nicht gleich wieder abzuwürgen.

Sollte dein Motorrad nach ein paar Versuchen immer noch nicht anspringen, ist die Batterie wahrscheinlich mausetot oder du hast ein ganz anderes Problem (hast du auch wirklich genug Benzin im Tank, ist der Benzinhahn offen???!).

Motor fremdstarten

Wenn der zu startende Motor ein 12-Volt-Bordnetz hat, muss die externe Spannungsquelle ebenfalls 12 Volt liefern. Ein LKW mit 24-Volt-System taugt also nicht zum Fremdstarten.
Der zusätzliche Startstrom wird mittels Startkabel an die Batterieanschlüsse des zu startenden Motorrads übertragen. Nur spezielle Motorrad-Startkabel benutzen mit kleinen Klemmanschlüssen (die für Autobatterien sind zu groß!).
1. Mit schwarzem Startkabel die Minuspole der fremden Stromquelle und der Motorradbatterie verbinden.
2. Mit rotem Starterkabel die Pluspole der fremden Stromquelle und der Motorradbatterie verbinden.
3. Motor, der Starthilfe gibt, auf erhöhte Leerlaufdrehzahl bringen (3000 bis 4000/min).
4. Motor am Motorrad starten.
4.1. Läuft der Motor, die Starthilfekabel abnehmen: Zuerst Pluskabel abklemmen, dann Minuskabel.
4.2. Gummikappen wieder auf die Batterie-Pluspolanschlüsse schieben.

Wenn der Motor läuft, darfst du ihn nicht sofort wieder ausschalten. Die Batterie ist noch nicht leistungsfähig genug, um den Motor aus eigener Kraft zu starten und die Prozedur war dann umsonst.

Wenn die Batterie funktionstüchtig und der Säurestand korrekt ist, wird sie von der Lichtmaschine geladen. Dennoch solltest du die Batterie bei nächster Gelegenheit an ein Ladegerät hängen (siehe Kapitel 17 »Batterie«).

Wenn der Anlasser trotz Starthilfe nicht reagiert, kann die Batterie total kaputt sein oder der Anlasser ist defekt oder beides. Es kann aber auch am Anlasserrelais oder der Diode liegen.

Am Boden liegendes Motorrad aufheben

Peinliche Momente
Jede von uns kennt folgende Situationen, die uns nicht nur den Moment, sondern den ganzen Tag verdorben haben:
- Du stehst an einer kleinen Kreuzung und willst abbiegen, der Lenker ist schon in die Abbiegerichtung eingeschlagen, endlich kein Verkehr mehr, du gibst Gas und lässt die Kupplung kommen, stellst beide Füße auf die Rasten – doch plötzlich ist der Motor abgewürgt und du legst dich mitten auf der Kreuzung auf die Seite.
- Du fährst in der Tankstelle an die Zapfsäule, klappst mit dem Absatz des linken Stiefels lässig den Seitenständer aus, es kann nicht schnell genug gehen, du willst gleichzeitig absteigen, bleibst mit dem rechten Fuß an der Gepäckrolle hängen – der Seitenständer klappt wieder zurück und du legst dich vor die Zapfsäule.
- Du hältst an, nimmst den rechten Fuß von der Raste, willst ihn auf die Erde stellen, der linke Fuß sucht gleichzeitig schon den Seitenständer, ist schon dabei ihn auszuklappen. Dass die Straße

Bild 7

Bild 7: Ein Motorrad kann meist trotz schwacher Batterie und defektem Anlasser durch Anschieben gestartet werden.

Bild 8

Bild 9

Bild 10

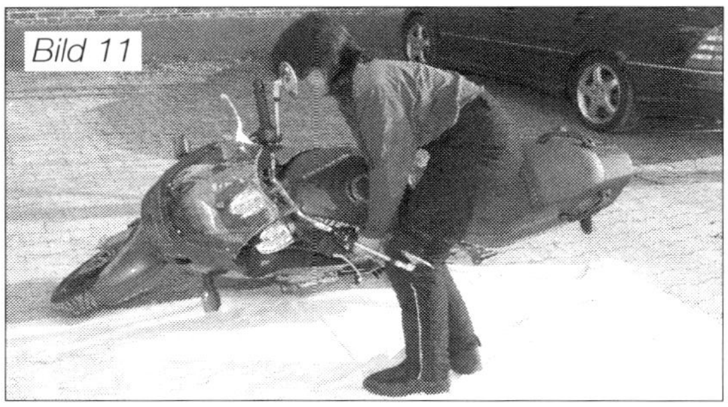
Bild 11

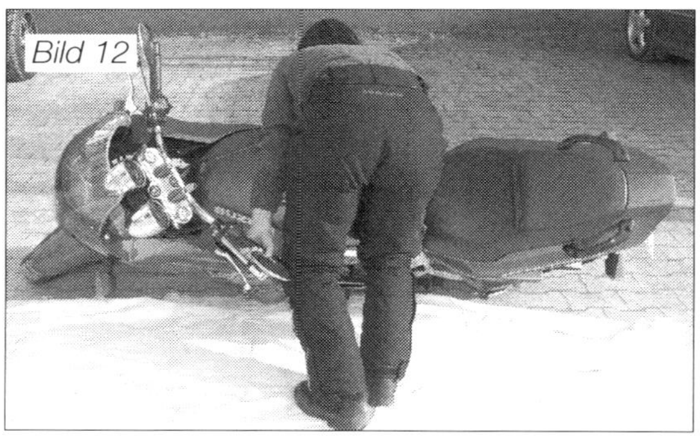
Bild 12

Bild 13

Bild 9: Damit das Motorrad während des Aufhebens nicht wegrollen kann, die Vorderradbremse mit Halstuch oder Haargummi blockieren.

Bilder 8 und 10: Das Motorrad kann nur aufgehoben werden, wenn die Lenkung so eingeschlagen ist, dass die Vorderseite des Reifens zum Boden hin zeigt.

Bilder 11 bis 13: Das Aufheben eines Motorrades hat weniger mit Kraft zu tun. Mit der richtigen Technik lässt sich jedes Motorrad aufheben.

aber nach rechts leicht abschüssig ist, merkst du leider erst, als sich dein Motorrad samt dir sich so weit nach rechts geneigt hat, dass es kein zurück mehr gibt – Glück hat, wer sich im Gras wiederfindet!

Richtiges Aufheben nach dem Motto: »Technik überlistet Gewicht«

Frauen denken generell, dass sie kein umgefallenes Motorrad aufheben können, weil ein heutiges Mittelklassemotorrad schon zwischen 170 und 250 Kilogramm wiegt und sie vielleicht bloß 65 kg. Dabei hat das Aufheben eines Motorrades nur wenig mit Kraft, aber ganz viel mit richtiger (Hebe-)Technik zu tun.

Unsere Testfrau für die Bilder 9 bis 13 ist 1,59 Meter groß und wiegt 54 Kilogramm, geht also eher als »zierliche Person« durch. Ihre Suzuki Bandit 600 (wiegt um die 200 kg) haben wir sanft auf die Straße gelegt und Testfrau gebeten, sie wieder aufzuheben (Bilder 8 bis 13).

1. Motorrad kann nur von der Tankseite aus aufgehoben werden, niemals von der anderen, also der Reifenseite her (Bilder 10 bis 13).

2. Lenkung muss so eingeschlagen sein, dass der Reifen vorne zum Boden hin zeigt (Bild 10). **Wichtig:** Falls die Lenkung zur anderen Seite eingeschlagen ist (Bild 8), musst du sie vor dem Aufheben umdrehen (Bild 10). Das kann einen weiteren Kratzer mit sich bringen, aber anders bekommst du das Motorrad nicht hoch. **Wichtig:** Wenn der Leerlauf eingelegt ist, kann das Motorrad während des Aufhebens wegrollen. Binde dein Halstuch oder Haargummi um den Bremshebel (Bild 9) und blockiere so die Vorderradbremse (oder lege einen Gang ein).

3. Unteres Lenkerende mit beiden Händen fest anpacken und die Lenkung an den Anschlag drehen (Bild 10).

4. Jetzt stell dich mit den Füßen und angewinkelten Knien ganz dicht an bzw. über das Motorrad (Bild 11): Linke Hand an linken Lenkergriff, rechte Hand an Rahmen unter Tank bzw. Sitzbank (wo es ein stabiles Teil zum Anpacken gibt).

5. Aus den Knien heraus das Motorrad vorne und hinten gleichzeitig anheben.

6. Motorrad hebt sich an: Knie unter Tank schieben, Motorrad mit Oberschenkel abstützen.

7. Motorrad aus den Beinen heraus nach oben drücken, Oberschenkel bleibt stützend am Tank, Oberkörper jetzt nach vorne verlagern (Bild 13).

8. Motorrad aufbocken. Wenn Öl oder Benzin ausgelaufen sind: Vom Boden aufputzen und vom Motorrad sorgfältig abputzen.

9. Um das Motorrad herum laufen und den Schaden begutachten: Umgebogene oder abgebrochene Hebel müssen ersetzt werden.
Ja, Kratzer schmerzen in der Seele! Hauptsache ist aber, dass dir nichts passiert ist!

Sicherheitstrainings

Es gibt verschiedene Arten von Motorrad-Trainings: Wiedereinsteiger-, Aufbau- und Grundlagen-, Intensiv-, Perfektions- und Rennstreckentrainings sowie spezielle Endurotrainings.

Man sollte mindestens einmal im Motorrad-Leben ein Sicherheitstraining mitmachen. Der Idealfall wären pro Jahr zwei Trainings: Vom jeweils eintägigen Grundlagen- und Aufbautraining bis hin zum zweitägigen Perfektionstraining auf der Rennstrecke. Der beste Zeitpunkt für so ein Grundlagen- oder Aufbautraining ist immer das Frühjahr und damit der Anfang der Saison, während die Rennstreckentrainings eher in der Mitte bis gegen Ende der Saison liegen können.

Als ich zum ersten Mal an einem Training teilgenommen habe, war der Tag fürchterlich verregnet. Schon beim Aufwachen habe ich gedacht, muss es denn ausgerechnet heute regnen – und der Gedanke an die übliche Vollbremsung trieb mir Schweiß auf die Handflächen. Aber siehe da, auf der Heimfahrt war ich (trotz Nässe durch und durch!) richtig glücklich, dass es heute geregnet hatte. Denn endlich wurde mir das klamme Gefühl genommen, im Regen Motorrad zu fahren. Zu wissen, dass die Reifen auf Nässe nur rund 20 Prozent an Haftung verlieren und eine Vollbremsung bei Regen nicht zwangsläufig zum Sturz führen muss, war eine tolle und sehr wichtige Erfahrung.

Es gibt viele Anbieter von Sicherheitstrainings auf dem Markt, einige sind exklusiv für Frauen. Aber nicht immer ist eine Frau die Instruktorin. Spezielle Frauentrainings unterscheiden sich technisch nicht von anderen. Im Gegensatz zu Männertrainigs ist die Stimmung lockerer, denn Frauen trauen sich alle Fragen zu stellen, die ihnen auf der Zunge liegen, wenn sie unter sich sind. Verdrehte Augen und mitleidiges Lächeln bleiben uns erspart.

Neben vielen privaten Anbietern und Verbänden wie dem ADAC und der Landesverkehrswacht bieten Zeitschriften wie »MOTORRAD« oder »MO« verschiedene Kurse an. Mache dich im Internet schlau, gib bei Google »Sicherheitstraining Frauen Motorrad« ein und du findest bestimmt einen Kurs in deiner Nähe.

Beim »MOTORRAD Action Team« gibt es ein »Intensivtraining für Frauen« mit den Schwerpunkten Handling-, Fahr- und Bremsübungen sowie Kreisbahntraining und Notmanöver. Das Training wird an einem Wochenende auf dem Nürburgring (auf Nebenplätzen und der Nordschleife des Nürburgrings) abgehalten und beinhaltet zwei Übernachtungen im Hotel mit Halbpension, Betreuung durch erfahrene Instruktoren, ein Referat mit Unterlagen und technischem Service. Dieses Training kostet rund 500 Euro. Mehr Informationen, Termine und Anmeldung auf der Homepage: *www.motorradonline.de*. Dort auf den Button »MOTORRAD Action Team« klicken und die Trainings aufrufen.

Bild 14

Bild 15

Bild 16

Bild 14, 15 und 16: Ein Sicherheits- oder Perfektionstraining sollte jede Fahrerin mitmachen. Erstens lernt man nie aus, zweitens verbessert es den Fahrstil und drittens macht es Spaß – alles zusammen steigert die (Selbst-)Sicherheit im motorisierten Alltag.

Kaufberatung und TÜV

In diesem Kapitel: Neu oder gebraucht? · Die schwierige Suche nach dem neuen Motorrad · Das gebrauchte Motorrad · Tipps für den Gebrauchtkauf · Die Probefahrt · Tipps ums Thema Zulassung · Keine Angst vor dem TÜV · Was prüft der TÜV.

Es gibt tausend Gründe, warum du dich entschieden hast, Motorrad zu fahren. Laut unabhängiger Umfragen sind drei der am meisten genannten Gründe der Wunsch nach »Unabhängigkeit am Lenker« sowie das »selbst entscheiden können«, wann du fahren möchtest und wohin – und, ganz wichtig: »Wie schnell du fahren und wie schräg du die näch-

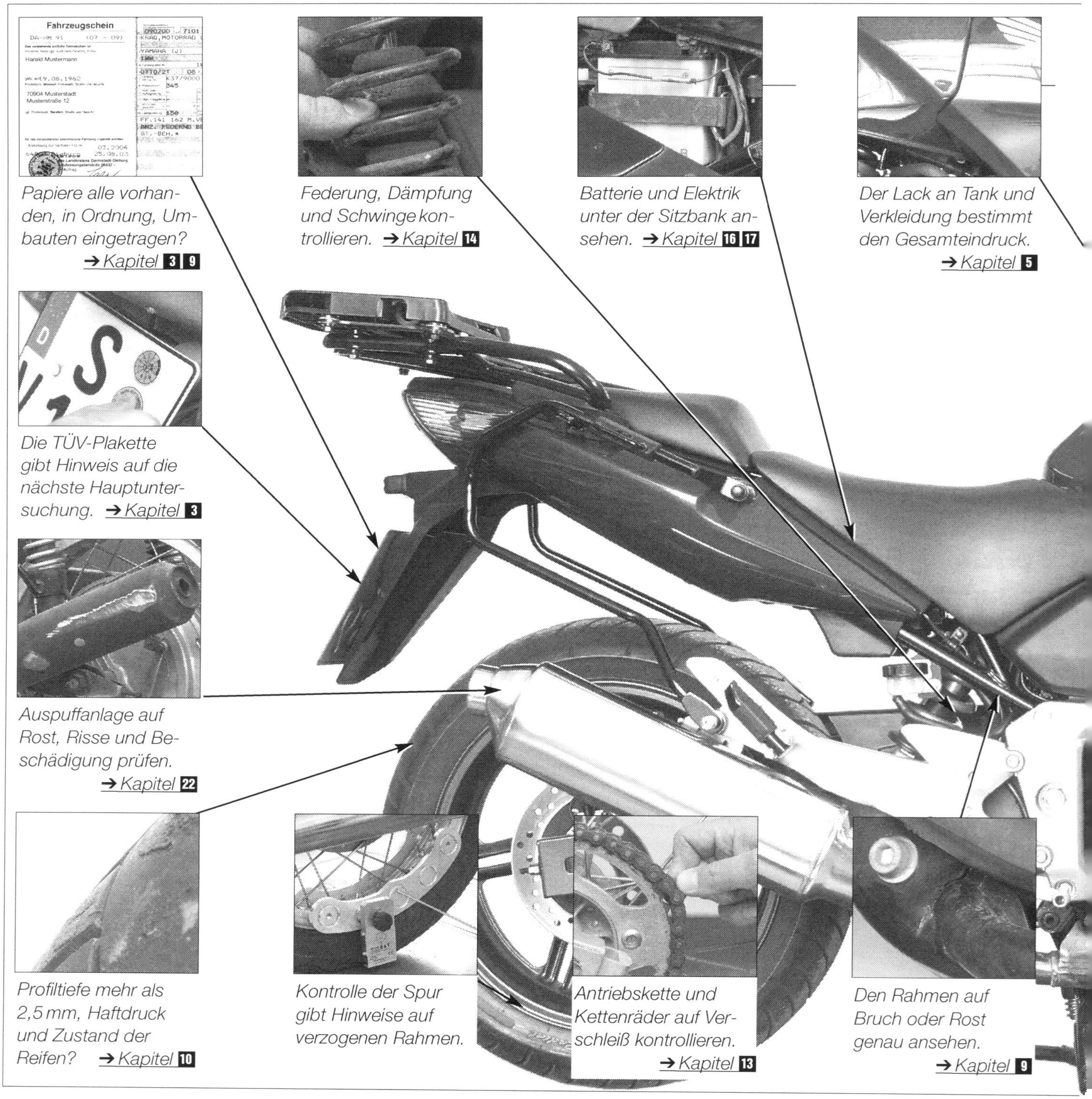

ste Kurve nehmen möchtest«. Dazu gehört neben dem Motorradführerschein das richtige Motorrad. Wir wissen nicht, nach welchen Kriterien du dein Motorrad ausgesucht hast (wenn du schon eines hast) oder aussuchen wirst, wenn du dir entweder ein neues kaufen möchtest oder es überhaupt das erste Mal in deinem Leben ist.

Für die Entscheidung, welche Marke, welcher Typ mit welcher Leistung es sein soll, gibt es sehr viele Gründe. Die Beachtung einiger Grundsätze vor dem Kauf hilft dir, das richtige Motorrad zu finden – und Entäuschungen zu vermeiden! Dies gilt für die Auswahl und den Kauf einer neuen oder gebrauchten Maschine, wozu dieses Kapitel beitragen soll.

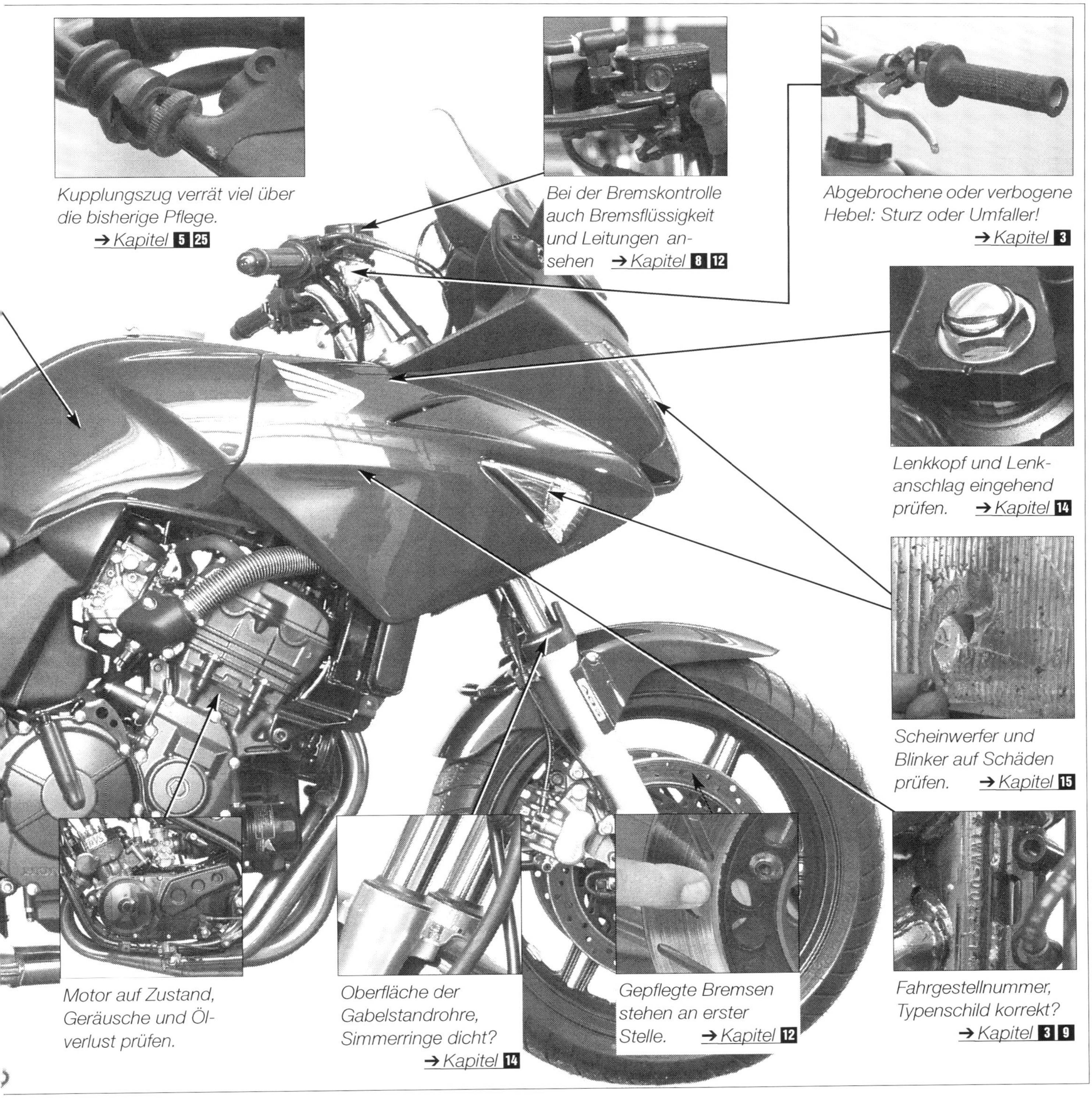

Kupplungszug verrät viel über die bisherige Pflege. → Kapitel 5 25

Bei der Bremskontrolle auch Bremsflüssigkeit und Leitungen ansehen → Kapitel 8 12

Abgebrochene oder verbogene Hebel: Sturz oder Umfaller! → Kapitel 3

Lenkkopf und Lenkanschlag eingehend prüfen. → Kapitel 14

Scheinwerfer und Blinker auf Schäden prüfen. → Kapitel 15

Motor auf Zustand, Geräusche und Ölverlust prüfen.

Oberfläche der Gabelstandrohre, Simmerringe dicht? → Kapitel 14

Gepflegte Bremsen stehen an erster Stelle. → Kapitel 12

Fahrgestellnummer, Typenschild korrekt? → Kapitel 3 9

Bild 1: Die **BMW F 650 CS** ist ein wunderbarer Allrounder mit sauberem Zahnriemenantrieb und niedrigem Sitz und somit ein prima Frauenmotorrad.

Bild 2: Die **BMW R 1150 GS** ist ein mächtiger Hobel und die Fahrerin sollte mindestens 1,75 Meter groß sein.

Bild 3: Die **Ducati 900** mit ihrem raubeinigen Charme bringt viel Fahrerlebnis, braucht aber auch viel Pflege.

Neu oder gebraucht?

Bevor wir uns detailliert mit den Tipps für den Kauf einer gebrauchten Maschine beschäftigen, musst du dir die Frage stellen, wie viel Geld du zum Kauf einer Maschine zur Verfügung hast. Auch wenn es »nicht sehr viel« ist, solltest du wissen, dass im Spätjahr und Winter die Händler ihre Neumaschinen oder die kurzzeitig zugelassenen Vorführmaschinen »erheblich« billiger verkaufen als im Frühjahr oder Sommer (dies gilt auch für Privatverkauf).

Neumaschine: Zweifelsohne ist es ein schönes Gefühl, wenn du dir ein neues Motorrad kaufst und es ab dem ersten Kilometer in eigener Verantwortung hast. Barzahlerinnen bekommen zwischen fünf und zehn Prozent Rabatt auf den Listenpreis. Wenn du dir eine Maschine aussuchst, für die gerade eine Promotion- und Verkaufsaktion läuft, kannst du zusätzlich noch Zubehör für die Maschine oder Sicherheitsausrüstung, wie z. B. einen Helm, bekommen.

Vorführmaschine: Ein als »Vorführmaschine« auf den Händler zugelassenes Motorrad kann bis zu 30 Prozent billiger sein! Solche »Vorführer« haben oft kaum 3000 km gelaufen. Es gibt auch Vorführer mit Tageszulassung, diese haben 0 km und wurden nur zugelassen, damit der Händler von seinem Importeur eine »Zulassungsprämie« bekommt. Ein »Vorführer mit Tageszulassung« ist bis zu 20 Prozent billiger.

Gebrauchtmaschine vom Händler: Viele Händler haben neben ihren Neumaschinen einen Pool an Gebrauchtmotorrädern, die zwischen 2 und zig Jahre alt sind. Diese sind meist mit frischer Inspektion und TÜV und besitzen die gesetzlichen zwei Jahre Gewährleistung. Meist sind diese Motorräder teurer als auf dem freien Markt, aber dafür bekommst du eine gewisse Sicherheit nach dem Kauf und den Händler als einen Ansprechpartner bei Problemen.

Gute Beratung ist wichtig!

Der Kauf einer brandneuen Maschine, eines Vorführers oder einer Gebrauchten bei einem Markenhändler hat den Vorteil, dass du dich bei ihm beraten lassen kannst. Dann bekommst du auch gleich einen Eindruck vom Kundenservice des Händlers. Wenn du schon im ersten Gespräch gut beraten wirst, fällt die Entscheidung für eine Marke viel leichter. Viele Händler stellen auch für längere Probefahrten ein Motorrad bereit und der Mietpreis für ein solches Wochenend-Probefahrt-

Motorrad kann dann beim Kauf angerechnet werden (teilweise zumindest!) .

Um es noch einmal zu sagen: Der beste Zeitpunkt zum Kauf eines Motorrads oder eines Vorführers ist der Spätherbst! Auch dann kann man noch eine längere Probefahrt machen, wogegen im Winter kaum ein Händler ein Motorrad zur Probefahrt bereitstellen wird.

Finanzierung
Zur guten Beratung gehört auch umfassende Information über Finanzierungsangebote. Die meisten Marken arbeiten mit Banken zusammen, die zinsgünstige Kredite geben, die billiger sind als bei der eigenen Hausbank.

Beim Kauf einer neuen Maschine oder einer Vorführmaschine hat man den Vorteil von zwei Jahren Garantie: Wenn also etwas kaputt geht wegen eines Teilefehlers, ist die Reparatur kostenlos. Dies gilt nicht für Verschleißteile wie Bremsbeläge, Reifen, Kette oder Batterie.

Die schwierige Suche nach dem neuen Motorrad

Ganz egal, ob neue oder gebrauchte Maschine: Wichtig ist, dass das Motorrad zu dir passt! Du magst davon träumen, mit einer hochbeinigen BMW GS 1200 über Asphalt und Schotterpisten zu bügeln – wenn du nur 1,55 Meter groß bist, träumst du vom komplett falschen Motorrad!

Genauso falsch ist in diesem Falle die typische »Männerempfehlung«, sich einen Chopper mit niedriger Sitzhöhe zu kaufen. Unser Rat an dich, egal wie viel Zentimeter es bis zum Scheitel sind: Sei offen für deine erste große Liebe mit zwei Rädern und fixiere dich nicht auf eine Marke oder einen Typ Motorrad!

Es ist wirklich nicht einfach, das »richtige« neue Motorrad zu finden. Eine ehrliche Einschätzung der eigenen Fähigkeiten hilft dabei, die passenden Eckdaten zu finden. Und beobachtet man Motorradfahrer an einem ihrer Treffpunkte, erkennt man schnell, wie viele dazu die falsche Entscheidung getroffen haben: Übrigens meistens Männer…

Wichtige Eckdaten
1. Ein vom Gewicht sehr schweres Motorrad passt nicht für eine Anfängerin. Dies gilt auch für ein extrem leistungsstarkes Motorrad.

*Bild 4: Eine **Honda CBR 600 F** gilt als »unkaputtbar« und passt für Anfängerinnen mit gedrosseltem Motor wie für Fortgeschrittene gleichermaßen.*

*Bild 5: Eine **Honda Gold Wing** ist ein goßes und überaus schweres Reisemotorrad mit ruhigem Charakter.*

*Bild 6: Aus der reichhaltigen **Harley-Modellpalette** eignen sich speziell die 883er Sportster-Modelle für Frauen.*

2. Ein »großes« Motorrad mit hoher Sitzbank passt weder für eine Anfängerin noch für eine Fortgeschrittene mit geringer Körpergröße. Selbst dann, wenn die Sitzbank stark abgepolstert oder das Fahrwerk sehr viel tiefer gelegt wird (siehe dazu Kapitel 7 »Sitzhöhe«), bleibt ein für kleine Frauen zurechtgemachtes »großes« Motorrad ein fauler Kompromiss!
3. Ein leichtes Motorrad mit geringer Motorleistung passt nicht für lange Touren. Natürlich kann man mit einer 15 PS starken 125er in den großen Urlaub fahren, aber wenn dir der nachfolgende Verkehr dauernd auf der Pelle sitzt, hört der Spaß auf.
4. Ein Supersportler mit 185 PS dient mehr dem Tuning des persönlichen Egos als dem wirklichen Fahrspaß auf normalen Straßen.
5. Die Verwirklichung des Kindheitstraums, eine rassige Ducati 900 oder einzylindrig bollernde Yamaha XT 500 haben zu wollen, setzt eine große Leidensfähigkeit voraus sowie die Bereitschaft, ein solches Motorrad intensiver pfegen zu müssen als die Freundin mit dem ach so »profanen« vierzylindrigen Japaner.

*Bild 7: Eine **Kawasaki ER-5** gilt als typisches Einsteiger-Motorrad, mit dem es sich auch über eine lange Zeit gut leben lässt.*

*Bild 8: Ein Supersportler wie die **Kawasaki ZX-9R** ist zwar höllisch schnell, aber technisch völlig problemlos.*

Bevor wir uns nun in kleinste Details verstricken, geben wir dir noch zwei gute Ratschläge:
- Bevor du dir ein Motorrad kaufst, sprich rechtzeitig mit anderen Fahrerinnen über ihre Erfahrungen mit diesem und jenem Modell.
- Erkunde den Service der örtlichen Markenhändler – denn ein Händler, der dich nicht ernst nimmt, kann dir den Spaß am Kauf, am Fahren, Pflegen und Warten gründlich verderben. Besonders wenn du mit einem technischen Problem zu ihm kommst und es »noch nicht richtig« erklären kannst.

Das gebrauchte Motorrad

Zum Kauf eines gebrauchten Motorrads gehört Erfahrung und Fachwissen. Um die neue Gebrauchte dann, je nach Kaufzustand, fachgerecht zu pflegen und zuverlässig am Laufen zu halten, helfen die einzelnen Kapitel in diesem Buch.

In diesem Kapitel bringen wir Licht in das Dunkel des Gebrauchtkaufs, und zwar nicht nur für die mögliche Käuferin, sondern auch für die Verkäuferin. Denn die Fragen und Punkte, um die es letztendlich geht, sind einander sehr ähnlich: »Auf was muss ich beim Kauf einer gebrauchten Maschine besonders achten?« lässt sich für die Verkäuferin gleichsetzen mit: »Auf welche Punkte muss ich bei Pflege und Wartung meines Motorrades besonders achten, damit ich es später wieder zu einem guten Preis und mit gutem Gewissen verkaufen kann?«

Mit dieser Überlegung ist neben der Wartung und Pflege, wie zum Beispiel Kettenspannen oder Waschen des Motorrades, was jede Frau selber ausführen kann, auch die regelmäßige Kontrolle wichtiger Teile, wie z. B. der Bremsen, Fahrwerkslager und Reifen, angesprochen. Dies wiederum liefert eine wichtige Grundlage für die alle zwei Jahre nötige Untersuchung nach § 29 beim TÜV oder der DEKRA. Ein gut gewartetes und gepflegtes Motorrad kann jederzeit ohne große Sorgen vorgeführt werden. Wenn bestimmte Teile und Baugruppen einer Maschine regelmäßig kontrolliert und Schäden rechtzeitig erkannt werden, macht sich diese Mühe spätestens dann bezahlt, wenn es um die nächste

Wochenendtour oder gar längere Urlaubsfahrten geht. Denn wer sich regelmäßig um sein Motorrad kümmert, der hat auch bei längeren Fahrten selten Probleme.

So greift das eine in das andere über – und damit ist dieses Kapitel nicht nur für den Käufer einer Gebrauchtmaschine gedacht, sondern wendet sich an alle, die ihr Motorrad schätzen.

Tipps für den Gebrauchtkauf

Wer sich zum Kauf einer Gebrauchten entscheidet, hat dafür oftmals handfeste Gründe: Neben den finanziellen Aspekten gibt dir ein Gebrauchtkauf die Möglichkeit, endlich das Modell zu besitzen, das du dir früher, als es noch »neu« war, entweder nicht leisten konntest oder du noch keinen Führerschein hattest. Emotionale Gründe, reifliche Überlegung und gründliche Vorbereitung für die Suche und den Kauf der Traummaschine gehören also zusammen.

Grundlegende Informationen zu dem ins Auge gefassten Modell erhält man in den Motorradzeitschriften der Jahre, in denen die Maschine im Angebot war. Auf der Suche nach älteren Testberichten ist eine gezielte Internetrechere sehr hilfreich (siehe Kapitel »29 Adressen«). Viele Motorradmodelle und Marken haben Fans und Liebhaber, die in Internetforen ihre Erfahrungen austauschen. Für die reine Informationssuche ist es meist nicht notwendig, sich im Forum extra anzumelden. Eine gute Internetrecherche bringt einiges an Vorfreude und Wissenswertem um das »neue« Motorrad. Es gibt auch Bücher, die sich mit der Beratung zum Kauf von Gebrauchtmaschinen beschäftigen – auch hier hilft das Internet bei der Suche.

Es ist also für dich als Käuferin sehr wichtig, rechtzeitig vor dem Kauf gut zu recherchieren! Auch hier in unserer Reparaturanleitung gibt es jede Menge Tipps und Kniffe, mit denen man entsprechend vorbereitet auf die Suche gehen kann. Hilfreich sind in diesem Falle auch Freundinnen und Freunde, die bereits das gleiche oder ein ähnliches Modell besitzen (oder besaßen) und damit die Schwächen kennen, auf die es zu achten gilt. Ist ein Besuchstermin beim Verkäufer ausgemacht, sollte einer dieser Freunde als kundiger Helfer mitkommen. Sie kann dann auch beim Prüfen der verschiedene Fahrwerkskomponenten Räder, Lenkkopflager und Schwinge helfen.

Beim Termin mit dem Fahrzeugverkäufer müssen als Erstes folgende Formalitäten beachtet werden:
- Sind alle Fahrzeugpapiere wie Fahrzeugschein und Fahrzeugbrief, eventuell auch die Abmeldebescheinigung, vollständig und vorhanden?
- Ist der Verkäufer auch der Eigentümer und der wievielte? Wenn der Verkäufer alle Papiere vorweisen kann, ist er auch der Fahrzeugeigentümer – selbst wenn die Haltereintragungen in den Papieren nicht mit seinem Namen übereinstimmen!
- Wann war die letzte Hauptuntersuchung nach § 29 (»TÜV-Termin«), wann steht die nächste an?
- Stimmt die Fahrgestellnummer?
- Sind Zubehör, Umbauten und Reifengrößen in den Fahrzeugpapieren eingetragen?
- Liegen die Fahrzeugschlüssel für Lenkschloss, Zündschloss und Tankschloss in zweifacher Ausfertigung vor?
- Sind Betriebsanleitung und Kundendienstheft mit dem Nachweis der durchgeführten Inspektionstermine vorhanden?

*Bild 9: Eine **Suzuki GSF 600 Bandit** ist ein ideales Frauenmotorrad und ein guter Einstieg in die vierzylindrige japanische Motorradwelt.*

*Bild 10: Die **Yamaha XT 500** gilt als typisches Männermotorrad, was viele Frauen jedoch nicht davon abhält, eine XT zu mögen und zu besitzen.*

Sichtprüfung Messen

Sind diese Formalitäten zur Zufriedenheit erledigt, geht es an die Besichtigung. Zur Hilfestellung weisen wir bei der folgenden Checkliste auch auf die Kapitel hin, in denen die einzelnen Bauteile und Baugruppen detailliert behandelt werden.

Der erste Eindruck

Der erste Eindruck ist, wie so oft, der entscheidende. Die Optik verrät sehr viel über Pflege und Umgang des Besitzers mit seinem Bike. Auf den zweiten Blick, in die versteckten Ecken und unter die Verkleidung, können mögliche Stürze und »Basteleien« identifiziert werden. Hier hilft eine Taschenlampe bei der Spurensuche!

*Bild 11: Die **Yamaha FZ6 Fazer** ist ein pflegeleichter Vierzylinder, der für kurze und lange Fahrten gleichermaßen geeignet ist.*

*Bild 12: Ein brachialer Supersportler wie die **Yamaha R1** setzt viel Erfahrung und ein hohes Maß an Gasgriffdisziplin voraus.*

Vor allem sollten betrachtet werden:

■ **Lack:** Allgemeiner Pflegezustand, Kratzer, Originallackierung, Sonderlackierung, überlackiete Stellen (Kapitel 9 »Verkleidung · Tank · Rahmen«)?

■ **Tank:** Dellen, Kratzer, Roststellen außen und innen (Kapitel 9 »Verkleidung · Tank · Rahmen«)?

■ **Auspuffanlage:** Flecken, Rost, Schrammen? Ist es der originale Auspuff? Ein Nachrüstauspuff kann bei einer Polizeikontrolle oder beim TÜV Probleme bringen! (Kapitel 22 »Auspuffanlage«)

■ **Motorblock:** Sind Kühlrippen angebrochen? Wie ist der allgemeine optische Zustand?

■ **Bowdenzüge:** Lassen sich die Hebel und der Gasgriff leicht und ohne zu haken bewegen? Sind die Züge ohne Knick verlegt, haben sie angebrochene oder angescheuerte Stellen?

■ **Hand- und Fußhebel:** Abgebrochene, krumme oder beschädigte Hebel sind sichere Hinweise auf Sturz oder Umfaller.

■ **Sitzbank:** Risse im Bezug, Nähte in Ordnung?

■ **Schlösser:** Leichtgängig, passen die Schlüssel?

■ **Fußboden:** Sind Ölflecken unter dem Motorrad zu sehen? Wo stand die Maschine vorher? Ruhig mal den Blick in der Garage, auf dem Abstellplatz schweifen lassen und den Verkäufer nach dem eigentlichen Stellplatz fragen.

Motor

Nach der reinen Optik wird als Nächstes der Motor ins Visier genommen. Auch hier ist detaillierte Spurensuche angesagt.

■ **Hand auf den Motor legen!** Ist der Motor warm, hat ihn der Verkäufer noch kurz vorher »warm gefahren«. Warme Motoren springen besser an und weisen auch einen ruhigeren Lauf aus! Möglich, dass der Verkäufer ein Problem verschleiern will.

■ **Dichtungen:** Ist der Motor dicht oder sind Ölnebel zu entdecken? Wie sieht die Innenseite der Verkleidung aus?

■ **Kupplungszug:** Das Zugspiel direkt am Motor prüfen und auf etwaige Beschädigungen achten. (Kapitel 25 »Kupplung · Schaltung«).

■ **Ölstand** überprüfen und den Verkäufer nach dem letzten Öl- und Filterwechsel fragen.

■ **Anspringen:** Beim ersten oder zweiten Startversuch sollte der Motor anspringen, sonst Hinweis auf Defekt in Zündanlage (Kapitel 19 »Zündanlage«) oder Vergaser (Kapitel 21 »Vergaser · Einspritzung«).

■ **Abgase:** Blauer Qualm kann nach dem Kaltstart bei einem älteren Motorrad sein, bei einem Zweitakter ist es die Regel. Der Blaurauch sollte nach kurzer Zeit verschwunden sein.

■ **Motorgeräusche:** Sie können sehr unterschiedlich, müssen aber gleichmäßig sein. Erfahrungen der Freunde berücksichtigen!

Fahrwerk mit Bremsen, Rädern und Reifen
Hier ist beim Prüfen der einzelnen Komponenten eine Fach-Freundin sehr hilfreich!

- **Rahmen:** Risse, Verformungen, Schweißstellen evtl. neu lackiert, starke Kratzer und Riefen (Hinweis auf Umfaller, Sturz) (Kapitel 9 »Verkleidung · Tank · Rahmen«).
- **Lenkkopflager und Telegabel:** Sind die Lager in Ordnung, kann der Lenker frei von Anschlag zu Anschlag pendeln? (Kapitel 14 »Lenkung · Federung«)
- Ist der **Lenkanschlag** unbeschädigt – wenn nicht, ist das ein sicheres Zeichen für einen Sturz. Federt die Gabel leicht ein und saugend wieder aus, sind Ölspuren an den Gabelholmen zu entdecken durch defekte Simmeringe? (Kapitel 14 »Lenkung · Federung«).
- **Schwinge** und **Federbeine:** Hat die Schwinge Spiel, ist das Federbein undicht? (Kapitel 14 »Lenkung · Federung«)
- **Bremsflüssigkeit:** Pegelstand in den Bremsflüssigkeitsbehältern prüfen (Kapitel 12 »Bremsen«).
- **Bremsen** und Bremsscheiben: Seitenschlag oder gar tiefe Riefen (Fingernagelprobe!) in den Bremsscheiben (Kapitel 12 »Bremsen«)?
- **Bremsbeläge:** Belagstärke kontrollieren (Kapitel 12 »Bremsen«).
- **Bremsschläuche:** Risse, Knicke oder Ähnliches, sind die Anschlüsse dicht? Sind Stahlflex-Bremsleitungen montiert und in den Papieren eingetragen? (Kapitel 12 »Bremsen«)
- **Räder und Reifen:** Laufen die Räder rund, sind alle Speichen vorhanden? Sind Speichen lose? Sind Beschädigungen an den Felgen zu entdecken? Wie ist die Profiltiefe der Reifen? Sind sie beschädigt, zeigen sich Altersrisse? Bei älteren Maschinen unbedingt das Herstellungsdatum hinter der DOT-Nummer der Reifen prüfen. Stimmt die Reifengröße? Vergleiche diese mit dem Eintrag in den Fahrzeugpapieren (Kapitel 10 »Reifen« und Kapitel 11 »Räder«).

Antriebe
Der Zustand der Kette kann per Sichtprüfung sehr gut beurteilt werden. Beim **Kardan** muss bei der Probefahrt auf Geräuschentwicklung geachtet werden.

- **Kette:** Pflegezustand der Kette und Abnutzungsgrad? Zustand der Kettenführung? Zahnbild von Kettenrad und Ritzel? (Kapitel 13 »Kette«).
- **Kardan:** Sichtprüfung des Gehäuses auf Ölnebel und Ölflecken. Ölstand des Kardans überprüfen.

Elektrik
Bei der Elektrik sollte neben dem Zustand und der Funktion von Scheinwerfer und Blinkern (Reflektor, Gläser), Instrumentenbeleuchtung, aller Anzeigen und Hupe auch ein Blick unter Verkleidung und Sitzbank geworfen werden. Ein Blick auf die Kabelanschlüsse der Batterie, sichtbare Steckverbindungen, Verlegung des Kabelbaums, mögliche handgefertigten Isolierungen lassen wieder Rückschlüsse auf den Pflegezustand und etwaige Basteleien zu. Bei nicht wartungsfreien Batterien den Säurestand ansehen! Bei modernen Motorrädern wird auch gerne elektronisches Zubehör angebaut. Dieses solltest du ebenfalls kontrollieren (Kapitel 16 »Sicherungen · Relais · Stecker« und Kapitel 17 »Batterie«).

Die Probefahrt

Auch wenn es manchem Verkäufer vielleicht nicht gefällt: Eine ausgiebige Probefahrt gehört zu einer Verkaufsverhandlung unbedingt dazu! Als Grundsatz muss allerdings gelten: Keine Probefahrt mit einer nicht zugelassenen und damit nicht versicherten Maschine und keine Probefahrt ohne entsprechende Schutzbekleidung.

Die Verkäuferin kann sich zu ihrer Sicherheit den Personalausweis der Kaufinteressentin geben lassen und, falls möglich, die Probefahrt begleiten. Bei der Probefahrt kommt es im Wesentlichen darauf an, das Verhalten des Motorrades zu studieren. Beim Fahren lässt sich feststellen, wie gut

*Bild 13: Die **Yamaha XV 535** wurde dank Kardan und problemlosem Handling zum erfolgreichsten Chopper alle Zeiten.*

Kupplung und Bremsen funktionieren, wie gut sich das Getriebe schaltet, ob sich der Leerlauf an der Ampel ohne Probleme einlegen lässt, wie das Fahrverhalten in schnell und langsam gefahrenen Kurven ist (Hinweis auf Federung, Reifen, Spur, etc.) und wie sich der Motor im Fahrbetrieb benimmt: Geräusche, Vibrationen, Leistungsabgabe.

Genauso wichtig sind die Beobachtungen nach der Probefahrt: Hört sich die Maschine noch genauso an wie in kaltem Zustand, sind die Bremsscheiben übermäßig heiß? Also auch hier ist Spurensuche angesagt, um letztendlich zu einer Entscheidung zu gelangen, ob das Motorrad in Frage kommt oder nicht.

Besteht nur der leiseste Zweifel am technischen o.k. der Maschine, dann am besten sofort verabschieden, ohne sich noch auf weitere Gespräche einzulassen. Wenn du allerdings der Meinung bist, »das genau ist sie«, dann muss eigentlich nur noch über den Verkaufspreis verhandelt werden. Verhandlungsspielraum ist hier immer gegeben, sodass sich schon noch das eine oder andere heraushandeln lässt. Und das übliche Argument, da kämen noch weitere Interessentinnen, kann man leicht entkräften: Jetzt wird das Geschäft gemacht – oder gar nicht!

Bild 14: Prüfer bei der Arbeit! Keine Angst, bei einem gut gepflegten Motorrad, egal wie alt es ist, ist die Zuteilung der Plakette kein Problem.

■ Tipp für Gebrauchtkauf: Mögliche Mängel bei einem Wunschmotorrad können bei einem Prüfstellen-Besuch vom Fachmann aufgedeckt weden!

Nicht ohne Kaufvertrag

Zu einem ordentlichen Geschäft gehört auch ein ordentlicher Kaufvertrag. Einen Mustervertrag kannst du z. B. von der Internetseite des ADAC herunterladen oder direkt beim ADAC anfordern. Im Kaufvertrag ist auch die Zahlungsvereinbarung festgehalten; Anzahlungen sollte man sich unbedingt quittieren lassen. Damit steht der Anmeldung auf deinen Namen eigentlich nichts mehr im Wege.

Bild 14

Übrigens, wer unsere Checkliste aufmerksam gelesen hat: Es sind genau die Punkte zu beachten, die eine gute Wartung und Pflege ausmachen – und alle Aspekte werden in unserer Reparaturanleitung sorgfältig nacheinander abgearbeitet!

Tipps ums Thema Zulassung

■ Niemand möchte ein sog. »Kuchenblech« an seinem Motorrad haben. Recherchiere im Internet auf der Website deiner Zulassungstelle nach möglichen, noch freien, Wunschkennzeichen (z. B. zwei Buchstaben und zwei Zahlen). Diese kannst du meist kostenfrei über einige Zeit reservieren und zahlst dann 20 Euro extra.
■ Stelle eine Vollmacht aus, wenn du nicht selbst zur Zulassungsstelle gehen kannst und füge deinen Personalausweis oder Reisepass bei.
■ Prüfe ob die Nummer des Versicherungsscheines oder der Versicherungsbestätigung eingetragen ist. Unvollständig ausgefüllte Versicherungsbestätigungen oder solche aus dem Internet werden von der KFZ-Zulassungsstelle nicht anerkannt.
■ Teile Name und Anschrift des Erwerbers deines Fahrzeugs gleich mit, wenn das Fahrzeug veräußert wurde. Hierzu kannst du den bei der KFZ-Zulassungsstelle erhältlichen Vordruck (Veräußerungsmitteilung) verwenden.
■ Lasse die Fahrzeugpapiere nach einem Umzug oder einer Namensänderung (Heirat) unverzüglich ändern. Dies kann bei der Zulassungsstelle oder im Bürgerbüro erledigt werden.
■ Technische Änderungen am Fahrzeug, z. B. Einbau einer anderen Bremse, müssen der Zulassungsstelle zur Eintragung in die Fahrzeugpapiere unverzüglich mitgeteilt werden!

Keine Angst vor dem TÜV

Mit den Tipps für den Gebrauchtkauf haben wir schon die wichtigsten Punkte aufgelistet, die bei der alle zwei Jahre notwendigen § 29-Untersuchung zum Tragen kommen. Der Begriff »TÜV-Untersuchung« ist zwar gängig, aber nicht ganz richtig, denn neben TÜV und DEKRA gibt es noch andere, oft regional agierende, aber anerkannte Einrichtungen, die diese Untersuchungen vornehmen.

Übrigens: In vielen Motorrad-Fachwerkstätten gibt es ebenfalls regelmäßige Untersuchungstermine (oft jede Woche!). Wenn du wenig Zeit hast, lasse dein Motorrad bei deinem Händler »TÜV'fen«.

TÜV hilft beim Gebrauchtkauf!
Und wenn nun kein Helfer, Freund oder Freundin bereit steht um mit einem die Traummaschine zu besichtigen? Dann vereinbart man zur Probefahrt einen Termin bei einer Prüfstelle und lässt das Motorrad dort auf Herz und Nieren prüfen. Das kostet um die 50 Euro. Wenn der Prüfer dann doch etwas findet, kannst du den Verkäufer um ein gutes Pfund runterhandeln und hast den Betrag wieder drin.

Was prüft der TÜV?

Bevor du mit deinem Motorrad zum TÜV gehst, solltest du sicher sein, dass es geputzt und in einwandfreiem Zustand ist und du alle nötigen Papiere dabei hast. Das spart Zeit, Geld und Nerven. Folgende Punkte werden bei der Hauptuntersuchung unter die Lupe genommen:

- Zur Hauptuntersuchung mitnehmen: Fahrzeugschein, Reifenfreigabe und, falls Zubehör angebaut ist, die nötige Allgemeine Betriebserlaubnis (ABE). Diese ABE erhält der Hersteller des Zubehörteils von einer anerkannten Prüfstelle und liegt in gedruckter Form dem Teil bei. Zusätzlich ist die ABE-Nummer auf dem Zubehörteil eingestanzt. Zubehörteile ohne ABE oder Mustergutachten dürfen am Motorrad nicht montiert werden!
- Das Typenschild am Rahmen muss gut lesbar sein. Der Prüfer vergleicht die Fahrgestellnummer und das Typenschild mit der im Fahrzeugschein eingetragenen Fahrgestellnummer.
- Funktionieren Lenkschloss und Tachometer?
- Kennzeichen gut lesbar und unbeschädigt?
- Rückspiegel intakt und gut befestigt?
- Funktionieren alle Leuchten und Kontrolllampen? Leuchten sie gleichmäßig hell ohne zu flackern? Alle Gehäuseteile unbeschädigt? Scheinwerfer richtig eingestellt? (Höhen- und Weitenkontrolle). Reflektoren im Scheinwerfergehäuse dürfen nicht oxidiert oder beschädigt sein.
- Funktioniert Hupe und Lichthupe?
- Leuchtet das Bremslicht beim Betätigen von Hand- und Fußhebel?
- Sind alle elektrischen Leitungen und Bowdenzüge unbeschädigt und knickfrei verlegt?
- Lenkung freigängig, Lenkkopflager o.k.? Auch der Lenkanschlag muss in Ordnung sein.
- Alle Bauteile der Bremsanlage in einwandfreiem Zustand? Stimmt der Pegelstand in den Bremsflüssigkeitsbehältern?
- Reifengrößen und -bezeichnung, Profiltiefe, Luftdruck und Laufrichtung? Felgen unbeschädigt, alle Speichen fest?
- Funktioniert der Seitenständerschalter?
- Kette, Ritzel und Kettenrad in gutem Zustand?
- Simmerringe der Gabelbeine dicht?
- Verkleidung und Verkleidungsscheibe unbeschädigt, Kantenschutz vorhanden?
- Sind alle Schraubenverbindungen fest?
- Sind die Fußrasten, Seiten- und Hauptständer unbeschädigt?
- Ist die Auspuffanlage richtig befestigt und dicht? Seit 2006 gibt es auch beim Motorrad eine Abgasuntersuchung, die nötige Püfung kann dein Markenhändler durchführen.

Zum Schluss macht der Prüfer mit deinem Motorrad eine kurze Probefahrt, er testet die Bremsen und das allgemeine Fahrverhalten.

Wenn du hinter all diese Punkte ein »Ja« setzen kannst, steht deiner Plakette nichts mehr im Weg!

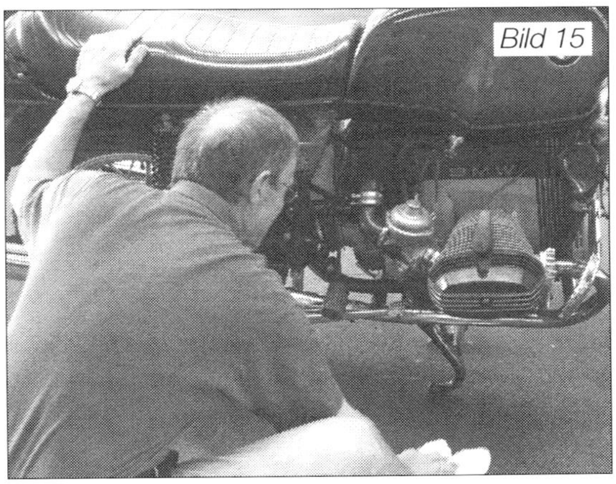

Bilder 15, 16 und 17: Ein letzter Blick des Prüfers, eine kurze Probefahrt und die Prüfbescheinigung ist ausgestellt.

Werkstatt

In diesem Kapitel: Die Hobbywerkstatt · Richtig schrauben · Bordwerkzeug · Generelles zum Werkzeug · Werkstatthilfsmittel · Aufbockhilfen · Hebebühnen · Richtiger Werkzeuggebrauch · Schrauben, Scheiben, Muttern · Schrauben sichern · Fetten, ölen, kleben · Simmerringe · Seegerringe · Gewindereparatur mit HeliCoil · Anziehdrehmomente.

Bild 1: Ein kleines Stilleben mit Werkzeugen.

Bild 1

Die Hobbywerkstatt

Die eine schraubt unterm Apfelbaum im Garten, die andere in der Garage neben dem Auto, beides kann für kleine Schaubereien genügen. Schön ist es, eine echte Hobbywerkstatt zu haben: Ein nahezu ebenerdig zugänglicher, größerer Raum mit einer Hebebühne in der Mitte, einer stabilen Werkbank auf der Seite, gutem Werkzeug an den Wänden und einigen Regalen im hinteren Bereich.

Wenn du jetzt Lust auf's Schrauben bekommst und dir eine Hobbywerkstatt einrichten möchtest, sollte diese folgende Gundvoraussetzungen erfüllen:

1. Eine Hobby-Motorradwerkstatt muss so groß sein, dass um das Motorrad herum rechts und links je 1,50 Meter und vorne wie hinten mindestens 2 Meter Platz sind. Der Raum sollte also eine Mindestgröße haben von 4 x 6 Meter!

2. Sorge für gute Beleuchtung! Wenn der Raum nur ein oder zwei kleine Fenster hat, muss die zusätzliche Beleuchtung sehr gut sein, wofür nur Leuchtstoffröhren in Frage kommen.

3. Dass die Lampen und ausreichend vorhandenen Steckdosen von einem ausgebildeten Elektriker fachlich korrekt verlegt und installiert sein müssen, versteht sich von selbst?!

4. Sorge auch für eine Heizung! Denn wenn du Spaß an der Schrauberei hast und an Regentagen oder im Winter in deiner Motorradwerkstatt bist, ist nichts schlimmer, als bei der »Arbeit« zu

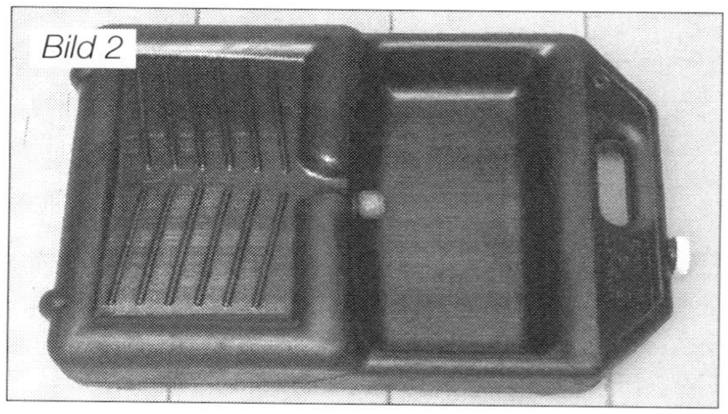
Bild 2

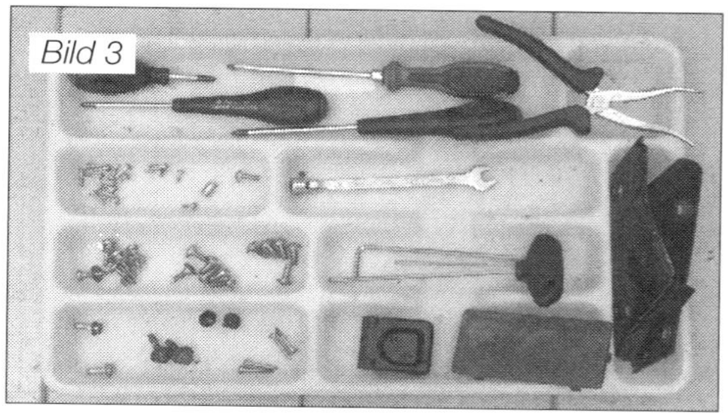
Bild 3

Sicherheitshinweise ⚠ **Achtung** und ☞ **Tipps**

⚠ Werkzeug nicht im Baumarkt kaufen, auch wenn dessen Sonderangebot noch so verlockend ist! Das in Baumärkten angebotene Werkzeug ist generell eher schlecht als recht, in vielen Fällen sogar gefährlich, weil es aus minderwertigem Material besteht und deswegen bruchgefährdet ist.

☞ Ein Blick ins Internet rentiert sich bei der Werkzeugrecherche. Echtes Qualitätswerkzeug ist im Internet unter *www.hazet.de* zu sehen. Hazet ist einer der bekanntesten deutschen Hersteller von Kraftfahrzeug-Qualitätswerkzeugen.

☞ Im Haushaltswarengeschäft gibt es für kleines Geld Besteckablagen für Schubladenkästen mit verschiedenen Einteilungen. Diese eignen sich ganz hervorragend als Schrauben- und Kleinteileablage (Bild 3). Billigere Lösungen gibt es natürlich auch, denn du kannst auch (ausgespülte!) Joghurtbecher verwenden.

☞ Eine Ölauffangwanne mit integriertem Öltank (Bild 2) eignet sich hervorragend für den Ölwechsel. Darin kann das Altöl gleich zur Entsorgung gebracht werden.

☞ Vielleicht findest du in deinem Freundeskreis ein paar Leute, die ihr Motorrad gerne selber warten möchten. Dann lassen sich die ersten Anschaffungskosten für Werkzeug, Aufbockhilfen und andere Werkstatthilfsmittel aufteilen.

frieren. Lege den Boden mit Isoliermatten oder alten Teppichen aus, denn Kälte, die über Füße und Beine nach oben in den Körper zieht, wird oft so lange ignoriert, bis man eine schmerzhafte Blasen- oder Nierenbeckenentzündung hat.

5. Sorge dafür, dass in deiner Werkstatt keine oder nur sehr geringe Mengen entzündlicher Stoffe gelagert sind: Benzin, Diesel, Farbenlöser (Nitroverdünnung oder Acteon), Bremsenreiniger; auch Frischöl und Altöl gehören nach draußen in einen extra dafür vorgesehenen Raum.

6. Habe mindestens einen Feuerlöscher gut erreichbar an ein Wand hängen.

7. Fenster sind nicht nur dazu da, Licht hereinzulassen, sondern auch zum Lüften. NIEMALS das Motorrad in geschlossenen Räumen laufen lassen, AUCH NICHT für kurze Zeit!

Dies war nur eine Kurzversion, wie eine Hobby-Motorradwerkstatt eingerichtet sein soll. Wenn es dich interessiert, was die Handwerkskammer dazu sagt, dann schaue im Internet nach (aber lasse dir von den Vorschriften nicht den Spaß einer eigenen Werkstatt verderben!).

Richtig schrauben!

Am Motorrad schrauben macht richtig Spaß. Wichtig ist dabei, dass du die Sache einigermaßen ernst nimmst, denn Schrauben müssen nicht nur geöffnet und Teile abgebaut werden, sondern beim Anbau muss alles wieder am richtigen Fleck sitzen und die Schrauben und Muttern festgezogen sein. Nur Mut: Wenn du die erste Wartungsarbeit ganz alleine und entsprechend erfolgreich gemacht hast, wirst du vor Stolz fast platzen.

Gut schrauben zu können ist keine angeborene Gottesgabe, sondern eine Sache der realen Einschätzung: Was habe ich bisher gelernt bzw. kann ich schon, traue ich mir zu, kann ich noch lernen? Und: Von was lasse ich die Finger weg, weil mein Wissens- und Könnenstand sowie der eigene Werkzeugbestand nicht ausreichend genug sind? Das Wissen um die eigenen Fähigkeiten ist die beste Voraussetzung, um eine gute Schrauberin zu sein – oder zu werden.

Motorrad vor dem Schrauben waschen
Bevor du anfängst, an irgendeinem Teil deines Motorrads zu schrauben, sollte es sauber gewaschen sein, denn an verdreckten Bauteilen und verschmutzten Schrauben kann man die Werkzeuge nicht sicher ansetzen. Außerdem fallen dir beim Waschen eventuelle Schäden am ehesten auf, und wenn es nur eine durchhängende und trockene Kette ist.

Ordnung halten in der Bude!
»Wer Ordnung hält, ist nur zu faul zum Suchen«. Eine blödere Ausrede als diese gibt es nicht, wenn man in eine Hobbywerkstatt kommt, wo sich alte Ölfilter auf Verkleidungsteilen und gebrauchten Reifen stapeln, leere Bierflaschen und Pizzapappen vor sich hin stinken. Das Männchen in Bild 4 blickt überhaupt nichts, dem in Bild 5 geht schon beim Betrachten des (gereinigten!) Teiles ein Licht auf.

Natürlich ist es in einer Hobbywerkstatt nicht immer so sauber wie es die Handwerkskammer verlangt. Man sollte sich jedoch eines zum Grundsatz machen: In regelmäßigen Zeitabständen alle Werkzeugteile von der Hebebühne räumen und zurück an ihre Plätze an die Werkzeugwand hängen. Denn exaktes Schrauben setzt ein hohes Maß an Ordnungssinn und Selbstdisziplin voraus, die Sauberkeit des Arbeitsplatzes und der zu bearbeitenden Teile gehört dazu.

Eine gute Hobbymechanikerin sollte nahezu blind wissen, wo in der Werkstatt welches Werkzeug zu finden ist und wie sie damit umzugehen hat. Nur so kann sie sicher, gut und zügig schrauben. Und nach Abschluss der Arbeiten ist »fertig« auch wirklich »fertig!, Motor läuft wieder!«.

Im Laufe dieses Kapitels werden wir ein paar grundsätzliche Dinge zeigen und erklären zum Thema »Richtig schrauben«. Bevor wir dahin kommen, möchten wir dir zeigen, welche Werkzeuge in einer Hobbywerkstatt nötig sind (egal wie groß sie ist!) und welche Hilfsmittel im einer Hobbywerkstatt vorhanden sein sollten.

Trick mit der Digicam: Fotografiere dein Motorrad solange es neu ist von beiden Seiten und mache auch Detailbilder. Wenn du etwas veränderst oder angebaut hast, z. B. Packtaschen oder Topcase, fotografiere das ebenfalls. Dann kannst du bei Bedarf nachsehen welches Teil wohin gehört.

Bilder 2 und 3 auf der linken Seite:

- *Verschließbare Ölauffangwanne.*
- *Besteckkasten als Ablage für Schauben und Kleinteile.*

Bilder 4 und 5: Die beiden Zeichnungen verdeutlichen eine wichtige Grundregel: Wer in größtmöglicher Ordnung auf die zu beschraubenden Teile schaut, kann Fehler rasch erkennen und fachgerecht beheben.

Bild 4

Bild 5

Bordwerkzeug

Das serienmäßige Bordwerkzeug in fast allen Motorrädern besteht aus Billigschlüsseln, die nur zur Not taugen (Bild 6). Die beiden einigermaßen akzeptablen Teile sind der Hakenschlüssel (***H***) mit der Verlängerung (***V***) zum Einstellen der Federbeinfeder und der Zündkerzenschlüssel (***Z***). Alle anderen Teile entsorgst du am besten gleich (schenke sie zum Beispiel deinem Lieblingsfeind zum Geburtstag) und ersetzt sie durch gutes Werkzeug.

Besseres Bordwerkzeug

In den Raum für das Bordwerkzeug unter der Sitzbank oder im Heckbürzel passt einiges hinein; sauber geordnet und in einen Lappen eingewickelt klappert es nicht. Wir empfehlen dir folgende Werkzeugteile:

- Je eine exakt passende Nuss für Vorder- und Hinterachse plus einem Knebel (Querknauf), damit bei einem Plattfuß unterwegs die Räder aus- und eingebaut werden können.
- Schlanke Maul-Steckschlüssel in den Schlüsselweiten, die im schlechten Bordwerkzeug vorher auch drin waren.
- Inbusschlüssel mit Kugelsechskant auf der langen Seite in den passenden Größen für die diversen Schrauben der Verkleidung.
- Schraubenzieher mit Flachklinge und Kreuzschlitzklinge, einen Elektriker-Schraubenzieher sowie eine mittelgroße Zange.
- Eine Rolle Klebeband, am besten Isolierband (bitte KEIN Paketklebeband nehmen!).
- Kabelbinder in verschiedenen Längen, damit lässt sich einiges notdürftig festbinden.

Zusätzlich zum Bordwerkzeug empfehlen wir einen Reifendruckprüfer. Sicher, an der Tankstelle gibt es Luftdruckprüfgeräte, ob sie aber wirklich immer das Richtige anzeigen, bleibt ihr Geheimnis. Das beste Druckmessgerät, das wir kennen, stammt vom deutschen Hersteller Flaig und hat ein stabiles Alu-Gehäuse (Bild 7). Erhältlich ist es z. B. bei mobil-tech (*www.mobil-tech.de*) oder in gut sortierten Motorradzubehörläden sowie bei vielen Motorradhändlern. Im Baumarkt werden gelegentlich Druckmessgeräte aus Plastik angeboten, von diesen können wir nur abraten.

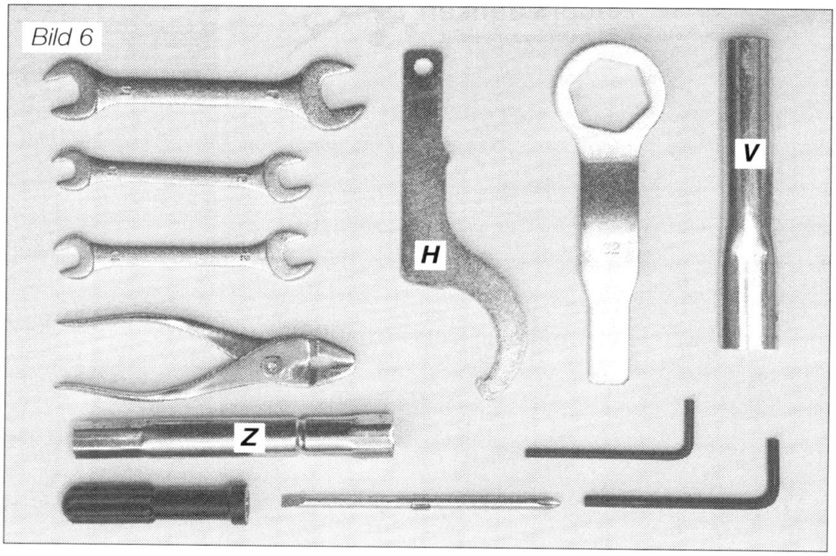

Bild 6

Bild 6: Originales Bordwerkzeug ist meistens von schlechter Qualität, am besten durch gutes Werkzeug ersetzen und erweitern.

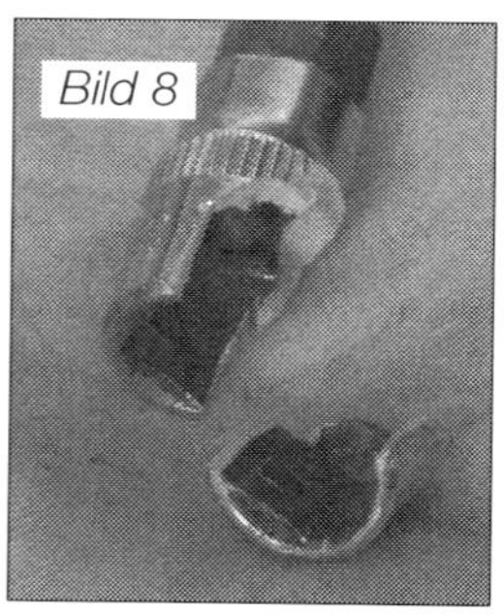

Bild 8

Bild 8: »Billiges« Werkzeug aus minderwertigem, weichem Material – kaputt!

Bild 7

Bild 7: Flaig-Reifendruckprüfer mit stabilem Alugehäuse.

Generelles zum Werkzeug

Am Motorrad schrauben macht Spaß, das haben wir schon einige Male gesagt. Eine der wichtigen Voraussetzungen dafür ist, dass du gutes Werkzeug hast und auch benutzen kannst, sonst vergeht dir schon nach ein paar Minuten die Lust.

Gutes Werkzeug ist teuer. Dafür hält es auch ein Leben lang. Wenn du mit dem Geld knapp bist (wer ist das nicht?), dann kaufe für den Anfang lieber hochwertige Einzelstücke, als einen kompletten Rätschensatz mit allen Nussgrößen, von denen du die Hälfte gar nicht brauchst. Das mag im ersten Moment zwar etwas teurer erscheinen, macht sich aber auf Dauer garantiert bezahlt.

Lass dich nicht von billigem Werkzeug verführen, so hell und glänzend es auch verchromt sein mag. »Billiges« Werkzeug wird aus minderwertigem, weichem Material (Bild 8) mit schlechter Passgenauigkeit hergestellt. Arbeiten damit ist stressig – das einzige, was man damit richtig gut kann, ist Schraubenköpfe und Muttern ziemlich schnell vermurksen!

Im Bild 9 haben wir eine beispielhafte Werkzeug-Grundausstattung für eine kleinere Hobbywerkstatt zusammengestellt. Die Bildunterschrift daneben nennt die korrekten Bezeichnungen.

Absolute Pflicht für einige Wartungsarbeiten, die in diesem Buch beschrieben werden, sind zwei Drehmomentschlüssel. Die braucht man, um wichtige Schraubverbindungen am Motorrad mit einem definierten Kraftaufwand anzuziehen, damit sie sich während der Fahrt nicht lösen: Radachsen und Achsmuttern zum Beispiel sowie auch die Schrauben der Bremsanlage.

Es gibt Drehmomentschlüssel in verschiedenen Einstellbereichen, für unsere Belange kaufe dir einen kleinen von 5 bis 40 Nm und einen großen von 40 bis 200 Nm. Am Ende dieses Kapitels im Textabschnitt »Anziehdrehmomente«, erklären wir mehr zu diesem Thema und warum es sehr wichtig ist.

Werkstatthilfsmittel

Zum Schrauben und zur Maschinenpflege werden weitere Hillfsmittel benötigt (Bild 10):
- **Bremsen- und Kettenreiniger**, wobei dieser auch als »Kontaktspray« bei verschmutzten Elektrosteckern benutzt werden kann.
- **Kettenschmiermittel (»Kettenspray«)**
- **Allzweck-Ölspray**
- **Silikonspray** ist wasserabweisend und hält Gummi- und Kunststoffteile geschmeidig.
- **Bremsflüssigkeit** zum Auffüllen der Vorratsbehälter und/oder Wechseln.

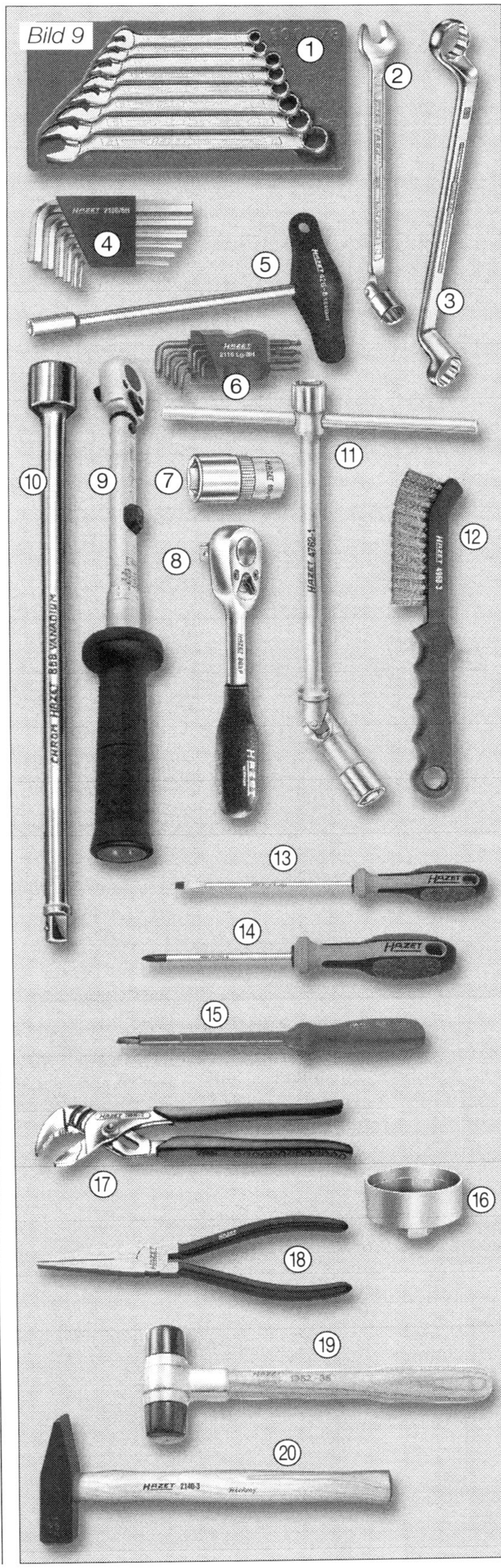

Bild 9: Ein sinnvolles Werkzeugsortiment für die Hobbywerkstatt.

1. *Satz Ring-Maul-schlüssel*
2. *Maul-Steck-schlüssel*
3. *Doppelring-schlüssel*
4. *Satz Inbusschlüssel*
5. *Sechskant-Steck-schlüssel mit Querknauf (Handgriff)*
6. *Satz Torx-Schlüssel*
7. *Steckschlüsselnuss mit Innensechskant*
8. *Umschaltknarre*
9. *Drehmoment-schlüssel*
10. *Verlängerung*
11. *Zündkerzen-schlüssel*
12. *Bremssattelbürste mit Messingborsten, kann auch als Zündkerzenbürste verwendet werden*
13. *Schlitz-Schrauben-zieher*
14. *Kreuzschlitz-Schraubenzieher*
15. *Elektriker-Schraubenzieher*
16. *Ölfilterschlüssel*
17. *Universalzange*
18. *Flachzange*
19. *Kunststoffhammer*
20. *Schlosserhammer*

Bild 10: Zum Schrauben und zur Maschinenpflege benötigst du diese Hillfsmittel.

Fett in verschiedenen Qualitäten (Bild 11). Achte beim Kauf darauf, dass es (Salz-) wasserresistent ist.

■ »**Schweres Wälzlagerfett**« schmiert man in langsam drehende Bauteile, wie Schwingenachse und Lenkkopflager.

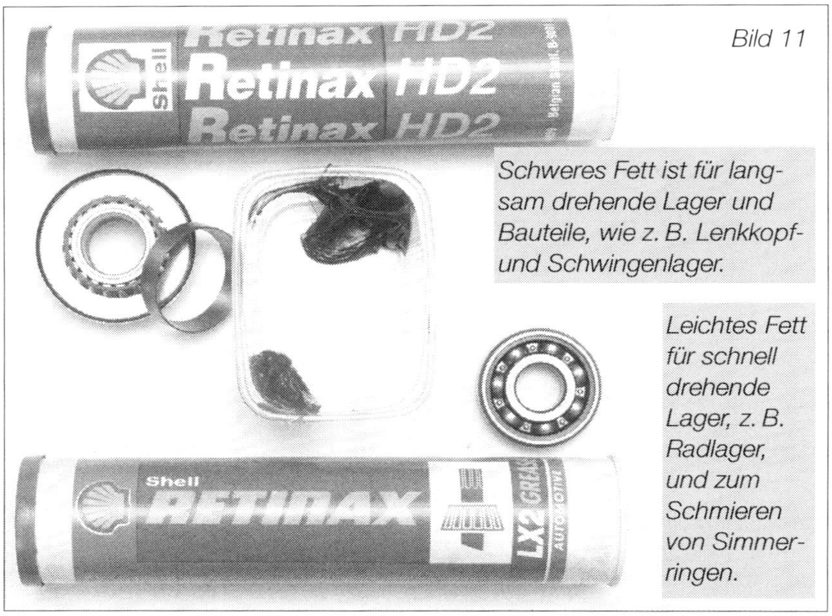

Bild 11: Verschiedene Fette und ihre Verwendung.

Bild 12: Manche Schrauben müssen mit Loctite eingeklebt und gesichert werden.

Bilder 13, 14 und 15: Praktische Schnellständer für Vorder- und Hinterbau.

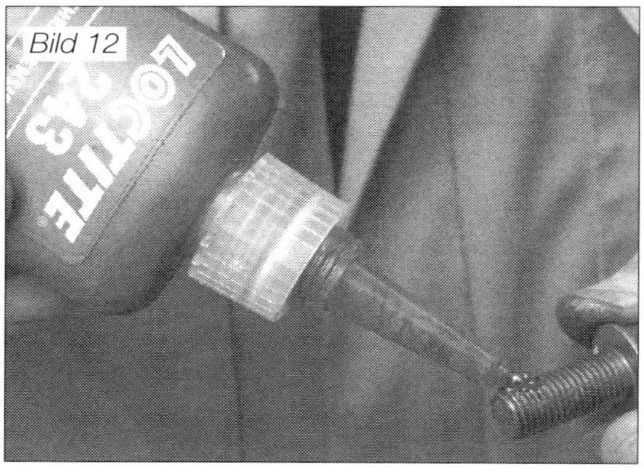

■ »**Leichtes Wälzlagerfett**« schmiert man in schnell drehende Bauteile, wie Radlager oder die Radlager-Simmerringe beim Radeinbau. Wie die Bezeichnung »leicht« schon sagt, ist das Fett »leicht« und damit besonders geschmeidig. Wenn man es zwischen den Fingern verreibt, wird es extrem glitischig. Man spürt während des Reibens quasi den Schmierfilm, und danach lässt sich das Fett kaum von der Haut abwaschen (mehr zur richtigen Verwendung von Öl und Fett weiter hinten im Kapitelabsatz »Fetten, Ölen, Kleben«).

■ **Loctite 243**, flüssige Schraubensicherung »mittelfest« (Bild 12).

■ **Loctite 2701**, flüssige Schraubensicherung »hochfest«, wird nur für den Wechsel der Bremsscheiben gebraucht.

■ **Silikonpaste** ist wasserabweisend und hält diverse Gummi- und Kunststoffteile geschmeidig.

■ **Kontaktspray** für korrodierte Stecker.

Aufbockhilfen

Leider haben nicht alle Motorräder einen Hauptständer, dieser wird schon beim Schmieren und Spannen der Kette vermisst; erst recht benötigt wird er beim Aus- und Einbau der Räder. Im Motorrad-Zubehörhandel gibt es preiswerte, praktische Aufbockhilfen für Front und Heck, die unter Telegabel bzw. Schwinge untergeschoben werden und so der komplette Vorder- bzw. Hinterbau leicht angehoben wird (Bilder 13, 14 und 15). An einigen modernen Motorrädern sind an den Unterseiten der Schwinge Gewindebohrungen vorhanden, wo man so genannte Ansatzrollen für die V-Aufnahmen der Heckständer montieren kann (Bild 15).

Hebebühne

Wenn du in deiner Werkstatt oder Garage den Platz für eine Hebebühne hast, empfehlen wir dir, eine Hebebühne zu kaufen, denn sie ist perfekt für alle Arbeiten am Motorrad. Mit ihr kannst du dein Motorrad in die gewünschte Arbeitshöhe bringen und musst dich nicht auf Knien auf dem Boden abmühen. Preiswerte Hebebühnen gibt es in den Shops der Motorrad-Zubehörketten.

Richtiger Werkzeuggebrauch

Mit schlechtem Werkzeug kann man keine gute Arbeit machen! Hier ergänzen wir: Mit gutem Werkzeug muss man auch umgehen können. Die Bilder 16 bis 19 verdeutlichen in aller Kürze, was wir meinen:

■ Schlitzschraubenzieher sind für Schlitzschraubenköpfe, Kreuzschlitzschraubenzieher sind für Kreuzschlitzschraubenköpfe – und die Klingengröße muss auch noch möglichst exakt zum Schlitz passen, was in den Bildern 16 und 17 deutlich zu sehen ist.

■ NICHT versuchen, eine Kreuzschlitzschraube mit einem Schlitzschraubenzieher zu öffnen, denn der rutscht aus dem Kreuzschlitz, was seine Klinge vermurkst (oder gar abbricht!) und den Kreuzschlitzkopf ebenso.

■ Wenn ein Schraubenkopf oder eine Mutter einen 13er-Schlüssel braucht (Bild 18), dann ist der »nur eine Kleinigkeit größere« 14er (Bild 19) das falsche Werkzeug. Man muss es nicht nur sehen, sondern einfach im Gefühl haben und spüren, dass der 14er-Schlüssel zu groß ist für den 13er-Schraubenkopf.

Für gut zugängliche Schraubenköpfe und Muttern empfehlen wir, mit Nüssen (Bild 20) oder Ringschlüsseln (Bild 21) zu arbeiten und nicht mit Gabelschlüsseln. Praktisch sind auch die auf beiden Seiten gleich großen Nuss-Gabelschlüssel (»Maul-Steckschlüssel«, Nr. 2 in Bild 9).

Der Begriff »Schlüsselweite« (mit der Abkürzung »SW«) bezeichnet die Größe vom Sechskantkopf einer Schraube oder Mutter und legt somit die SW des Werkzeugs fest. Die angegebene Größe ist die Breite des Sechskants, gemessen an den parallelen Seiten (Bild 18) und wird in Millimetern angegeben.

■ M8-Sechskantschrauben und Muttern haben meistens Köpfe mit 13 mm (bei Japanern aber auch 12 mm), man braucht also Nuss, Gabel- oder Ringschlüssel mit SW13 (bzw. SW12).

■ M6-Schrauben haben entweder 10er- oder 8er-Schlüsselweite, während M6-Muttern generell SW10 haben.

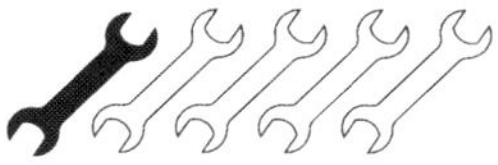

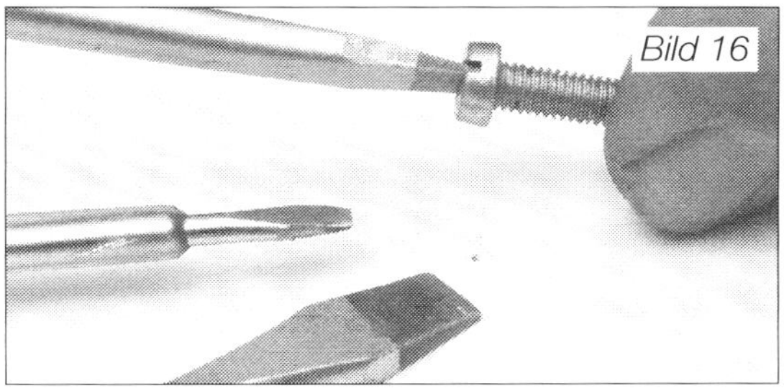
Bild 16

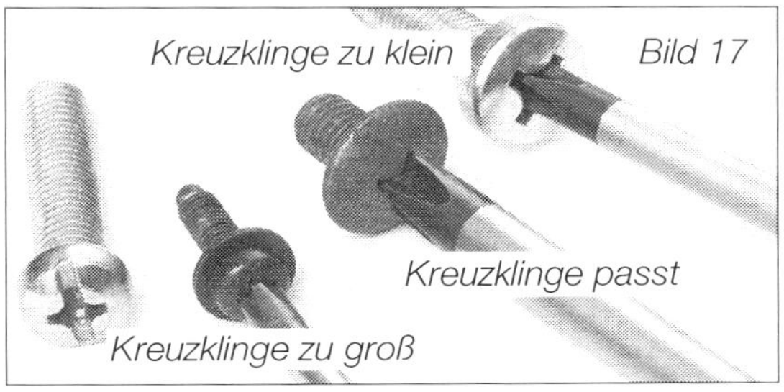

Bild 17

Bilder 16 bis 19: Immer passendes Werkzeug verwenden!
■ Ein zu kleiner Schraubenzieher rutscht durch, ein zu großer versaut den Schlitz im Schraubenkopf.
■ Ein zu großer Schlüssel vermurkst das Sechskant.

Bild 20: Sechskantnuss.

Bild 21: Abgekröpfter Ringschlüssel.

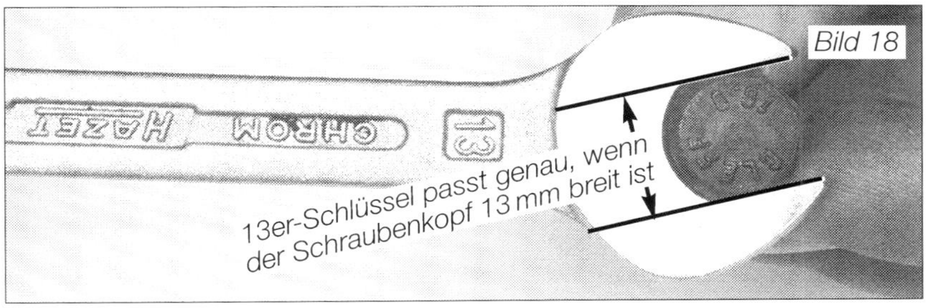

Bild 18

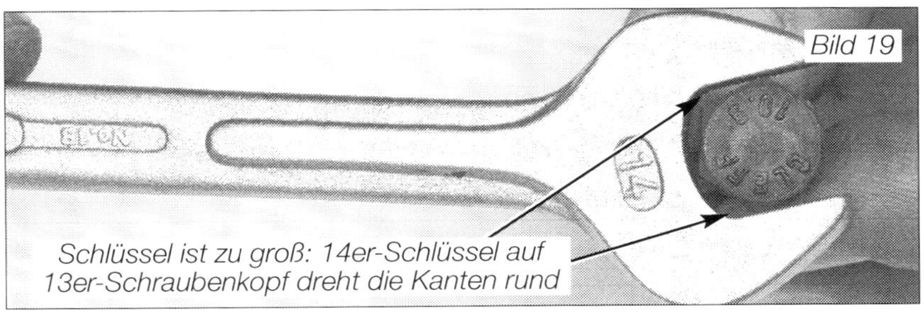

Bild 19

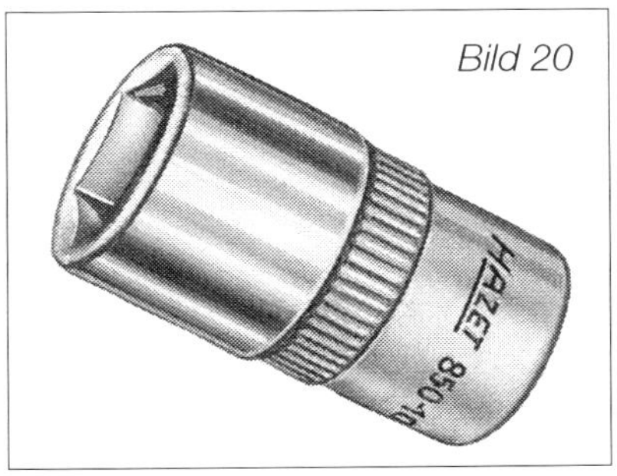

Bild 20

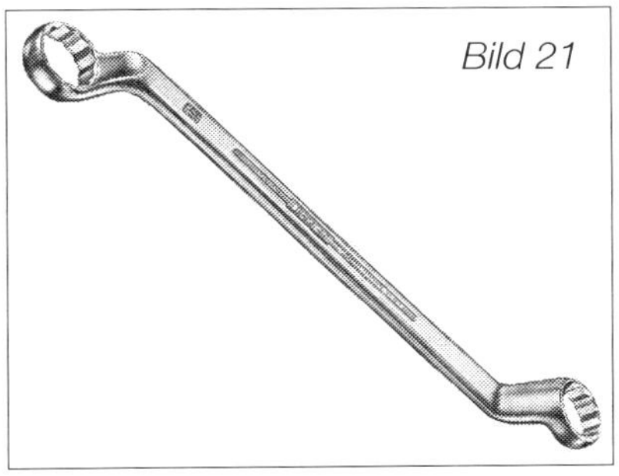
Bild 21

Bilder 22 und 23: Verschiedene Schrauben mit unterschiedlichen Köpfen:

1 Sechskantschraube
2 Senkkopfschraube mit Innensechskant
3 Zylinderschraube mit schmalem Kopf, Innensechskant
4 Zylinderschraube mit breitem Kopf, Innensechskant
5 Zylinderschraube mit Innentorx
6 Zylinderschraube mit Kreuzschlitz
7 Zylinderschraube mit Schlitz
8 Linsenkopfschraube mit Innensechskant

Schrauben, Scheiben, Muttern

An Motorrädern werden einige verschiedene Schrauben verwendet: Flach- oder Senkkopfschrauben mit Sechskant-, Inbus-, Schlitz-, Kreuzschlitz- oder Torxkopf in den unterschiedlichsten Größen und Längen. Bilder 22 und 23 zeigen solche Schrauben. Diese Schrauben sind

Bild 22

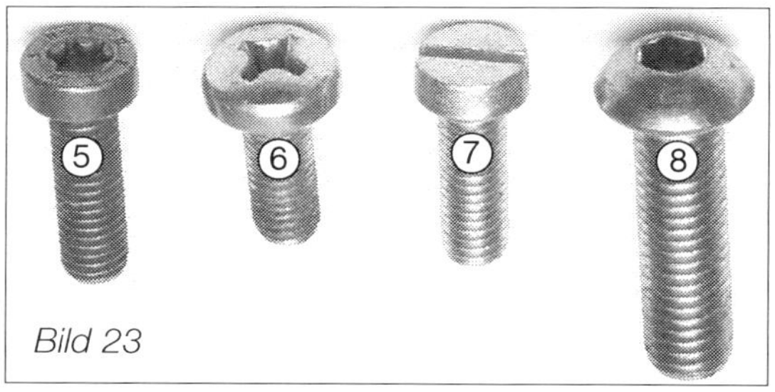

Bild 23

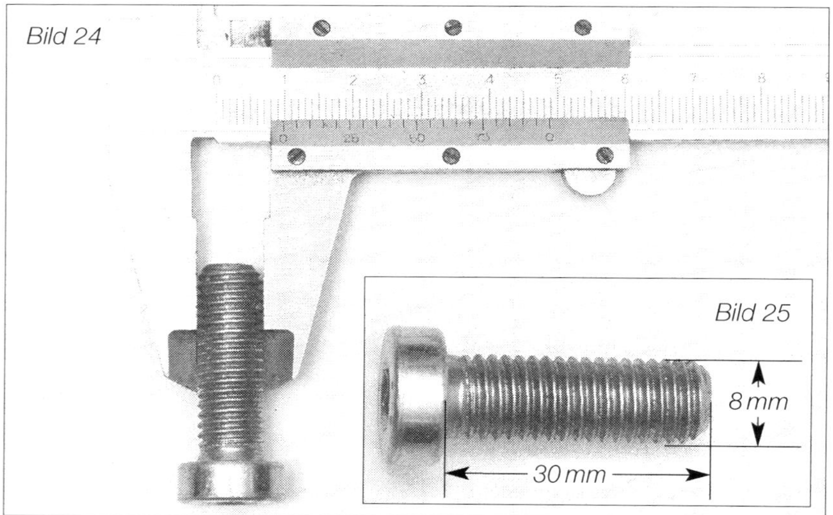

Bild 24

Bild 25

Bilder 24 und 25: Schraubendurchmesser messen. Zylinderschraube mit Innensechskant M8x30.

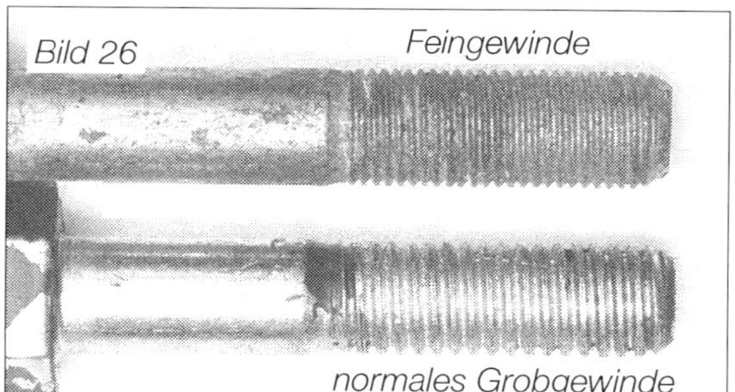

Bild 26

Bild 26: Unterschied zwischen Fein- und normalem Grobgewinde.

aus unterschiedlichen Materialien hergestellt: Meistens sind sie aus Stahl, seltener aus leichtem Aluminium. Es gibt auch noch das sehr leichte Titan als Schraubenmaterial, diese sind jedoch sehr teuer, weswegen sie meistens bei getunten Supersport-Motorrädern nachträglich angebaut werden.

Schraubenbezeichnung

Die normgerechte Schraubenbezeichnung beinhaltet alles, was man über eine Schraube wissen muss: »Zylinderschraube mit Innensechskant M8x30« (Bild 25): Eine solche Schraube hat einen zylindrischen (»runden«) Kopf mit Innensechskant, zum Festziehen und Lösen wird also ein Inbusschlüssel benötigt. M8x30 bezeichnet die Art des Schraubengewindes und die nutzbare Länge der Schraube: In diesem Fall ist es ein metrisches Gewinde (M) mit 8 mm Durchmesser und 30 mm Länge, gemessen von der Unterseite des Kopfes bis zum Ende der Schraube.

Verschiedene Gewinde

Die meisten Schrauben haben ein Rechtsgewinde: Sie werden also im Uhrzeigersinn (rechts herum) festgezogen und gegen den Uhrzeigersinn (links herum) gelöst. Selten sind Linksgewinde und Ausnahmefällen vorbehalten. Wenn bei einer Maschine der Kettenantrieb rechts ist, dann hat die Getriebewelle ein Linksgewinde: Dadurch wird verhindert, dass sich die Mutter von alleine lösen kann, wenn der Sitz des Ritzels auf der Welle nicht korrekt ist (»Luft« hat) und die ruckelige Drehbewegung des Kettentriebs die Mutter langsam, aber sicher, öffnen würde.

Weiterhin gibt es auch Feingewinde (Bild 26): Beim Feingewinde ist der Abstand zwischen den Gewinderillen enger als bei normalen Gewinden.
■ Feingewinde werden dort verwendet, wo eine höhere Festigkeit der Schraubverbindung verlangt wird, es aber aufgrund von beengtem Bauraum bzw. der vorgegebenen Gestaltung des Bauteils nicht möglich ist, eine größere Schraube (Mutter) zu verwenden. Ein Feingewinde wird z. B. so bezeichnet: M8x1 oder M10x0,75.
■ Alle »normalen« Gewinde nennt man »Grobgewinde«: Ein M8-Gewinde hat eine Steigung von 1,25 mm, ein M10-Gewinde 1,5 mm.

Nachrüstschrauben

Eine serienmäßige Schraube ist immer die, technisch gesehen, beste Schraube – aber manchmal geht halt eine verloren und muss deswegen ersetzt werden. Bei der Verwendung von nicht

serienmäßigen Schrauben Folgendes beachten:
1. Stahlschrauben, die in Aluminium (z. B. Motorgehäuse, Bild 27) gedreht werden, müssen mit der Länge des doppelten Schraubendurchmessers eingeschraubt werden (M6 also 12 mm). Besser ist der zweieinhalbfache Durchmesser (bei M6 also 15 mm). Bild 28 zeigt eine Schraube in der richtigen Länge und zwei zu kurze.
2. Wenn du keine Schrauben in der passenden Länge bekommst und nur solche, die 5 mm zu kurz oder 20 mm zu lang sind, dann kaufe lieber die zu langen, säge sie auf passende Länge zurecht. Lohn der (Säge-)Arbeit ist ein nicht ausreißendes Gewinde!

Bei der Schraubenmontage beachten
Bei jeder Schraube, die wieder montiert werden soll, das Gewinde begutachten. Die Begutachtung von Schrauben VOR dem Wiedereinbau ist bei sicherheitsrelevanten Baugruppen besonders wichtig: Fahrwerk mit Rahmen, Federung, Rädern und Bremsen sowie dem Antrieb.

Wenn Schmutz oder Reste von Schraubenkleber am Gewinde haften, diese mit einer Messingbürste reinigen (Bild 29). KEINE scharfe Stahlbürste verwenden, denn scharfe Stahlborsten reißen die Oberflächen des Gewindes auf!

Festsitzende Schrauben
Wenn eine Schraube so fest sitzt, weil sie z. B. bei der Montage zu fest angezogen wurde oder sichtbar verrostet ist, dass du sie unter normaler Krafteinwirkung mit Werkzeug nicht öffnen kannst, hilft meistens ein Schuss Ölspray: Kurz einwirken lassen und nochmal versuchen.

Wenn sie sich dann immer noch nicht öffnen lässt, verlängere versuchsweise den Hebel des Werkzeugs (Bild 30). Dazu eignet sich ein Metallrohr, das auf das Ende des Werkzeuggriffs gesteckt wird: Dadurch verlängert sich der Hebelweg und du hast mehr Kraft an der Schraube.

Defekte Gewinde
Wenn das Gewinde einer Schraube (Mutter) defekt ist (Bild 31), muss sie durch eine neue ersetzt werden. Ansonsten kann das Gewinde, in das sie eingeschraubt wird, beschädigt werden. Weiterhin hat eine Schraube (Mutter) mit beschädigtem Gewinde nicht mehr genügend Halt.

Scheiben und Muttern
In Bild 32 sind verschiedene Scheiben und Muttern dargestellt:

■ **Unterlag- oder Wellenscheiben** sollen zwischen Stahlmuttern und Aluminium gelegt werden, das verbessert die Flächenpressung und schont die Aluoberfläche.
■ Eine **Federscheibe**, auch »Sprengring« genannt, verhindert durch ihre beiden Zacken bis zu einem gewissen Maße das Lösen der Schraube/Mutter. Nur bei Stahl auf Stahl verbauen!
■ In eine **Stoppmutter** ist ein Kunststoff-Sicherungsring (oder ein mehrteiliges Stahlsegment) eingesetzt, der die Mutter auf dem Schraub-

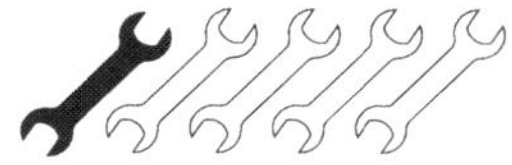

Bilder 27 und 28: Auf genügend Einschraublänge achten.

Bild 29: Gewinde immer nur mit einer Messingbürste reinigen.

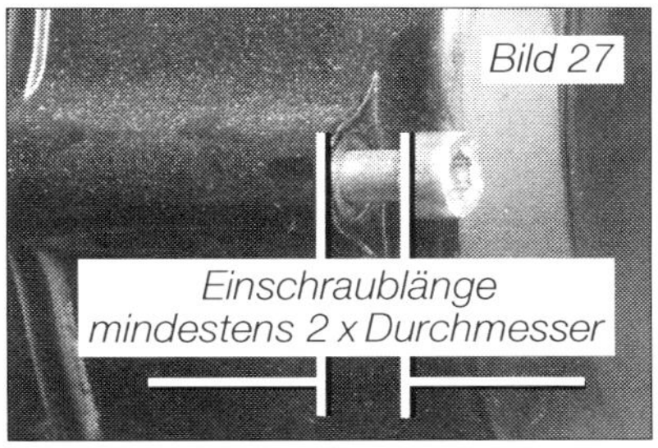

Bild 27

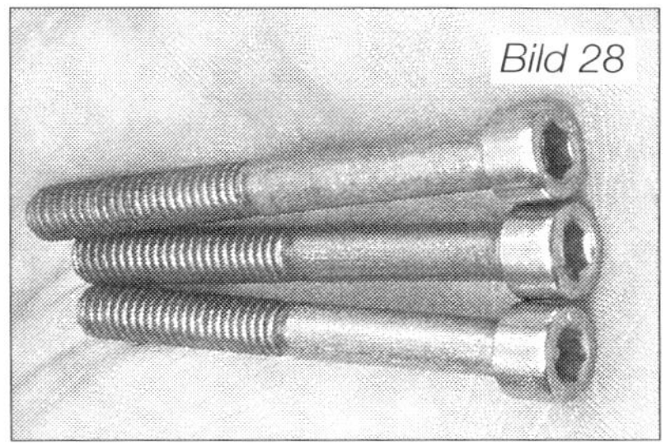

Bild 28

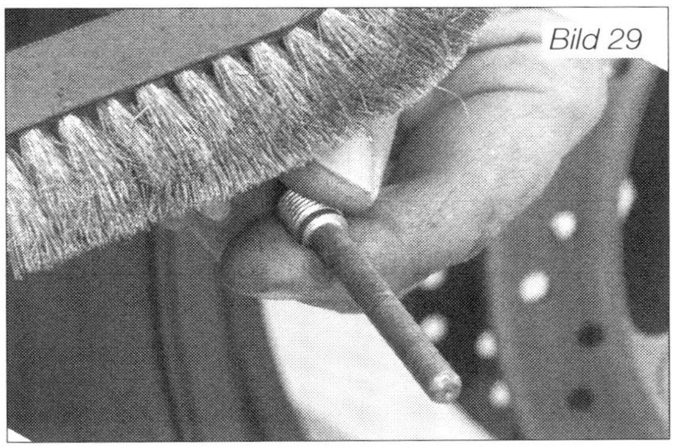

Bild 29

Bild 30: Ein Rohr eignet sich bestens, um den Hebel am Schlüssel zu verlängern und so die Hebelkraft beim Öffnen einer Schraube zu vergrößern.

Bild 31: Schraube mit defektem Gewinde.

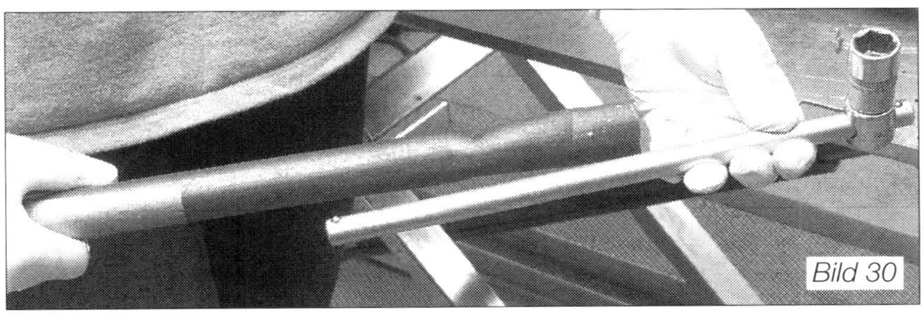

Bild 30

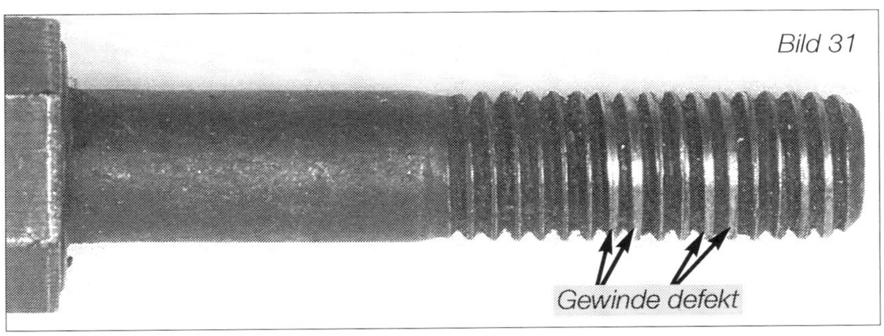

Bild 31

Bild 32: Verschiedene Scheiben und Muttern.

Bilder 33 bis 38: Im Lauftext sind die zu den Bildern gehörenden Arbeitsschritte nummeriert beschrieben.

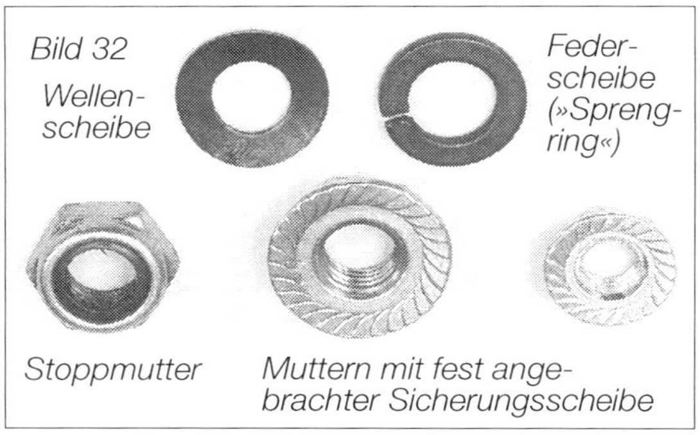

Bild 32

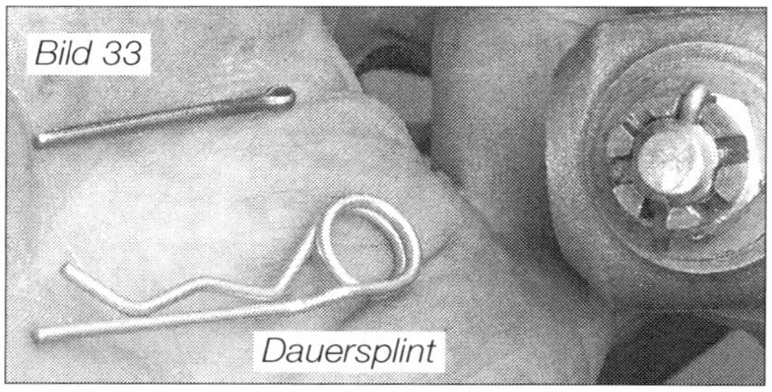

Bild 33

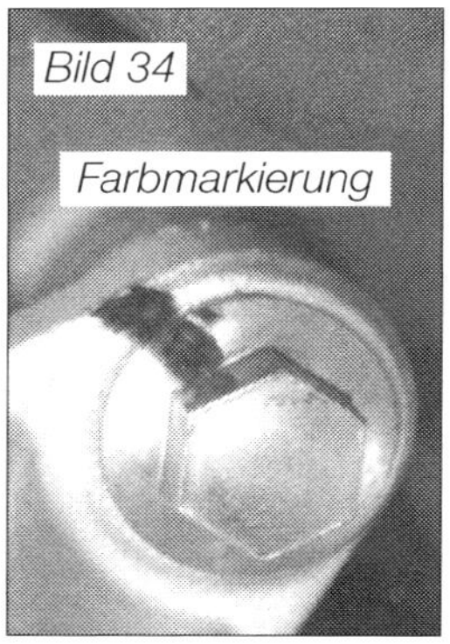

Bild 34

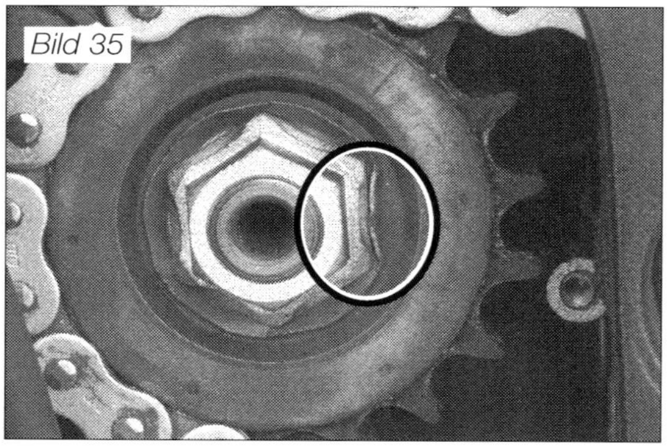
Bild 35

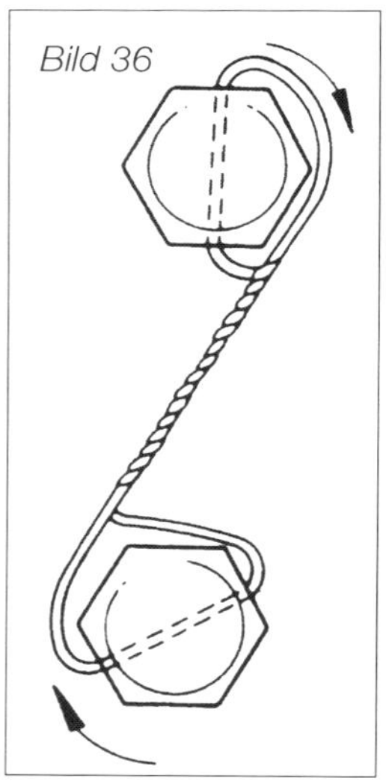
Bild 36

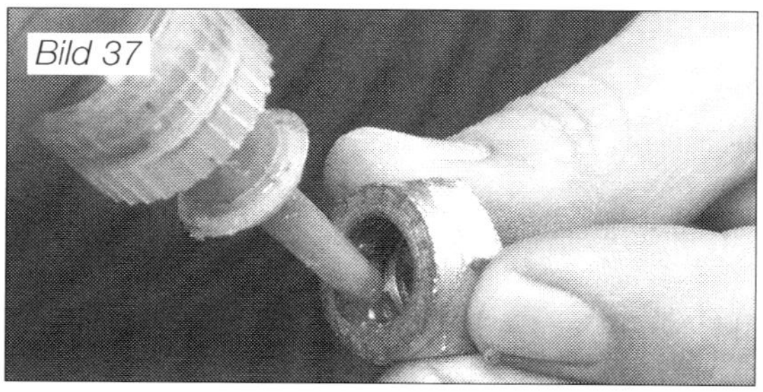
Bild 37

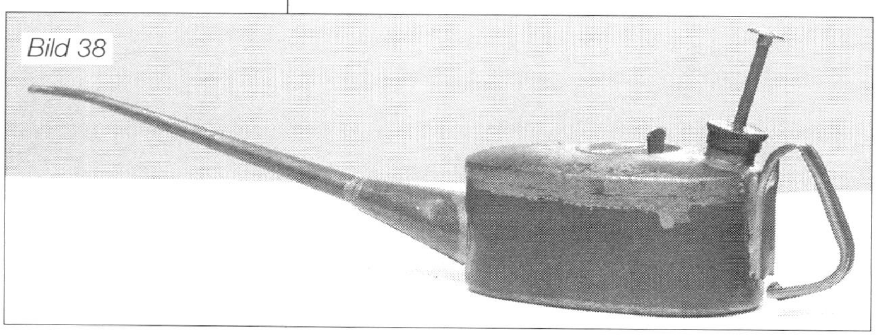
Bild 38

gewinde »verklemmt« und damit sichert. Eine Stoppmutter mit Kunststoff-Sicherungsring soll nur einmal, höchstens zweimal verwendet werden; eine Stoppmutter mit mehrteiligem Stahlsegment kann mehrmals verbaut werden.

■ Eine **Stahlmutter** mit fest angefügter Feinzahnscheibe wird ohne zusätzliche Unterlegscheibe auf Alu oder Stahl verschraubt. Nach mehrmaliger Verwendung ist die Verzahnung »flach«, sichert also nicht mehr richtig. Für die Befestigung eines Nummernschilds ist eine solche Mutter aber immer noch gut genug!

Schrauben sichern

Wenn ein Splint zur Sicherung der Mutter auf der Radachse vorhanden ist, solltest du den Biegesplint nach dem erstmaligen Öffnen wegwerfen und einen Dauersplint verwenden (Bild 33).

Profis zeichnen jede Schraube/Mutter, die sie mit dem vorgeschriebenen Drehmoment angezogen haben, mit einer Farbmarkierung (Bild 34) an. Sollte sich eine Schraubverbindung wider Erwarten öffnen, sieht man das an den zueinander verdrehten Farbstrichen!

Ein Sicherungsblech unter der Mutter/Schraube am Kettenritzel muss immer akkurat zu einer oder zwei Flächen der Mutter umgebogen sein und dicht anliegen (Bild 35). An Rennmaschinen werden Schraubenköpfe durchbohrt und mit einem Draht gesichert (Bild 36).

Fetten, Ölen, Kleben

■ Werden blanke Bauteile miteinander verschraubt, die Kontaktflächen beider Teile satt mit etwas Fett einschmieren. So rosten sie nicht zueinander fest, denn Fett zwischen zwei Passflächen verhindert das Eindringen von Feuchtigkeit. Dies gilt auch für Alu auf Alu oder Stahl auf Alu. Ohne schützende Fettschicht dazwischen kann sich böse Korrosion bilden!

■ Wenn Schrauben und Muttern verarbeitet werden, immer einen Tropfen Öl (Bild 38) auf/in ihre Gewinde und Anlageflächen geben.

■ Wenn Loctite »mittelfest« verwendet wird, KEIN Öl zusätzlich an das Gewinde geben! Loctite »mittelfest« hält jede Schraubverbindung zuverlässig zusammen. Bei extrem belasteten Schraubverbindungen, wie z. B. den Befestigungsschrauben der Bremsscheiben, ist Loctite »hochfest« vorgeschrieben. Bei Schrauben einen Tropfen auf, bei Muttern in das Gewinde (Bild 37) geben.

Simmerringe

Ein Simmerring, auch »Wellendichtring« genannt (Bilder 39, 39a und 39b), dichtet drehende (Radlager) oder zueinander gleitende Bauteile (Gabelbeine) zu den stehenden Teilen nach außen und/oder innen ab. Er schützt vor Dreck und Wasser. Mehr dazu in Kapitel 11 »Räder« und Kapitel 14 »Lenkung · Federung«.

Seegerringe

Zum Aus- und Einbau von Seegerringen werden spezielle Zangen benötigt: Innenseegerringe werden zusammengedrückt (Bild 40), Außenseegerringe auseinandergezogen (Bild 41). Einmal ausgebaute Seegerringe sollen durch Neuteile ersetzt werden. Ausnahme: Wenn man sie vorsichtig und ohne bleibende Verformung ausbaut, kann man sie noch einmal verwenden.

Beim Einbau muss die scharfe Kante des Seegerrings in Druckrichtung (also quasi »nach außen«) eingebaut werden (Bilder 42 und 43). Lieber zwei- als einmal nachsehen, ob der eingebaute Seegerring auch wirklich richtig satt in seiner Nut sitzt!

Gewindereparatur mit HeliCoil

Gründe für beschädigte oder zerstörte Gewinde:

- Häufiges Lösen und Anziehen führt zum Verschleiß im Gewinde und, je nach Häufigkeit der Benutzung, zur Zerstörung.
- Schrauben oder Muttern werden mit zu großen Anziehdrehmomenten angezogen.
- Durch Korrosion (»Rost«) zwischen Schraube/Mutter und Bauteilwerkstoff kommt es zum »Festbacken«. Beim Versuch, die Schraubverbindung zu lösen, wird das Gewinde zerstört.

Zerstörte Gewinde können mit geringem Aufwand und Kosten einfach und zuverlässig repariert werden, indem das defekte Innengewinde ausgebohrt und ein aus gewickeltem Draht bestehender Gewindeeinsatz eingedreht wird: »HeliCoil« nennt sich dieses Reparaturverfahren. HeliCoil-»Gewinde-Repairkits« werden in allen gängigen Gewindegrößen angeboten zum Preis von ca. 40 Euro mit folgendem Inhalt: Kernlochbohrer mit dem Kernloch-Durchmesser des neuen Gewindes, HeliCoil-Gewindebohrer, HeliCoil-Einbauwerkzeug, das ist eine Einbau-Gewindespindel mit einem kleinen Ansatz, 20 Stück HeliCoil-Drahtgewindeeinsätze.

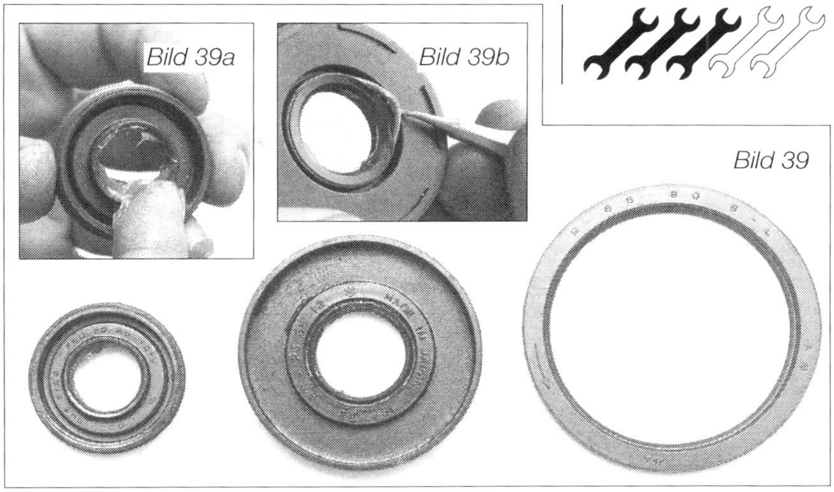

Bilder 39, 39a und 39b: Simmerringe werden mit der Aufschrift nach außen eingebaut. Vor dem Einbau mit leichtem Wälzlagerfett einschmieren (Bild 39a). Die kleine Feder nicht entfernen (Bild 39b).

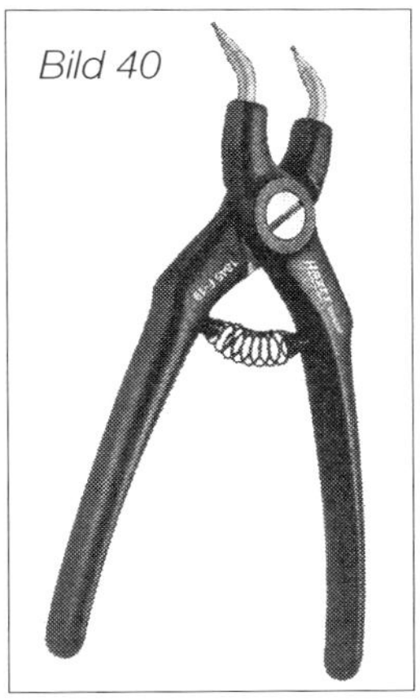

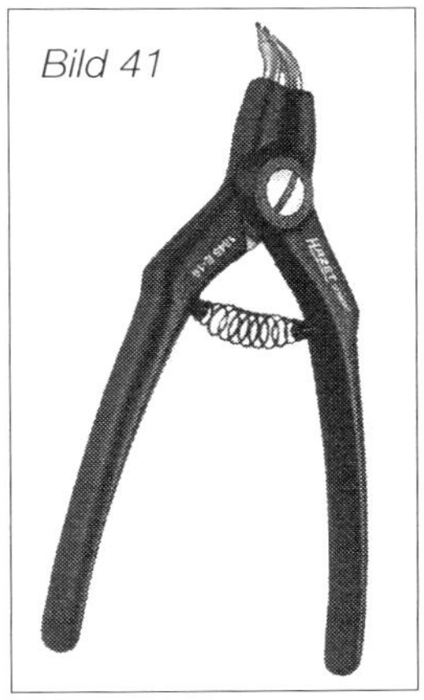

Bilder 40 und 41: Seegerring-Zangen.

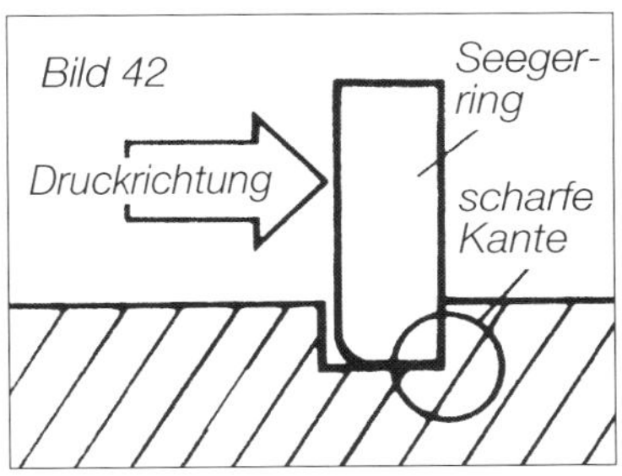

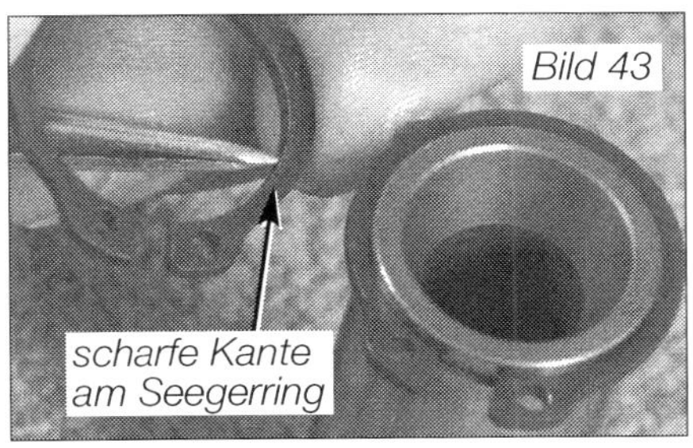

Bilder 42 und 43: Einbauvorschrift für Seegerring.

Bild 44: HeliCoil-Repairkit mit allen benötigten Werkzeugen und einigen Gewindeeinsätzen.

Sichtprüfung Messen

Bilder 45 bis 50:
■ 45: Defektes Gewinde, überdrehte Schraube.

■ 46: Schraubenreste ausbohren, sauberes Kernloch erzeugen.

■ Neues Aufnahmegewinde für den HeliCoil-Gewindeeinsatz schneiden.

■ 47 und 48: HeliCoil-Gewindeeinsatz mit der Einbauspindel montieren.

■ 49: Zapfen brechen und entfernen.

■ 50: Perfekt ist das neue Gewinde mit HeliCoil-Gewindeeinsatz.

■ Schraube eindrehen und anziehen, fertig!

Gewinde reparieren

1. Schritt: Wenn eine Schraube abgebrochen ist (Bild 45) und im alten Gewinde steckt:

■ Sichtbaren Rest der Schraube ankörnen.

■ Mit einem gut geschliffenen (!) Bohrer, der 0,5 mm kleiner ist als der alte Gewinde-Nenndurchmesser (z. B. M8 = 7,5 mm), das abgebrochene Gewindestück ausbohren.

2. Schritt: Mit dem im HeliCoil-Repairkit befindlichen Bohrer das beschädigte Gewinde komplett ausbohren (Bild 46). Der Bohrerdurchmesser entspricht dem Kerndurchmesser des neuen Aufnahmegewindes für den HeliCoil plus Drahtgewindeeinsatz.

3. Schritt: Aufnahmegewinde für den HeliCoil-Drahtgewindeeinsatz mit dem beiliegenden Gewindebohrer schneiden.

Wichtig: Wenn du ein Durchgangsgewinde am Motor reparierst, z. B. das der Zündkerze im Zylinderkopf (ja, das geht wirklich!), tauche den Gewindebohrer vor dem Gewindeschneiden in Fett ein – die Späne bleiben am Gewindebohrer haften und fallen nicht in den Motor hinein!

4. Schritt: Gewinde gut reinigen: Mit Druckluft ausblasen, ALLE Späne entfernen!

5. Schritt: HeliCoil-Drahtgewindeeinsatz auf die Einbauspindel aufdrehen (Bild 47) und montieren. Das ist einfach, der Drahtgewindeeinsatz wird mit der Spindel wie eine Schraube in das vorbereitete Aufnahmegewinde eingedreht (Bild 48).

6. Schritt: Nach der Montage des Drahtgewindeeinsatzes dessen Mitnehmerzapfen abbrechen (Bild 49): Das dazu nötige »Zapfenbrechwerkzeug« zuvor in etwas Fett tauchen, ganz in den Drahtgewindeeinsatz einführen, mit einem kleinen Hammer einen leichten Schlag auf das Zapfenbrechwerkzeug geben und den abgebrochenen Mitnehmerzapfen aus dem Drahtgewindeeinsatz entfernen.

Wichtig: Bei der Reparatur von Durchgangsbohrungen muss Obacht gegeben werden, dass der abgebrochene Mitnehmerzapfen z. B. nicht in den Motor zwischen Motormechaniken gerät!

Fazit: Eine Gewindereparatur mit HeliCoil ist in zehn Minuten erledigt und um ein Vielfaches belastbarer als das Originalgewinde. Das Gewinde wurde nicht etwa »geflickt«, sondern seine Qualität deutlich verbessert: Der HeliCoil-Drahtgewindeeinsatz (Bild 50) aus Edelstahl macht das Gewinde verschleißfest und korrosionsbeständig.

Anziehdrehmomente

Was bedeutet »Anziehdrehmoment«?

Damit eine Schraube (Mutter) eine notwendige Verbindungs-Haltekraft ausüben kann, muss die Schraube (Mutter) in dem ihr zugeordneten Innengewinde (Außengewinde) mit einem bestimmten Anziehdrehmoment festgezogen werden.

Nur damit ist garantiert, dass die durch die Schraube (Mutter) zueinander verspannten Bauteile ausreichend fest sind und sich die Schraubverbindung nicht von alleine löst (z. B. durch Vibrationen).

Um sicher zu gehen, dass Schrauben (Muttern) richtig angezogen sind (also »fest genug um zu halten, aber nicht so fest, dass ihr Gewinde beschädigt wird oder die Schraube abreißt«), wird ein Anziehdrehmoment vorgeschrieben. Sehr wichtig ist das richtige Anziehdrehmoment zum Beispiel bei sicherheitsrelevanten Fahrwerks-Schraubverbindungen wie Achsschrauben

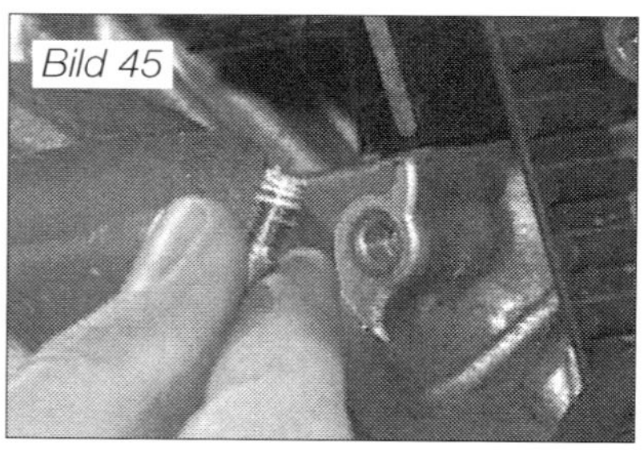
Bild 45

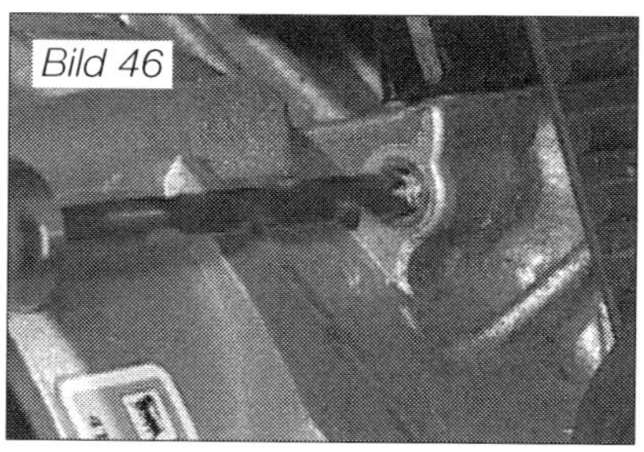
Bild 46

Bild 47

Bild 48

Bild 49

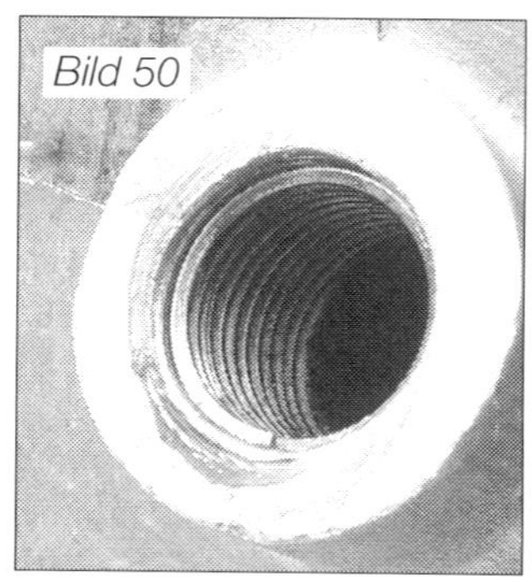
Bild 50

und Achsmuttern, den Schrauben der Bremssattelbefestigung, der Gabelklemmung, Federbeinbefestigung und die Bolzen und Muttern der Federungs-Umlenkhebel.

Die richtigen Anziehdrehmomentwerte für die verschiedenen Baugruppen werden vom Fahrzeughersteller festgelegt und in den modellspezifischen Reparaturanleitungen veröffentlicht. Bei manchen Marken sind sie auch in der Fahrzeug-Betriebsanleitung abgedruckt. Im Zweifelsfall weiß der Markenhändler Bescheid.

Wichtig: Besorge dir die für dein Motorrad vorgeschriebenen Anziehdrehmomentwerte für die Achsen von Vorder- und Hinterrad und die Bremssättel. Wenn du bei einer Montagearbeit das vorgeschriebene Drehmoment nicht weißt, dann halte dich an die am Ende dieses Kapitels aufgelisteten Werte.

Warum ein Anziehdrehmoment wichtig ist

Schraube zu locker: Werden Schrauben/Muttern zu leicht angezogen, besteht die Gefahr, dass sich die Schraubverbindung lockert.
Schraube zu fest: Werden Schrauben (Muttern) zu fest angezogen, werden ihre Gegengewinde »weich«, sie reißen bzw. brechen dabei aber (noch) nicht. Die Schraubverbindung erscheint »gefühlt fest«, lockert sich aber später und fällt ab.

Bei jeder Schraubenmontage beachten

1. Wichtigste Voraussetzung zum korrekten Anziehen aller Schrauben und Muttern ist, dass die Gewinde und Anlageflächen unbeschädigt und frei von Schmutz sind.
2. Verschmutzte Schraubgewinde NICHT mit einer Stahlbürste reinigen, denn diese kann das Gewinde beschädigen. Immer eine Messingbürste benutzen.
3. Schrauben mit verrostetem oder beschädigtem Gewinde müssen durch Neuteile ersetzt werden.
4. Wenn an einer Schraubverbindung die Verwendung von Schraubensicherung vorgeschrieben ist: Überall in Werkstätten zu Hause ist »Loctite« in den drei verschiedenen Klebequalitäten »leicht«, »mittelfest« und »hochfest«. Die am meisten benötigte Qualität ist »mittelfest«. Sie wird verwendet, wenn hohe Festigkeit verlangt wird und die damit gesicherten Schrauben ohne Zerstörung des Gewindes wieder gelöst werden müssen.
5. Ausgedrehte Schrauben, an denen Reste von Schraubensicherung hängen, vor der Wiederverwendung mit Bremsenreiniger und einer Messingbürste reinigen.
6. Schrauben, Muttern und Unterlagscheiben vor dem Einbau etwas einölen. Normales Motoröl dazu verwenden.

Basis-Anziehdrehmomente für Stahlschraube in Stahl

Für normale Stahlschrauben, die mit Stahlmuttern verschraubt oder in ein Stahl-Gegenstück geschraubt werden, gelten folgende Anziehdrehmomentwerte:

Schraube/Mutter M5 (SW 7/8) .... 5 bis 6 Nm
Schraube/Mutter M6 (SW 8/10) ....9 bis 11 Nm
Schraube/Mutter M8 (SW 12) .... 22 bis 25 Nm
Schraube/Mutter M10 (SW 14) .... 44 bis 50 Nm
Schraube/Mutter M12 (SW 17) .... 77 bis 85 Nm
Schraube/Mutter M14 (SW 19) ..... 95 bis 110 Nm
Schraube/Mutter M16 (SW 22) ... 125 bis 155 Nm

Basis-Anziehdrehmomente für Stahlschraube in Aluminium

Schraube/Mutter M5 (SW 7/8)...... 3,5 bis 5,0 Nm
Schraube/Mutter M6 (SW 8/10) ....6,0 bis 7,8 Nm
Schraube/Mutter M8 (SW 12) .... 14 bis 22 Nm
Schraube/Mutter M10 (SW 14) .... 25 bis 35 Nm
Schraube/Mutter M12 (SW 17) .... 45 bis 60 Nm

- *SW = Schlüsselweite*
- *7/8 = Schlüsselweite 7 oder 8 (dito 8/10 = SW 8 oder 10)*

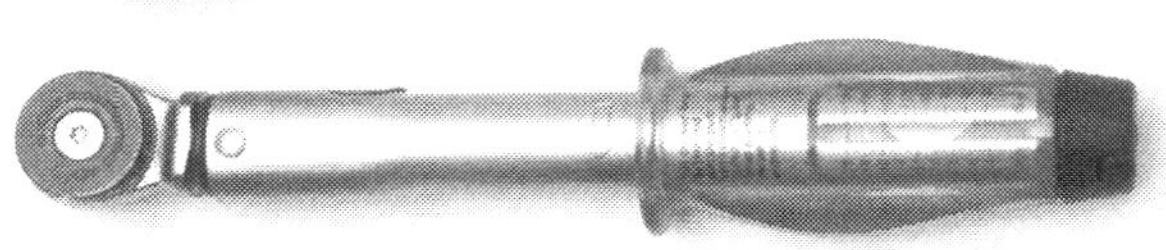

Bild 51: Kleiner und großer Drehmomentschlüssel. Für verschiedene Nüsse benötigte Adapter mit 1/4- bis 3/4-Zoll-Vierkant.

Pflege

In diesem Kapitel: Waschen · Polieren · Schmierstellen · Winterbetrieb · Überwintern · Inbetriebnahme nach der Winterpause.

Waschen

Grundsätzlich soll jedes Motorrad nur mit milden Waschmitteln, weichen Schwämmen und Lappen gewaschen werden. Bei Verwendung von aggressiven Mitteln und harten Bürsten sehen Kunststoff-, Lack- und Aluteile rasch zerkratzt und hässlich aus.

Bild 1: Verschiedene Pflegemittel, die für die große Wäsche zu empfehlen sind.

Bild 1

Das Motorrad nur in kaltem Zustand waschen. Wenn es bei warmem Motor oder in direkter Sonneneinstrahlung gewaschen wird, verdunstet das Waschwasser zu schnell und die Waschmittelzusätze brennen sich in die heißen Oberflächen von Motor, Auspuffkrümmer und -topf regelrecht ein. Solche Flecken wieder zu entfernen ist recht mühselig.

Motorrad nicht Dampfstrahlen! Ein großer Eimer warmes Wasser mit einem Schuss Neutralreiniger (neutraler pH-Wert) und ein weicher Schwamm genügen für die Handwäsche.
Die in Motorrad- und Zubehör-Fachgeschäften angebotenen speziellen Motorradreiniger sind sehr zu empfehlen. Pur und mit einer Minute Wartezeit angewendet lösen sie Dreck und Fettrückstände gut ab. Zur Not geht auch Geschirrspülmittel. **Nicht zu viel Reiniger verwenden!** Nach der Warmwäsche mit reichlich klarem, kaltem Wasser nachspülen.

- Wenn möglich, bocke das Motorrad zum waschen vorne und hinten auf, so dass die Räder freistehen (Bild 4). Das vereinfacht das Reinigen von Rädern, Bremsen, Kette und das nachfolgende Polieren.
- Den Motorblock auch nass reinigen, nur bitte nicht »fluten«. Ebenso aufpassen, dass kein

Sicherheitshinweise ⚠ Achtung und ☞ Tipps für dieses Kapitel

⚠ Motorrad niemals mit dem Dampfstrahler reinigen! Dampf- und Reinigungsstrahlen aus Hochdruckreinigern dringen überall dorthin, wo sie nicht hin sollen, z. B. in elektrische Steckkontakte, Schalter, Radlager, Gehäuseteile, Bremssättel. Dort richten Wasser und Reinigungsmittel große Schäden an!

☞ Motorrad immer von oben nach unten waschen, die weniger verschmutzten Teile zuerst. Waschwasser fern halten von allen elektrischen Anschlüssen, elektrischen Schaltern, Steckern der Elektrik und Bowdenzüge.

⚠ Nach dem Waschen besonders die Reifen und Bremsscheiben mit reichlich klarem Wasser abspülen, damit alle glitschigen Rückstände abgespült werden. Rutschige Reifen können in der ersten Kurve für Überraschungen sorgen und Bremsscheiben mit einem Schmierfilm sind nicht gerade förderlich für die Bremsleistung.

⚠ Niemals den Gas- oder Kupplungszug mit Kettenspray oder Motoröl schmieren! Moderne Bowdenzüge (ab ca. Bj. 1995) sind mit einem speziellen Kunststoffmaterial beschichtet, was zum leichten Lauf auf Dauer genügt. Wenn ungeeignetes Öl in den Bowdenzug eingespritzt wird, kann dies dazu führen, dass die Beschichtung aufquillt und die Freigängigkeit einschränkt, was bis zum völligen Festsitz des Zuges führen kann! Wenn ein Schmieren der Züge nötig sein sollte (z.B. bei älteren Motorrädern), verwende dünnflüssiges, harz-freies Nähmaschinenöl oder Ölspray WD-40.

⚠ Keinesfalls die Gelenkstellen der Drosselklappen mit Fett, Öl oder Ölspray schmieren! Das Schmiermittel kann durch die Hitze festbacken und die Beweglichkeit der Drosselklappen beeinträchtigen – dies kann bis zum Festgehen führen!

☞ Wenn du dir eine Motorrad-Abdeckhaube kaufst, um die Maschine darunter überwintern zu lassen, dann nimm eine, die unten Ösen hat, damit Gepäckgummis eingehängt werden können. So ist die Plane gesichert ist und fliegt beim ersten Windstoß nicht gleich davon.

☞ »Richtig überwintern« heißt vor allem, dass die Maschine über die Wintermonate so abgestellt werden soll, dass beide Räder frei in der Luft sind, also keinen Bodenkontakt haben. Denn wenn dein Motorrad monatelang auf dem Seitenständer steht und der Vorderradreifen womöglich zu wenig Luftdruck hat, bekommt der Reifen einen »schrägen Standplatten«, also eine abgeflachte Stelle. Deshalb raten wir das Motorrad auf dem Hauptständer oder einem Heckmontageständer abzustellen.

☞ Nicht nur die im Frühjahr aus der Winterpause entmottete Maschine, sondern auch die Fahrerin muss sich wieder langsam an das Motorradfahren mit all seinen Eigenheiten gewöhnen. Starte gemütlich in die neue Saison oder noch besser: Buche ein Frühjahrs-Sicherheitstraining.

Wasser in den Luftfilterkasten und den Auspufftopf gelangt.

■ Nach der Klarwasser-Nachwäsche Tank und Verkleidungsteile mit Waschleder oder weichem Tuch umgehend abtrocknen.

■ Für Lampen- und Blinkergläser, Instrumente, Spiegel und Gabelbeine sowie vorderes Schutzblech gilt: Angetrocknete Insektenreste mit reichlich Wasser einweichen und abwaschen. Nicht mit harten Gegenständen versuchen, den Schmodder abzukratzen! Bei hartnäckigen Fliegenleichen reichlich Glasreiniger auf einen Massagewaschlappen geben und feste rubbeln.

■ Wenn die Verkleidungsscheibe Flecken hat, die mit Glasreiniger nicht wegzubekommen sind, hilft die »Polierpaste für Acryl- und Plexiglas« vom Hersteller Rot-Weiß (Bild 2). Zur Not tut es auch ein »Tiefenreinigungsmittel«, wie es für Kunststoff-Heckscheiben von Cabrioverdecken im Autozubehörhandel angeboten wird.

■ Lack- und Kunststoffteile sowie Metalloberflächen nicht mit Benzin oder anderen Lösungsmitteln bearbeiten! Erstens ist das Zeug giftig und zweitens brennen sich Lösungsmittel in die

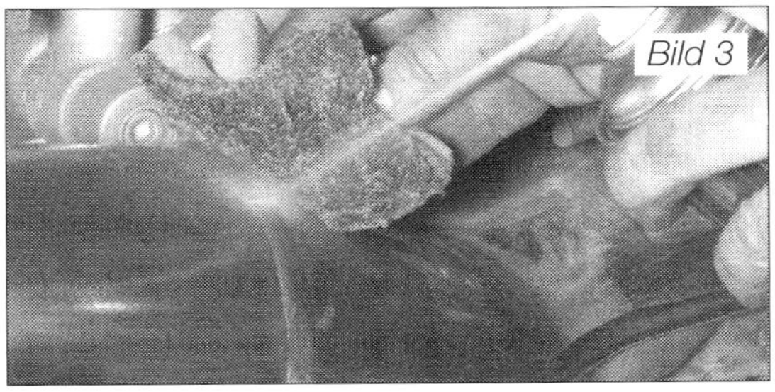

Bild 2: Flecken in der Verkleidungsscheibe lassen sich auspolieren.

Bild 3: Flecken auf dem Auspuff nicht mit Ölspray entfernen, denn Öl brennt sich ein und hinterlässt hässliche Spuren. Flecken mit Topfschwamm und Bremsenreiniger wegrubbeln.

Bild 4: Schmier- und Pflegestellen am Beispiel einer Yamaha FZ6 Fazer.

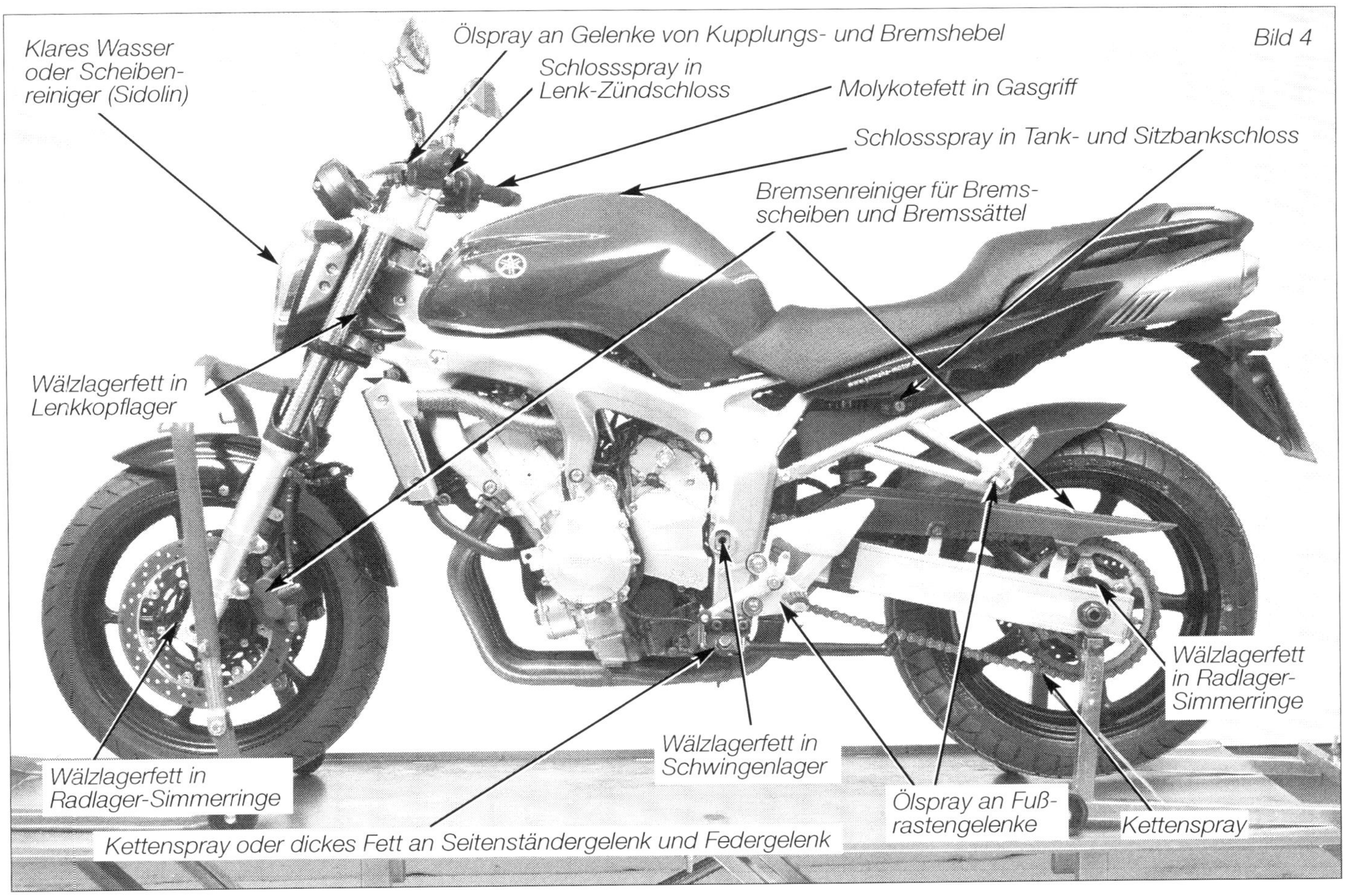

Sichtprüfung Messen

Bild 5: Verschiedene Poliermittel der Firma ROT-WEISS.

Oberflächen ein und hinterlassen dort Flecken, die nicht mehr entfernt werden können.
■ Ausnahme: Wenn sich z. B. ein Stück Schuhsohle in den Auspuff eingebrannt hat, kann man seine Oberfläche mit Bremsenreiniger und der rauen Seite eines Haushaltsschwammes bearbeiten. Selbst hartnäckige Teerflecken lassen sich damit vom Auspuffkrümmer entfernen (Bild 3).
■ Bremsscheiben mit einem sauberen Lappen und Bremsenreiniger (nichts anderes!) abwischen (Kapitel 12 »Bremsen«).
■ Kette mit einem speziellen Kettenreiniger (Dieselöl geht auch) und einem harten Pinsel reinigen, gut mit einem fusselfreien Lappen abputzen und trocknen lassen. Mehr zum Thema Kette reinigen, überprüfen und schmieren findest du im Kapitel 13 »Kette«.
■ Kettenschmiere auf der Felge und umliegenden Rahmenteilen vorsichtig mit Ölspray (WD-40) entfernen. Nicht die Reifen verschmieren!

Bild 5

Bilder 6 und 7: Speichenfelgen lassen sich mit alten Schnürsenkeln und einer Politurpaste auf Hochglanz bringen.

Bild 6

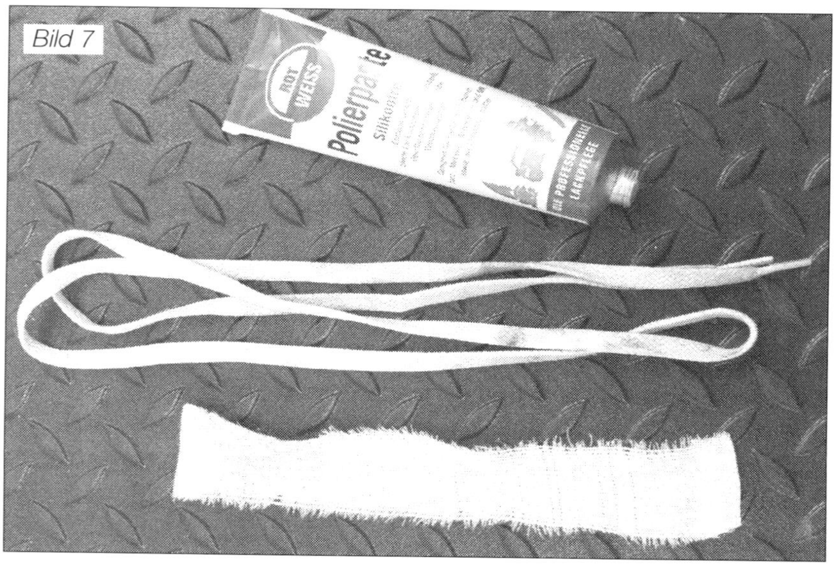

Bild 7

Polieren

Das Angebot an Politur- und Pflegemittel ist im Motorrad-Fachhandel sehr groß. Was du wirklich brauchst, um dein Motorrad auf Hochglanz zu bringen, ist Folgendes:
■ Politurmittel, Watte und einen weichen Lappen, wir verwenden gerne die Produkte vom Hersteller Rot-Weiß (Bild 5).
■ Chrompaste, wie z. B. Autosol (Bild 1), damit bringst du Chromteile zu absolutem Hochglanz und das Zeug hilft auch sonst im Haushalt, z. B. beim Wasserhahn, Schmuck und Silberbesteck.
■ Teerentferner, hilft super, wenn im Hochsommer Bitumenreste an der Unterseite der Verkleidung oder an den Felgen kleben.

Wichtige Polierpunkte:
Nicht unter direkter Sonneneinstrahlung polieren, denn die Politurpaste trocknet ruck, zuck und hinterlässt im Extremfall Flecken auf dem Lack, die sich nicht mehr entfernen lassen. Ein schattiges Plätzchen suchen.
■ Etwas Politurpaste auf ein Stück Watte geben und in kreisenden Bewegungen auf den Lack auftragen. Leicht antrocknen lassen und danach mit einem weichen, nicht fusselnden Lappen alle Rückstände entfernen.
■ Speichenfelgen lassen sich super mit alten Schnürsenkeln und einer Politurpaste auf Hochglanz bringen. Zum Nachpolieren kannst du aus einem Tuch kleine Streifen schneiden, so wird auch die engste Stelle kein Hindernis mehr sein (Bilder 6 und 7).

Schmierstellen

Das Abschmieren der beweglichen Teile wie Handhebel, Fußrasten und Seiten- bzw. Hauptständer dient in erster Linie dazu, Schmutz und Wasser von ihren Gelenkstellen fern zu halten und Rost vorzubeugen, damit Leichtgängigkeit und lange Lebensdauer gewährleistet werden.

Wenn diese Gelenk- und Kontaktstellen nicht regelmäßig gepflegt werden, stellt sich im Laufe der Zeit Schwergängigkeit ein. Und wenn das Motorrad im Freien abgestellt ist, lagert sich Umgebungsdreck aus der Luft darauf ab und kriecht in die Gelenkstellen hinein. Für diese Gelenkstellen verwendest du am besten ein gutes Allzweck-Ölspray wie das überall erhältliche WD-40 (das riecht auch noch gut).

- Nach jeder Wäsche den Gelenkstellen von Fußrasten, Brems- und Schalthebel einen guten Schuss Allzweck-Ölspray geben (Bild 8). Nach dem Sprühen nicht alle Ölüberschüsse, die neben die eigentlichen Schmierstellen gelangt sind, wieder abwischen, sondern diese einfach dort lassen (sofern du nicht auf den Reifen oder die Bremsscheiben gesprüht hast!). Denn ein dünner Ölfilm bindet Staub und Schmutz, und lässt sich bei der nächsten Fahrzeugwäsche besser abputzen, ohne dass die teils empfindlichen Oberflächen zerkratzt werden. Vor allem, wenn das Motorrad durch Regen gefahren wird, schützt das Allzweck-Ölspray davor, dass die Nässe in jede Ritze kriecht.
- Das Zünd-Lenkschloss und das Schloss im Tankdeckel niemals mit Ölspray oder gar Kettenspray schmieren! Zum Schmieren der Schlösser nur spezielles »Schlossspray« auf Graphitbasis verwenden.
- Halte jede Art von Schmiermittel oder Ölspray fern von Sensoren, elektrischen Steckverbindungen und Schaltern. Ölspray leitet nicht und kann den Stromfluss behindern. An Steckverbindungen und Schaltern nur spezielles »Kontaktspray« verwenden!
- Gasdrehgriff: Wenn er schwer geht, muss er zum Schmieren geöffnet werden. Das ist im Kapitel 21 »Vergaser · Einspritzung« beschrieben.

Winterbetrieb

Nach jeder Winterfahrt das Motorrad mit kaltem Wasser abspülen, mit weichem Lappen trocknen. **Kein heißes Wasser verwenden!** Dieses verstärkt die korrodierende Wirkung des Streusalzes. In den Bildern 9 und 10 sind korrodierte Schraubenköpfe und Bremsleitungsanschlüsse einer Maschine zu sehen, die nach einer Winterfahrt auf trockenen Straßen nicht gewaschen, sondern einfach abgestellt wurde. Oberflächenkorrosionen dieser Art lassen sich mit einem Topfreiniger (»Akopads«) zwar einigermaßen entfernen, deine Maschine wird aber nie wieder so aussehen wie vorher!

Überwintern

Wenn du ein Saisonkennzeichen an deinem Motorrad hast, muss es für die Winterpause nicht abgemeldet werden, darf aber in bestimmten Monaten nicht am öffentlichen Straßenverkehr teilnehmen. Das bedeutet aber auch, dass deine Maschine ebenso wenig wie ein abgemeldetes Motorrad während der Stilllegemonate auf der Straße im öffentlichen Verkehrsraum abgestellt werden darf. Am besten überwintert deine Maschine in einer gut gelüfteten Garage oder in einem trockenen Hofraum mit einer Motorradabdeckhaube.

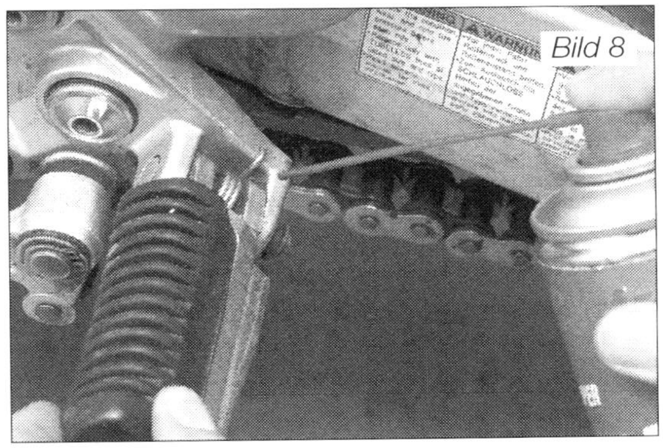
Bild 8

Bild 8: Nach jeder Wäsche einen guten Schuss Allzweck-Ölspray an die Gelenkstellen von Fußrasten, Brems- und Schalthebel geben.

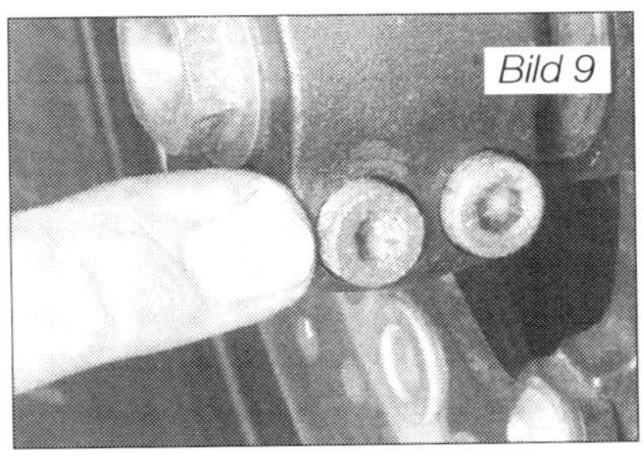
Bild 9

Bild 10

Bilder 9 und 10: Wegen schlechter Pflege korrodierte Schraubenköpfe und Bremsleitungsanschluss.

Bild 11

Bild 11: Benzin aus der Schwimmerkammer des Vergasers über die Wintermonate ablassen. Das abgelassene Benzin kann in den Tank zurück geleert werden, sofern es frei von Schmutzpartikeln ist.

Bild 12: Das Wundermittel »Fuel Guard« verhindert Rost im Tank und knochenharte Ablagerungen in der Einspritzanlage. Fuel Guard wird vor dem Überwintern der letzten Tankfüllung einfach zugegeben.

Bild 12

Motorradabdeckhauben gibt es im Fachhandel in vielen verschiedenen Größen und Materialien. Deshalb achte darauf, dass du die Haube in der richtigen Größe kaufst. Wenn dein Motorrad im Freien abgestellt wird und den Kräften der Natur voll ausgesetzt ist, beachte bitte:

- …dass die Haube unten Metallösen hat, damit kann sie am Motorrad befestigt werden und landet nicht beim ersten Windstoß auf der Straße.
- …dass die Haube atmungsaktiv ist, sonst bildet sich vom Schwitzwasser Rost am Motorrad.

Zum Einmotten in die Winterpause folgende Vorbereitungen treffen:

1. Motorrad gut warm fahren, dadurch verflüchtigen sich Rückstände im Motoröl.
2. Motorrad waschen, damit angetrocknete Insektenreste den Lack nicht angreifen.
3. Tank randvoll machen.
4. Noch an der Tankstelle den Luftdruck in den Reifen erhöhen: Etwa 0,5 bar mehr als im Normalbetrieb vorgeschrieben ist.
5. Direkt zum Winterabstellplatz fahren und Motor abstellen.
6. Einen Schuss »Fuel Guard« (Bild 12) in den Tank geben, falls dein Motorrad im Freien überwintert.
7. Hat dein Motorrad einen Benzinhahn, muss er auf »OFF« gestellt und aus der Schwimmerkammer am Vergaser sollte das Benzin abgelassen werden (Bild 11). Dazu brauchst du einen Schraubenzieher (oder Inbus) und ein kleines Auffanggefäß (mehr dazu in Kapitel 21 »Vergaser · Einspritzung«).
8. Batterie ausbauen (Kapitel 17 »Batterie«).
9. Gelenkstellen von Brems- und Kupplungshebel, Fußrasten und Seitenständer mit Ölspray einsprühen.
10. Blanke und verchromte Teile mit säurefreiem Fett (Vaseline) dünn einreiben.
Wichtig: Auspuff vorher kalt werden lassen!
11. Motorrad sicher auf dem Hauptständer abstellen, Lenkschloss sperren.
12. Passende Abdeckhaube über das kalte Motorrad legen und befestigen.

Ganz penible Menschen wechseln vor der Überwinterung das Motoröl. Folgende Vorgehensweise hat sich bewährt: Wenn der Ölwechsel vor der Überwinterung länger als drei Monate oder mehr als 3000 km zurückliegt, machst du einen Öl- samt Filterwechsel. Wenn du mit deiner Maschine noch in der zweijährigen Garantiezeit bist und sie deshalb zum Ölwechsel in die Werkstatt gibst, lass gleich eine komplette Inspektion machen. Dann kannst du im Frühjahr gleich durchstarten (zum Saisonstart sind sämtliche Werkstätten grundsätzlich überlastet!).

Was du noch tun kannst:
Alle paar Wochen Vorder- und Hinterrad einige Male durchdrehen und in eine andere Ruheposition bringen. Das verhindert das Festkleben der Bremsbeläge an den Bremsscheiben bzw. hässliche Flecken an der Bremsscheibe.

Inbetriebnahme nach der Winterpause

Denke einen Tag bevor du dein Motorrad ausmottest daran, die ausgebaute Batterie aufzuladen. Ein Ladegerät ist im Zubehörhandel für ein paar Euro zu bekommen. Oder du bringst sie über Nacht zum Laden zu deinem Händler.

1. Abdeckplane vom Motorrad nehmen, Fettschicht von den Metall- und Chromteilen mit weichem Lappen abwischen, kein Benzin oder ähnliche Lösungsmittel verwenden!
2. Betriebsbereite, gut geladene Batterie einbauen, Polanschlüsse am besten mit säurefreiem Fett (»Polfett«) einschmieren.
3. Sicherheitskontrollen: Fern-Abblendlicht, Rücklicht, Bremslicht, Blinker und Hupe prüfen.
4. Bei Motorrädern mit Benzinhahn: Benzinhahn eine bis drei Sekunden auf »PRI« stellen, damit Benzin in die entleerte(n) Schwimmerkammer(n) laufen kann, danach auf »ON« stellen.
5. Motor starten: Zündung einschalten und VOR dem Betätigen des Starterknopfes zwei- bis dreimal Gas geben, damit das Motorsteuergerät Signale vom Drosselklappen-Sensor empfangen und sich einstellen kann.
6. Wenn die Batterie abgeklemmt war, muss sich das Motorsteuergerät erst wieder neu einjustieren. Deswegen läuft der Motor direkt nach dem Anspringen nicht gleich rund und braucht einige Sekunden, bis er seinen Rhythmus gefunden hat.
7. Motor nicht zu lange im Standgas laufen lassen, sondern nach spätestens drei Minuten losfahren.
8. Direkt zur nächsten Tankstelle fahren und den Reifenluftdruck prüfen und ggf. korrigieren (siehe Kapitel 10 »Reifen«).
9. Motor sanft warm fahren. Darauf achten, dass alle Funktionen in Ordnung sind: Öldruck, Bremsleistung, Federung und Dämpfung.

- Gute Fahrt in die neue Saison!

Einstellungen

In diesem Kapitel: Richtig sitzen · Handhebel einstellen · Kupplungsspiel · Fußhebel · Bremslichtschalter · Leerweg am Gasgriff · Motor-Leerlaufdrehzahl · Choke · Lenker, Rückspiegel.

Richtig sitzen

Wenn Hand- und Fußhebel auf deine persönlichen Bedürfnisse und anatomischen Gegebenheiten angepasst sind, nimmt der Fahrkomfort zu und damit auch die passive Verkehrssicherheit. Denn je perfekter Sitzposition und Hebellage passen, desto wohler fühlst du dich auf deiner Maschine, und desto besser kannst du dich auf das Fahren und den Verkehr konzentrieren (siehe auch Kapitel 7 »Sitzhöhe«).

Handhebel einstellen

Viele moderne Motorräder haben Einsteller für Handbrems- und/oder Kupplungshebel (Bild 1). Über sie kann die Hebelspreizung (also der Abstand zum Griff) in verschiedene Positionen eingestellt werden: Wenn du lange Finger hast, stellst du den Hebel auf einen weiten Abstand ein (Position 1 auf dem Einsteller, siehe Bild 2), mit kurzen Fingern auf einen kurzen Abstand (Position 4 oder 5, siehe Bild 3).

1. Hebel außen anpacken, leicht nach vorne drücken und den Einsteller entsprechend nach links oder rechts drehen.

2. Hebel loslassen und darauf achten, dass der Zapfen am kurzen Hebel exakt in der Bohrung des Einstellers eingerastet ist.

■ Die Ziffer auf dem Einsteller muss exakt auf den kleinen Pfeil am kurzen Hebel zeigen.

Einstellung der Handhebel prüfen

1. In Fahrposition aufsitzen, Lenker mit offenen Händen locker umfassen, Finger auf Kupplungs- bzw. Bremshebel auflegen.

2. Die gedachte Linie durch Unterarm und Handgelenk über den Lenker zu den Fingerspitzen soll möglichst gerade sein (Bild 4).

■ Ist die Linie nach unten abgebogen, stehen die Handhebel zu tief (Bild 5).

■ Ist die gedachte Linie im Handgelenk nach oben abgeknickt ist, stehen die Handhebel zu hoch (Bild 6). Beides ist zum entspannten Fahren wenig geeignet.

Handhebel einstellen

1. Schrauben der Lenkerklemmung (Bild 7) lösen (nicht ausdrehen) und die **komplette** Hebelarmatur in die passende Position drehen.

■ Je nach Modell sind hier Inbus- oder Sechskantschrauben angebracht.

2. Befestigungsschrauben wieder festziehen.

2.1. Zuerst obere Schraube anziehen, bis die Lenkerklemmschale oben anliegt, dann die untere Schraube anziehen (je 10 Nm).

2.2. Wenn die Klemmschale abgeschraubt war, sie so anbringen, dass Pfeil und/oder »UP« auf der Klemmschelle beim Anbau nach oben zeigen (Kreis in Bild 7).

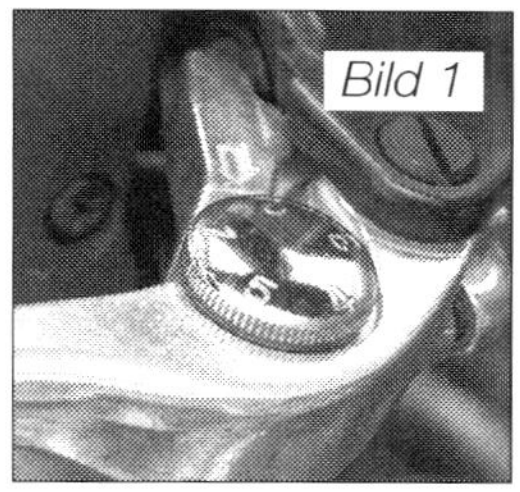

Bilder 1 bis 3: Abstand an Kupplungs- und Bremshebel einstellen.

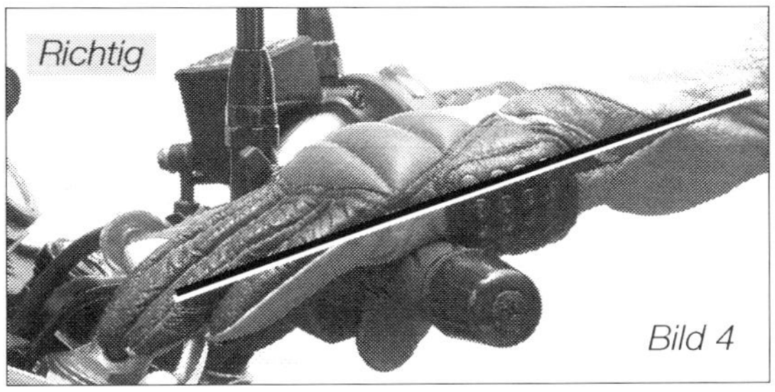

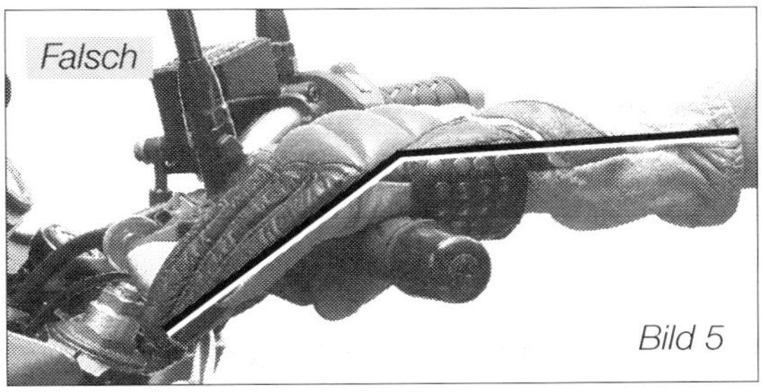

Bilder 4 bis 6: Brems- und Kupplungshebel müssen so stehen, dass die gedachte Linie durch Unterarm, Lenker und Hebel eine möglichst gerade Linie bildet.

Bild 7: Hebelklemmschelle zum Einstellen der Hebelarmatur mit »UP« Markierung.

Sichtprüfung Messen

Kupplungsspiel

Am Kupplungshebel muss ein definiertes Sicherheitsspiel (»Leerweg«) eingestellt sein, damit der Kupplungszug weder in sich gespannt ist (dann besteht die Gefahr, dass die Kupplung schleift) noch das Spiel zu groß ist (dann trennt die Kupplung nicht richtig und es kracht beim Schalten). Übrigens muss das Kupplungsspiel nur bei einer seilzugbetätigten Kupplung eingestellt werden; bei hydraulisch betätigten Kupplungen stellt es sich selbst ein.

Kupplungsspiel messen: Es beträgt im Allgemeinen 1 bis 3 mm und wird zwischen Kupplungshebel und Hebelhalterung gemessen (Bild 8). Ist der Abstand größer oder kleiner, musst du das Spiel neu einstellen.

Kupplungsspiel oben einstellen

1. Rändelmutter lösen und zwei bis drei Umdrehungen zurückdrehen.

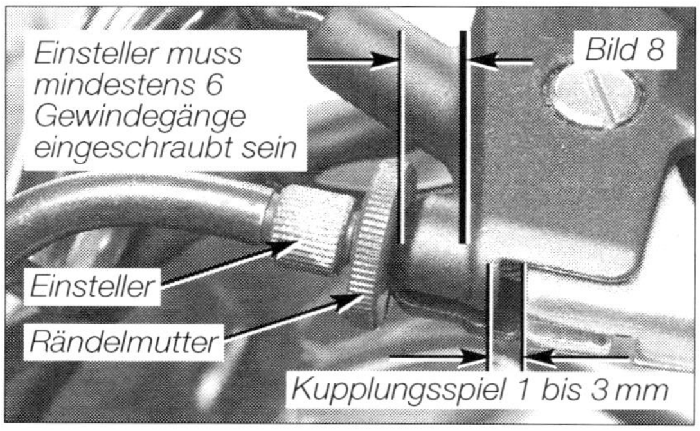

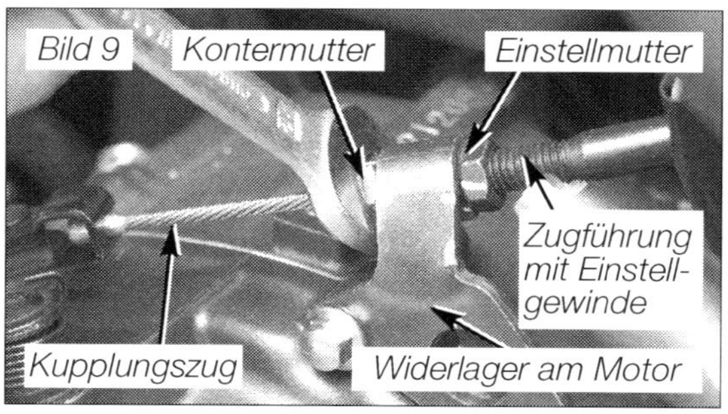

Bilder 8 und 9: Einstellung des Kupplungsspiels oben am Handhebel und unten am Motor.

2. Einsteller entsprechend aus- oder eindrehen, bis das Kupplungsspiel korrekt ist.

3. Einsteller festhalten und Konterrändelmutter gegen die Hebelaufnahme kontern.

> **Tipp:** Schlitz im Einsteller nach unten-hinten drehen, bevor die Konterrändelmutter festgezogen wird. Steht der Schlitz nach oben oder vorne, werden Schmutz und Regenwasser durch den Schlitz in den Zug gedrückt, was mit der Zeit den Kupplungszug immer schwerer gleiten lässt.

Beim Einstellen beachten:

- Einsteller darf nicht zu weit herausgedreht sein, er muss mindestens sechs Gewindegänge eingeschraubt sein (Bild 8).
- Wenn sich das Kuppungsspiel am oberen Handeinsteller nicht mehr einstellen lässt, dieser also entweder zu weit aus- oder eingedreht werden muss, dann musst du eine neue Grundeinstellung am Einsteller des Kupplungszugs unten am Motor vornehmen (Bild 9).

Kupplungsspiel unten am Motor einstellen

1. Am Widerlager des Kupplungszugs unten am Motor (Bild 9) die Konter- und Einstellmutter der Zugführung lösen.

2. Oberen Einsteller am Handhebel nahezu ganz eindrehen.

3. Über die Einstell- und Kontermutter am unteren Widerlager eine Grundeinstellung des Kupplungsspiels vornehmen. Muttern gut handfest gegen das Widerlager festziehen.

4. Nun am Einsteller des Handhebels die Feineinstellung vornehmen.

Fußhebel

Wie bei den Handhebeln bieten moderne Motorräder die Möglichkeit, Schalthebel und Bremspedal individuell auf die bevorzugte Fußstellung einzustellen.

Bilder 10 bis 12: Die Stellung des Fußschalthebels wird über die Länge der Schaltstange bestimmt.

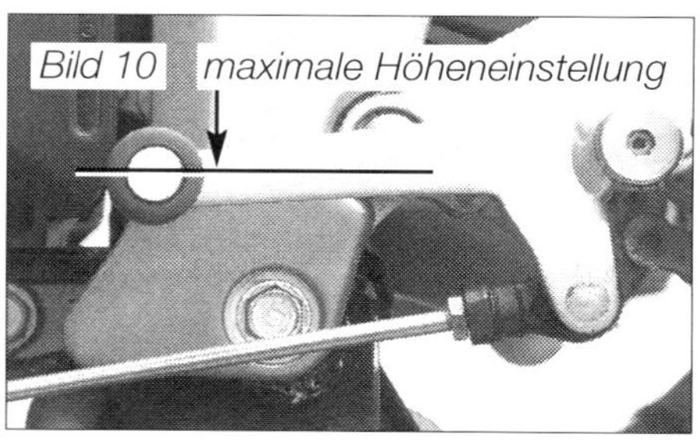

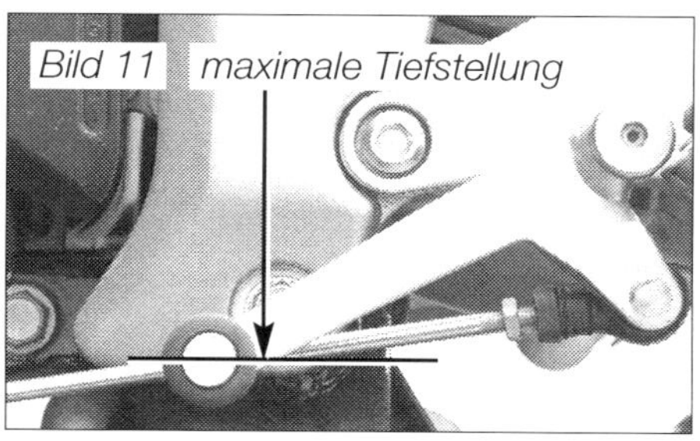

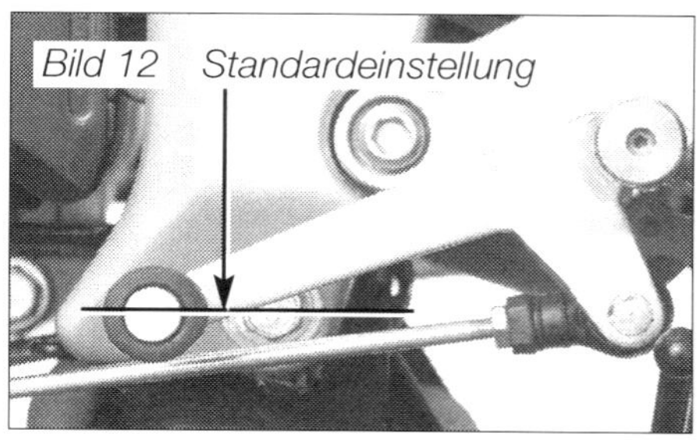

Originalstellung des kurzen Schalthebels
Grundsätzlich muss der kurze, auf der Schaltwelle sitzende Schalthebel (Bild 14) senkrecht nach oben oder unten aufgebaut sein (wie im Originalzustand). Komme bitte nicht auf die Idee, den Winkel des Fußschalthebels zu verändern, indem du den kurzen Schalthebel in einer anderen Position auf der Verzahnung der Schaltwelle anbringst! Denn wenn der kurze Schalthebel nicht exakt senkrecht auf die Schaltwelle aufgebaut ist, kann es Schaltprobleme geben, weil er dann einen ungünstigen Winkel zum Gestänge hat.

Bei vielen Motorrädern ist die Grundeinstellung auf der Schaltwelle mit einem Körnerpunkt gekennzeichnet. Dieser muss mit dem Klemmschlitz des kurzen Schalthebels fluchten (Bild 13).

Wichtig: Eine falsche Einstellung des kurzen Schalthebels auf der Schaltwelle kann auch nicht durch entsprechendes Ein- oder Ausdrehen der Schaltstange korrigiert werden.

Fußschalthebel einstellen
Der Fußschalthebel ist an der Fußraste gelagert und mit der Schaltwelle über ein einstellbares Gestänge mit Kugelköpfen verbunden. Wenn der Fußschalthebel nach oben oder unten verstellt werden soll:
1. Beide Kontermuttern der Kugelköpfe an der Schaltstange lösen und mindestens zwei Umdrehungen zurückdrehen (Bild 14).
1.1. Beim Lösen (sowie beim späteren Festziehen) der Kontermuttern die Schaltstange mit einer Zange gegenhalten, sonst können die Kugelköpfe beschädigt werden! Lappen zwischen die Zangenbacken legen, um Kratzer an der Schaltstange zu vermeiden.
Wichtig: Meistens hat eine Seite der Schaltstange ein Linksgewinde! Nicht zwingend das hintere, wie in Bild 14 gezeigt. Das ist von Modell zu Modell unterschiedlich.
2. Durch Rechts- oder Linksdrehen der Schaltstange wird die Lage des Fußschalthebels nach oben (Bild 10) oder unten (Bild 11) verändert.
3. Wenn die richtige Einstellung gefunden ist, die Kontermuttern gegen die Kugelköpfe kontern.

Fußbremshebel einstellen
Fußbremshebel und Fußschalthebel sollten sich auf gleicher Höhe befinden: Lege zum Abmessen des Abstands von der Fußraste zum Schalt- bzw. Bremshebel eine Wasserwaage waagerecht auf die Fußraste, nimm das Maß nach unten zur Hebelspitze mit einem Maßstab (Bild 15).

Die Einstellung des Fußbremshebels wird über Ein- oder Ausdrehen der Druckstange, die vom Fußbremspedal zum Bremskolben im Hauptbremszylinder führt, vorgenommen (Bild 16).

Wichtig: Es muss ein klein wenig »Luft« sein zwischen Bremshebel, Druckstange und Bemskolben!

1. Je einen Gabelschlüssel an die Konter- und Einstellmutter (Bild 16), Kontermutter lösen und einige Gewindegänge frei schrauben.
2. Obere Einstellmutter so weit verdrehen, bis die gewünschte Hebelhöhe erreicht ist (Bild 16).
3. Einstellschraube mit dem Gabelschlüssel halten und Kontermutter festziehen.

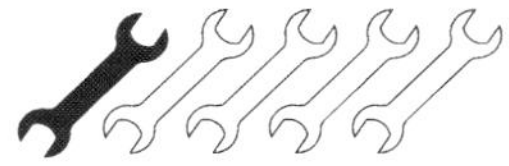

Bild 13: Körnerpunkt auf Schaltwelle muss mit Ausschnitt im Schalthebel fluchten.

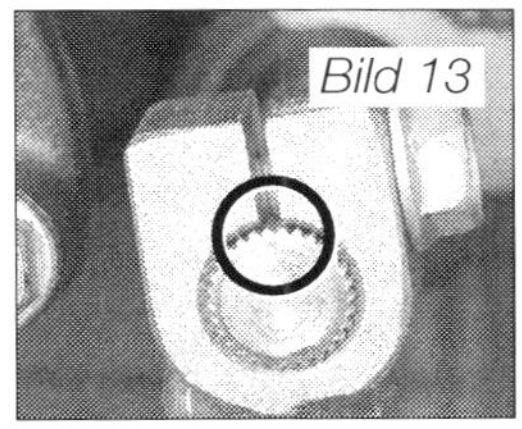

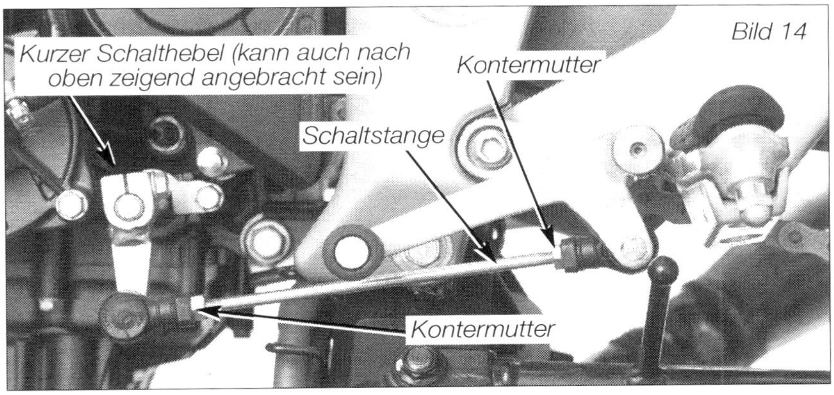

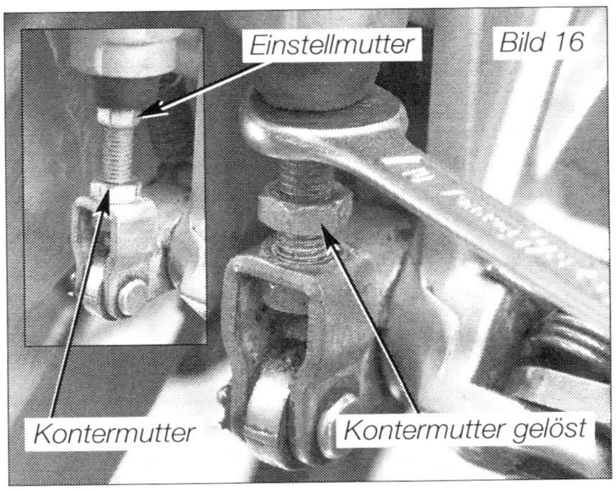

Bild 14: Schalthebel einstellen durch Ein- oder Ausdrehen der Schaltstange. Bitte beachte, dass eine der beiden Kontermuttern ein Linksgewinde haben kann.

Bild 15: Beide Fußhebel im Abstand zu den Fußrasten gleich einstellen.

Bild 16: Der Fußbremshebel wird hier in unserem Beispiel über die Druckstange zum Hauptbremszylinder eingestellt (ist von Modell zu Modell verschieden).

Nach Abschluss der Fußbremshebel-Einstellarbeiten prüfen, ob das Bremslicht richtig funktioniert: Bei halb bis zwei Drittel gedrücktem Bremspedal muss das Bremslicht aufleuchten.

Bremslichtschalter einstellen

Der Bremslichtschalter sitzt meistens hinter der Fußrastenplatte und ist deswegen nicht besonders gut erreichbar. Er ist über eine Feder mit dem Bremspedal verbunden und wird auf Zug betätigt (Bild 17). Zum Einstellen des Ansprechverhaltens des Bremslichtschalters die Sitzmutter, in der der Bremslichtschalter in seiner Haltebohrung gelagert ist, entsprechend aus- oder eindrehen (Bild 18), wodurch der Bremslichtschalter nach unten oder oben verschoben wird. Dabei mit der einen Hand den Bremslichtschalter festhalten und mit der anderen Hand die Mutter entsprechend verdrehen.

⚠ **Achtung:** Nie den Bremslichtschalter als Ganzes verdrehen! Sonst bricht die Feder ab und das Anschlusskabel verdrillt sich.

Bilder 17 und 18: Der Bremslichtschalter sitzt in einer Kunststoffmutter hinter der rechten Fußrastenhalterung.

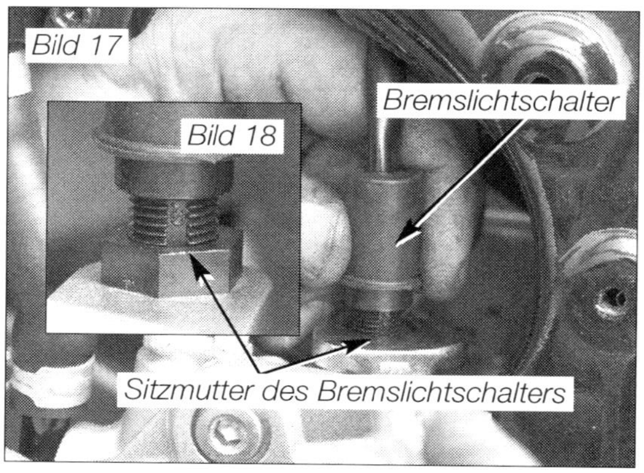

Bilder 19 und 20: Der Leerweg am Gasgriff muss zwischen 2 und 4 mm betragen, gemessen vom Gasgriffgummi zum Schaltergehäuse hin.

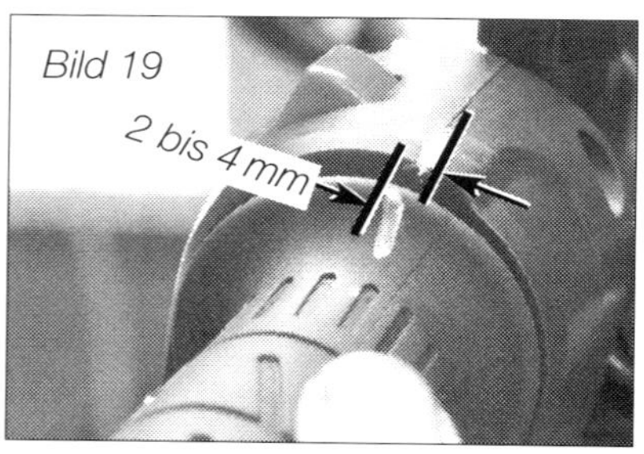

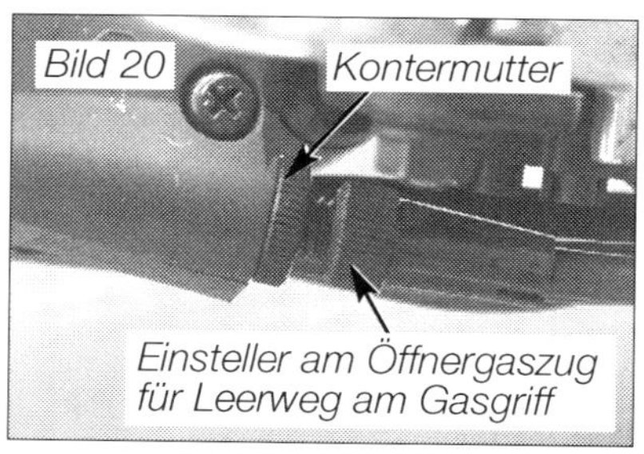

Bilder 21 und 22: Einstellschraube Leerlaufdrehzahl am Beispiel einer Kawasaki (links) und einer Suzuki (rechts).

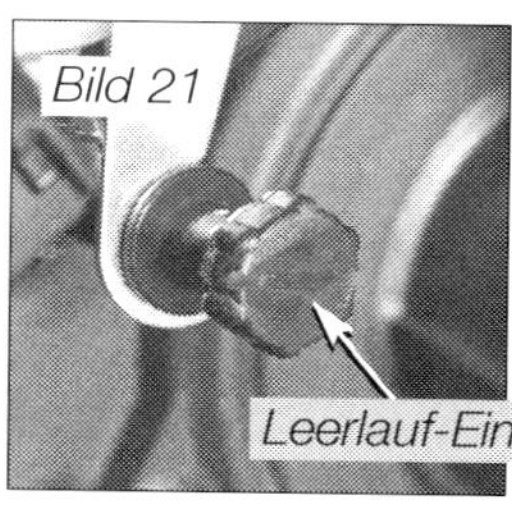

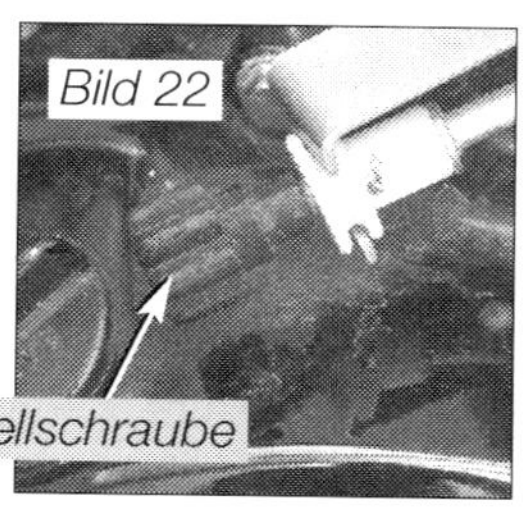

Leerweg am Gasgriff

Am Gasgriff ist ein gewisses Sicherheitsspiel (Leerweg) vorgeschrieben, damit das »Gas« auch wirklich weg ist, wenn der Gasgriff geschlossen (»zugedreht«) wird. Der Leerweg am Gasgriff beträgt im 2 bis 4 mm und wird am Umfang des Gasgriffgummis zum Gasgriffgehäuse hin gemessen (Bild 19). Zur Überprüfung einfach einen Kreidestrich über Gasgriff und Schaltergehäuse malen, dann den Gasgriff langsam drehen, bis Zug am Griff zu spüren ist: Die Differenz zwischen den Kreidestrichen ist das Spiel bzw. der Leerweg.

Ist der Leerweg kleiner oder größer als 2 bis 4 mm, musst du das Spiel am Einsteller des Öffnergaszugs am Gasgriff (Bild 20) einstellen:

- Einfach die Kontermutter lösen und den Einsteller ein- oder ausdrehen, bis das Spiel stimmt.

Hinweis: Wenn der Leerweg am Gasgriff sich immer wieder verändert, also kurz nach einer Einstellung schon wieder länger wird, ist dies ein deutlicher Hinweis auf einen sich längenden Gaszug, der eben dabei ist, kaputt zu gehen. Dann sollte umgehend ein neuer Gaszug eingebaut werden (wie das geht, wird in Kapitel 21 »Vergaser · Einspritzung« beschrieben).

Wenn der Gasgriff allerdings leicht aufgedreht werden kann und, wenn er losgelassen wird, nicht wieder von ganz alleine zugeht und keiner der Gaszüge innen reibt, ist entweder das Grundspiel der beiden Gaszüge total verstellt oder es wird Zeit, den Gasgriff neu zu schmieren. Einen weiteren Gaszugeinsteller für den Schließergaszug findest du meistens unter dem Tank.

Motor-Leerlaufdrehzahl

Die Leerlaufdrehzahl ist das Maß, wie schnell sich die Kurbelwelle im Leerlauf bei ganz geschlossenem Gasgriff dreht.

- Ist die Leerlaufdrehzahl zu hoch, läuft die Kurbelwelle zu schnell, der Motor wird zu heiß und beim Einlegen des ersten Ganges knackt es richtig laut oder er lässt sich fast nicht einlegen.
- Ist die Leerlaufdrehzahl zu niedrig, läuft die Kurbelwelle zu langsam und beim Einlegen des ersten Ganges geht der Motor aus.

Deswegen ist es wichtig, dass die Leerlaufdrehzahl richtig eingestellt ist. In deinem Handbuch sollte diese Angabe vorhanden sein, ansonsten frage bei deinem Händler nach. Im Allgemeinen beträgt die Leerlaufdrehzahl (»Standgas«) 1100 bis 1300 Umdrehungen in der Minute (±100/min).

Zum Einstellen muss der Motor warm gefahren sein. Die Leerlauf-Einstellschraube (Bilder 21 und 22) sitzt je nach Motorrad rechts, links oder mittig am Motor (oder auch direkt an der Gasbetätigung) und kann von Hand verstellt werden.
- Einstellschraube rechts herum drehen: Leerlaufdrehzahl wird höher.
- Einstellschraube links herum drehen: Leerlaufdrehzahl wird niedriger.
- Dabei den Drehzahlmesser beobachten und den korrekten Wert einstellen.

Lässt sich die Leerlaufdrehzahl nicht mehr korrekt einstellen bzw. schwankt sie ungleichmäßig, ist dies meist ein Zeichen, dass es Zeit wird für eine Inspektion, denn das ist ein Hinweis auf nicht mehr korrektes Ventilspiel, abgebrannte Zündkerzen oder verschmutzten Luftfilter.

Choke

Ältere Maschinen haben noch einen Chokezug, während bei neueren Motorrädern der Warmlauf elektronisch über die Einspritzung gesteuert wird. Die vorgeschriebene Leerlaufdrehzahl (»Schnellleerlauf«) für den Choke beträgt meistens um die 3000 Touren. Die Choke-Leerlaufdrehzahl lässt sich bei voll gezogenem Choke entweder unten am Anschlagblech oder oben am Chokezug direkt einstellen. Mehr dazu in Kapitel 21 »Vergaser · Einspritzung«.

Lenker

Lenker gibt es in unterschiedlichen Bauarten:
- Rohrlenker haben Motorräder, die eine eher klassische, aufrechte Sitzposition anbieten sowie Enduros und Supermotos. Ein Rohrlenker ist eine »Lenkstange« die über zwei Aufnahmen mit der Gabelbrücke verschraubt ist (Bild 23). Ein solcher Lenker lässt sich deiner Fahrhaltung anpassen, weil er in die von dir gewünschte Position nach vorne oder hinten verdreht werden kann.

Wenn du z. B. eine Suzuki SV 650 S hast, auch ein beliebtes Motorrad bei Frauen, findest du zwei »Stummellenker« vor, die direkt an die Gabelholme links und rechts geklemmt sind. Diese lassen sich leider nicht verstellen, du wirst also in die vom Motorrad vorgegebene Haltung gezwungen.

Der Zubehörhandel bietet für diesen Fall einige Lösungen an, die allerdings alle eintragungspflichtig sind und deinen Geldbeutel mit gut 200 bis 300 Euro fordern.

1. Stummellenker mit einer anderen Kröpfung, die dich aufrechter sitzen lassen.

2. Stummellenker, deren Kröpfung sich mit ein paar Handgriffen verstellen lässt. Perfekt für die bequeme Langstrecke und die sportliche Hausstrecke. Leider auch sehr teuer.

3. Umbau auf Rohrlenker mit neuer Gabelbrücke, ein so genannter »Superbikelenker«: Dieser Umbau kann allerdings einen Rattenschwanz an weiteren Umbaumaßnahmen nach sich ziehen wie zum Beispiel längere Bremsleitungen und Bowdenzüge sowie (was gar nicht zu empfehlen ist) ein Kürzen der Verkleidung.

Lenkereinstellung

Grundsätzlich sollte der Lenker so eingestellt sein, dass die Lenkerenden waagerecht stehen, das ist die Grundeinstellung (Bild 23). Weil die meisten Rohrlenker in zwei Halbschalen auf der oberen Gabelbrücke gelagert und von zwei Gegenhalbschalen geklemmt werden (Bild 24), kann ihre Lage (bzw. Neigung zur Senkrechten) um einen kleinen Winkelbetrag nach vorne oder hinten verstellt werden. Bild 25 zeigt den Lenker einer Kawasaki Z 1000, wo die beiden oberen Halbschalen aus einem einzigen Gussteil bestehen.

Bild 23: Grundeinstellung des Lenkers: Lenkerenden möglichst waagrecht.

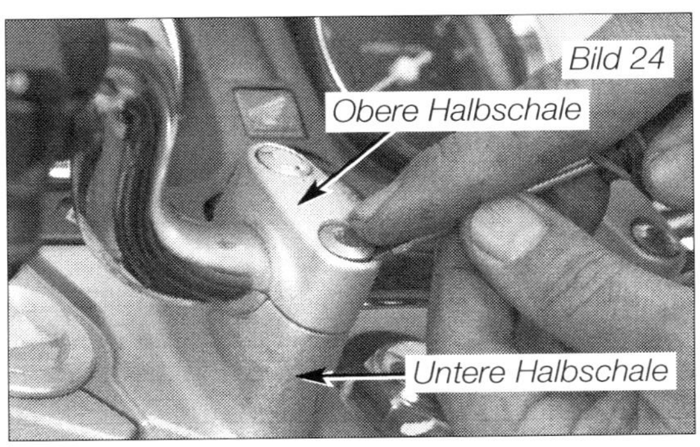

Bild 24: Beispiel einer typischen Klemmung eines Rohrlenkers: Zwei Halbschalen, die an die obere Gabelbrücke angegossen sind, sowie zwei Gegenhalbschalen zum Klemmen.

Lenker einstellen

1. Wenn du lange Arme hast und/oder etwas nach vorne über den Tank gebeugt sitzen möchtest, kannst du den Lenker etwas nach vorne verdrehen und somit die Lenkergriffe etwas weiter nach vorne von deinem Körper weg stellen.

2. Wenn du kurze Arme hast und/oder etwas aufrechter sitzen möchtest, kannst du den Lenker etwas nach hinten verdrehen und damit die Lenkergriffe etwas zu deinem Körper herholen.

Wie oben schon gesagt, ist die Grundeinstellung des Lenkers die waagerechte Position (Bild 23), weswegen eine Lenkerverstellung nur im cm-Bereich erfolgen sollte. Wenn der Lenker nach vorne oder hinten verdreht wird, werden dabei gleichzeitig die Lenkergriffe nach oben oder unten verstellt. Das kann zu einer sehr komischen Handhaltung führen! Auch musst du daran denken, dass jede Verstellung der Lenkerenden beim Einschlagen der Lenkung den Freiraum zum Tank hin einschränkt: Wenn du z. B. gerne mit voll gefülltem Tankrucksack fährst, kann das störend sein!

Beim Einstellen des Lenkes beachten:

1. Abdeckkappen der Schraubenköpfe mit einem kleinen Schraubenzieher ausheben (Bild 25).

2. Alle vier Inbusschrauben eineinhalb bis zwei Umdrehungen lösen.

3. Lenker in seinem Sitz lösen: Mit dem Handballen knackig gegen ein Lenkerende klopfen.

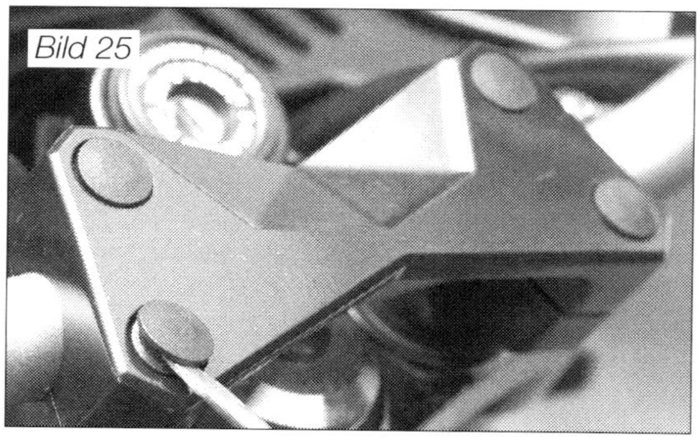

Bild 25: Das selbe Klemmprinzip mit einem Gussteil statt zwei Gegenhalbschalen am Beispiel einer Kawasaki Z1000.

■ Abdeckung der Lenkerbefestigungsschrauben mit einem kleinen Schraubenzieher vorsichtig aushebeln.

Bild 26: Die Rändelung des Lenkers muss exakt mittig in den Lenkerböcken sitzen.

Bild 27: Beim Festziehen der Klemmschrauben zuerst die vorderen Schrauben anziehen.

3.1. Lenker in gewünschte Position drehen.

4. Die Rändelung des Lenkers (Bild 26) muss mittig in den Lenkerböcken sitzen.

5. Zuerst die vorderen Klemmschrauben (Bild 27) festziehen, dann die hinteren.

6. Abdeckscheiben in die Schraubenköpfe eindrücken.

Wichtig: Das Anziehdrehmoment der Lenkerklemmschrauben beträgt 22 bis 25 Nm. Entweder gibt dein Fahrerhandbuch Auskunft darüber oder du fragst deinen Händler!

■ Wenn die Schrauben zu lose angezogen werden, kann sich der Lenker spätestens dann verdrehen, wenn du dich beim Bremsen dagegen abstützt. Das ist ziemlich gefährlich!

■ Wenn die Schrauben zu fest angezogen werden, kann das Gewinde »weich werden« und ausreißen. Wenn du das nicht gleich merkst, sondern erst dann, wenn der Lenker beim Fahren lose wird, ist das ebenfalls sehr gefährlich!

Tipp: Vor dem Auf- oder Eindrücken der Scheiben in die Schraubenköpfe etwas säurefreies Fett (Silikonfett ist am besten) in das Sechskant der Inbus-Schraubenköpfe. Dann kann sich durch eindringendes Regenwasser kein Rost bilden.

Zubehör

Wenn du Lenker und Hebel an deinem Motorrad nicht auf dich passend einstellen kannst: Es gibt im Zubehörhandel viele Lenker und Handhebel, mit denen du dein Motorrad nachrüsten kannst. Hier helfen der gezielte Blick in einen Motorrad-Zubehörkatalog und ein Gespräch mit deinem Stammhändler.

Rückspiegel einstellen

Spiegel, die direkt am Lenker befestigt sind, haben am unteren Ende des Spiegelarms eine Verschraubung in die Handarmatur. Der rechte Spiegel hat bei vielen Motorrädern ein **Linksgewinde**, damit er im Falle des (Um)Falles aufgeht und nicht bricht! Zum Einstellen der Spiegel am Lenkerende musst du mit einem Gabelschlüssel die Kontermutter lösen und dann wieder festziehen. Oben werden die Spiegel über ein Kugelgelenk mit der Hand eingestellt.

Gute Fahrt mit dem perfekt auf deine Anatomie eingestellten Motorrad!

Sitzhöhe

In diesem Kapitel: Das leidige Thema »Sitzhöhe« · Sitzbank abpolstern · Federbeine, Umlenkhebel.

Das leidige Thema »Sitzhöhe«

Offenbar ignorieren die meisten Motorradhersteller die Tatsache, dass die Anzahl der Motorrad fahrenden Frauen seit 1995 extrem zugenommen hat, sonst würden sie mehr für uns tun in Sachen Sitzhöhe und Ergonomie. Auf der Suche nach dem Wunschmotorrad muss oft der profane Begriff »passende Sitzhöhe« vor Technik und persönlichem Geschmack entscheiden. Frauen sind nun mal statistisch gesehen kleiner als Männer und haben kürzere Beine – weswegen sie auf den meisten serienmäßigen Motorrädern generell Probleme haben, im Stand mit den Füßen sicher den Boden zu erreichen.

Im Kapitel 2 »Tipps und Tricks« haben wir schon einiges zur Sitzhöhe gesagt und hier konzentrieren wir uns auf folgende Stand-Tatsachen:

- Beim Anhalten solltest du mit den Ballen beider Füße den Boden erreichen. Alleine das Wissen, dass es so ist, verleiht dir Sicherheit – du kannst dich aufs Fahren konzentrieren, ohne ständig darüber nachdenken zu müssen, wie du an der nächsten roten Ampel stehen wirst!
- Bitte achte auch darauf, dass du dich beim Anhalten nicht zu sehr mit den Füßen vom Boden abstützt, denn sonst geht die Maschine hinten aus der Federung, wird deswegen »höher« und die Beine werden »kürzer«. Anders herum gesagt: Beim Anhalten einfach ruhig auf der Sitzbank sitzen bleiben, dann bleibt das Heck in der Federung und die Sitzhöhe ist etwas niedriger als bei ausgefedertem Heck.

Eine Verringerung der Sitzhöhe kann auf zwei Arten erreicht werden:

1. Durch Abpolstern der Sitzbank.
2. Durch Tieferlegen des Motorrads.

Sitzbank abpolstern

Generell kann man von jedem Sitzbankpolster gut die Hälfte der Höhe abnehmen, denn die Dicke des im Sitz eingearbeiteten Schaumstoffs wird, je nach Gewicht der Fahrerin, eh nur zu einem Drittel bis zur Hälfte genutzt, also kann man auch von etwas wegschneiden (wenn das Serienpolster abgeschnitten und somit verändert wird) oder ein anderes Polster eingebaut wird.

Auch im Seitenbereich, wo beim Stehen die Oberschenkel anliegen, soll die Form der Sitzbank verändert werden und zwar schräg nach vorne zulaufend. Damit wird die Breite der Sitzbank verringert und die Beine können gerader nach unten gestreckt werden.

Bei der Frage, ob dir Abpolstern etwas bringt, hängt natürlich viel davon ab, was für eine Sitzbank auf deinem Motorrad aufgebaut ist und wie du darauf sitzt: Die serienmäßige Sitzbank eines »normalen«, unverkleideten Motorrads (Bilder 2 und 3) oder eines Sport-Tourers ist von Haus aus dicker als die eines Supersportlers (Bild 4).

Und noch etwas muss klargestellt werden: Ein dünner gemachter Sitz muss danach nicht weniger Komfort bieten. Und mit einer auf deine Bedürfnisse angepassten Form kann der Sitzkomfort trotz geringer gewordener Dicke des Schaumstoffs sogar zunehmen!

Bild 1: Herr Gräfe hat uns gezeigt, wie man eine Sitzbank verändert (Sattlerei Gräfe, Eberhardstraße 62, D-70736 Fellbach).

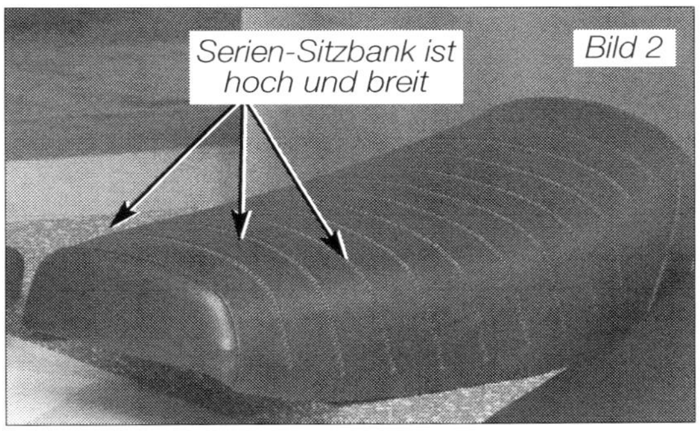

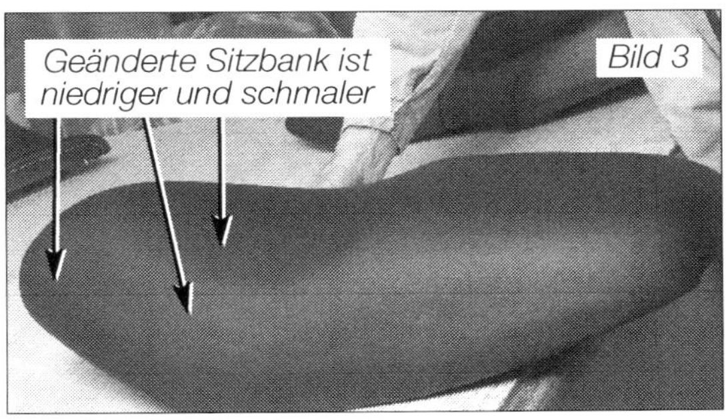

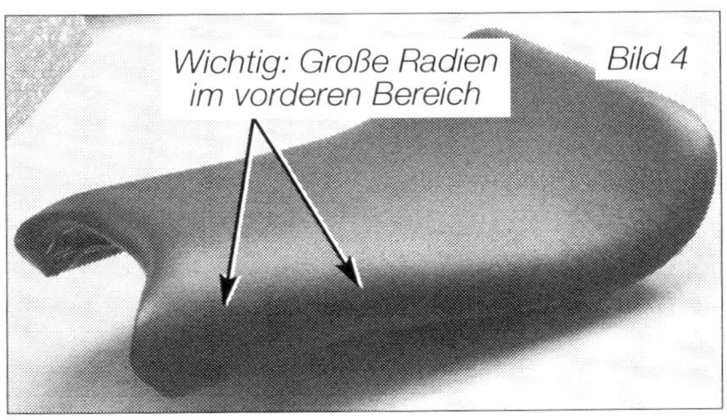

Bilder 2, 3 und 4:

- *Beim Abpolstern einer Sitzbank kannst du mindestens 50 Prozent der Höhe abnehmen.*
- *Die Breite im Oberschenkelbereich und die richtigen Übergangsradien von Sitzfläche zu den Seitenbereichen sind sehr wichtig.*

Vom Abpolstern in Eigenregie raten wir ab, das solltest du einem Fachbetrieb überlassen, weil das Zurechtschneiden des Schaumstoffs sowie das Anpassen des Bezugs auf das veränderte Polster eine sehr diffizile Arbeit ist, für die man ein gutes Auge, entsprechende Werkzeuge und eine ruhige Hand braucht.

Für dieses Kapitel haben wir die Sitzbank einer Suzuki Bandit 600 in einer Sattlerei niedriger machen lassen. Bestimmt hast du eine Sattlerei in deiner Nähe, einfach mal nachfragen, ob sie auch Motorrad-Sitzbänke abpolstern. Die Kosten für eine solche Arbeit betragen je nach Sitzbank zwischen 40 und 100 Euro.

Noch ein Tipp: Der Bezug einer Motorradsitzbank besteht meistens aus Kunstleder. Das gibt es in rund 100 verschiedenen Farben. Du kannst dir also gleich eine Sitzbank in deiner Lieblingsfarbe machen lassen, ein-, zwei- oder dreifarbig, mit Muster oder ohne, ganz egal, so wie es dir gefällt.

Bilder 5, 6 und 7: Eine Sitzbank besteht aus einer vorgeformten Grundplatte, die auch beim Neubezug erhalten bleibt, und einem mehr oder weniger dicken Polster. Zum Aufbringen des Sitzbankbezugs und faltenfreiem Verspannen ist ein Nagelwerkzeug nötig.

Bild 5

Bild 6

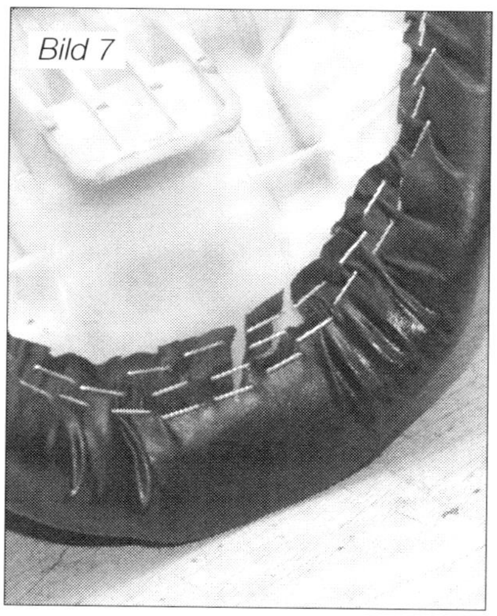

Bild 7

Federbeine und Umlenkhebel

Eine Tieferlegung der Maschine durch Einbau kürzerer Federbeine oder anderer Umlenkhebel hängt von der Konstruktion der Federung ab:

Kürzere Federbeine:

- Hat sie je ein Federbein rechts und links zwischen Schwinge und Heckrahmen, werden zwei kürzere Federbeine eingebaut. Diese kosten zwischen 400 und 600 Euro.
- Ist nur ein Federbein vor dem Hinterrad zwischen Heck und Schwinge eingebaut, kann dieses ebenfalls gegen ein kürzeres gewechselt werden. Ein solches Federbein kostet zwischen 350 und 600 Euro.

Andere Umlenkhebel oder Zugstreben: Bei vielen modernen Motorrädern ist das Federbein über Umlenkhebel mit der Schwinge verbunden (am besten vorher das Kapitel 14 »Lenkung · Federung« lesen, für besseres Verständnis). Zur Tieferlegung gibt es andere Hebel oder Zugstreben (Bild 8). Ein solcher Umbausatz kostet zwischen 85 und 120 Euro, der Einbau ca. 80 Euro.

Bei jeder Tieferlegung beachten

1. Wenn das Heck tiefergelegt ist, muss der Vorderbau ebenfalls abgesenkt werden. Dazu werden die Telegabelbeine in den Gabelbrücken entsprechend nach oben durchgeschoben (Bild 9).

2. Seitenständer und Mittelständer müssen dem tiefer gelegten Motorrad angepasst werden! Entweder schweißt der Händler die Originalteile um (aus jedem Ständer wird ein kleines Stück herausgeschnitten), oder er bietet dir im Austausch veränderte Gebrauchtteile an.

Tipp: Das Kürzen des Seitenständers hängt vom seinem Material ab bzw. ob es sich schweißen lässt. Frag bei deinem Händler rechtzeitig VOR der Tieferlegung nach, was mit den Ständern ist. Bedenke auch: Wenn ein Ständer erst mal gekürzt ist und du die Umrüstung der Umlenkhebel wieder rückgängig machen möchtest, sind die Ständer zu kurz und müssen wieder aufwändig verändert werden.

3. Wenn du die Ständer der Tieferlegung nicht anpasst, kannst du die Maschine nicht mehr sicher abstellen:

■ Das Motorrad steht beim Abstellen auf dem Seitenständer viel zu wenig schräg nach links (also zu sehr senkrecht, Bild 11) und es besteht deswegen die Gefahr, dass sie schon bei einem leichten Anstoßer nach rechts umfällt.
■ Das Aufbocken auf den Hauptständer wird sehr schwierig, weil sich seine Füße durch die geringere Bodenfreiheit nicht mehr weit genug nach unten ausklappen lassen (Bild 12) und die Maschine jetzt mit hohem Kraftaufwand auf den Mittelständer »gewuchtet« werden muss.
4. Weil es sich bei Federbeinen, Umlenkhebel und Telegabel um »tragende Fahrwerksteile« handelt, raten wir dir, einen solchen Umbau beim Händler machen zu lassen, denn der Markenhändler kennt die verschiedenen Möglichkeiten für deine Maschine und verfügt über entsprechende Werkzeuge und Erfahrung.
5. Wichtig: Jede Veränderung am Fahrwerk muss von einer Prüfstelle (TÜV, Dekra, etc.) abgenommen und in die Fahrzeugpapiere eingetragen werden; das kostet zusätzlich rund 100 Euro.

Nachteile einer Tieferlegung
Wir wollen nicht verschweigen, dass jede Tieferlegung auch Nachteile mit sich bringt.
■ Erstens ist es ganz schön teuer, wenn in eine vielleicht nahezu neue Maschine neue Federbeine eingebaut werden müssen, nur um die Sitzhöhe drei Zentimeter tiefer zu bringen – und das Kürzen der Ständer kostet auch noch Geld!
■ Zweitens wird die Bodenfreiheit der Maschine geringer und damit auch die Schräglagenfreiheit.

Beispiel: Wenn du mit Gepäck und/oder Sozia schnell und sehr schräg durch eine Kurve fährst, können Fußrasten, Seiten- und Hauptständer über die Straße schleifen: **Dabei passiert an sich (noch) nichts, aber das Geräusch kann einen ganz schön erschrecken und deshalb zu einem Fahrfehler führen.**

■ Drittens wird die Grundgeometrie des Fahrwerks so verändert, dass die Maschine nicht mehr so gut fährt wie zuvor.

Fazit: Eine Tieferlegung ist immer nur ein Notbehelf. Sie rentiert sich wirklich nur dann, wenn du sicher bist, dass du dieses Motorrad eine lange Zeit fahren wirst!

Bild 8: Durch den Einbau längerer Zugstreben in die Federbein-Umlenkung kommt das Heck der Bandit 600 ca. 3 cm tiefer.

Bild 9: Wenn das Heck abgesenkt ist, muss der Vorderbau ebenfalls etwas abgelassen werden.

Bilder 10 bis 12: Nachteile einer Tieferlegung sind geringere Bodenfreiheit, schweres Aufbocken und ein zu langer Seitenständer.

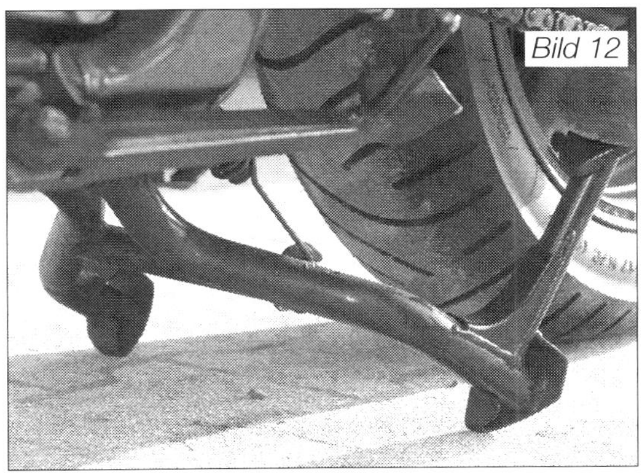

Fußnoten zur Wartungstabelle:

1) Ab 36 000 km die Wartungsintervalle ab 6000 km wiederholen.
2) Bei häufigen Fahrten und Extrembedingungen wie Staub, Schmutz, viel Kurzstrecke, Wintereinsatz, etc. ist eine häufigere Wartung ratsam.
3) Wenn die Kilometerleistung nicht innerhalb eines Jahres erreicht wird, ist die Prüfung bzw. der Wechsel jährlich durchzuführen.
4) Austausch alle zwei Jahre oder beim angegebenen Kilometerstand, je nach dem, was früher erreicht ist.

Inspektionen

In diesem Kapitel: Inspektionen · Beispielhafte Wartungstabelle mit Inspektionsintervallen nach km und Zeit · Regelmäßige Prüfpunkte zur allgemeinen Fahrsicherheit · Regelmäßige Kontrollen · Seitenständerschalter.

Inspektionen

Unten auf dieser Seite ist eine beispielhafte Wartungstabelle mit vorgegebenen Inspektionsintervallen und den zugehörigen Arbeiten aufgelistet. Je nach Hersteller variieren die Inspektionspunkte je nach Laufleistung oder Laufzeit etwas, doch allgemein kann man sagen, dass ein Motorrad zum ersten Mal bei 1000 km, dann bei 6000 km und danach alle weitere 6000 Kilometer (oder jährlich) zur Inspektion in die Werkstatt muss. Die Inspektionen alle 12 000 km (oder einmal im Jahr) sind die »großen Inspektionen«, alle 6000 km die »kleinen«. Die für deine Maschine geltenden Inspektionsintervalle stehen in deiner Bedienungsanleitung oder du fragst beim Händler nach.

Bei einer Inspektion werden Motor- und Fahrwerk durchgesehen und verschlissene Teile ersetzt. Zu »verschlissene Teile« gehören bei den Inspektionen zum Beispiel Motoröl mit Ölfilter und, je nach Abnutzungsgrad, auch Bremsbeläge, Kette mit Kettenrädern und Reifen.

Innerhalb der ersten 24 Monate ab Kauf bzw. Datum der Erstzulassung sollten alle Inspektionen von einer Marken-Fachwerkstatt durchgeführt und im Wartungsheft abgestempelt werden. Damit erhältst du mögliche Ansprüche auf Garantie oder Kulanz gegenüber Importeur und Hersteller.

Beispielhafte Wartungstabelle mit Inspektionsintervallen nach km und Zeit

Baugruppe / Intervall [1]	1000 km oder alle...	6000 km 6 Monate	12 000 km 12 Monate	18 000 km 18 Monate	24 000 km 24 Monate	30 000 km 30 Monate	36 000 km 36 Monate	siehe Kapitel
Motor								
Gasdrehgriff und Gaszüge [2]	Prüfen	Prüfen	Prüfen	Prüfen	Prüfen	Prüfen	Prüfen	5, 6, 21
Leerlaufdrehzahl	Prüfen/Einstellen	Prüfen/Einstellen	Prüfen/Einstellen	Prüfen/Einstellen	Prüfen/Einstellen	Prüfen/Einstellen	Prüfen/Einstellen	6, 21
Choke	–	–	Prüfen	–	Prüfen	–	Prüfen	6, 21
Luftfilter [2]	–	–	Reinigen	–	Reinigen	–	Reinigen	20
Kraftstoffleitungen, Anschlüsse	–	Prüfen	Prüfen	Prüfen	Prüfen	Prüfen	Prüfen	9, 21
Zündkerzen	–	Prüfen/Reinigen	Prüfen/Reinigen	Prüfen/Reinigen	Erneuern	Prüfen/Reinigen	Prüfen/Reinigen	19
Ventilspiel	–	–	–	–	Prüfen/Einstellen	–	–	27
Motoröl, Ölfilter [2] [3]	Erneuern	–	Erneuern	–	Erneuern	–	Erneuern	23
Drosselklappen-Synchronisation	–	–	Prüfen/Einstellen	–	Prüfen/Einstellen	–	Prüfen/Einstellen	21
Kühlflüssigkeit, -system, Anschlüsse	Prüfen	–	Prüfen	–	Erneuern [4]	–	Prüfen	8, 24
Sekundärluftsystem	–	Prüfen	Prüfen	Prüfen	Prüfen	Prüfen	Prüfen	22
Antrieb								
Antriebskette [2], Kettenschleifschutz	Alle 1000 km Kette reinigen und schmieren, Kettendurchhang (Kettenspannung) prüfen, ggf. einstellen. Kettenschleifschutz prüfen							13
Kupplungsspiel am Handhebel	Prüfen/Einstellen	Prüfen/Einstellen	Prüfen/Einstellen	Prüfen/Einstellen	Prüfen/Einstellen	Prüfen/Einstellen	Prüfen/Einstellen	6, 25
Kupplungsflüssigkeit [2]	Prüfen	Prüfen	Prüfen	Prüfen	Erneuern	Prüfen	Prüfen	12, 25
Bremsen								
Bremsflüssigkeit	Prüfen	Prüfen	Prüfen	Prüfen	Erneuern [4]	Prüfen	Prüfen	8, 12
Bremsbelagverschleiß [2]	–	Prüfen	Prüfen	Prüfen	Prüfen	Prüfen	Prüfen	12
Bremsschläuche, Anschlüsse	–	Prüfen	Prüfen	Prüfen	Prüfen	Prüfen	Prüfen	12
Bremslichtschalter	Prüfen/Einstellen	Prüfen/Einstellen	Prüfen/Einstellen	Prüfen/Einstellen	Prüfen/Einstellen	Prüfen/Einstellen	Prüfen/Einstellen	6
Bremspumpen und Bremssättel	Alle 4 Jahre Bremsmanschetten und Staubdichtungen erneuern, Bremskolben und Kolbenbohrungen prüfen, ggf. erneuern							12
Rahmen und Fahrwerk								
Scheinwerfereinstellung	–	–	Prüfen	–	Prüfen	–	Prüfen	15
Seitenständer [2]	–	–	Prüfen/Schmieren	–	Prüfen/Schmieren	–	Prüfen/Schmieren	8
Federung [2]	–	–	Prüfen	–	Prüfen	–	Prüfen	14
Schwingenlager, Federbeinumlenkung	–	–	Schmieren	–	Schmieren	–	Schmieren	14
Wichtige Befestigungselemente	Prüfen	–	Prüfen	–	Prüfen	–	Prüfen	4
Räder und Reifen [2]	Prüfen	Prüfen	Prüfen	Prüfen	Prüfen	Prüfen	Prüfen	10, 11
Lenkkopflager [2]	Prüfen	– Prüfen	Prüfen	Prüfen	Schmieren	Prüfen	Prüfen	14
Gabelöl [2]	–	—	–	Erneuern	–	–	Erneuern	14

Wenn du nach der zweijährigen Garantiezeit einige Wartungs- und Inspektionsarbeiten selbst machen möchtest, findest du in diesem Buch die notwendigen Basisinformationen.

Die vorgeschriebenen Wartungsintervalle müssen bei normaler Fahrweise und Belastung nicht immer ganz genau eingehalten werden. Die meisten Punkte der »kleinen Inspektion« alle 6000 km beziehen sich vielfach auf Sichtkontrollen solcher Punkte, die in der kleinen Tabelle rechts unten »Regelmäßige Prüfpunkte zur Fahrsicherheit und Maschinentechnik« aufgeführt sind.

Wenn das Motorrad immer gut gepflegt wird, dann kann z. B. eine während einer Urlaubsfahrt fällig werdende »große Inspektion« durchaus um 2000 Kilometer hinausgeschoben werden – wobei es generell besser ist, eine anstehende Inspektion rechtzeitig *vor* einer längeren Urlaubsfahrt durchzuführen.

Für alle kleinen wie großen Wartungsarbeiten gilt: Nur mit gutem Werkzeug in den entsprechenden Größen mit dem Schrauben anfangen! Lies bitte vor Beginn einer Arbeit das betreffende Kapitel komplett durch, um die benötigten Werkzeuge und den Zeitaufwand abschätzen zu können.

Für einige Prüf- und Einstellarbeiten sind neben qualifiziertem Fachwissen auch Spezialwerkzeuge nötig. Dazu gehören z. B. das Einstellen des Ventilspiels bei einem Motor mit Tassenstößeln und Einstellplättchen, Erneuern des Kettensatzes, Synchonisieren der Vergaser oder Dosselklappen oder die Zerlegung von Lenkkopf, Schwingenlager und Ferderbeinumlenkung, um diese zu reinigen und neu zu schmieren. Wenn du weißt, dass dein Werkzeugbestand und dein Schrauberkönnen dazu nicht ausreichen, gib diese Arbeiten gezielt in der Marken-Fachwerkstatt in Auftrag!

Wartungstabelle

In der letzten Spalte dieser Tabelle stehen Verweise zu den Kapiteln, in denen die Arbeiten beschrieben sind.

■ Bei »Erneuern«, z. B. beim »Ölwechsel«, kommen bei 1000 km, bei 6000 km und dann alle weiteren 6000 km neues Öl und ein neuer Ölfilter in den Motor.

■ »Prüfen/Einstellen« bedeutet zum Beispiel beim Punkt »Ventilspiel« alle 24 000 km neben der Prüfung des vorgeschriebenen Ventilspiels auch gegebenenfalls eine Neueinstellung.

■ »Wichtige Befestigungselemente« betrifft die Kontrolle wichtiger Schraubverbindungen, z. B. Vorder- und Hinterachse, Befestigungsschrauben der Bremssättel, Motorhalte- und Heckrahmen-Schrauben alle 12 000 km bzw. einmal im Jahr.

■ Eine offen laufende Hinterrad-Antriebskette soll alle 1000 km gereinigt und geschmiert werden. dabei wird die Kettenspannung (»Kettendurchhang«) geprüft und ggf. korrigiert. Die Angabe »alle 1000 km« ist in der Praxis variabel zu sehen, denn bei schlechtem Wetter oder überwiegendem Fahrbetrieb in staubigen, schmutzigen Gegenden ist Kette reinigen und schmieren eher alle 500 km nötig; während bei reinem Schönwetterbetrieb und sanfter Fahrweise die Kette vielleicht nur alle 1500 bis 2000 km gepflegt werden muss.

■ Über die Betrachtung und Einhaltung der vorgeschriebenen Wartungspunkte sollten Hand- und Fußhebelgelenke regelmäßig mit etwas Öl bedacht werden (siehe Kapitel 5 »Pflege«).

Regelmäßige Kontrollen

Auf dieser Seite unten steht eine kleine Tabelle mit der alles aussagenden Überschrift »Regelmäßige Prüfpunkte zur Fahrsicherheit und Maschinentechnik«. Daraus geht hervor, was du an deiner Maschine alles prüfen sollst einmal am Tag (bzw. bevor du losfährst), während der Fahrt, beim Tanken und mindestens einmal die Woche.

Ziemlich stressig, weil es so viel ist, meinst du? Zugegeben, es sieht nach viel aus, aber vieles geht mit der Zeit in Fleisch und Blut über, wird zur Routine. Und je länger man sein Motorrad kennt, desto kürzer wird die Zeit, die man für diese Routinepüfungen benötigt. Du wirst bald spüren, dass es ein gutes Gefühl gibt, wenn man sich sicher ist, dass das Motorrad o.k. ist!

Bremsen

Den Vorratsbehältern für die Bremsflüssigkeit (Bilder 1 und 2) vone und hinten täglich einen Blick schenken: Sinkt der Pegelstand im

Regelmäßige Prüfpunkte der Fahrsicherheit und Maschinentechnik		
Beleuchtungs- und Signalanlage	vor jeder Fahrt	siehe Kapitel 15
Reifenprofil, Luftdruck	vor jeder Fahrt, bei jedem Tanken	siehe Kapitel 10
Hand- und Fußbremse	vor jeder Fahrt und während der Fahrt	siehe Kapitel 12
Warn- u. Kontrollleuchten, Instrumente	vor und während der Fahrt Funktion immer wieder prüfen	
Lenkung, Federung und Dämpfung	mindestens einmal wöchentlich und nach Gefühl beim Fahren	
Kupplung	vor jeder Fahrt und während der Fahrt	siehe Kapitel 25
Schaltung	vor jeder Fahrt und während der Fahrt	siehe Kapitel 25
Motoröl	Stand prüfen bei jedem Tanken	siehe Kapitel 23
Batterie	Wartung/Laden wichtig vor der Saison	siehe Kapitel 17

Schauglas unter die Mitte in Richtung LOWER ab, wird es höchste Zeit, nach der Dicke der Bremsbeläge zu sehen.

Wichtig: Die Bremsflüssigkeit in den Behältern ist normalerweise ziemlich hell, fast durchsichtig.

Bilder 1 und 2: Stand der Bremsflüssigkeit in den Vorratsbehältern von Vorder- und Hinterradbremse regelmäßig prüfen.
■ Wenn der Stand absinkt und aufgefüllt werden muss, solltest du die Dicke der Bremsbeläge kontrollieren!
■ Wenn die Bremsflüssigkeit dunkel ist, muss sie gewechselt werden.

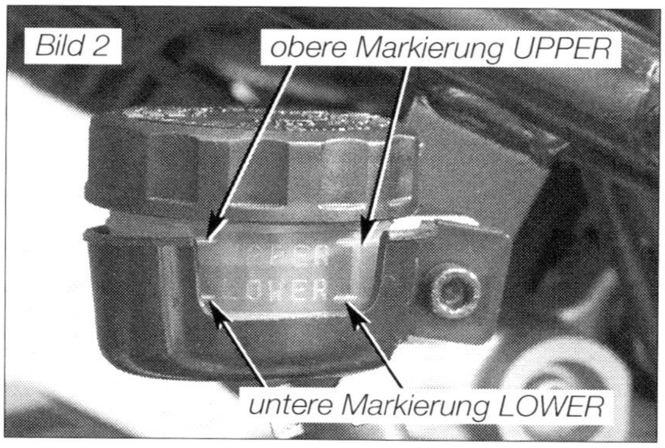

Bilder 3 und 4:
■ Ölmessstab: Ölstand muss sich auf der schraffierten Fläche befinden.
■ Ölschauglas: Ölstand muss sich zwischen oberer und unterer Markierung befinden.
■ Wenn Öl nachgefüllt werden muss, achte darauf, dass du mit solchem Öl nachfüllst, wie es bereits im Motor drin ist.
■ Motorrad muss beim Messen des Ölstands senk- und waagerecht steht!

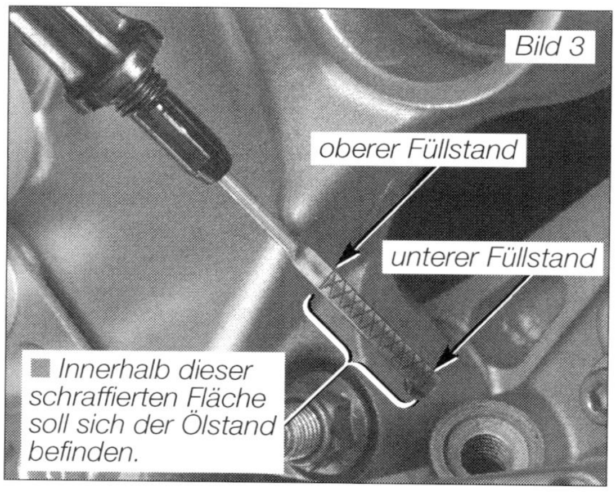

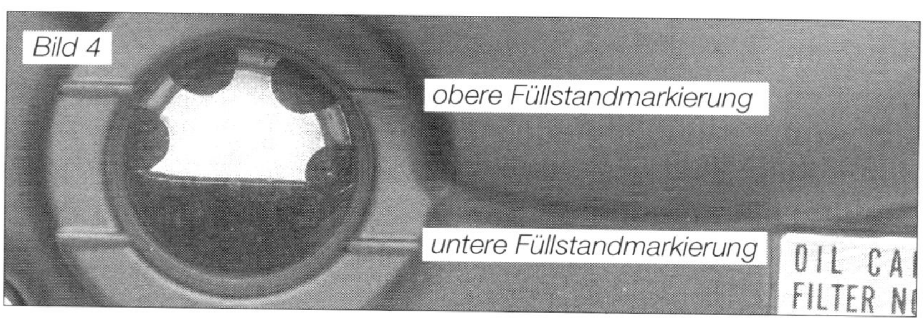

Mit zunehmendem Alter wird sie dunkler – und wenn sie grau bis schwarz ist, dann ist sie älter als zwei Jahe und muss schleunigst erneuert werden. Wenn dein Motorrad eine hydraulisch betätigte Kupplung hast, ist diese ebenfalls mit Bremsflüssigkeit befüllt; der Vorratsbehälter muss also wie bei der Bremse kontrolliert werden.

Reifen

Einmal die Woche, spätestens alle 500 Kilometer (und beim Putzen sowieso!), einen Blick auf die Reifen werfen: Profil o.k.? Klemmt ein Stein in einer Profilrille? Sind die Ventilkappen vorhanden, sitzen sie fest? **Luftdruck bei kalten Reifen prüfen.** Den vom Fahrzeug- oder Reifenhersteller für dein Motorrad vorgeschriebenen Reifendruck findest du im Fahrzeughandbuch oder du fragst bei deinem Händler nach. Der Luftdruck sollte regelmäßig jede Woche, spätestens alle zwei Wochen geprüft werden (siehe auch Kapitel 10 »Reifen«). Die Reifen dürfen von der Kurzstreckenfahrt von zu Hause bis zur Tankstelle also maximal handwarm sein.

Motorölstand

Den Ölstand nicht zu Beginn einer Fahrt bei kaltem Motor kontrollieren, sondern erst dann, wenn der Motor mindestens 30 Minuten gelaufen und warm ist.
Wichtig: Zum korrekten Prüfen des Ölstands den Motor abschalten, Motorrad senkrecht abstellen und zwei bis drei Minuten warten, bis das Öl im Motor von oben nach unten in die Ölwanne abgelaufen ist: Ölstand im Ölschauglas bzw. auf dem Ölmessstab sollte sich zwischen den Markierungen befinden (Bilder 3 und 4).

Mehr zum Thema Motorölstand und Motoröl findest du im Kapitel 23 »Ölwechsel«.

Motorkühlung

■ Bei der **Luftkühlung** gibt es nichts zu kontrollieren, außer dass die Kühlrippen sauber sein sollen, denn Schmutz leitet Wärme nicht gut ab.
■ Moderne Motorräder haben eine **Wasserkühlung:** Das Kühlsystem besteht aus Kühler, Ausgleichsbehälter, Wasserpumpe und verschiedenen Leitungen und Schläuchen. Wenn der Motor läuft und die Wasserpumpe angetrieben wird, zirkuliert eine frostsichere Kühlflüssigkeit im Kühlsystem. Diese nimmt die im Motor entstehende Wärme vom Zylinder auf und leitet sie in den Kühler, wo sie an die (den Kühler durchströmende) Luft abgegeben wird.

Die Kühlflüssigkeitsmenge im Kühlsystem muss auf 5 Prozent Plus-Minus stimmen: Wenn zu wenig drin ist, wird der Motor zu heiß; ist zu viel drin, dann wird es bei heißem Motor aus dem Überlauf herausgedrückt. Ob genügend Kühlflüssigkeit drinnen ist, kann man am Kühlsystem-Ausgleichsbehälter feststellen, der meistens im mittleren Bereich des Motorrads am Rahmen unter der Verkleidung angebracht ist.

Der Kühlsystem-Ausgleichsbehälter (Bild 5) ist durchsichtig. An ihm sind Markierungen angebracht, die obere zeigt FULL (voll) an und die untere LOW (niedrig). Der Pegelstand der Kühlflüssigkeit muss sich zwischen den beiden Markierungen befinden.

Beachten: Der Stand der Kühlflüssigkeit im Ausgleichsbehälter ist bei heißem Motor etwas höher als bei kaltem.

Wenn der Pegelstand unter die untere Markierung abgesunken oder nicht zu sehen ist, stimmt etwas nicht: Entweder ist die Kühlflüssigkeit schon zu lange drin und ein Teil ist verdunstet, oder das Kühlsystem hat ein Leck. Bevor aber der komplette Kühlkreislauf umgekrempelt wird, zuerst den Ausgleichsbehälter mit Kühlflüssigkeit bis zur oberen Markierungslinie auffüllen, weiterfahren und beobachten, wo das Zeug bleibt.

Achtung: Deckel des Kühlmittel-Ausgleichsbehälters nicht bei heißem Motor öffnen. Heißes Kühlmittel kann plötzlich herausschießen. Verbrühungen sind die Folge.

Falls du Kühlmittelverlust feststellst und deswegen Kühlflüssigkeit kaufen musst, achte darauf, dass sie für Alumotoren geeignet ist (steht im »Kleingedruckten« auf der Dose). Keine Kühlflüssigkeit für Automotoren aus Grauguss verwenden!

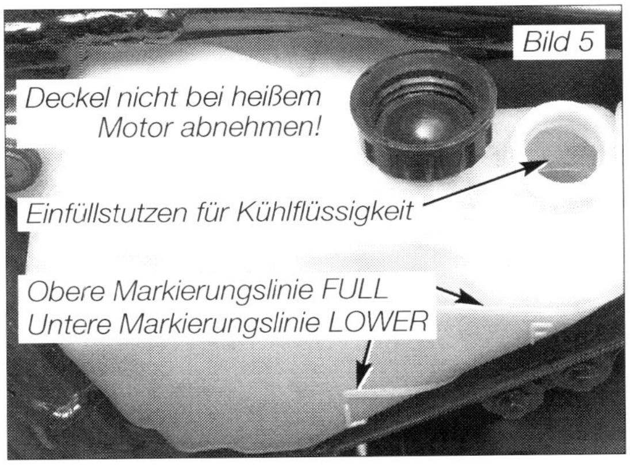

Tipp: Falls nur eine kleine Menge Kühlmittel fehlt, kannst du auch reines Wasser auffüllen. Fülle niemals Leitungswasser ein, denn das ist kalkhaltig, sondern ausschließlich destilliertes Wasser.

Mehr zum Thema »Kühlsystem« im Kapitel 24.

Seitenständerschalter

Motorräder mit einem Seitenständer, der beim Senkrechtstellen der Maschine ausgeklappt bleibt (also nicht automatisch einklappt), müssen einen »Seitenständerschalter« haben. Dieser verhindert das Losfahren mit ausgeklapptem Seitenständer. Weil er direkt am Seitenständer sitzt (Bild 6), ist er Dreck und Nässe ausgesetzt, kann deswegen schon mal defekt werden und muss regelmäßig auf Funktion geprüft werden.

Seitenständerschalter auf Funktion prüft:
- Motor mit ***aus**geklapptem* Seitenständer und eingelegtem Leerlauf starten.
- Kupplung ziehen, Gang einlegen: Motor muss ausgehen.

Umkehrprobe:
- Motor mit ***ein**geklapptem* Seitenständer und eingelegtem Leerlauf starten.
- Kupplung ziehen, Gang einlegen.
- Kupplung gezogen halten, Seitenständer ausklappen: Motor muss ausgehen.

Hat der Seitenständerschalter diese Tests bestanden, ist er technisch und elektrisch in Ordnung. Ansonsten, wenn sich also z. B. mit ausgeklapptem Seitenständer ein Gang einlegen und losfahren lässt, muss der Seitenständerschalter unbedingt erneuert werden, denn er dient deiner eigenen Fahrsicherheit.

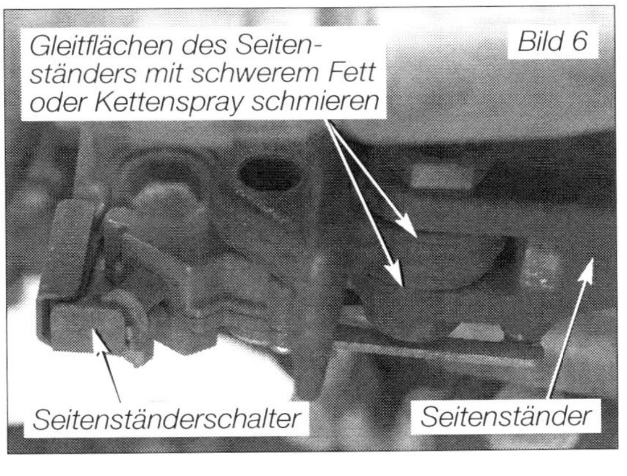

Bild 5: Der Ausgleichsbehälter des Kühlsystems ist meistens am Rahmen angebracht. Der Stand der Kühlflüssigkeit sollte sich zwischen den beiden Markierungen befinden.

Bild 6: Der Seitenständerschalter ist direkt am Seitenständergelenk angebracht.

Verkleidung · Tank · Rahmen

In diesem Kapitel: Tipps für Arbeiten an Verkleidung · Verbindungsnippel · Tank ab- und aufbauen · Fußrasten wechseln · Nummern und Aufkleber · Lenkanschlag.

Tipps für Arbeiten an Verkleidung

Beim Ab- und Anbau von Verkleidungsteilen folgende Punkte beachten:

- Schrauben und Muttern immer mit exakt passenden Werkzeugen bearbeiten (Bild 1). Wenn du schlechtes Billigwerkzeug nimmst, sind die Schraubenköpfe rasch beschädigt und so vermurkst, dass sie sich nicht mehr öffnen lassen. Du kannst auch beim Schrauben abrutschen und hast dann einen hässlichen Kratzer im Lack.
- Du glaubst gar nicht, mit wie vielen unterschiedlichen Schrauben eine Vollverkleidung verschraubt ist; lange, kurze, Inbus-, Sechskant- und Kreuzschlitzschrauben; manche mit und manche ohne Unterlegscheiben, Kunststoffscheiben am Windschild. Dazu kommen noch diverse Schnellspannnippel. Deswegen merke dir, welche Schraube wo drin war! Lege die Schrauben in kleinen Pappschachteln mit einem Notizzettel, von welchem Teil die Schrauben sind.
- Merke dir, wie du welches Verkleidungsteil abgebaut hast. Kein Verkleidungsteil mit Gewalt abziehen oder einstecken – vor allem alter Kunststoff ist spröde und kann leicht brechen!
- Abgebaute Verkleidungsteile auf sauberen Lappen ablegen, damit nichts verkratzt wird.
- Platziere die abgeschraubten Verkleidungsteile außerhalb jeglicher Fußreichweite, denn man tritt während des Schraubens an der Maschine rasch auf ein am Boden liegendes Teil. Im Extremfall bricht es, garantiert zerkratzt es.
- Achte beim Anbau der Verkleidung darauf, dass keine Kabel, Stecker oder Bowdenzüge eingeklemmt werden, dies gilt besonders für die vordere Lampenverkleidung. Wenn es doch passiert, nimm das Verkleidungsteil wieder ab und verlege Kabel, Stecker oder Bowdenzüge sauber und klemmfrei.
- Verkleidungsteile müssen beim Anbau prinzipiell ohne Gewalt oder Druck an den Schraubenbohrungen anliegen.
- Bei der Montage im Werk werden die Verkleidungsschrauben »trocken« eingeschraubt, also ohne Öl. Wenn die Maschine einige Zeit auf dem Buckel hat, sind die Schrauben korrodiert. Gönne ihnen beim Wiedereinschrauben etwas Öl oder Silikonpaste.
- Die an manchen Schrauben untergelegten Kunststoffscheiben (Bild 2) schützen die lackierten Oberflächen. Wenn man die Scheiben vor dem Eindrehen leicht mit Silikonpaste einstreicht, bleiben sie flexibel und weich. Dies gilt auch für Gummibuchsen, mit denen manche Verkleidungsteile über Zapfen zum Beispiel am Rahmen gesteckt sind (Bilder 3 und 3a).
- Oft sind »Gummimuttern« für Verkleidungs-Halteschrauben eingebaut, die sich beim Festziehen der Schraube in sich spannen. Diese Schrauben mit viel Gefühl anziehen, denn wenn sie zu fest angezogen werden, besteht die Gefahr, dass die Verkleidungsscheibe reißt (Bild 4) oder die Gummimutter zerstört wird.

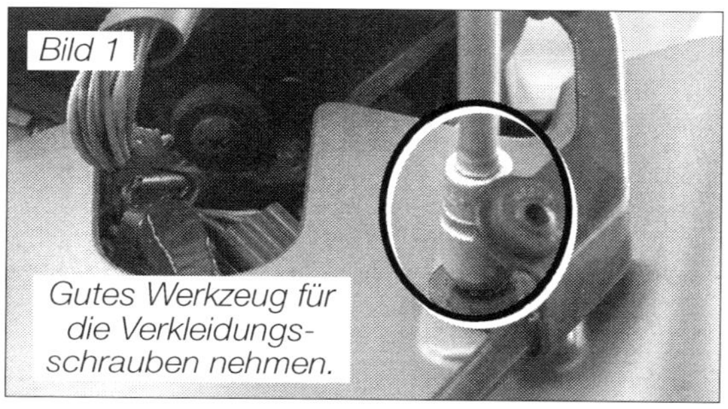

Bild 1: Immer mit gut passendem Werkzeug arbeiten, sonst sind die Schrauben gleich vermurkst.

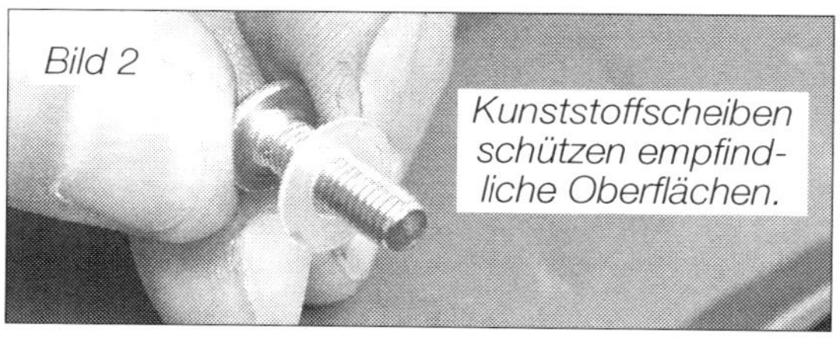

Bild 2: An einigen Verkleidungsteilen sind Schrauben mit Unterlagscheiben aus Plastik oder Gummi angebracht. Etwas Silikonpaste auftragen, das hält sie elastisch.

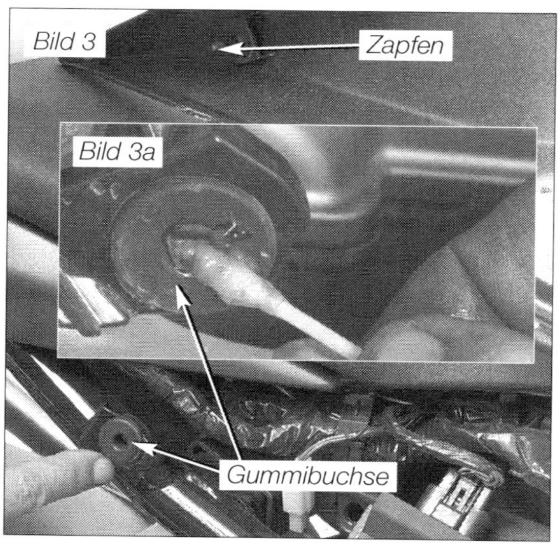

Bilder 3 und 3a: Einige Verkleidungsteile sind über Zapfen in Gummibuchsen nur gesteckt und nicht verschraubt:

- *Du hast alle Schrauben eines Verkleidungsteils ausgeschraubt und trotzdem will das Teil nicht abgehen? Meistens verbirgt sich dann an der noch festen Stelle ein solcher Zapfen.* ***Wichtig:*** *Mit Gefühl am Verkleidungsteil ziehen!*
- *Gummibuchsen mit Silikonpaste fetten (Bild 3a), dann bleiben sie elastisch.*

Sitzbank
Die Sitzbank wird mit dem Zündschlüssel über das Sitzbankschloss entriegelt und dann einfach abgenommen. Bei Sportmotorrädern, die eine geteilte Sitzbank haben, lässt sich meist nur ein Teil der Sitzbank mit dem Schlüssel öffnen, der andere ist mit Schrauben befestigt.

Beim Befestigen darauf achten, dass der (oder die) Halteriegel richtig angesetzt werden.

Verbindungsnippel

Verbindungsnippel aus Kunststoff, auch »Nietschnapper« oder »Druckniet« genannt (Bilder 6 bis 8) sind bei fast allen Herstellern in der Verkleidung, dem verkleideten Heck der Sitzbank und dem hinteren Innenkotflügel verbaut.

Wenn man nicht weiß, wie die Dinger funktionieren und aufs Geratewohl daran herumzieht oder drückt, treibt es dich in den Wahnsinn und ganz bestimmt geht was kaputt, draußen ist er dann aber immer noch nicht. Dabei ist seine Bedienung einfach:
Lösen: Mit einem spitzen Dorn in der Mitte leicht eindrücken, der Mittelzapfen schnappt ein (Bild 6), dabei klickt es.
■ Der entspannte Verbindungsnippel kann jetzt am Kopf herausgezogen werden.
Befestigen:
1. Zuerst den Zapfen des Verbindungsnippels ganz zur Oberseite durchschieben, es klickt zweimal (Bild 7).
2. Jetzt den Verbindungsnippel in dieser Position (Bild 8) korrekt in die Befestigungsbohrung einsetzen.
2.1. Dann das Mittelstück bis zum Kopf bündig einschieben: Wenn es fühl- und hörbar klickt, ist der Nippel richtig befestigt.

Pflege: Weil diese Verbindungsnippel die Teile nur zusammenhalten, aber nicht fest verspannen, sind sie während der Fahrt hohen Vibrationen ausgesetzt. Wenn sie ausgebaut sind, sollten sie gepflegt werden, dann behält der innere, gezackte Spannbolzen seine Freigängigkeit.

1. Verbindungsnippel mit Bürste in heißem Wasser reinigen und trocknen lassen.
2. Zwei Tropfen Silikonpaste auf einen spitzen Schraubenzieher nehmen und vorsichtig in den Verbindungsnippel einbringen.
3. Innenteil einige Male hin und her bewegen, um die Silikonpaste gleichmäßig zu verteilen – fertig.

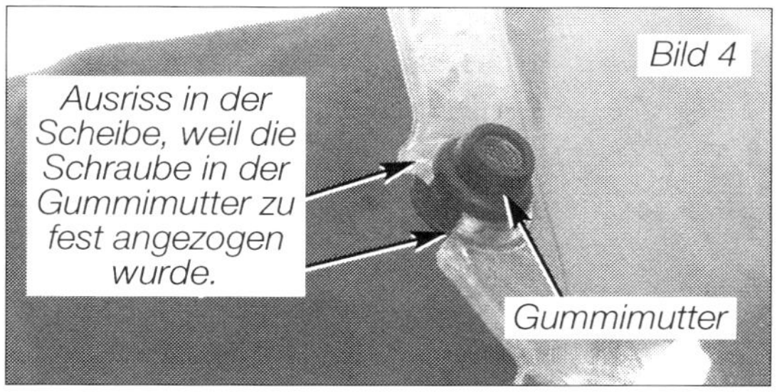

Bild 4: Schrauben in Gummimuttern an Verkleidungsscheiben mit Gefühl einschrauben, sonst kann die Scheibe oder das Gummi kaputt gehen.

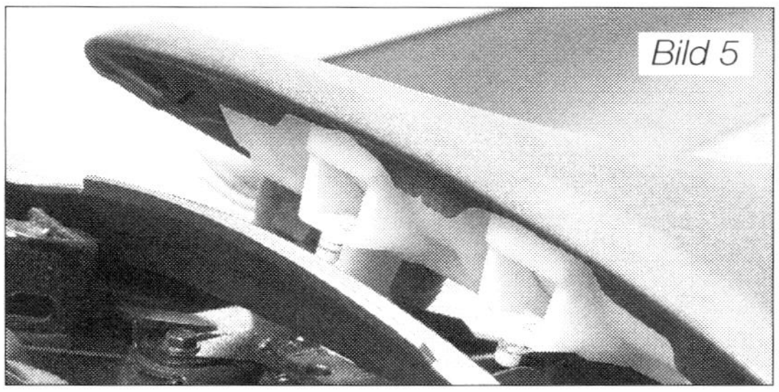

Bild 5: Gesteckte Sitzbank-Halterungen.

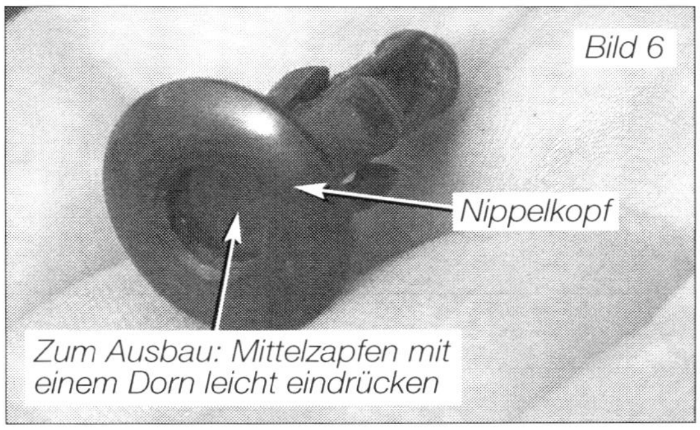

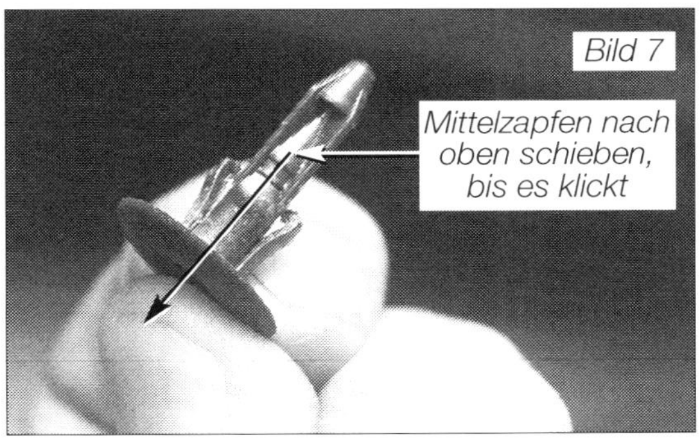

Bilder 6, 7 und 8: Aus- und Einbau eines Kunststoffnippels, wie sie bei Verkleidungen, Innenkotflügeln und Sitzbankhecks oft verwendet werden. Zum Abschluss den Mittelzapfen eindrücken, bis er bündig mit dem Kopf ist. Damit ist der Kunststoffnippel gespannt und sitzt fest in seiner Bohrung.

Bilder 9 und 10: Schrauben ausdrehen, Tank hochstellen.

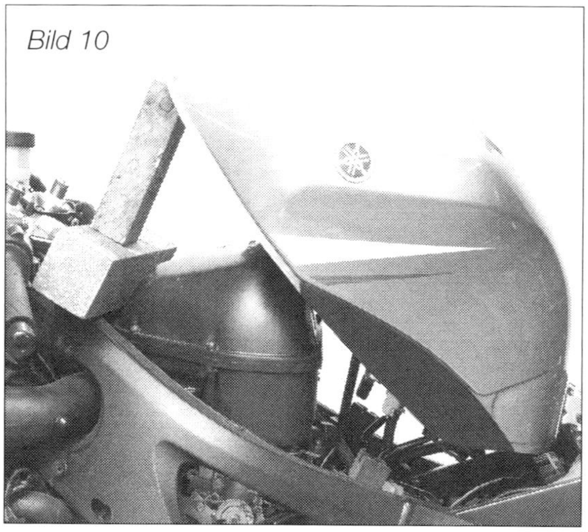

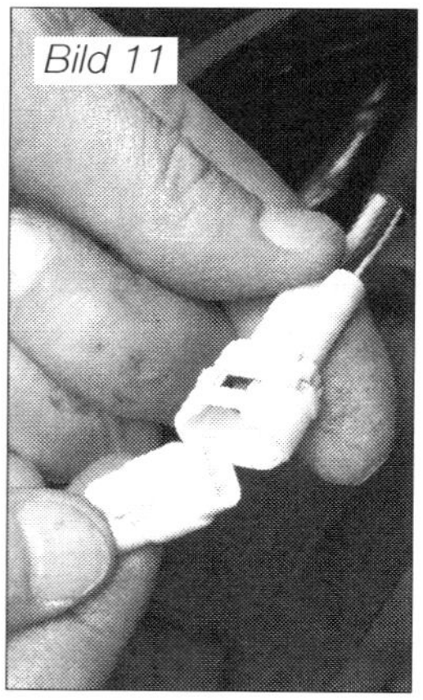

Bild 11: Elektrische Stecker trennen.

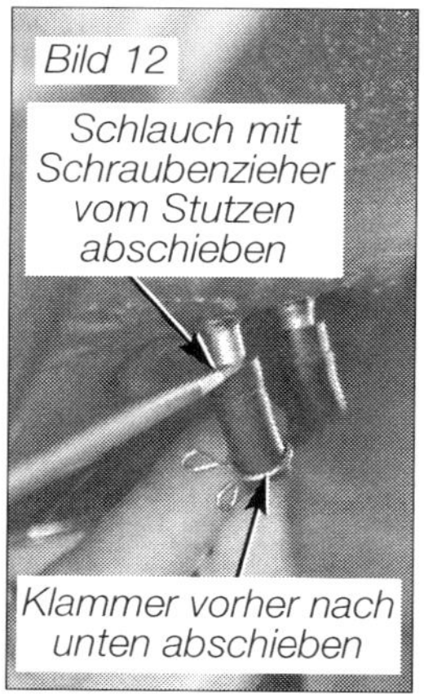

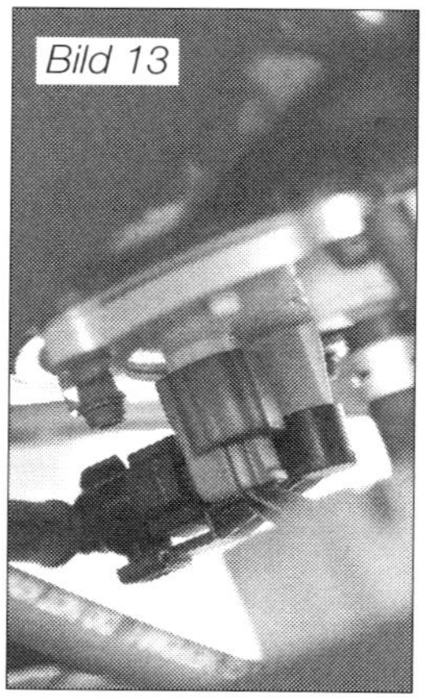

Bilder 12, 13 und 14: Entlüftungsschläuche mit einem Schraubenzieher abdrücken. Schnellverschluss zum Trennen auf beiden Seiten eindrücken und gleichzeitig abziehen.

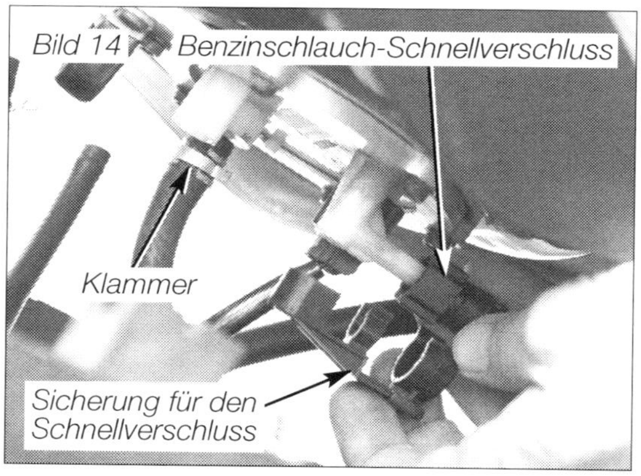

Bild 15: Vor dem Abziehen eines Schlauchs zuerst die Klammer an ihren Enden zusammendrücken (dadurch weitet sich die Klammer auf) und nach unten schieben.

Tank ab- und aufbauen

⚠ **Achtung:** Beim Ab- und Aufbau des Tanks nicht rauchen, keine offenen Flammen und kein Funkenflug in weitem Umkreis der Schraubstelle!

Wenn der Tank abgebaut wird, sollte er möglichst leer sein; nicht nur weil er dann leichter ist, sondern weil dann weniger Sprit ausläuft. Wenn ein voller Tank ab muss, entweder den Sprit abpumpen oder ablaufen lassen.

Einige Motorräder haben so genannte Schnellverschlüsse an den Benzinschläuchen: Wenn diese getrennt werden, läuft kaum Benzin aus. Bei den anderen läuft nach dem Trennen das Benzin. Im Zubehörhandel kann man spezielle Klemmen kaufen, mit denen ein Benzinschlauch abgeklemmt werden kann. Du kannst aber auch nach dem Abziehen des Schlauchs eine passende Schraube reinstecken und ihn so provisorisch verschließen.

Tank abbauen

1. Motor muss nicht nur kalt sein, sondern auch AUSgeschaltet sein, Zündung AUS, Zündschlüssel am besten abziehen.
2. Sitzbank und entsprechende Verkleidungsteile abbauen. Tankdeckel kurz öffnen, um Druck abzubauen, Tankdeckel wieder schließen.
3. Tankhalteschrauben ausdrehen (Bild 9): Diese befinden sich entweder hinten oder vorne, oder auch vorne und hinten am Tank und verschrauben diesen zum Rahmen hin.
3.1. **Beispiel:** Halteschrauben am Tank vorne sind ausgeschraubt, Tank anheben und mit einem Holz abstützen (Bild 10).

⚠ **Achtung:** Der Tank muss sicher abgestützt sein, sonst kann er beim Arbeiten abrutschen und klemmt deine Finger fürchterlich ein!

4. Jetzt musst du feststellen, welche elektrischen Stecker, Benzinleitungen und Entlüftungsschläuche am Tank befestigt sind und getrennt werden müssen. Dabei bitte beachten:
4.1. Stecker trennen und merken, wo welcher drin war (Bild 11).
4.2. Die Schlauchleitungen sind mit »Sicherheitsklammern« versehen: Klammer an den aufgestellten Enden mit einer flachen Zange zusammendrücken, dadurch weitet sich die Klammer auf und kann auf dem Schlauch leicht nach unten geschoben werden (Bilder 12, 14 und 15).

Wichtig: Jetzt schon einen saugfähigen Lappen unter die Schlauchanschlüsse legen, damit auslaufendes Benzin aufgefangen wird.

4.3. Entlüftungsschläuche von den Stutzen abziehen: Diese sind dünner als Benzinschläuche und nicht an der Benzinpumpe angebracht (Bild 12). Sie müssen so im Motorraum verbleiben wie sie sind. NICHT herausziehen! Das ist ganz wichtig, sonst hat der Tank später keine Be- und Entlüftung und im Tank entsteht ein Unterdruck, was zur Folge hat, dass kein Benzin mehr fließt und der Motor stehen bleibt!

■ Wenn ein Entlüftungsschlauch »klebt« und sich nicht leicht abziehen lässt, ihn mit einem flachen Schraubenzieher vorsichtig abschieben (Bild 12).

4.4. Benzinleitungen als Letztes abziehen und merken wo welcher dran war. Wenn Benzin ausläuft: Schlauch anklemmen oder Schraube reinstecken.

■ Sicherstellen, dass wirklich alle Anschlüsse vom Tank getrennt wurden und alle Befestigungsschrauben ausgeschraubt sind.

Tipp: Du kannst auch eine Zeichnung machen mit allen Anschlüssen und aufschreiben, was du alles getrennt hast, dann vergisst du später mit Sicherheit nichts beim Anschließen (Polaroid- oder Digitalfoto geht natürlich auch!).

5. Holzstück entfernen, Tank ablassen, mit beiden Händen den Tank vorne und hinten fest packen und vom Motorrad nehmen. Tank so lagern, dass kein Benzin auslaufen kann! Am besten leicht seitlich auf einem Ballen weicher Lappen ablegen.

Achtung: Tank nicht auf den Kopf stellen, der Tankeinfüllstutzen ist nicht dicht! Ausgelaufenes Benzin sofort aufputzen, stinkenden Lappen ins Freie legen!

Aufbau des Tanks in umgekehrter Reihenfolge. Besonders darauf achten, dass:

■ ...die Benzinschläuche richtig aufgesteckt sind und die Klammern an den Anschlüssen fest sitzen,

■ ...der (die) Entlüftungsschlauch (-schläuche) knickfrei nach unten verlegt ist (sind),

■ ...die Stecker richtig zusammengesteckt sind,

■ ...alle Befestigungsschrauben angebracht sind.

Fußrasten wechseln

Wenn Fahrer- oder Soziusrasten duch einen Umfaller oder Sturz einmal abbrechen sollten, können sie bei den meisten Motorrädern recht einfach erneuert werden.

1. Sicherungsscheibe mit einem Schraubenzieher abhebeln (Bilder 16 und 17).

2. Bolzen ausdrücken, Raste mit Feder entnehmen.

3. Bolzen und Lagerstelle reinigen, gut mit frischem Fett einschmieren.

4. Feder auf neuer Fußraste ansetzen (bzw. Rückhalteplatte bei den Soziusrasten), in Einbauposition in die U-förmige Lagerung einsetzen und halten.

5. Bohrungen zur Deckung bringen, Bolzen von vorne einschieben.

■ Es muss dabei einiges an Kraft aufgewendet werden, bis die Bohrungen zueinander fluchten.

6. Sicherungsscheibe aufschieben: Sie muss mit der scharfen Kante in Druckrichtung nach außen eingesetzt werden (Bild 17).

Nummern und Aufkleber

An deinem Motorrad sind allerlei Nummern und Aufkleber zu finden. Wir beschreiben hier die wichtigsten, wo sie meistens zu finden sind und welche Bedeutung sie haben:

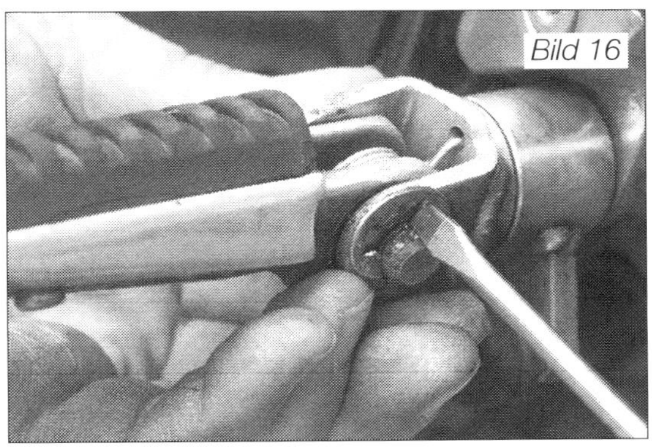

Bild 16

Bild 17

Bilder 16 und 17: Das Wechseln einer Fußraste ist ganz einfach.

Fahrgestellnummer: Die Fahrgestellnummer dient zur Identifikation der Maschine, sie ist bei den meisten Motorrädern rechts am Lenkkopf eingestanzt (Bild 18) und ein zweites Mal auf dem Typenschild zu finden, das am Rahmen angebracht ist (Bild 19). Meistens ist das Typenschild direkt neben der eingestanzten Nummer zu finden, ansonsten entweder links oder rechts am Rahmen. Beide Nummern müssen gleich sein und mit der Nummer im Fahrzeugbrief und im Fahrzeugschein übereinstimmen.

Bilder 18 und 19: Die Fahrgestellnummer auf dem Lenkkopf muss mit der im Typenschild übereinstimmen.

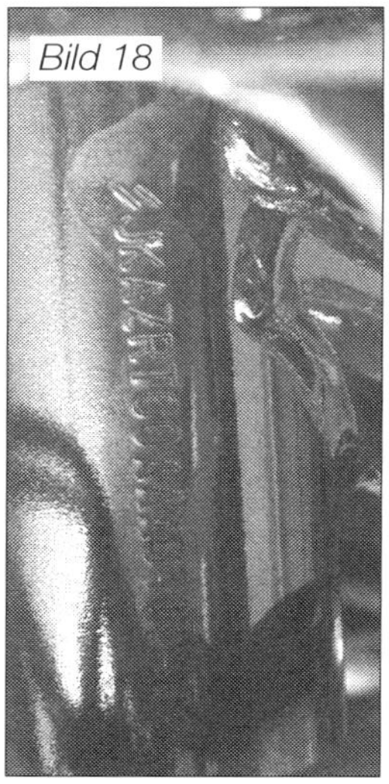

Bild 20: Die Motornummer ist in an irgendeiner Stelle in das Motorgehäuse eingeschlagen.

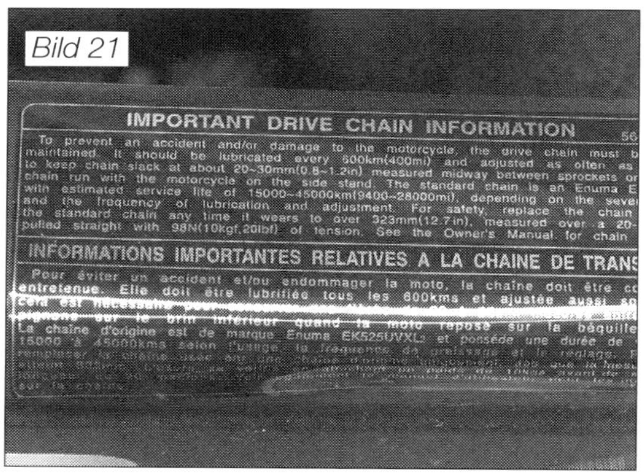

Bild 21: Der Kettenkleber ist auf dem Kettenschutz oder an dem linken Schwingholm angebracht.

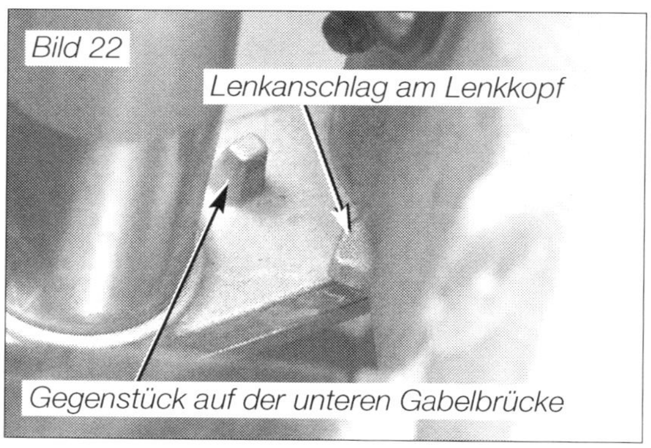

Bild 22: Die Lenkanschläge an Lenkkopf und Gabelbrücke müssen formstabil vorhanden sein.

Motornummer: Die Motornummer ist in das Motorgehäuse eingeschlagen (Bild 20). Einfach mal mit einer Taschenlampe danach suchen, sie ist je nach Modell an einer anderen Stelle angebracht. Sie ist nicht identisch mit der Fahrgestellnummer, hat keine zulassungsrechtliche Bedeutung und ist auch weder im Kraftfahrzeugbrief noch im Fahrzeugschein vermerkt. Dennoch ist zu empfehlen, sie für eigene Zwecke zu notieren.

Wird dein Motorrad zum Beispiel gestohlen, ist das eine Möglichkeit, deinen Motor zu identifizieren (sollte er denn je wieder auftauchen!). Ebenfalls sollte die Motornummer bei einem Verkauf des Fahrzeugs oder bei einem Gebrauchtkauf im Kaufvertrag festgehalten werden. So kann der Käufer nicht nach ein paar Wochen daher kommen und behaupten, du hättest ihm ein Motorrad mit einem defekten Motor verkauft, inzwischen hat er natürlich schon einen defekten eingebaut.

Ölkleber: An vielen Maschinen ist auch ein Ölkleber zu finden, meistens im Bereich unter der Sitzbank oder gelegentlich ist es auch ein kleines Schild direkt am Öleinfüllstutzen. Er enthält die Angaben über das vom Werk vorgeschriebene Motoröl und die Füllmengen.

Kettenkleber: Er ist entweder auf dem Kettenschutz oder an der linken Schwinge angebracht (Bild 21) und weist auf die Wichtigkeit der Kettenpflege hin sowie auf das Maß des Kettendurchhangs und den Kettenverschleiß.

Lenkanschlag

Das unten am Lenkkopf entweder mittig oder seitlich angeschweißte Flacheisen wird als »Lenkanschlag« bezeichnet, es begrenzt die Lenkbewegung nach rechts und links (Bild 22). Als Gegenstücke sind auf der Oberseite der unteren Gabelbrücke rechts und links Vorsprünge angegossen, die bei vollem Lenkeinschlag am rahmenfesten Lenkanschlag anschlagen.

Den Lenkanschlag am Rahmen sowie die Gegenstücke auf der unteren Gabelbrücke gelegentlich kontrollieren. Weist auch nur eine davon Risse auf oder ist gar abgebrochen, ist dies ein sicherer Hinweis auf einen Unfall der Maschine (wichtig beim Gebrauchtkauf).

Reifen

In diesem Kapitel: Basisinformationen · Luftdruck · Reifenverschleiß · Neue Reifen auswählen · Reifen-Bauarten · Reifenbezeichnungen · Reifenmontage · Rundlauf und Auswuchten · Reifenschäden.

Basisinformationen

Reifen sorgen für die Verbindung des Fahrzeugs zur Straßenoberfläche: Sie sollen unauffällig ihren Dienst verrichten, auf der Straße haften, das Fahrzeug sicher führen und eine möglichst lange Lebensdauer haben.

Reifen müssen enorme Kräfte übertragen:
- Der Hinterradreifen muss Antriebs- und Bremskräfte übertragen.
- Der Vorderradreifen muss Brems- und Lenkkräfte überragen.
- Beide Reifen müssen zusätzlich noch Seitenkräfte übertragen, wie sie bei Kurvenfahrten auftreten.

Luftdruck

Die Luft in den Reifen »trägt« die Last, die sich aus dem Eigengewicht des Fahrzeugs plus dem der Besatzung und des Gepäcks zusammensetzt. Achte immer auf korrekten Luftdruck, der bei kaltem Reifen gemessen wird. Je nach Fahrzeugtyp sind die vorgeschriebenen Reifenluftdrücke unterschiedlich, sie liegen bei Straßenreifen meist zwischen 2,25 bis 2,5 bar vorne und 2,5 bis 2,9 bar hinten. Bei Enduros ist der vorgeschriebene Reifenluftdruck etwas niedriger (meist 1,7 bis 2,1 bar vorne und 1,8 bis 2,3 bar hinten). Der für dein Motorrad vorgeschriebene Reifendruck steht in der Betriebsanleitung.

Wichtig: Der Reifenluftdruck darf weder zu hoch noch zu niedrig sein:
- Ein zu hoher Luftdruck verschlechtert den Komfort und verringert die Haftung.
- Ein zu niedriger Luftdruck sorgt für eine schlechte Straßenlage und ist vor allem bei Sozius- und Gepäckbetrieb sehr bedenklich, da ein Reifen mit zu niedrigem Luftdruck unter großer Last rasch überhitzen kann, was zu schweren Reifenschäden führt).
- Der Luftdruck sollte regelmäßig überprüft werden, denn schon ein um 0,2 bar höherer oder niedrigerer Luftdruck als vorgeschrieben macht sich im Fahrverhalten (und damit der Fahrsicherheit!) bemerkbar! Immer gut schließende Ventilkappen mit einwandfreier Gummidichtung verwenden; Stahlkappen sind besser als Plastikkappen! Wenn keine Kappe aufgeschraubt ist, kann Schmutz ins Ventil gelangen. Weiterhin kann sich aufgrund der auftretenden starken Fliehkräfte bei hohen Geschwindigkeiten der Ventileinsatz öffnen und Luft entweichen.

Reifendruckprüfer

Verlasse dich bei der Kontrolle des Reifendrucks nicht auf das Tankstellengerät, sondern kontrolliere den Luftdruck mit einem speziellen Luftdruckprüfer. Kaufe KEIN Plastikteil aus dem Baumarkt, sondern ein Präzisionsmessgerät.

Das beste Druckmessgerät, das wir kennen und verwenden, stammt vom deutschen Hersteller Flaig und hat ein stabiles Alugehäuse, es kostet um die 20 Euro. Erhältlich ist es unter anderem bei mobil-tech (*www.mobil-tech.de*) oder in gut sortierten Motorradzubehörläden.

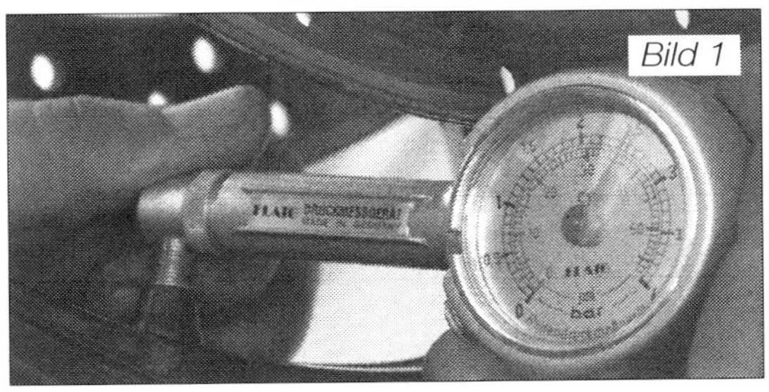
Bild 1

Bild 1: Es wird empfohlen den Luftdruck vor jeder Fahrt bei kalten Reifen zu prüfen.

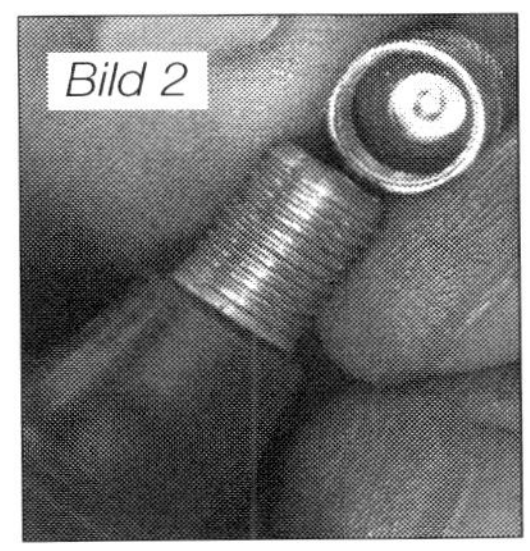
Bild 2

Bild 2: Auf das Ventil gehört eine Ventilkappe mit einwandfreier Gummidichtung.

Die Reifen-Fachfrau Ute Schütz

Die Informationen in diesem Kapitel kommen aus erster Hand: Reifenfachfrau Ute Schütz (Bild 3) lieferte uns viele Facts und Bilder zum Thema »Motorradreifen«. Ute arbeitet seit mehr als 20 Jahren bei Metzeler/Pirelli in München.
- 1986: Ausbildung zur Industriekauffrau bei der Metzeler Reifen GmbH.
- 1989: Rennservice bei Metzeler, Fahrerbetreung bei der Deutschen Motorrad-Straßenmeisterschaft sowie Unterstützung des Metzeler-Pressesprechers Helmut Dähne.
- 2001: Wechsel in die Abteilung »Technischer Kundendienst« der Pirelli Deutschland GmbH (Pirelli- und Metzeler-Motorradreifen sind unter diesem Firmendach vereint). Ute ist Ansprechpartnerin für Motorrad- und Reifenhändler in allen Fragen rund um »Motorradreifen« und auch für Reifenfreigaben zuständig.

Ute mag Enduros ganz besonders gern: Ihr erstes Motorrad war eine Suzuki DR 650 RSE, danach folgte eine Honda Dominator. Zur Zeit fährt sie zwar eine Straßenmaschine Honda

Bild 3

Hornet 600, ist jedoch immer dann, wenn es ihre Zeit erlaubt, mit einer Leih-Enduro im Gelände unterwegs.

Reifenverschleiß

Reifen sind Verschleißteile, irgendwann sind sie abgefahren: Die Oberfläche (»Lauffläche«) des Reifens wird immer dünner, die Rillen (»Profilrillen«) immer niedriger. Der Gesetzgeber schreibt eine Mindestprofiltiefe von 1,6 mm vor. Wir empfehlen, schon bei 2 mm neue Reifen aufzuziehen.

Tatsächliche Pofiltiefe

»TWI« ist die Abkürzung von »Tread Wear Indicator«. Manche Hersteller haben auch nur ein kleines Dreieck angebracht. Ein TWI markiert an der Seitenwand eine Hauptprofilrille, in der 0,8 mm hohe Erhebungen eingearbeitet sind: Wenn diese bündig sind mit der Reifenoberfläche, ist der Reifen abgefahren, weil er nur noch 0,8 mm Profiltiefe hat! Die Profiltiefe wird neben einer TWI-Erhebung gemessen (Bilder 4 und 5).

Mit 0,8 mm Höhe entsprechen die kleinen Erhebungen nicht der deutschen Mindestprofiltiefe (1,6 mm), sie sind ausschließlich für den amerikanischen Straßenverkehr angebracht, wo eine Mindestprofiltiefe von 0,8 mm gilt.

Wenn du von der Polizei kontrolliert wirst und die Profiltiefe liegt unter 1,6 mm, wird es ungemütlich, denn es werden 50 Euro Bußgeld fällig und du bekommst drei Punkte in Flensburg auf dein Konto geschrieben. Die Polizei informiert das zuständige Landratsamt und dieses verlangt eine Beseitigung der Mängel innerhalb von zwei Wochen. Bringst du nicht den Nachweis der »Mängelbeseitigung«, kann dein Motorrad stillgelegt werden. Ach ja, das Landratsamt arbeitet natürlich auch nicht umsonst.

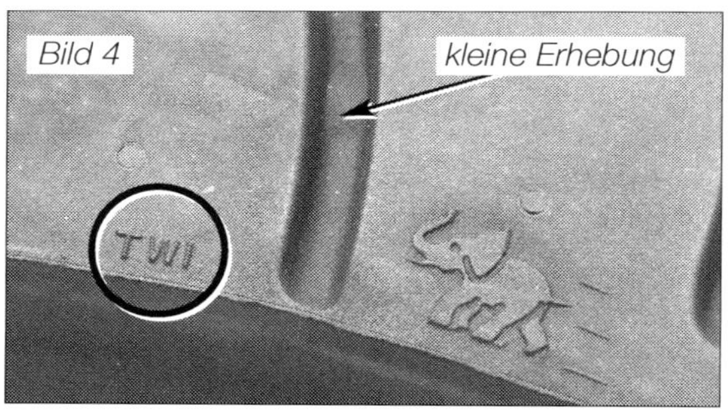

Bild 4

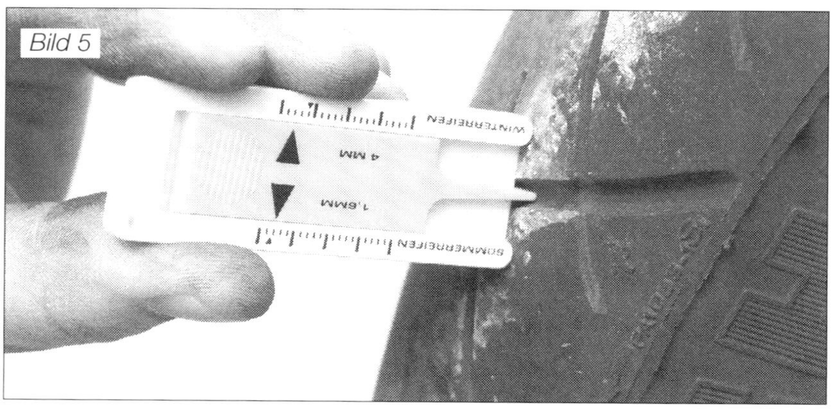

Bild 5

Bilder 4 und 5: Die TWI-Kennzeichnung auf der Seitenwand bzw. am Rand der Lauffläche zeigt die Hauptprofilrille an, in der die Profiltiefe gemessen wird.

■ In Motorradfachgeschäften gibt es für wenig Geld solche Plastikschieblehren zum Messen der Profiltiefe.

Neue Reifen auswählen

Die einfachste Art, neue Reifen auszuwählen: Fahrzeug beim Händler abgeben, »neue Reifen« in Auftrag geben, zwei Tage später abholen, Rechnung bezahlen. Der Händler wird dein Motorrad entweder mit den Reifenmarken und -typen bestücken, die vorher schon aufgezogen waren (und meist der Erstausrüstung entsprechen), oder er berät dich über den neuesten Stand der Reifentechnik. Diese schreitet so rasch voran, weil von vielen Herstellern jährlich neue Reifen auf den Markt kommen mit speziellen Eigenschaften hinsichtlich Haftung, Profilgestaltung und Lebensdauer.

⚠ **Achtung:** Ist im Fahrzeugschein eine Fabrikats- oder Profilbindung vorgeschrieben oder steht der Satz »Reifenpaarung nur von einem Hersteller«, dürfen vorne und hinten nur freigegebene Reifen vom gleichen Hersteller und gleicher Bezeichnung montiert werden, eine so genannte »Reifenpaarung«. In diesem Fall ist zum Beispiel die Kombination eines Pirelli-Vorderradreifens und eines Bridgestone-Hinterradreifens nicht zulässig.

Wenn du zum Beispiel nur einen neuen Hinterradreifen brauchst und den vorgeschriebenen gibt es nicht mehr, bist du gezwungen, auch den Vorderradreifen zu erneuern, selbst wenn dieser noch genügend Profil hat. Einige Motorradhersteller schreiben im Fahrzeugschein keine Fabrikats- oder Profilbindung vor, sondern lediglich die Reifengröße. In diesem Fall ist es erlaubt, eine Mischbereifung zu montieren, allerdings ist es aufgrund des Fahrverhaltens nicht empfehlenswert.

Seit einigen Jahren ist es nicht mehr vorgeschrieben, dass die montierten Reifen im Fahrzeugschein eingetragen sein müssen. Es gibt so genannte »Reifenfreigaben«, diese findest du auf der Homepage des Motorrad- oder Reifenherstellers, dort sind alle Reifen aufgelistet, die du auf deiner Machine montieren kannst. Als Nachweis bei Polizeikontrollen muss die Reifenfreigabe mitgeführt werden: Von der Homepage ausdrucken und beim Händler abstempeln lassen.

Wichtig ist allemal, dass die Reifen hinsichtlich des Profils zum Fahrzeug passen:

- Unverkleidete Straßenmaschinen haben fein profilierte Straßenreifen (Bild 6).
- Verkleidete Supersportler brauchen sehr spezielle Sportreifen.
- Enduros haben grob profilierte Reifen, mit denen du auch im Gelände sicher fahren kannst (Bild 7).
- Ein Chopper hat normale, aber »fette« und fein profilierte Straßenreifen.

Reifen-Bauarten

Der Reifen an sich ist je nach Ausführung unterschiedlich in der Bauart. Es gibt Diagonalreifen, Diagonal-Gürtelreifen, Gürtelreifen mit Radialkarkasse und Stahlgürtelreifen mit Radialkarkasse.

- **Diagonalreifen:** Die Struktur dieses Reifens besteht aus einer Karkasse, bei der je nach Geschwindigkeitsklasse und Tragfähigkeit eine oder mehrere Lagen übereinander gelegt sind. Reifen dieser Bauart sind im Fahrzeugschein in der Größenbezeichnung an einem Bindestrich oder dem Buchstaben »V« erkennbar. **Beispiel:** 110/80-17 M/C 57H oder 110/80 V 18 M/C (58V)

- **Diagonal-Gürtelreifen:** Die Struktur dieses Reifens besteht aus einer Karkasse und einem Gürtel aus einer oder mehreren gekreuzten Lagen. Der Gürtel besteht hauptsächlich aus Nylon, er begrenzt die dynamische Verformung durch die Fliehkräfte, wie sie bei hohen Geschwindigkeiten auftreten. Reifen dieser Bauart sind im Fahrzeugschein in der Größenbezeichnung an den Buchstaben »VB« oder »B« erkennbar (z. B. 120/80 B 16 M/C (60V) oder 140/80 B 17 M/C 69V)

- **Gürtelreifen mit Radialkarkasse:** Der Gürtel ist wie beim Diagonal-Gürtelreifen aufgebaut, hier liegt der Hauptunterschied in dem Aufbau der Karkasse: »Radial« heißt, dass die Cordfäden von Schulter zu Schulter um den Reifen verlaufen. Mit dieser Technik sind Niederquerschnittsreifen aufgebaut, was zu erheblichen Vorteilen für die Kurvenstabilität, geringerem Gewicht und besserer Hochgeschwindigkeitsstabilität führt. Reifen dieser Bauart sind im Fahrzeugschein in

Bild 6

Bild 7

Bild 8

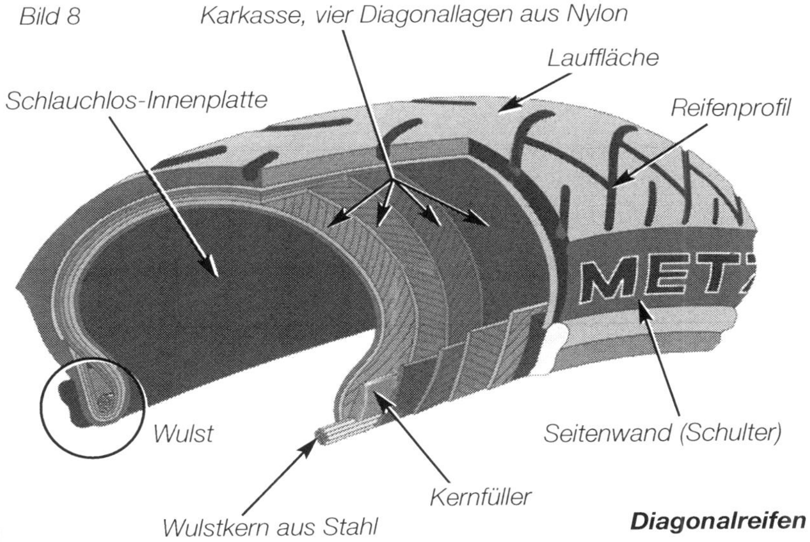

Diagonalreifen

Bild 9

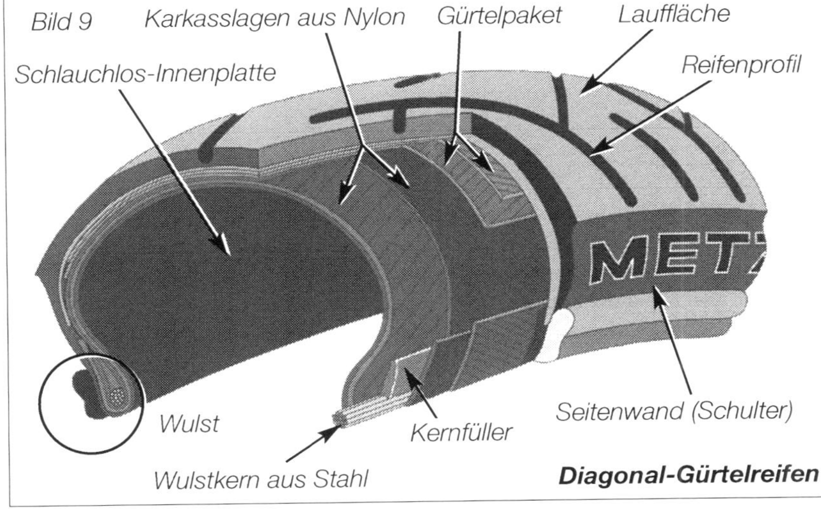

Diagonal-Gürtelreifen

der Größenbezeichnung an dem Buchstaben »R« erkennbar (z. B. 130/70 R 17 M/C 62V).

Stahlgürtelreifen mit Radialkarkasse: Diese Technik wurde von Metzeler quasi erfunden und patentiert. Die Struktur besteht aus einer Radialkarkasse und einer einzigen Stahlgürtellage (andere Hersteller verwenden Kevlar). Dabei ist der Gürtel in Drehrichtung des Reifens mit einem Winkel von nahezu null Grad um den Umfang der Karkasse gewickelt. Der Vorteil von Stahlcord besteht in der hohen Steifigkeit, was zu einer differenzierten Last- und Kraftverteilung zwischen Schulter und Lauffläche führt. Reifen dieser Bauart sind im Fahrzeugschein in der Größenbezeichnung an den Buchstaben »ZR« erkennbar (z. B. 120/70ZR 17 M/C (58W)).

Bilder 8 und 11: Schnittbilder durch die im Text detailliert erklärten Reifen.

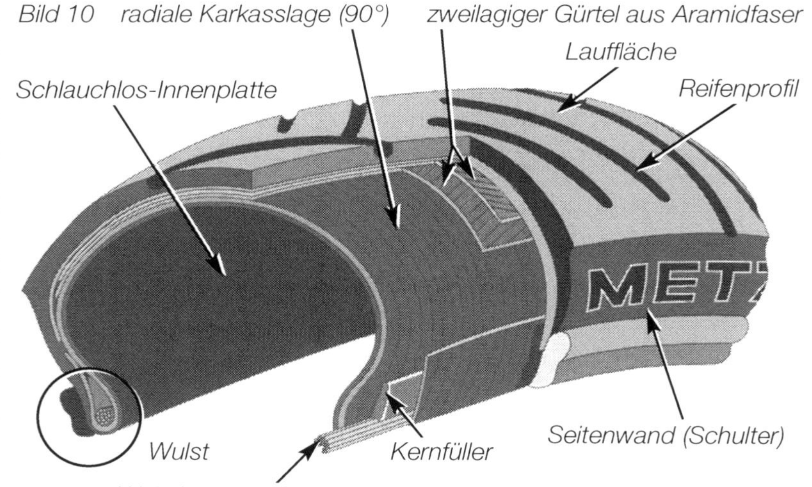

Bild 10 **Gürtelreifen mit Radialkarkasse**

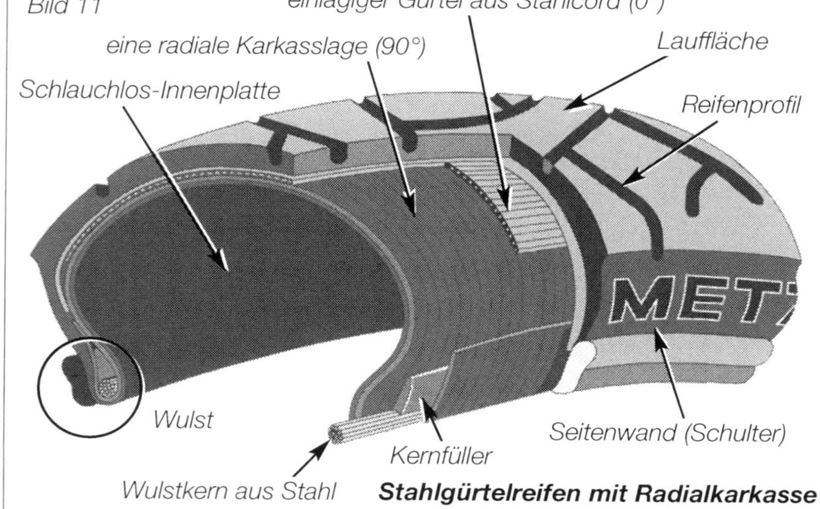

Bild 11 **Stahlgürtelreifen mit Radialkarkasse**

Was auf dem Reifen steht

- Vorderradreifen 120/70 ZR 17 M/C (58W)
- Hinterradreifen 190/50 ZR 17 M/C (73W)

Die Zahlen bedeuten:

- **120** bzw. **190** = Reifenbreite in mm
- **/70** bzw. **/50** = Querschnittsverhältnis Höhe zu Breite = 70 : 100 (70% von 120)
  50 : 100 (50% von 190)
- **ZR** = Reifen in Radialbauweise
- **–17** = Felgendurchmesser in Zoll (1 Zoll = 25,4 mm)
- **M/C** = steht für Motorcycle
- **58** bzw. **73** = Tragfähigkeitsindex (Loadindex): der 58er-Vorderradreifen darf maximal mit 236 kg belastet werden, der 73er-Hinterradreifen mit 365 kg
- **(W)** = Symbol für die zugelassene Höchstgeschwindigkeit, auch Speed-Index genannt, (W) steht für »über 270 km/h«

Tabelle Speed Index :

- maximal **50 km/h** = Speed Index **B**
- maximal **60 km/h** = Speed Index **C**
- maximal **70 km/h** = Speed Index **E**
- maximal **80 km/h** = Speed Index **F**
- maximal **90 km/h** = Speed Index **G**
- maximal **100 km/h** = Speed Index **J**
- maximal **110 km/h** = Speed Index **K**
- maximal **120 km/h** = Speed Index **L**
- maximal **130 km/h** = Speed Index **M**
- maximal **140 km/h** = Speed Index **N**
- maximal **150 km/h** = Speed Index **P**
- maximal **160 km/h** = Speed Index **Q**
- maximal **170 km/h** = Speed Index **R**
- maximal **180 km/h** = Speed Index **S**
- maximal **190 km/h** = Speed Index **T**
- maximal **200 km/h** = Speed Index **U**
- maximal **210 km/h** = Speed Index **H**
- maximal **240 km/h** = Speed Index **V/VB**
- über **240 km/h** = Speed Index **(V)/(VB)**
- über **240 km/h** = Speed Index **ZR**
- maximal **270 km/h** = Speed Index **W**
- über **270 km/h** = Speed Index **(W)**

Bei neuen Reifen Speedindex beachten!
Bei der Auswahl neuer Reifen musst du als Erstes auf die Eintragungen im Fahrzeugschein achten. Wenn unter der Spalte »Bemerkungen« steht »Reifenfabrikatsbindung gemäß Betriebserlaubnis beachten« oder eine Fabrikatsbindung genannt ist, dann müssen die neuen Reifen der kompletten Bezeichnung inklusive Speedindex exakt entsprechen.

In keinem Fall darf der Speedindex niedriger sein.
■ Größer darf er sein, wenn keine Fabrikatsbindung vorgeschrieben ist. Beispiel: Wenn ein Reifen mit der Bezeichnung 120/70 ZR 17 **55 W** im Fahrzeugschein eingetragen ist, kannst du auch einen Reifen mit dem höheren Speedindex **(W)** verwenden.
■ NICHT zulässig aber ist ein Reifen mit einem niedrigeren H-Speedindex, also zum Beispiel ein 120/70 R 17 **55 H**

Wenn dein Motorrad auf 34 PS gedrosselt ist und es deswegen nicht mehr die Höchstgeschwindigkeit erreicht, die im Fahrzeugschein angegeben ist, musst du trotzdem einen Reifen montieren, der den entsprechenden Geschwindigkeits-Kennbuchstabe für die angegebene Höchstgeschwindigkeit trägt.

Der »Load Index«
Der Reifenunterbau ist zusammen mit dem Luftdruck im Reifen verantwortlich dafür, mit wie viel Gewicht der Reifen belastet werden darf. Die Norm des Load Index (LI) geht los bei LI 0 für 45 kg Tragkraft und endet bei LI 87 für 545 kg:

Auszug aus der Loadindex Tabelle:
■ Load Index 50 = Tragfähigkeit 190 kg
■ Load Index 55 = Tragfähigkeit 218 kg
■ Load Index 60 = Tragfähigkeit 250 kg
■ Load Index 65 = Tragfähigkeit 290 kg
■ Load Index 70 = Tragfähigkeit 335 kg
■ Load Index 75 = Tragfähigkeit 387 kg
■ Load Index 80 = Tragfähigkeit 450 kg
■ Load Index 85 = Tragfähigkeit 515 kg
■ Load Index 87 = Tragfähigkeit 545 kg

Die Tragfähigkeit steht in direktem Zusammenhang mit der Reifengröße und dem Reifendurchmesser.

Was noch auf der Seitenwand steht:
1. TL = Tube less = schlauchloser Reifen, muss auf einer Schlauchlosfelge ohne Schlauch montiert werden.
■ Ein Schlauchlosreifen darf unter bestimmten Umständen auch mit Schlauch auf einer Schlauchfelge gefahren werden (Händler fragen!).
2. TT = Tube type = Schlauchreifen, darf nur mit Schlauch auf einer Schlauchfelge gefahren werden.
3. reinforced oder Reinf. = verstärkte Karkasse, erhöht die Tragfähigkeit des Reifens.
■ Es kann auch 4 PR oder 6 PR darauf stehen, dies ist eine Kennzeichnung nach japanischer Norm und ist mit der europäischen Norm wie folgt zu vergleichen:
»4 PR« = Normalausführung
»6 PR« = Reinforcedausführung
4. Richtungspfeil, bei manchen Reifen noch mit dem Zusatz FRONT oder REAR: Wird ein Reifen vorne montiert, muss der FRONT-Pfeil in Drehrichtung zeigen; wird er hinten montiert, muss der REAR-Pfeil in Drehrichtung zeigen.
■ Diese speziellen Reifen gibt es von einigen Herstellern und sind unter anderem für Oldtimer-Motorräder und Roller vorgesehen. Ansonsten darf aus konstruktionstechnischen Gründen ein reiner Vorderreifen niemals als Hinterreifen montiert werden.
5. Das Reifen-Produktionsdatum: An einer Stelle der Seitenwand ist eine mehrstellige Buchstaben- und Zahlenkombination hinter der Bezeichnung

Bild 12

Bild 12: Das Produktionsdatum ist neben der DOT-Nummer aufgeprägt. Dieser Reifen wurde in der 14. Woche 2007 gefertigt.

Bild 13

Bild 13: »Tubeless« steht für schlauchloser Reifen.

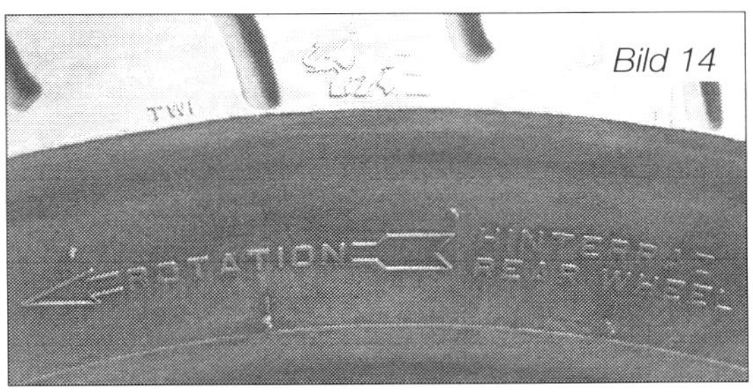

Bild 14

Bild 14: »Rotation« schreibt die Drehrichtung des Reifens vor. Bei Metzeler-Reifen sind zusätzlich kleine süße Elefanten aufgeprägt, die ebenfalls in die entsprechende Richtung »rennen«.

Bild 15

Bild 15: Größenbezeichnung, Tragfähigkeitskennzeichnung und Geschwindigkeitssymbol sind wichtige, zulassungsrelevante Kennziffern.

Sichtprüfung Messen

Bilder 16 bis 19: Reifenmontage auf einer Maschine. Das geht schnell, schont Reifen und Felge und kostet ca. 15 Euro pro Rad.

Bild 16

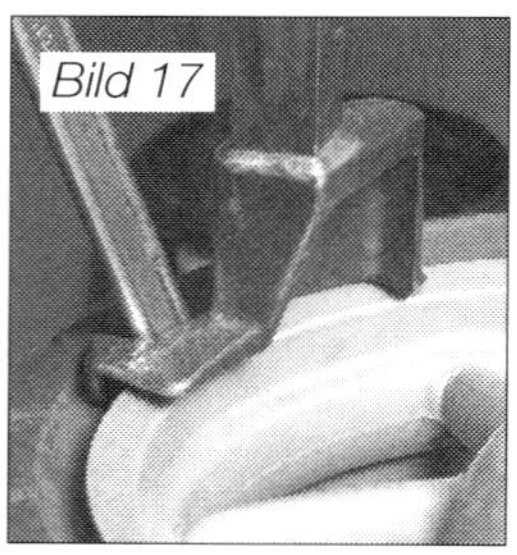
Bild 17

DOT einvulkanisiert. Die letzten vier Ziffern nennen die Produktionswoche und das Produktionsjahr. Beispiel: »1407« steht für die 14. Kalenderwoche des Jahres 2007.

Wir müssen noch auf die Produktionsbezeichnungen aus den 80er- und 90er-Jahren hinweisen, denn in eBay tauchen gelegentlich uralte Reifen auf, die Verkäufer haben die tollsten Erklärungen, warum der Zahlencode nicht vierstellig ist: Vor dem Jahr 2000 war die Zahlenkombination nur dreistellig.

Beispiel aus den 90er-Jahren: 048◂, steht für die vierte Kalenderwoche im Jahr 1998. In den 80er-Jahren war die Zahlenkombination auch dreistellig, allerdings gab es dahinter noch kein Dreieck. Wenn du Reifen aus dem Internet kaufst, unbedingt darauf achten!

Reifenlebensdauer, Reifenalter
Alle namhaften Hersteller von Motorradreifen garantieren Folgendes: *»Ein bis zu maximal 5 Jahren sachgemäß gelagerter Reifen entspricht der Spezifikation eines Neureifens und ist in seiner Verwendungstauglichkeit und Qualität nicht beeinträchtigt und damit neuwertig. Daraus ergibt sich jedoch nicht zwangsläufig, dass Reifen, welche älter als 5 Jahre sind und immer sachgemäß gelagert wurden, nicht mehr verkehrssicher sind, oder irgendwelchen qualitativen Einschränkungen unterliegen«.*

Aus diesem Text kannst du schließen, dass ein Reifen, der vier Jahre und elf Monate vor dem Kauf produziert wurde, »neuwertig« ist. Mache jedoch nicht den Fehler, nun zu denken, dass ein Reifen ab genau fünf Jahre nach der Produktion automatisch »schlecht« ist!

Wichtigstes Kriterium für die Haltbarkeit eines neuen Reifens ist nämlich seine Lagerung:

- Lagerraum muss kühl, trocken, dunkel und mäßig belüftet sein.
- Reifen nicht in einem Raum lagern, in dem auch Lösungsmittel, Benzin oder Chemikalien lagern.
- Wenn dein Motorrad seit Jahren unbewegt mit einem Plattfuß in der Garage steht, solltest du schon im eigenen Interesse neue Reifen aufziehen, egal wie tief das Profil noch ist.

Weil Reifen so ziemlich die wichtigsten Fahrwerksbauteile sind, empfehlen wir, auf sie sehr zu achten – und im Zweifelsfall lieber neue Reifen auzuziehen als mit alten gebrauchten zu fahren!

Reifenmontage

Die Reifenmontage solltest du auf jeden Fall einem Fachbetrieb überlassen. Sie haben die entsprechenden Maschinen und viel Erfahrung. Wir zeigen hier in Bildern, wie ein Reifen fachgerecht gewechselt wird.

Auf jedem Reifen ist die Laufrichtung mit einem Pfeil markiert (Bild 14) und genau so muss er auch montiert werden. Wenn du die Räder ausgebaut hast, kannst du mit einem Lackstift einen Pfeil auf die Felge in Laufrichtung malen. Dann weiß der Mechaniker auf jeden Fall, wie der Reifen aufgezogen werden muss.

Sicher kann er es auch an dem alten Reifen erkennen. Ist der alte Reifen aber erst mal unten, ist es nicht mehr so leicht zu erkennen, obwohl die meisten Motorradfelgen ebenfalls mit einem Pfeil markiert sind (Bild 21). Am Hinterrad sollte es eigentlich klar sein, denn die Bremsscheibe ist meistens rechts und das Kettenblatt links. Aber bei KTM zum Beispiel ist es genau anders herum – also Pfeil auf die Felge machen!

Tipp: Wenn du die mit neuen Reifen bestückten Räder beim Reifenhändler abholst, kontrolliere auf jeden Fall, ob sie richtig herum montiert sind. Ja das ist schon vorgekommen, vor allem im Ausland wird das manchmal nicht so genau genommen!

Rundlauf und Auswuchten

Ein neu montierter Reifen muss ausgewuchtet werden, damit das Rad auch wirklich rund läuft. Ist es nicht (oder nicht gut) ausgewuchtet, beginnt es ab einer bestimmten Geschwindigkeit (ab 60 km/h) zu »hüpfen«. Ein unwuchti-

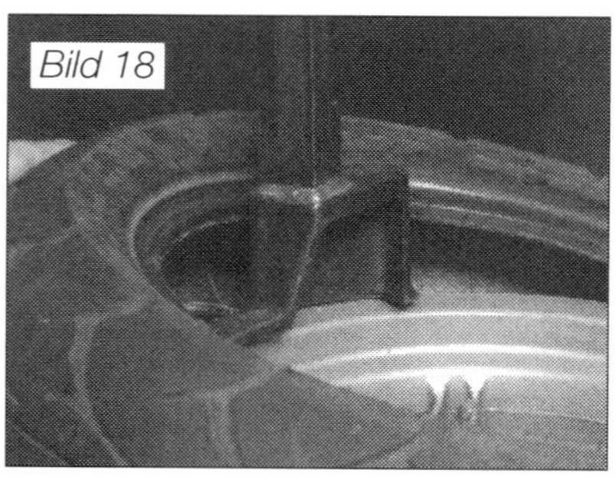
Bild 18

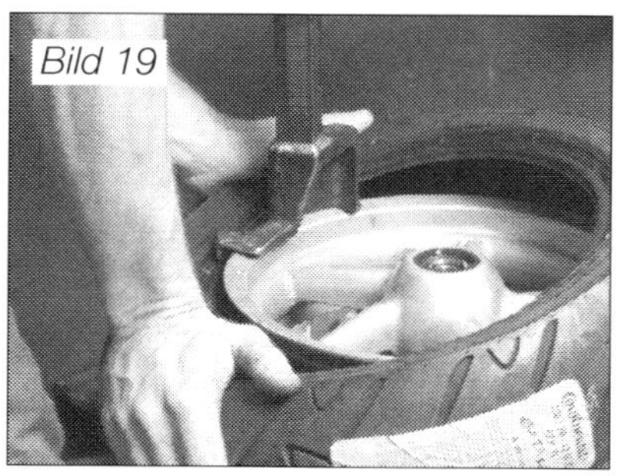
Bild 19

ges Rad stört das Fahrwerk, verschleißt Federung und Stoßdämpfer rasend schnell und ist überdies einer guten Straßenlage und damit der Fahrsicherheit sehr abträglich. Schlechte Wuchtung kann dazu führen, dass das Rad während der Fahrt den Bodenkontakt verliert!

Die leichteste Stelle des Reifens wurde im Werk mit einem Farbpunkt markiert, dieser sollte in der Nähe des Ventils stehen. Beim Auswuchten werden gegenüber der schwersten Stelle des Reifens entsprechende Gewichte angebracht (Bild 22), entweder zwischen Reifen und Felgenhorn aufgeklemmt oder auf der Felge aufgeklebt.

Man kann ein Rad statisch oder dynamisch auswuchten.

- Statisch wuchten: Das Rad in leichte Drehung bringen und auspendeln lassen – die schwerste Stelle bleibt unten stehen (Bild 20). Jetzt muss man ausprobieren, welches Auswuchtgewicht das richtige ist.
- Dynamisch wuchten: Das Rad wird in eine Wuchtmaschine eingespannt und wird mit einer deutlich höheren Geschwindigkeit gedreht.

Diese Methode ist zu empfehlen, da durch die höhere Geschwindigkeit das Verhalten des Rades den Bedingungen im späteren Fahrbetrieb am nächsten kommt. Die Maschine ermittelt ebenfalls die schwerste Stelle des Rades und berechnet gleichzeitig das notwendige Wuchtgewicht.

Im Normalfall wird beim Reifenhändler nach dem Montieren des neuen Reifens das Rad gleich ausgewuchtet.

Reifenschäden

Pferde, die ihre Hufnägel verlieren und die sich im Reifen unseres Motorrads wiederfinden, sind im heutigen Straßenbild kaum mehr anzutreffen. Allerdings hat uns Ute erzählt, dass speziell in Bayern zur Hopfenernte viele Motorradfahrer über eingefahrene Metallklammern klagen.

Reifenschaden beim Schlauchreifen: Wenn du einen kleinen Nagel eingefangen hast, der tief im Reifen steckt, und du dringend weiterfahren musst, ziehe den Nagel NICHT heraus, sondern fülle an der Tankstelle Luft auf, und zwar etwas mehr als vorgeschrieben (ca. 0,3 bis 0,5 bar mehr) und fahre vorsichtig entweder nach Hause oder in die nächste Werkstatt. Das Beheben des Lochs im Schlauch sollte nur in Notfällen mit einem Flicken geschehen. Besser ist es, einen neuen Schlauch einzuziehen. Zudem sollte der Schaden am Reifenmantel auch repariert werden.

Reifenschaden beim Schlauchlosreifen: Nagel ebenfalls drin lassen, Luft aufpumpen, vorsichtig weiterfahren, bis die Werkstatt erreicht ist. Dort den Reifen entweder reparieren lassen oder gegen einen neuen Reifen austauschen. Ein Loch in einem schlauchlosen Reifen lässt sich bis zu einer gewissen Größe (je nach Vorgabe des Reifenherstellers) fachmännisch reparieren, indem ein Gummistopfen mit Klebstoff eingesetzt wird. Das geht aber nur, wenn das Loch auf der Lauffläche ist, bei Schäden nahe oder an der Seitenwand muss definitiv ein neuer Reifen her. Das Einlegen eines Schlauches zum Abdichten des Lochs ist verboten.

Wichtig: Reifenreparaturen dürfen nur von speziell geschulten Reifenhändlern oder Fachwerkstätten ausgeführt werden.

Besser ist es jedoch allemal, einen beschädigten Reifen gegen einen neuen auszutauschen, auch wenn es sehr ärgerlich ist – Sicherheit geht immer vor! Für alle notdürftig reparierten Reifen gilt:

- Fahre damit besonders aufmerksam, vorsichtig und nicht besonders schnell!
- Fahre damit nur bis zur nächsten Werkstatt bzw. nach Hause!

Hinweis: *Die Adressen der Reifenhersteller und Importeure in Deutschland, Österreich und der Schweiz stehen im Kapitel 29 »Adressen«.*

Bild 20: Rad auf einem manuellen Auswuchtbock (statisch wuchten). Auf dem linken Teil der Achse sind für das Foto eine Reihe Klebegewichte angeordnet.

Bild 21: Rotationspfeil auf der Felge, der die Laufrichtung des Rades angibt.

Bild 22: Ob ein Rad gewuchtet wurde, erkennst du an den Auswuchtgewichten, die an der Felge angebracht sind.

Bild 20

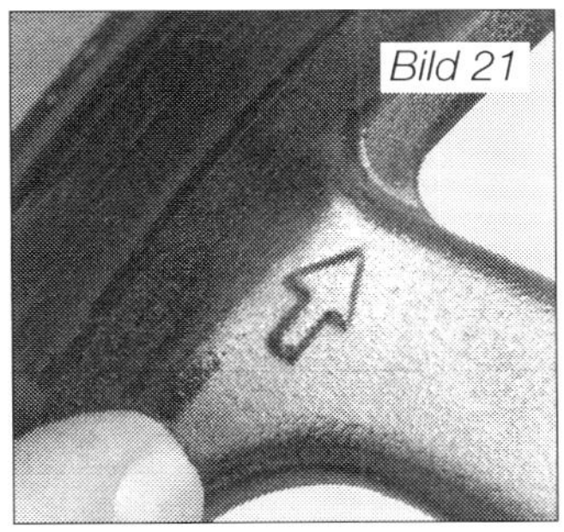
Bild 21

Bild 22

Räder

In diesem Kapitel: Werkzeuge und Hilfsmittel · Montageständer · Vorderrad aus- und einbauen · Hinterrad aus- und einbauen · Radlager prüfen · Speichen spannen · Gerissene Speiche ersetzen.

Bild 1: Bitte nicht nachmachen! Den Montageständer »Arnold Schwarzenegger« gibt es leider nicht zu kaufen.

Werkzeuge und Hilfsmittel

Zum Rad-Aus- und -Einbau brauchst du einiges an Werkzeug. Weiterhin sollte an deinem Motorrad ein Mittelständer vorhanden sein. Ohne diesen brauchst du für vorne und hinten speziellen Montageständer (darauf gehen wir im nächsten Absatz detailliert ein). Es sei denn, du hast einen kleinen Arnold Schwarzenegger mit viel Ausdauer zu Hause, der dir hilft (Bild 1).

Besorge dir rechtzeitig vor Beginn der Arbeiten die nötigen Werkzeuge in den entsprechenden Größen für folgende Schraubstellen:

- Achsmutter, Achsschraube oder Achskopf an Vorder- und Hinterrad
- Achsklemmschrauben
- Bremssattel-Befestigungsschrauben
- Zwei Drehmomentschlüssel, einen von 5 bis 40 Nm und den anderen von 40 bis 200 Nm

Zusätzlich wird Folgendes gebraucht:

- Bremsenreiniger zum Reinigen der Bremssättel
- Ölspray zum Reinigen der Achsen, Schrauben, Muttern und Gewinde
- Wälzlagerfett zum Schmieren der Achse
- Silikonpaste für die Ruckdämpfer
- Messingbürste für die Bremssattelschrauben
- Reichlich saubere Lappen

Sicherheitshinweise ⚠ Achtung und ☞ Tipps für dieses Kapitel

⚠ Baue nie beide Räder gleichzeitig aus, wenn das Motorrad nicht sicher auf Heck- und Frontständern aufgebockt ist!

⚠ Hand- bzw. Fußbremshebel nicht betätigen, wenn die Bremssättel abgeschraubt sind! Sonst rutschen die Bremsbeläge aus dem Sattel und man kann sie nicht mehr montieren.

⚠ Wenn die Vorder- bzw. Hinterradachse wegen Korrosion fest sitzen sollte, NICHT mit einem Eisenhammer oder einem Rohrstück auf das Ende der Achse bzw. auf deren Gewinde klopfen, um die Achse auszutreiben! Falls die Achse fest sitzen sollte, was bei einem älteren Motorrad schon mal vorkommen kann, Kriechöl (»Rostlöser«) satt auf die Stellen sprühen, wo die Achse durch die Aufnahmen der Gabel, Schwinge und Radlager führt. Einige Minuten einwirken lassen und erneut versuchen. Gummi- oder Kunststoffhammer zu Hilfe nehmen.

⚠ Darauf achten, dass das Rad richtig herum eingebaut wird. VOR dem Radausbau die Drehrichtung des Rades mit Kreide auf Felge oder Reifen zeichnen.

⚠ Nach jeder Radmontage alle Schrauben und Muttern nochmals auf Festsitz kontrollieren! Ganz penible Menschen machen sich Farbmarkierungen an die Schraubenköpfe und Muttern, die mit dem richtigen Drehmomentwert angezogen sind.

⚠ Bei Rad- und Bremseneinbau nur originale Achsen, Muttern und Schrauben verwenden! Nie Schrauben, Achsen oder Muttern undefinierbarer Herkunft verwenden!

⚠ Niemals versuchen, krumme Räder oder krumme Achsen gerade zu richten, sondern Neuteile verwenden.

☞ Die Gummipuffer im Hinterrad mit Silikonfett einreiben, das erleichtert den Zusammenbau und hält sie geschmeidig (Bild 35). Kein Kettenfett verwenden, dieses klebt und behindert spätestens beim nächsten Radausbau!

☞ Wenn du die ausgebauten Räder zum Reifenwechsel in die Werkstatt bringst, vorher unbedingt den Kettenblattträger und alle Distanzbuchsen herausnehmen!

⚠ Wenn ein Rad auf den Boden abgelegt wird, darauf achten, dass die Bremsscheibe nicht zerkratzt oder verbogen wird und keine Distanzbuchsen verloren geht.

⚠ Nach der Radmontage alles überschüssige Fett von Achse und Radlagersimmerringen sauber abwischen, damit es nicht auf die Bremsscheiben gelangt!

⚠ Nach dem Radeinbau vor der ersten Fahrt die Bremsbeläge durch Pumpen am Bremshebel in Position bringen.

Loctite oder etwas Öl?
Viele Profimechaniker schwören auf das Einsetzen der Bremssattel-Befestigungsschrauben mit flüssiger Schraubensicherung Loctite »mittelfest«, andere wiederum geben nur einen Tropfen Öl oder spezielles Aluminiumfett ans Gewinde. Es gibt hierfür keine allgemein gültige Vorschrift.

Wichtig: Die Gewinde der Bremssattel-Befestigungsschrauben sowie die zugehörigen Innengewinde in den Bremssattel-Halterungen müssen in Ordnung sein. Säubere die Gewinde der Schrauben vor dem Wiedereindrehen mit einer Messingbürste und ziehe sie mit dem vorgeschriebenen Drehmoment fest

Montageständer

Zum Aus- und Einbau der Räder muss das Motorrad so aufgebockt werden, dass das jeweilige Rad mindestens 50 mm vom Boden frei kommt.

- Am sichersten aufgebockt ist die Maschine auf Front und Heckmontageständer (Bild 2).
- Wenn dein Motorrad einen Hauptständer hat, genügt zusätzlich ein Frontmontageständer.
- Du kannst auch das Motorrad unter dem Motor mit einem hydraulischen Wagenheber (aber nicht dem aus deinem Auto!) und einem entsprechenden Stück Holz aufbocken (Bild 3): Maschine dazu auf den Hauptständer stellen und den Motor mit dem hydraulischen Wagenheber unterbauen (Bild 3). Darauf achten, dass am Motorgehäuse und der Auspuffanlage nichts beschädigt wird.

Vorderrad aus- und einbauen

Je nach Maschine ist es zum Radausbau nicht immer notwendig, den Bremssattel abzubauen. Wir empfehlen jedoch, die Bremssättel abzuschrauben, dann ist der Aus- und Einbau des Rades einfacher. Außerdem kannst du bei dieser Gelegenheit gleich die Dicke der Bremsbeläge prüfen und den Bremssattel gründlich reinigen.

Wir zeigen nachstehend den Aus- und Einbau der Räder am Beispiel einer Kawasaki Z 1000 mit Doppelscheibenbremse.

Vorderrad ausbauen

1. Motorrad ist sicher aufgebockt. Beide Bremssättel abschrauben und von den Bremsscheiben ziehen. Nach rechts und links mit Gummispanner außerhalb des Rades weghängen (Bild 4).

Bild 2: Perfekte Lösung für die Radmontage sind Front- und Heckmontageständer.

Bild 3: Aufbockbeispiel mit Hauptständer und Wagenheber.

Bild 4: Bremssattel abschrauben, mit Gummispanner zur Seite hängen. Bremsschläuche nicht stark verdrehen oder gar knicken!

- *Zwischen den Auflagepunkten am Wagenheber und am Motorgehäuse ein Stück Holz legen, damit nichts zerdrückt wird.*

Bild 5: Achsklemmschraube in der Gabelfaust.

Bild 6: Verschraubte Achse mit passendem Werkzeug lösen.

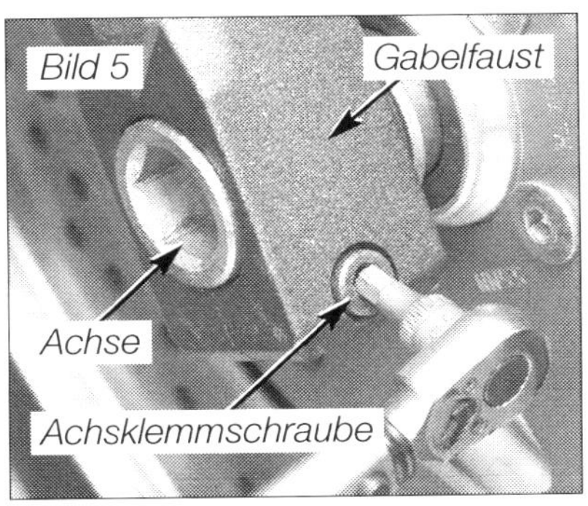

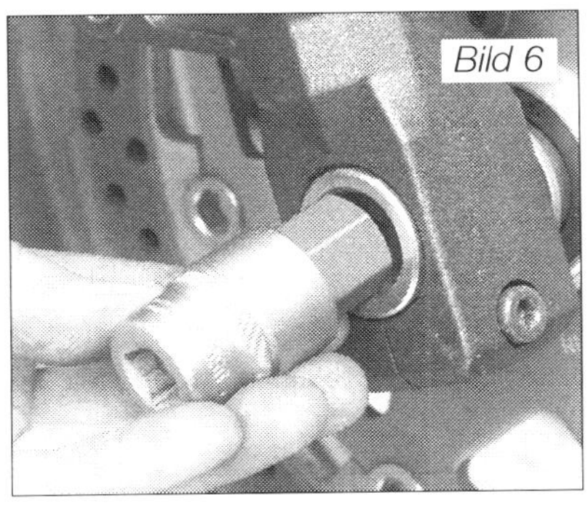

Sichtprüfung Messen

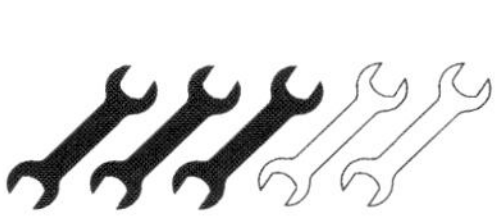

■ Bremsschläuche dabei nur so wenig wie nötig verdrehen und nicht knicken!
2. Achsklemmschraube in der rechten Gabelfaust lösen (Bild 5) und mindestens zwei Umdrehungen aufdrehen.
3. Achse rechts mit Sechskantnuss lösen und ausschrauben (Bild 6), Achse unter gleichzeitigem Drehen und Ziehen ausziehen (Bild 7).

Bild 7

Bild 8

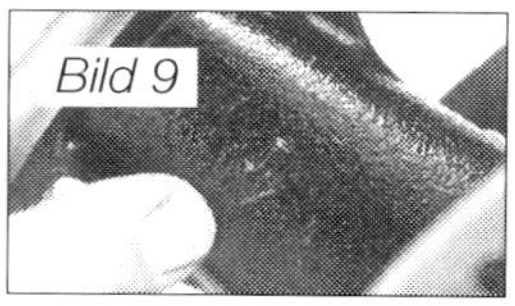

Bild 9

Bild 10

Bilder 7, 8, 9 und 10: Im Lauftext sind die zu den Bildern gehörenden Arbeitsschritte nummeriert beschrieben.

Bild 11

Bild 11: Sechskant-Achskopf.

Bild 12

Bild 12: In die Querbohrung im Achskopf wird zur Montagehilfe ein Dorn eingesteckt. Beachte die beiden Achsklemmschrauben.

■ Rad dabei mit einer Hand etwas hochhalten.
4. Achse ganz herausziehen, Rad ablassen, Distanzbuchsen rechts und links (Bild 8) herausnehmen, Rad nach vorne herausnehmen (Bild 9).

Klemmung und Verschraubung

Vorderachsen können sehr unterschiedlich sein, aber das Prinzip von Klemmung und Verschraubung ist immer gleich.
1. Die Verschraubung der Vorderachse mit den Holmen der Telegabel dient ihrer genauen Positionierung des Rads zwischen den beiden Gabelholmen, die sich bei eingebautem Rad nicht gegeneinander verdrehen können.
2. Die Klemmung der Vorderachse über die Achsklemmschraube(n) in den Gabelfäusten sorgt für einen festen Sitz der Achse und sichert sie in ihrer Position.
■ Deswegen beim Ausbau des Vorderrades immer zuerst die Achsklemmschrauben lösen, während sie beim Einbau als Letztes festgezogen werden (mit dem korrekten Drehmoment!).

Weitere Vorderachs-Varianten

Bei unserem Montagebeispiel Kawasaki Z 1000 befindet sich eine Achsklemmschraube auf einer Seite der Gabel, damit ist die Achse auf der Seite geklemmt, wo sie kein Gewinde hat.

Diese Konstruktion ist beispielhaft für viele Vorderachsen, die auf der einen Seite mit einem Gewinde versehen sind und somit die Achse am Sechskantkopf in das Innengewinde in der anderen Achsfaust eingeschraubt wird (Bild 11). Zu beachten ist, dass das Innengewinde direkt in das Aluminium der Achsfaust geschnitten ist, weswegen es entsprechend empfindlich ist.

Bei einer Achskonstruktion ohne Sechskantkopf wird die Vorderradachse durch die beiden Gabelfäuste durchgesteckt und auf einer Seite mit einer Achsmutter gesichert. Bei einer solchen Konstruktion sind auf beiden Seiten Klemmschrauben vorhanden, die vor dem Ausschrauben der Achse gelöst werden müssen. Montage- und Ausziehhilfe einer solchen Achse ist ein Dorn, der durchgesteckt wird (Bild 12).

Fallende Bauteile?

Bei Vorder- und Hinterachse sind immer Distanzbuchsen und Unterlegscheiben eingebaut. Beim Radausbau fallen sie oft schon in dem Moment heraus, wo die Achse ausgezogen wird und das Rad noch in Einbauposition ist. Wenn du die Buchsen nicht zuordnen kannst, betrachte mögliche Druckstellen, Laufspuren und Schmutz an deren Oberfläche. Sie bieten Hinweise auf die Position der Buchsen in der Radnabe bzw. auf der Radachse.

■ Auf Unterlagscheiben achten (falls vorhanden).

■ Nicht an jedem Motorrad sind auf beiden Seiten Distanzbuchsen vorhanden!

■ Manchmal ist die rechte Distanzbuchse dicker als die auf der linken Seite (oder anders herum).

Drei extra Tipps:

1. Achte immer genau darauf, wie viel Distanzbuchsen und auf welcher Seite sie wie herum eingebaut sind.

2. Wenn dein Motorrad einen Tachoantrieb am Vorderrad (Bilder 13, 14 und 15) hat, fällt der komplette Tachoantrieb beim Ausziehen der Achse nach unten ab. Das Abschrauben der Tachowelle (Bild 14) vom Tachoantrieb VOR Ausbau des Rads ist sehr empfehlenswert!

3. Wenn dein Motorrad ABS hat, achte darauf, dass der Sensor (Bild 16) weder beim Radausbau noch beim Einbau einen Schlag bekommt, denn er ist ein sehr empfindliches Bauteil! Am ABS-Kabel darf nicht gezogen und es darf nicht stark abgebogen werden!

Bauteile reinigen, prüfen

1. Distanzbuchsen, Achse und Gewinde mit Ölspray und Lappen säubern. Sind alle Oberflächen und Gewinde einwandfrei o.k.?

■ Wenn »ja«, leicht mit Wälzlagerfett einfetten (Bilder 17 und 18).

■ Wenn »nein«, durch Neuteile ersetzen.

2. Gabelfäuste mit Ölspray reinigen. Klemmschrauben, Gewinde und Achsgewinde in Ordnung?

3. Radlager prüfen, siehe weiter hinten in diesem Kapitel.

4. Radlager-Simmerringe rechts und links mit Ölspray reinigen. Einen Finger voll Wälzlagerfett in und hinter die Simmerringe schmieren (Bilder 19 und 20).

5. Dicke der Bremsbeläge kontrollieren, Bremssättel mit Bremsenreiniger säubern (siehe dazu auch Kapitel 12 »Bremsen«).

6. Befestigungsschrauben der Bremssättel mit einer Messingbürste reinigen und die Bremsscheiben mit Bremsenreiniger säubern.

Vorderrad einbauen

1. Rad von vorne in die Gabel einführen (Bild 9).

■ Rad richtig herum einbauen: Die Drehrichtung ist durch einen erhabenen Pfeil auf einer Speiche bezeichnet (Bild 10).

2. Distanzbuchsen rechts und links in die Simmerringe einsetzen.

3. Rad anheben, Lagerbohrungen im Rad mit den Bohrungen der Gabelfäuste zueinander in Flucht bringen, gefettete Achse einführen, durchschieben, von Hand in das Gewinde eindrehen.

4. Achse mit dem vogeschriebenen Anziehdrehmoment (in unserem Beispiel 127 Nm) festziehen (Bild 21).

Bilder 13 bis 18: Im Lauftext sind die zu den Bildern gehörenden Arbeitsschritte nummeriert beschrieben.

Bild 13

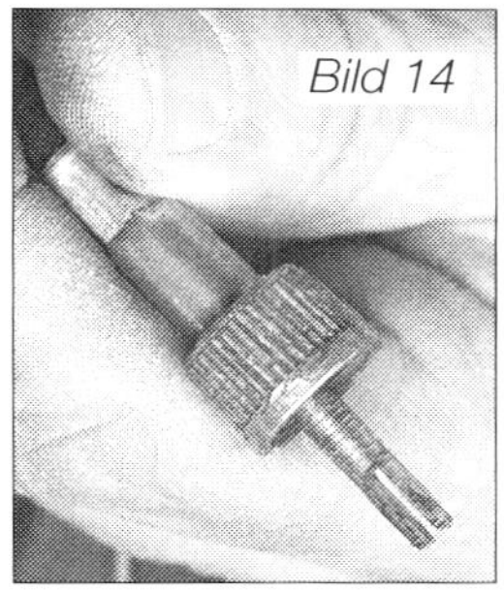

Bild 14

Bild 15

Fixierung des Tachoantriebs über Nut und Nase am Gabeltauchrohr

Bild 16

Bild 17

Bild 18

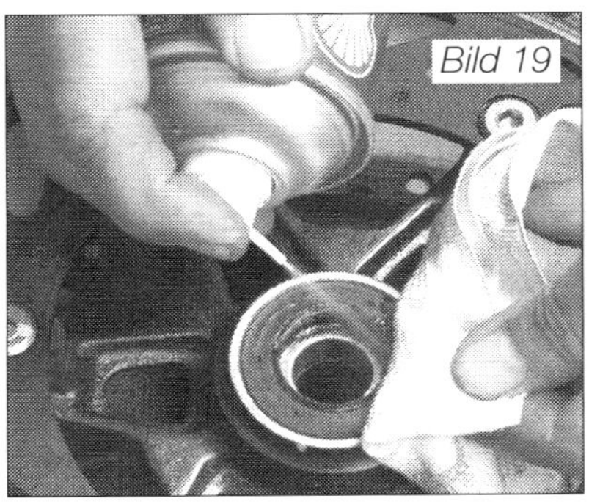

Bild 19

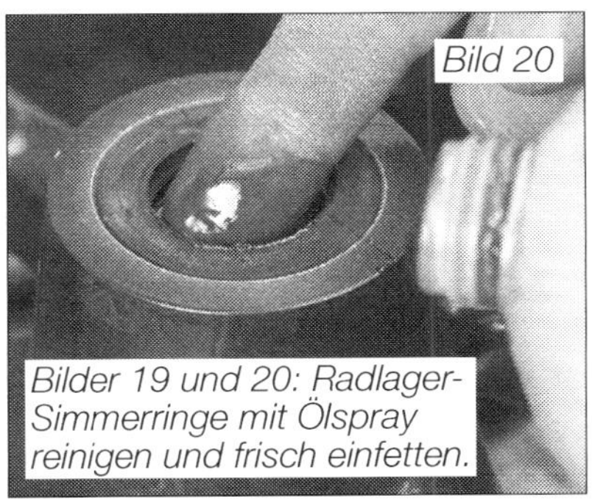

Bild 20

Bilder 19 und 20: Radlager-Simmerringe mit Ölspray reinigen und frisch einfetten.

Sichtprüfung Messen

■ Achsklemmschraube noch nicht festziehen.
5. Bremssättel auf die Bremsscheiben schieben.
5.1. Gewinde der Bremssattelschrauben entweder leicht einölen oder einen Tropfen Loctite »mittelfest« auf das Gewinde geben. Schrauben

Bilder 21 und 22: Achsmutter und Achsklemmschraube mit dem vorgeschriebenen Anziehdrehmoment festziehen.

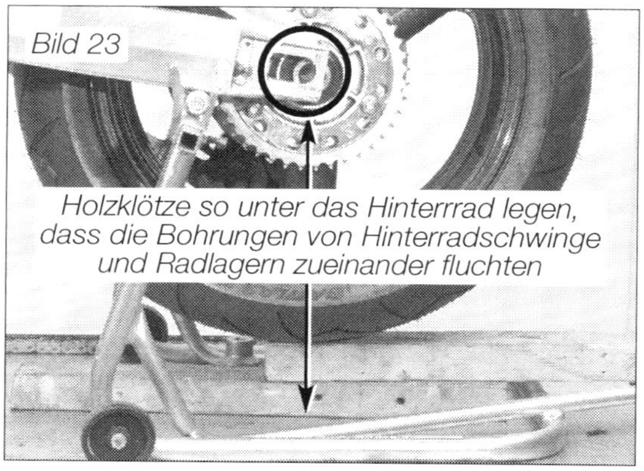

Bild 23 bis 27: Ausbau des Hinterrads ist im Text mit zugehörigen Bildnummern erklärt.

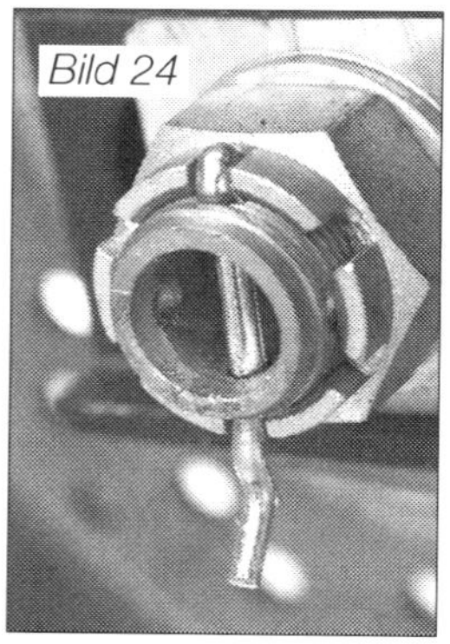

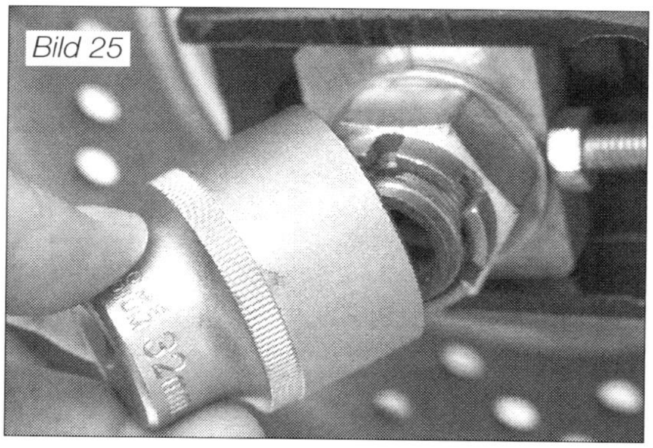

eindrehen, mit vogeschriebenem Anziehdrehmoment (in unserem Beispiel 25 Nm) festziehen.
6. Maschine von Montageständern abbocken, senkrecht stellen und mit nicht betätigter (!) Vorderradbremse einige Male ein- und ausfedern.
■ Dadurch »setzt« sich die Achse in der Gabelfaust, Verspannungen werden ausgeglichen bzw. vermieden.
7. Erst jetzt die Klemmschraube in der rechten Gabelfaust mit dem vogeschriebenen Anziehdrehmoment (in unserem Beispiel 20 Nm) festziehen.
8. Motorrad wieder aufbocken, Bremse einige Male betätigen. Rad durchdrehen und prüfen, ob es leicht und frei läuft.
Wichtig: Überschüssiges Fett von Simmerringen, Achse und Schraubstellen gut abwischen.

Hinterrad aus- und einbauen

Auch hier zeigen wir den Aus- und Einbau am Beispiel der Kawasaki Z 1000.

Der Trick mit dem Holzklotz

Wenn man beim Aus- und Einbau des Hinterrads alleine arbeitet, kann das zu einer ziemlichen Frickelei ausarten, bis alles korrekt aus- und eingebaut ist: Bremssattel, Kette, Distanzbuchsen, Achse und Bremssattel; man bräuchte eigentlich drei oder vier Hände. Organisiere dir vor dem Radausbau einen Holzklotz, der knapp so dick ist, dass er (bei aufgebockter Maschine) zwischen Hinterrad und Boden passt (Bild 23). Dann knallt das ziemlich schwere Rad nicht plötzlich herunter, wenn die Achse ausgezogen wird und du tust dich beim Einbau viel leichter.

Hinweis zur Bremse: Bei vielen Motorrädern muss der Bremssattel zum Ausbau des Hinterrads nicht abgeschraubt werden, weil man nach dem Ausziehen der Hinterachse den Bremssattel samt Halter zur Seite rücken kann. In anderen Fällen lieber abschrauben, siehe Vorderrad.

Hinterrad ausbauen

1. Splint in der Hinterachsmutter mit einer Zange gerade biegen und ausziehen (Bild 24).
2. Achsmutter mit Sechskantnuss lösen und abschrauben (Bild 25). Verlängerung benutzen, sonst stößt der Querknauf am Auspuff an.
3. Mutter, Scheibe und Achsaufnahme abnehmen (Bild 26).
4. Achse mit dem Daumen nach links etwas ausdrücken (Bild 27), dabei das Rad mit der Hand etwas hin und her kippeln.
■ Wenn die Achse fest sitzt und sich nicht aus-

drücken lassen will, etwas Rostlöser oder Allzwecköl an die Kontaktstellen geben und mit dem Kunststoffhammer nachhelfen.

5. Achse mitsamt der Achsaufnahme packen und ganz ausziehen (Bild 28). Holz unter dem Rad wegnehmen, Rad ablassen und nach vorne schieben.

6. Lappen auf das Ende der Schwinge legen, Kette vom Kettenrad nach außen herunternehmen und auf der Schwinge ablegen (Bild 29).

7. Rad nach hinten ziehen, Bremssattelhalter aus dem Widerlager innen in der Schwinge ziehen, nach oben abnehmen (Bild 30), auf dem Ende der Schwinge ablegen (Lappen zwischenlegen).

8. Rad nach hinten rollen (Bild 31), Distanzbuchsen rechts und links aus den Simmerringen ziehen, Rad nach hinten herausnehmen.

■ Die Distanzbuchsen können einen Bund haben oder auch nicht. Meistens sind unterschiedliche Buchsen auf beiden Seiten verbaut, deswegen merken, welche wo hin gehört!

Wichtig: Wenn das Hinterrad zum Reifenwechsel gebracht wird, unbedingt Folgendes tun:

1. Kettenblattträger abziehen (Bild 32). Wenn es schwer geht, etwas hin und her kippeln.

2. Auf die Distanzbuchse im Lager des Kettenblattträgers achten (Bild 33). Sie sitzt normalerweise fest im Lager – was noch lange nicht heißt, dass sie immer fest sitzt! Wenn die Distanzbuchse achtlos zur Seite gelegt wird oder gar verloren geht und beim Radeinbau nicht richtig eingesetzt wird, werden beim Anziehen der Hinterachsmutter die Radlager zerstört!

Und genau das ist einer Freundin letztes Jahr passiert, sie hat das Kettenblatt nicht abgezogen, der Reifenhändler hat die Buchse beim Auswuchten verloren, beim Einbau hat sie nicht bemerkt, dass etwas fehlt – und kurz darauf stand ihr Motorrad mit defekten Radlagern!

Bei einigen Herstellern ist die Distanzbuchse fest in das Hinterradlager eingebaut: Falls sie nicht abgeht, nicht mit Gewalt daran zerren!

Weitere Hinterachs-Varianten

■ Wie beim Vorderrad gibt es gibt es auch am Hinterrad unterschiedliche Achsen. Meistens ist der Achskopf als Sechskant (Bild 34) ausgebildet. In diesem Fall muss du beim Lösen und Festzie-

Bilder 28 bis 33: Im Lauftext sind die zu den Bildern gehörenden Arbeitsschritte nummeriert beschrieben.

Bild 28

Bild 29

Bild 30

Bild 31

Bild 32

Bild 33

Bild 34: Sechskant-Achskopf zum Gegenhalten der Achse beim Lösen und Festziehen der Achsmutter.

Bild 35: Einfetten der Ruckdämpfer mit Silikonfett hält sie geschmeidig.

Bild 36: Widerlager in der Schwinge und Nut im Bremssattelhalter.

Bild 37: Hinterachsmutter mit dem vorgeschriebenen Anziehdrehmoment festziehen.

Bild 38: Originalen Biegesplint durch Dauersplint ersetzen.

hen der Achsmutter die Achse daran mit einem passenden Schlüssel gegenhalten.

Bauteile reinigen, prüfen
Es gelten die Arbeits- und Prüfschritte wie im Text »Vorderrad ausbauen« beschrieben.

Zusätzlich für das Hinterrad:
1. Ruckdämpfergummis herausnehmen, auf Verschleiß prüfen, mit Ölspray reinigen und mit etwas Silikonfett einreiben (Bild 35), das hält sie geschmeidig. Ruckdämpfer wieder einbauen.
2. Kettenblattträger außen und innen sowie das Kettenrad gründlich mit Ölspray reinigen.

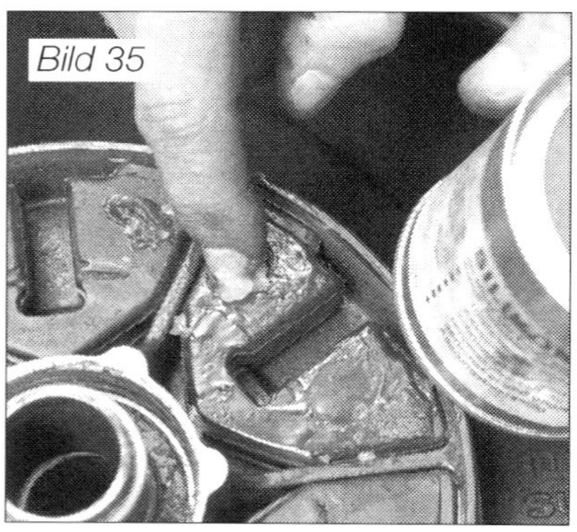

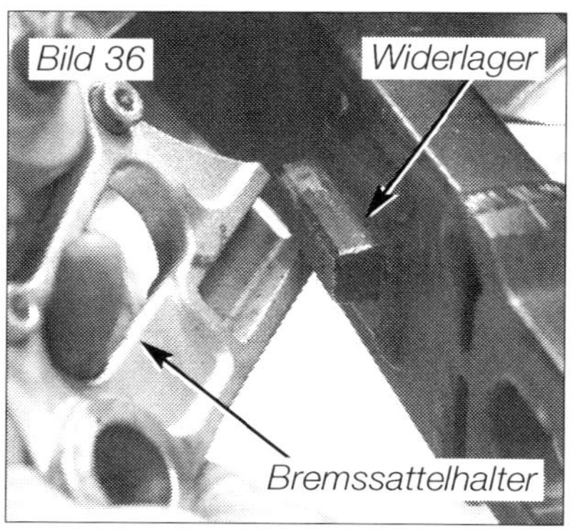

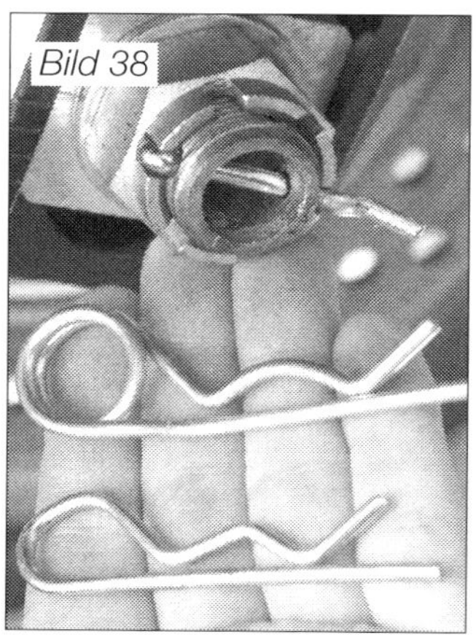

3. Lager im Kettenblattträger kontrollieren, ob es in Ordnung ist (»Fingerprobe« wie bei den Radlagern, siehe Text weiter hinten).
3.1. Meistens ist das Lager nach innen offen (Bild 33) und nicht durch einen Simmerring abgedichtet, weswegen es für Verschleiß besonders empfänglich ist. Deswegen einen Finger voll leichtem Lagerfett in das Kugellager schmieren. Distanzbuchse in das Lager einsetzen (Bild 33).
4. Achsaufnahmen, Scheibe und Mutter reinigen, leicht einfetten.

Hinterrad einbauen
1. Kettenblattträger auf das Hinterrad stecken.
■ Noch einmal der Hinweis: Distanzbuchse im Lager des Kettenblattträgers muss eingebaut sein (Bild 33)!
2. Rad in Schwinge einfädeln und ganz nach vorne schieben.
3. Distanzbuchsen rechts und links einsetzen.
4. Kette auf Kettenrad legen.
4.1. Bremssattel auf Bremsscheibe schieben.
4.2. Nut im Bremssattelhalter auf das Widerlager im rechten Schwingenarm ausrichten (Bild 36).
5. Rad zurückziehen, hochheben, Holz unterlegen: Bohrungen in Schwinge, Rad und Bremssattelhalter sollen in einer Linie sein (Bild 23)!
■ Ansonsten muss das Rad zum Einschieben der Achse angehoben werden.
6. Achse von links ansetzen, einschieben und ganz durchschieben.
6.1. Beachten: Achsaufnahme muss richtig herum montiert werden, die Markierungen darauf müssen zu den Markierungen auf der Schwinge zeigen (Bild 28).
7. Rechte Achsaufnahme aufschieben, ebenfalls auf Markierungen achten. Scheibe aufschieben, Mutter aufdrehen.
7.1. Jetzt das Rad so weit es geht nach vorne drücken, dass die Flächen der Achsaufnahmen an den Köpfen der Kettenspannschrauben anliegen. Mutter handfest anziehen.
8. Kettenspannung kontrollieren, ggf. einstellen.
Hinweis: Weil an den Kettenspann-Einstellschrauben nichts verstellt wurde, verändert sich die Kettenspannung nicht. Wenn die Achsmutter aber schon lose ist, bietet sich eine Einstellung der Kettenspannung geradezu an (siehe dazu Kapitel 13 »Kette«).
9. Achsmutter mit dem vorgeschriebenen Anziehdrehmoment festziehen (in unserem Beispiel 127 Nm, Bild 37).
Wichtig: Kontrollieren ob kein Fett auf die Bremsscheibe gelangt ist, zur Sicherheit die Bremsscheibe mit Bremsenreiniger reinigen.

10. Fußbremse einige Male betätigen, damit sich die Bremsbacken an der Bremsscheibe anlegen.
10.1. Rad drehen und prüfen, ob es leicht und frei läuft. Überschüssiges Fett von der Außenseite der Simmerringe, Achskopf und Mutter sauber abwischen.
11. Splint durch Hinterachsmutter und Achse stecken. Am besten kaufst du dir einen Dauersplint (Bild 38), dieser kann nicht nur immer wieder verwendet werden, sondern sieht auch viel besser aus als der wurmartige Originalsplint.

Hinterrad beim Kardanmotorrad
Der Aus- und Einbau des Hinterrads bei einem Kardanmotorrad ist viel einfacher als bei einem Kettenmotorrad (Bilder 39 und 40):
1. Radschrauben nacheinander ringsum lösen und dann ausschrauben, Rad abnehmen.
2. Beim Einbau unbedingt beachten:
■ Gewinde der Radschrauben dürfen NICHT eingeölt werden!
■ Radschrauben in vorgeschriebener Anziehreihenfolge und mit dem vorgeschriebenen Anziehdrehmoment festziehen!

Radlager prüfen

Zur Prüfung der Lager den Zeigefinger in den Innenring des Lagers (Bild 41) stecken und das Lager damit hin und her drehen: Dabei spürst du im Finger, wie das Lager läuft.
■ Wenn es spielfrei ist und ohne fühlbares Knacken und Rubbeln läft, ist es o.k.
■ Wenn ein Lager »Luft« hat oder knackend und laut läuft, muss es erneuert werden. Bringe das ausgebaute Rad in die Werkstatt.

Info: Defekte Radlager können zum Blockieren des Rads und zum Sturz führen! Radlager gehen kaputt, wenn sie entweder nie frisch gefettet wurden oder der Radlager-Simmerring defekt ist, denn er schützt normalerweise das Radlager vor Nässe und Dreck. Ein Rad hat immer zwei Radlager und zwei Simmerringe: Ist nur ein Lager defekt, immer beide erneuern!

Speichen spannen

Speichen »abklingeln«
Viele ältere Motorräder und nur wenige der modernen Maschinen haben Speichenräder; aber bei Enduros werden ausschließlich Speichenräder verbaut. Die Speichen (bzw. ihre Nippel) »setzen« sich mit der Zeit in der Felge, wodurch die Speiche lose wird. Durch Anschlagen der Speiche kann man hören, ob diese richtig gespannt oder zu lose ist: Dazu die Speiche ungefähr in der Mitte mit einem Schlüssel leicht anschlagen (Bild 43).
■ Eine richtig gespannte Speiche klingt hell.
■ Eine zu lasch gespannte, »lose« Speiche klingt dumpf, matt und träge.

Bild 39

Bild 40

Bilder 39 und 40: Der Aus- und Einbau des Hinterrads bei einem Kardanmotorrad ist einfach.

Bild 41

Bild 41: Radlager prüfen: Zeigefinger in das Radlager stecken und Lager drehen. So kannst du erspüren, ob es einwandfrei läuft.

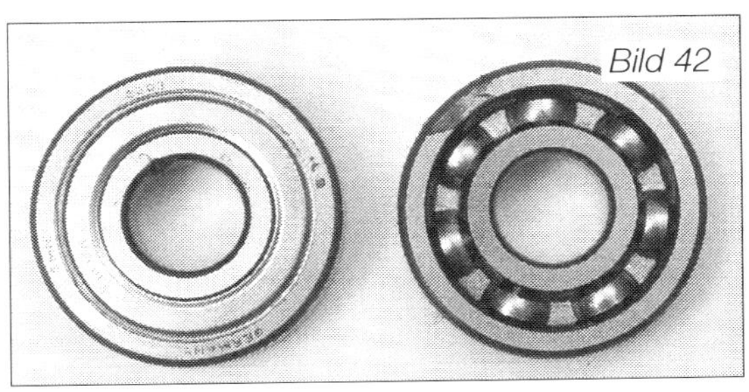
Bild 42

Bild 42: Ein Radlager ist immer mit der geschlossenen Seite nach außen zum Simmerring und der offenen Seite zur Innenseite der Radnabe hin eingebaut.

Zu lose gespannte Speichen müssen nachgespannt werden. Zum Spannen der Speichen wird ein spezieller Nippelschlüssel (»Speichenspanner«) benötigt, das ist ein extra breiter Gabelschlüssel, den es bei jedem Händler zu kaufen gibt (Bild 44).

Wichtig: Nur mit dem breiten Nippelschlüssel an die Nippel gehen – bitte nicht mit einem normalen, schmalen Gabelschlüssel, denn das Vierkant der (meistens aus Messing gefertigten) Nippel wird sonst rasch »rund« gedreht.

Speichen nachspannen

1. Zuerst in den Speichennippel einen Tropfen Öl geben (Bild 45) und etwas einwirken lassen.

2. Dann die Speiche durch Drehen des Nippels vorsichtig spannen (»nachziehen«).

■ Meist genügt eine halbe bis eine Umdrehung, um die Speiche wieder straff zu spannen.

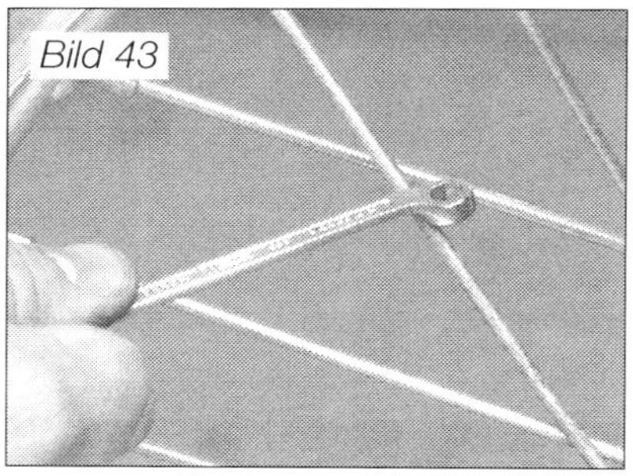

Bild 43: Radspeiche mit einem Schlüssel »abklingeln«.

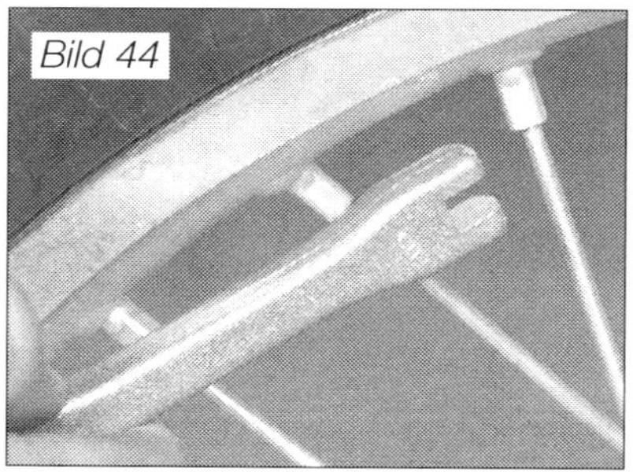

Bild 44: Spezieller Nippelschlüssel.

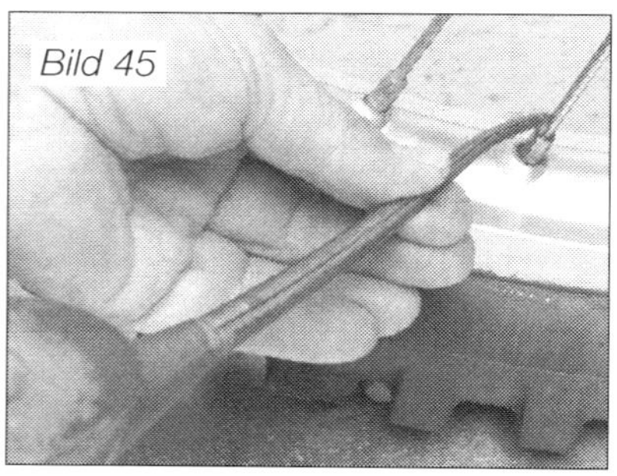

Bild 45: Vor dem Spannen der Speichen einen Tropfen Öl an den Nippel geben.

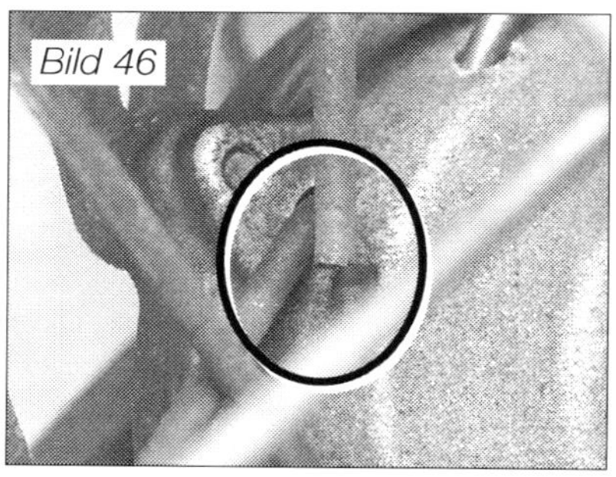

Bild 46: Gebrochene Speiche umgehend durch eine neue ersetzen.

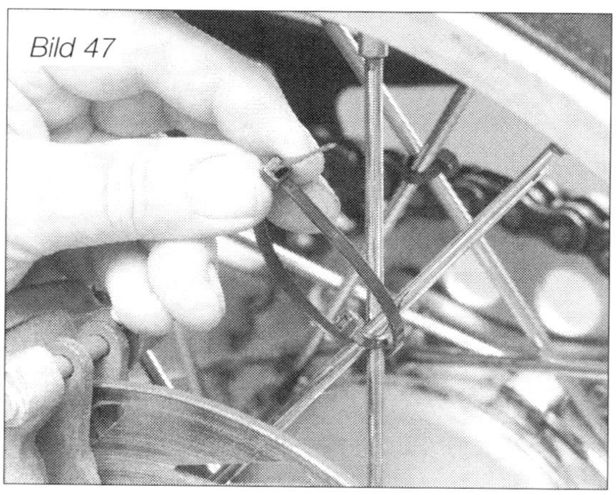

Bild 47: Um zu verhindern, dass sich eine gerissene Speiche quer stellt, Kabelbinder an jeder Speichenkreuzung anbringen.

Speichenrad zentrieren

Wenn ein Speichenrad nicht mehr sauber rund läuft (einen »Schlag« hat), kann es bis zu einem gewissen Grad wieder einzentriert werden. Der Reifen sollte dazu abgezogen werden, damit die Felge und die inneren Köpfe der Speichennippel entlastet sind.

Wichtig: Sollten mehrere Speichen locker sein, muss das Rad während des Spannens der Speichen immer wieder auf Rundlauf geprüft werden! Das ist eine sehr diffizile Arbeit – bringe deswegen das Rad besser eine Werkstatt.

Gerissene Speiche ersetzen

Wenn eine Speiche abreißt (Bild 46), muss sie umgehend durch eine neue ersetzt werden, sonst reißen weitere Speichen, dadurch wird das Rad weich und bricht irgendwann zusammen. Je nachdem, welche Speiche gerissen ist, kann es sein, dass das Rad zum Ausbau der gerissenen Speiche und Einbau der neuen ausgebaut werden muss!

1. Speichennippel der gerissenen Speiche putzen und einen Tropfen Öl in das Gewinde und den Sitz des Nippels in der Felge geben (Bild 45). Einige Minuten warten, bis das Öl eingezogen ist.

2. Gerissene Speiche ausdrehen.

■ Wenn sie im Nippelgewinde fest sitzt, Speiche mit einer Wasserpumpenzange festhalten und mit dem Nippelschlüssel den Nippel drehen.

3. Neue Speiche so einfädeln, wie sie verlegt war. Speiche in den Nippel einführen, Nippel aufdrehen und festziehen.

4. Rad danach auf Höhen- und Seitenschlag kontrollieren, ggf. zentrieren lassen.

Der Trick mit den Kabelbindern (Bild 47)**:** Falls dir während der Fahrt eine Speiche reißt, kannst du sie mit Kabelbindern sichern, damit sie sich nicht auf- oder querstellt. Mit diesem Trick kannst du es bis nach Hause schaffen, allerdings solltest du zur Sicherheit ab und zu einen Blick auf die anderen Speichen werfen und ganz genau prüfen, ob alle in Ordnung sind und keine weitere gerissen ist!

Noch besser ist, du sorgst vor und bindest im Rahmen einer größeren Putzaktion oder Inspektion die Kabelbinder um alle Speichenkreuzungen!

Bremsen

In diesem Kapitel: Scheiben- und Trommelbremsen · An Bremsen selbst arbeiten? · Regelmäßige Kontrollen · Funktion der Bremse · Bremsflüssigkeit · Bremse entlüften, Bremsflüssigkeit wechseln · Bremssattel ab- und anbauen · Bremsklötze wechseln · Bremsklotzwechsel bei Festsattel · Bremsklotzwechsel bei Schwimmsattel · Bremsscheiben wechseln · Bremssättel, Bremspumpen · Trommelbremsen: Regelmäßige Kontrollen, Einstellung, Bremsprobleme.

Scheiben- und Trommelbremsen

Moderne Motorräder sind überwiegend mit Scheibenbremsen ausgestattet, weswegen wir uns in diesem Kapitel hauptsächlich mit diesen beschäftigen. Der Trommelbremse widmen wir am Ende des Kapitels einen entsprechenden Absatz.

An Bremsen selbst arbeiten?

Vorder- und Hinterradbremsen sind die sicherheitsrelevantesten Baugruppen am Motorrad. Arbeiten an der Bremsanlage solltest du nur dann selbst ausführen, wenn du schon viel Erfahrung als Schrauberin gesammelt hast und absolut sicher bist, dass du alles richtig machen kannst. Die Kontrolle des Bremsflüssigkeitsstandes und das Nachfüllen von Bremsflüssigkeit sowie die Prüfung der Bremsanlage auf Dichtheit kannst du leicht selbst ausführen. Etwas schwieriger wird es beim Wechseln der Bremsbeläge. Wir zeigen in diesem Kapitel je einen beispielhaften Bremsklotzwechsel an einem Festsattel und Schwimmsattel. Weil es jedoch sehr viele verschiedene Details gibt an Bremssätteln, was die Konstruktionsdetails am Bremssattel, die Einbaulage und Sicherung der Bremklötze betrifft, ist es uns leider nicht möglich, alle zu zeigen (das gäbe ein extra dickes Buch!). Besorge dir deswegen zum Wechsel der Bremsklötze die entsprechende Anleitung aus dem modellbezogenen Werkstatthandbuch zu deiner Maschine.

Regelmäßige Kontrollen

Dicke der Bremsbeläge: An der Bremsscheibe entlang in den Bremssattel schauen, der Bremsbelag auf der Trägerplatte (beide bilden zusammen den »Bremsklotz«) muss mindestens zwei Millimeter dick sein. Neue Bremsbeläge sind ca. 5 mm dick.

Sauberkeit: Bremsscheiben und -beläge müssen an allen Stellen öl- und fettfrei sein.

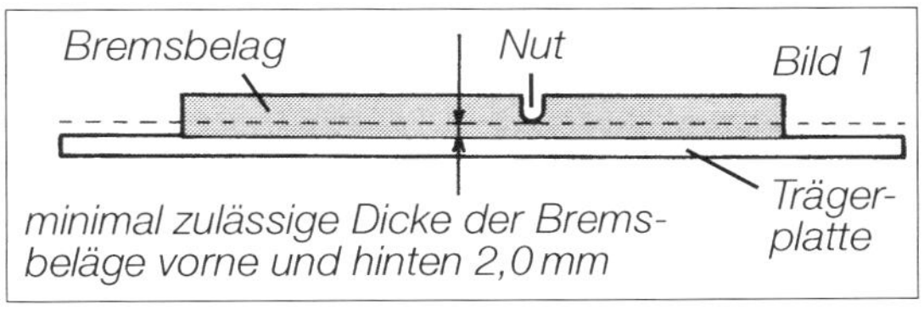

Bild 1: Der Bremsbelag ist auf der Trägerplatte befestigt, meistens angeklebt. Belag und Platte bilden zusammen den Bremsklotz. Die Nut im Bremsbelag dient der optischen Verschleißanzeige: Wenn sie nicht mehr vorhanden ist, ist es höchste Zeit für eine Erneuerung.

Sicherheitshinweise Achtung und Tipps für dieses Kapitel

Gebirgstouren mit Passabfahrten, Reisen in besonders staubige Gebiete oder Rennstreckenfahrten bedeuten extreme Belastungen für die Bremsen. Der Verschleiß der Bremsbeläge ist dabei sehr hoch. Bevor du mit deinem Motorrad in den Jahresurlaub oder auf Passtouren fährst, rechtzeitig vorher einen umfangreichen Check der Bremsanlage machen (lassen).

Bremsflüssigkeit ist giftig. Hautkontakt vermeiden. Nicht in die Augen, nicht in die Atemwege, nicht auf die Schleimhäute kommen lassen. Nicht trinken! Immer nur geeignete Gefäße verwenden. Bremsflüssigkeit umweltgerecht entsorgen (bei einer Entsorgungsstelle abgeben).

Wenn ein Bremsflüssigkeitsbehälter offen ist, unbedingt darauf achten, dass kein Schmutz in den Behälter und in die Bremsflüssigkeit gelangt.

Bei abgebautem Bremssattel bzw. entfernten Belägen den Bremshebel nicht betätigen! Sonst fahren die Kolben ungehindert aus und müssen mühsam wieder in den Sattel gedrückt werden. Wenn sie ganz aus ihren Zylindern im Sattel herausrutschen, verursacht das eine üble Bremsflüssigkeitssauerei und zieht eine aufwändige Reparatur nach sich!

Bremsenreiniger ist meist in Spraydosen erhältlich und ziemlich aggressiv. Nur im Freien oder in gut gelüfteten Werkstatträumen verwenden. Nicht rauchen! Nicht auf die Haut, in die Augen oder Atemwege sprühen! Einatmen vermeiden!

- Zur Reinigung von Brembauteilen nur Bremsenreiniger oder Aceton verwenden, KEIN Benzin, Dieselöl, Motorenöl oder Ölspray!
- Bremsenreiniger sparsam und ganz gezielt einsetzen, Sprühkopf direkt auf die zu reinigende Stelle richten und nur kurz betätigen.
- Teile nach Besprühen mit Bremsenreiniger sofort mit weichem, nicht fusselndem Lappen durchputzen.
- Druckluft bei Reinigung und anderen Arbeiten am Bremssattel nur sehr sparsam und gezielt einsetzen.

Nicht mit scharfkantigen Gegenständen wie Schraubenzieher oder Schraubenschlüssel im Bremssattel herumwerken, sonst können die Gleitflächen der Bremskolben zerkratzt werden!

Niemals unterschiedlich dicke Bremsklötze, solche von verschiedenen Herstellern oder einen neuen und alten Bremsklotz einbauen!

Neue Bremsbeläge müssen sich an die Bremsscheibe anpassen, wozu sie die ersten 100 km gefühlvoll eingefahren werden müssen und erst dann ihre volle Wirkung erreichen!

Bild 2: Schematische Darstellung der Funktion einer Scheibenbremse.

Verschleiß: Bremsbeläge, die aufgrund ihres Abnutzungsgrades und Alters als »schlecht« einzustufen sind, solltest du sicherheitshalber erneuern. Dazu gehören auch Bremsbeläge, die stark schmutzig sind, schon lange nicht mehr gefahren wurden oder aus einer Unfallmaschine stammen.

Satz Bremsklötze: Bremsklotze müssen immer paarweise gewechselt werden. Ein Satz Bremsklötze besteht in der Regel aus zwei Stück pro Scheibe. Anmerkung: Es gibt auch Bremsen, wo ein einzelner Bremsklotz pro Bremskolben eingebaut ist, das können also bis zu acht einzelne Bremsklötze in einem Bremssattel sein; aber diese sind sehr selten und speziellen Supersportmaschinen vorbehalten.

Nachrüstteile: Wenn du andere als die originalen Bremsklötze oder Bremsscheiben verwenden willst, frage dazu deinen Markenhändler, er ist immer gut informiert über den aktuellen Stand der Bremsentechnik.

Bremsscheiben: Größere Belastungen, wie z. B. häufige Gebirgstouren mit langen Passabfahrten, erfordern eine intensivere Kontrolle der Bremsen, wie z. B. die Bremsscheiben ansehen auf Verfärbung durch große Hitzebelastung.

Dichtheit der Anschlüsse: Zur intensiven Überprüfung der Bremsen mindestens einmal im Jahr gehört auch eine Kontrolle der Bremsanlage auf Dichtheit, also aller Schlauchanschlüsse an Bremspumpen und Bremssätteln.

Bremsschläuche: Gummi-Bremsschläuche müssen alle vier Jahren erneuert werden, weil sie mit der Zeit porös werden. Stahlflexleitungen brauchen nicht erneuert zu werden, weswegen sich ein rechtzeitiger Umbau darauf anbietet (siehe weiter hinten in diesem Kapitel).

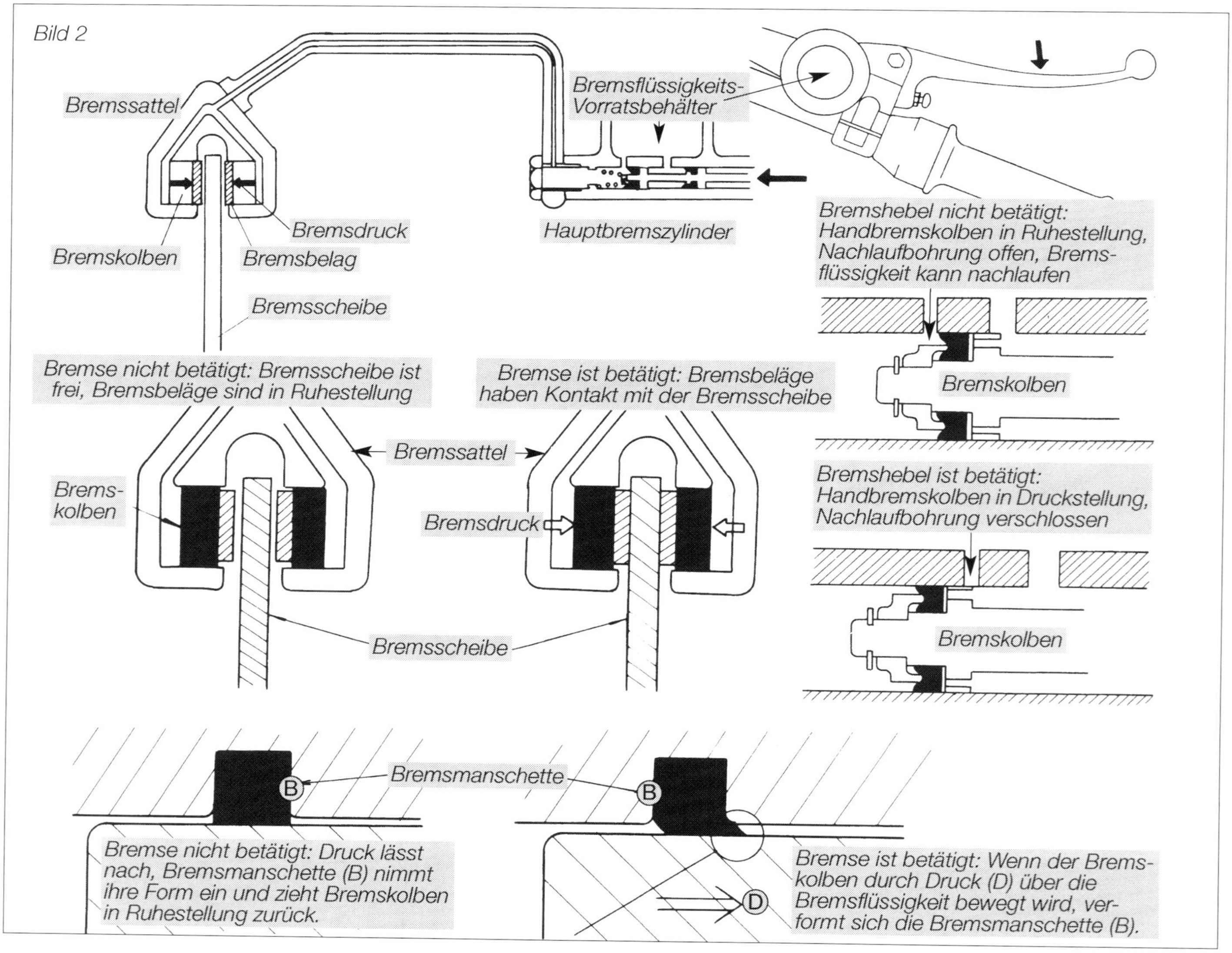

Funktion der Bremse

Bei Betätigung des Bremshebels wird der Kolben im Hauptbremszylinder betätigt und von diesem ein Druck auf die Bremsflüssigkeit aufgebaut, der auf die Kolben im Radbremssattel wirkt. Dadurch fahren die Kolben aus ihren Bohrungen aus, pressen die Bremsbeläge gegen die sich drehende Bremsscheibe, eine Reibkraft wird aufgebaut und das Rad bremst ab.

In der Schemazeichnung in Bild 2 ist die Funktion einer Scheibenbremse anschaulich dargestellt. Die Zeichnung in Bild 1 zeigt den Aufbau eines Bremsklotzes; die Explosionszeichnung in Bild 3 zeigt, wie die Bremsklötze in einen Bremssattel eingebaut sind. Bild 5 zeigt einen Bremssattel von außen und bezeichnet die Bauteile.

Bremsflüssigkeit

Um den Betrag, den die Bremsbeläge verschleißen, wandern die Kolben immer weiter aus ihren Bohrungen hinaus. Dementsprechend läuft Bremsflüssigkeit nach. Damit sinkt auch der Pegelstand im Flüssigkeitsbehälter. Daher muss der Bremsflüssigkeitsstand regelmäßig überprüft und ggf. ergänzt werden.

Vorgeschrieben ist Bremsflüssigkeit in der Qualität DOT 4. Es kann aber auch DOT 3/4 oder DOT 5.1 verwendet werden (Bild 6).

Achtung: Bremsflüssigkeit ist giftig, deswegen Hautkontakt vermeiden und nicht in die Augen, nicht in die Atemwege und nicht auf die Schleimhäute kommen lassen. Nicht trinken!

- Immer nur geeignete Gefäße verwenden.
- Bremsflüssigkeit umweltgerecht beseitigen (bei einer Entsorgungsstelle abgeben).
- Keine Flüssigkeiten anderer Art verwenden oder dazumischen und nie ältere Bremsflüssigkeitsreste einfüllen.
- Möglichst immer Bremsflüssigkeit aus einer neuen, ungeöffneten Dose benutzen, denn Bremsflüssigkeit verhält sich hygroskopisch, zieht also Wasser aus der Luft an, wodurch der Siedepunkt sinkt.
- Keinesfalls dürfen Verunreinigungen, Schmutz oder Wasser in die Bremsflüssigkeit gelangen.

Bremsflüssigkeit muss alle zwei Jahre gewechselt werden, denn sie nimmt mit der Zeit Feuchtigkeit aus der Luft auf und wird dadurch weniger hitzeresistent: Neue Bremsflüssigkeit hat einen

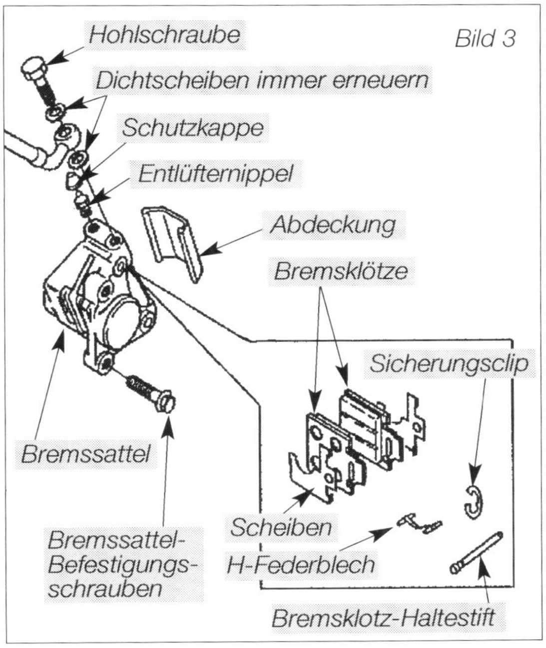

Bilder 3 und 5: Bremssattel mit Teilebezeichnung.

Bild 4: Schutzkappe muss auf Entlüfternippel gesteckt sein.

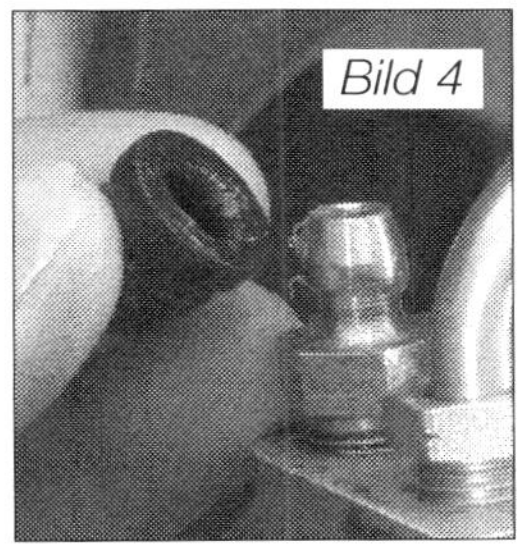

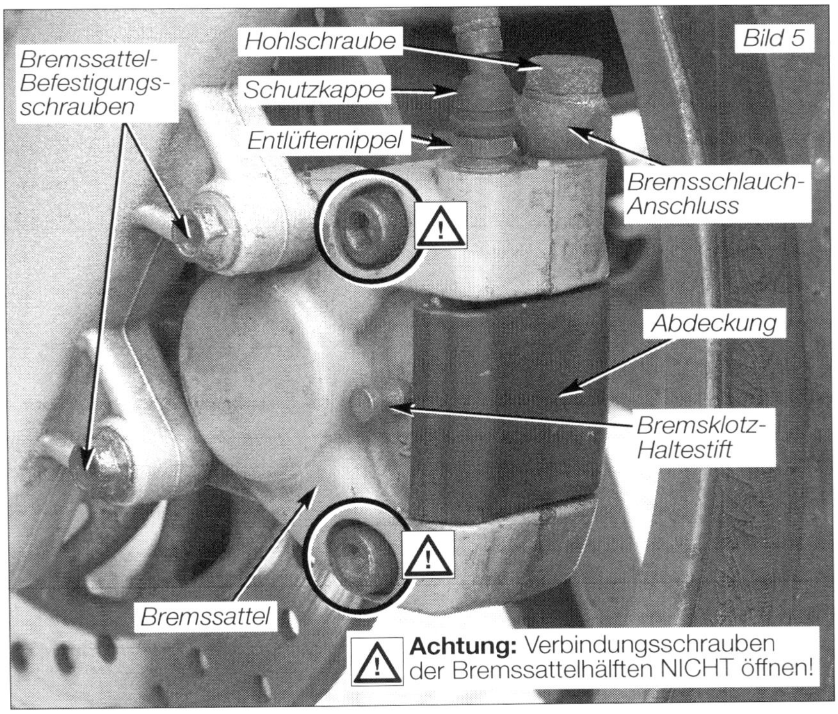

Bild 6: Vorgeschrieben ist Bremsflüssigkeit der Qualität DOT 3/4 oder höherwertig.

Bilder 7 bis 12: Stand der Bremsflüssigkeit kontrollieren ggf. auffüllen.

Siedepunkt von ca. 230 °C, nach einem Jahr ist dieser auf rund 150 °C abgesunken. Vier Jahre alte Bremsflüssigkeit liegt bei weniger als 100 °C!

Bremsflüssigkeit gibt es in kleinen, preiswerten Gebinden. Wenn ein Wechsel der Bremsflüssigkeit ansteht, wird ungefähr ein halber Liter benötigt.

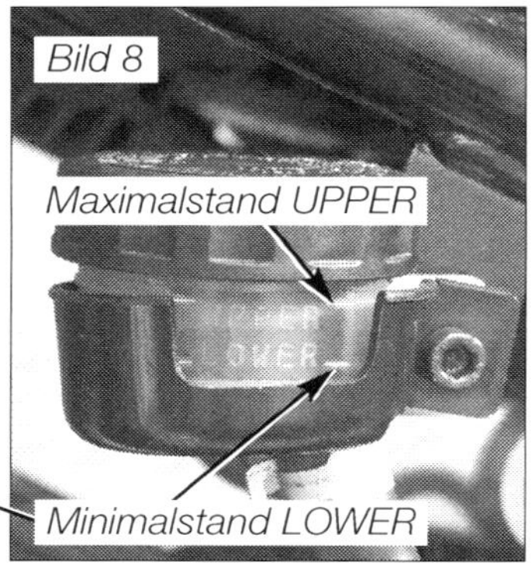

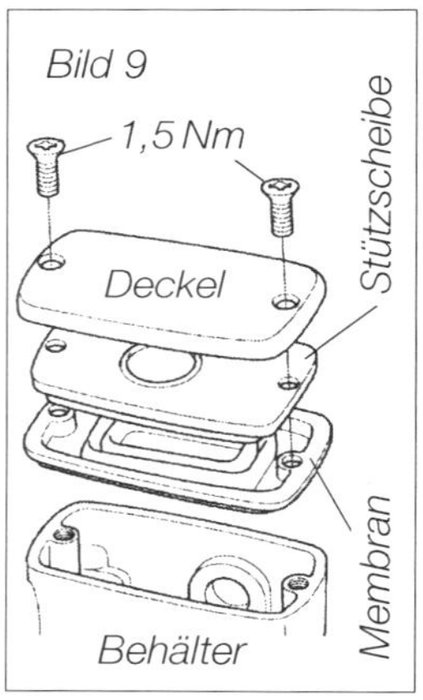

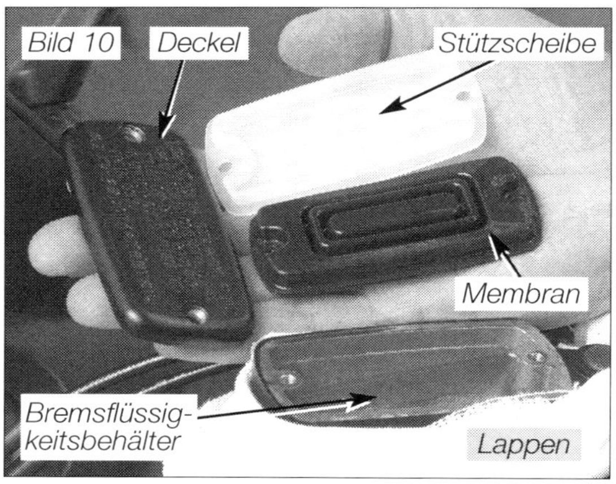

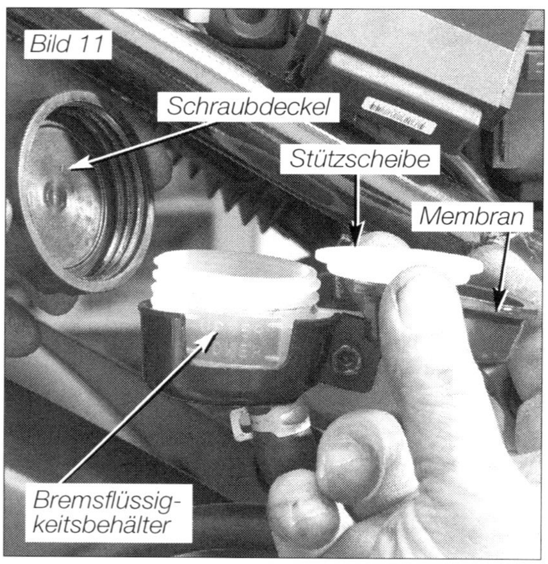

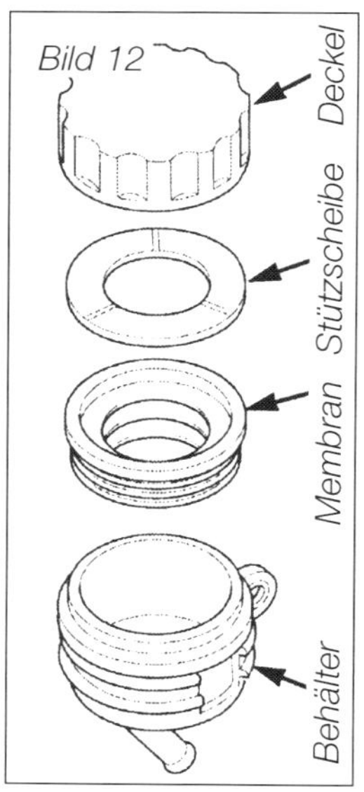

Silikon-Bremsflüssigkeit DOT 5.0
Von verschiedenen Herstellern wird Silikon-Bremsflüssigkeit in der Qualität DOT 5.0 angeboten, oft als »Renn-Bremsflüssigkeit«. Diese hält höhere Temperaturen aus und bietet einen exakten Druckpunkt, weswegen sie von sportlichen Fahrern gerne verwendet wird.

Sehr wichtig: Silikon-Bremsflüssigkeit in der Qualität DOT 5.0 darf nicht mit DOT 3/4 oder DOT 5.1 gemischt werden. Vor dem ersten Einfüllen von Silikon-Bremsflüssigkeit DOT 5.0 muss die Bremsanlage komplett entleert, zerlegt und gründlich gereinigt werden. Weiterhin wird dringend empfohlen, in Bremspumpen und Bremssättel neue Kolbenmanschetten und Dichtringe einzusetzen, denn einmal mit DOT 3/4 oder 5.1 betriebene Bremsmanschetten quellen bei Kontakt mit Silikonbremsflüssigkeit DOT 5.0 auf, was nach einer gewissen Zeit zum Festgehen der Bremskolben führt – und dies bedeutet einen Totalausfall der Bremse!

Bremsflüssigkeit kontrollieren

Entweder ist ein Bremsflüssigkeits-Vorratsbehälter aus transparentem Material gefertigt oder es ist an ihm nach außen hin ein Klarsichtauge eingearbeitet, an dem du den Flüssigkeitsstand ablesen kannst (Bild 7): Die Bremsflüssigkeit sollte bei waagerechtem Behälter (Lenker entsprechend verdrehen) über der »MIN«-Markierung stehen.

Bremsflüssigkeit auffüllen
Wenn der Bremsflüssigkeitsstand unter der »MIN«-Markierung ist, muss Bremsflüssigkeit bis über die Markierung aufgefüllt werden.

1. Sauberen Lappen um den Rand des Bremsflüssigkeitsbehälters legen (Bild 10), damit eventuell überschwappende Bremsflüssigkeit aufgesogen wird und nicht auf die Lackteile gerät.

2. Die beiden Deckelschrauben am Bremsflüssigkeitsbehälter lösen und ausdrehen (Bild 9).

2.1. Wenn ein Schraubdeckel angebracht ist (Bilder 11 und 12), ihn packen und abschrauben (muss mit Handkraft gehen, KEINE Zange zu Hilfe nehmen!).

3. Deckel abnehmen, Kunststoff-Stützscheibe und Gummimembran langsam herausnehmen, damit keine Bremsflüssigkeit herumspritzt (Bilder 10 und 11).

4. Rand des Behälters, Deckel, Kunststoff-Stützscheibe und Gummimembran mit sauberem, nicht fusselndem Lappen reinigen.

5. Frische Bremsflüssigkeit auffüllen, bis der Pegelstand etwas über »MIN« ist.
6. Membran behutsam einsetzen, Kunststoff-Stützscheibe aufsetzen, Deckel aufsetzen, Senkschrauben eindrehen, in mehreren Schritten gut handfest anziehen.
6.1. Oder den Deckel aufdrehen und gut handfest anziehen.
7. Bremsflüssigkeitsreste von Behälter und Umgebung mit reichlich Wasser abspülen.

Bremse entlüften, Bremsflüssigkeit erneuern

Entlüften der Bremse wird dann nötig, wenn Luft in das Bremssystem gelangt ist, z. B. durch einen über längere Zeit zu niedrigen Bremsflüssigkeitsstand. Luft im Bremssystem ist zu spüren durch einen »weichen« Druckpunkt am Bremshebel; es muss mehrmals gepumpt werden, bis sich Bremsdruck aufbaut.

Erneuern der Bremsflüssigkeit soll alle zwei Jahre erfolgen. Auch wenn ein anderer Bremssattel, Bremspumpe oder Bremsschläuche angebaut wurden, muss die Bremse neu befüllt und entlüftet werden.

Mit der in Bild 13 gezeigten Bremsentlüftungs-Vakuumpumpe kann man ohne Kontakt zur Bremsflüssigkeit und ohne Gefahr des Verschüttens die Bremsen entlüften bzw. die Bremsflüssigkeit wechseln. Weil dieses Gerät in den meisten Hobbywerkstätten eher nicht vorhanden ist, erklären wir nachstehend, wie die Bremsflüssigkeit mit einfacheren Werkzeugen und Hilfsmitteln gewechselt werden kann. Zum Entlüften der Bremse die nachstehend beschriebenen Arbeitsschritte ab 4. durchführen.

Bremsflüssigkeit wechseln

1. Vorbereitung: Punkte 1. bis 4. aus »Bremsflüssigkeit auffüllen« abarbeiten.
2. Alte Bremsflüssigkeit aus dem Behälter absaugen, z. B. mit einer Einwegspritze. Behälter mit einem sauberen Lappen reinigen.
3. Frische Bremsflüssigkeit einfüllen.
4. Gummikappe vom Entlüfternippel am Bremssattel entfernen, passenden Ringschlüssel auf das Sechskant des Entlüfternippels aufstecken.
4.1. Dann einen passenden durchsichtigen Schlauch, der in einem Auffanggefäß endet, über den Entlüfternippel stülpen (Bilder 14 und 15).
5. Etwas Bremsflüssigkeit in das Auffanggefäß geben, Schlauchende muss eintauchen.
5.1. Auffanggefäß so aufhängen, dass das Niveau der Bremsflüssigkeit etwas höher ist als der Entlüfternippel (Bild 15).
6. Bremshebel ein paar Mal anziehen, bis Widerstand (»Druck«) spürbar ist. Schön langsam pumpen und den Hebel zwischendurch immer einige Sekunden in Ruhestellung lassen, damit Bremsflüssigkeit luftfrei nachläuft.
6.1. Hebel am Druckpunkt gezogen halten.

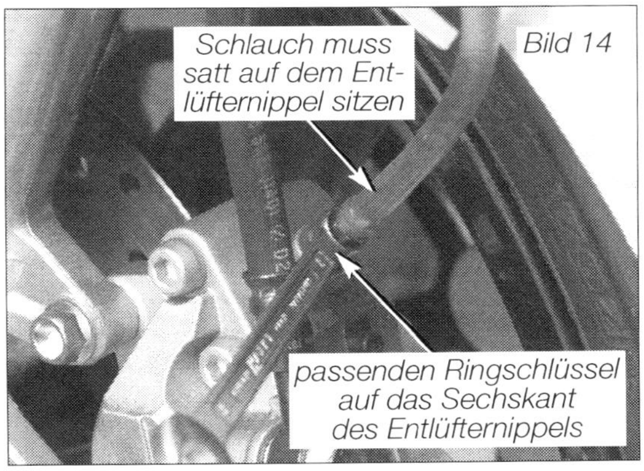

Bild 13: Bremsentlüftung mit Entlüftungsgerät, die Flüssigkeit wird durch Unterdruck durchgezogen.

Bilder 14 und 15: Schematischer Aufbau einer Bremsentlüftung von Hand mit durchsichtigem Schlauch und Behälter.

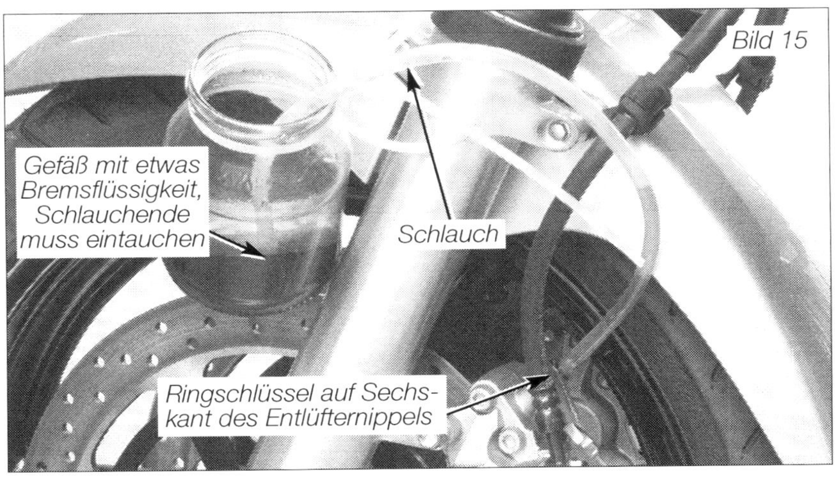

6.2. Entlüfternippel 1/4 bis 1/3 Umdrehung öffnen, Bremshebel ganz durchziehen, gezogen halten (!) und dabei Entlüfternippel schließen.
7. Hebel langsam loslassen. Einige Male pumpen, Hebel in Druckposition halten, Entlüfternippel aufdrehen und wieder schließen.
8. Die Vorgänge 6, 6.1, 6.2 und 7 so lange wiederholen, bis aus dem Schlauch nur noch saubere Bremsflüssigkeit ohne Luftblasen kommt. Dazwischen immer wieder nachsehen, ob im Vorratsbehälter noch genügend Bremsflüssigkeit ist: Pegelstand soll nicht unter die Markierung fallen. Rechtzeitig nachfüllen, damit keine Luft ins System gelangt.
9. Tritt am Entlüftungsschlauch nur noch frische Bremsflüssigkeit ohne Luftbläschen aus, den Bremshebel nochmals ganz durchziehen und gleichzeitig den Entlüftungsnippel gut handfest zudrehen.
10. Abschließend den Bremsflüssigkeitsstand nochmals prüfen, ggf. auffüllen.

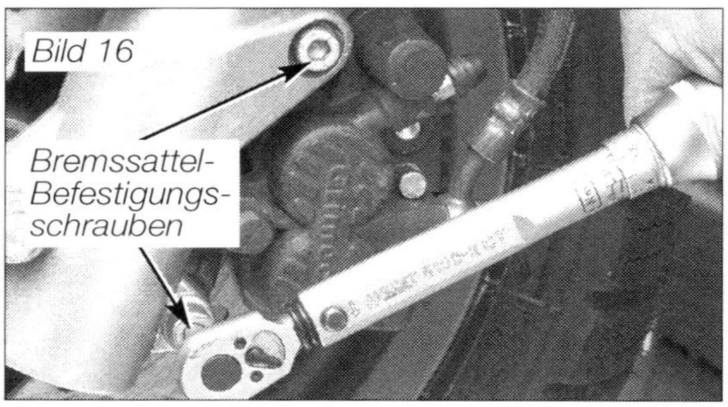

Bild 16: Beim Anbau des Bremssattels unbedingt das vom Fahrzeughersteller vorgeschriebene Anziehdrehmoment beachten!

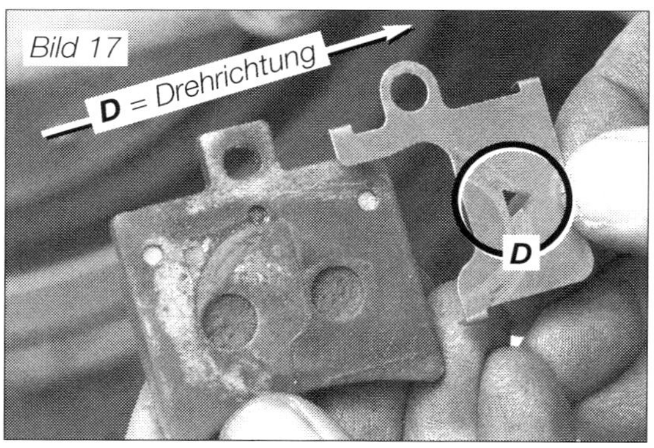

Bild 17: Einbaurichtung der Blechscheibe »Dreieck in Drehrichtung der Bremsscheibe«.

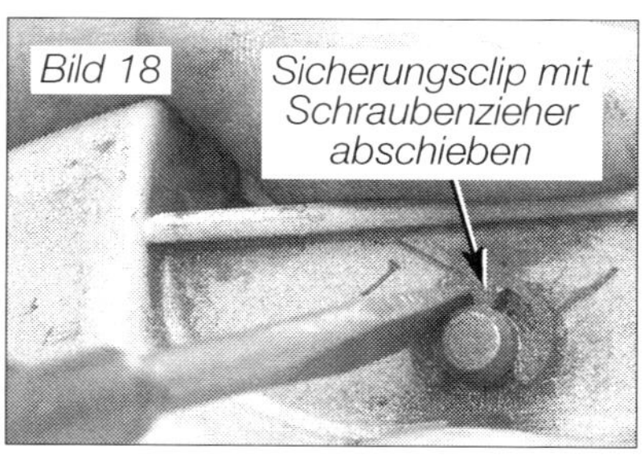

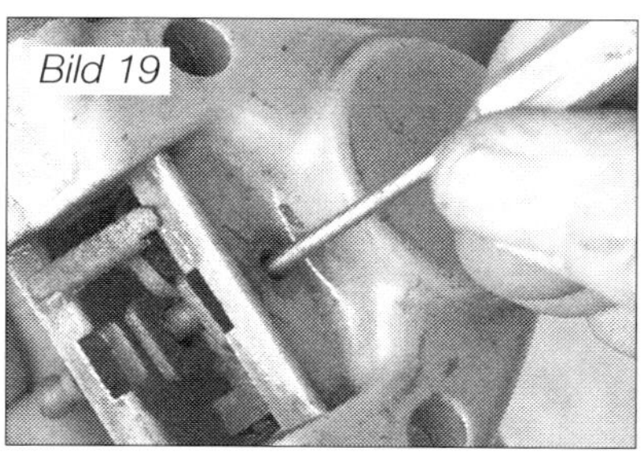

Bilder 18 bis 19: Sicherungsclip aus der Nut des Haltestifts mit einem Schraubenzieher abschieben, erst dann kann der Haltestift mit einem Durchschlag ausgebaut werden.

Bremssattel ab- und anbauen

Bei den meisten Motorrädern muss zum Radausbau der Bremssattel (bzw. beide bei Doppelscheibenbremsen) abgebaut werden. Dazu die Bremssattel-Befestigungsschrauben lösen, ausdrehen, Bremssattel von der Scheibe abziehen.

⚠ **Achtung:** Genau hinschauen und nur die Bremssattel-Befestigungsschrauben lösen und ausdrehen. NIEMALS die Verbindungsschrauben der Bremssattelhäften (siehe Bild 5).

Anbau
Beim Auffädeln des Bremssattels auf die Bremsscheibe unbedingt darauf achten, dass die Bremsscheibe in der Mitte der beiden Bremsklötze ist. Befestigungsschrauben reinigen, einen Tropfen Öl an das Gewinde geben, eindrehen und mit dem vorgeschriebenen Anziehdrehmoment festziehen (meistens 25 bis 40 Nm).

Bremsklötze wechseln

Zum Wechseln der Bremsklötze den Bremssattel abbauen, denn wenn die Bremsbeläge abgenutzt sind, hat der Bremssattel eine gründliche Reinigung nötig. Zur Reinigung nur speziellen Bremsenreiniger verwenden – NIEMALS Ölspray (!) sowie weiche, nicht fusselnde Lappen. Hartnäckigen Dreck mit einer alten Zahnbürste abrubbeln.

Bei vielen Bremsen sind Blechscheiben auf den Rückseiten der Bremsklötze aufgeklickt (Bild 17). Diese verhindern ein Quietschen der Bremse und nennen sich dewegen »Anti-Quietsch-Bleche«. Achte beim Kauf neuer Bremsklötze darauf, dass neue Bleche dabei sind. Notfalls kannst du auch die alten Blechscheiben von den abgenutzten Bremsklötzen abziehen, reinigen und auf die neuen Bremsklötze aufsetzen.

⚠ **Beim Bremsklotz-Wechsel generell beachten:**
- Maschine sicher aufbocken, entweder auf Mittelständer oder (noch besser!) auf Front- und Heckmontageständer, dass beide Räder vom Boden frei kommen und gedreht werden können.
- Bremshebel bei abgebautem Bremssattel und ausgebauten Belägen nicht betätigen! Sonst fahren die Kolben ungehindert aus und müssen mühsam wieder zurückgedrückt werden. Sie können sogar ganz aus ihren Bohrungen herausrutschen, was eine üble Sauerei verursacht!

■ Wenn die alten Bremsklötze aus dem Bremssattel herausgenommen sind und die Bremskolben noch in ausgefahrener Position stehen, den Bremssattel reinigen. Danach die Kolben in ihre Bohrungen eindrücken, um Platz zu schaffen für die neuen Bremsklötze.
■ Keine scharfkantigen Gegenstände wie Schraubenzieher oder Schraubenschlüssel in die Bremssättel einführen, die Kolbengleitflächen können dadurch zerkratzt werden!
■ Wenn zum Einsetzen neuer Bremsklötze die Bremskolben zurückgedrückt werden, steigt im Bremsflüssigkeitsbehälter der Flüssigkeitsstand. Deswegen diesen im Auge behalten: Nach jedem zurückgedrückten Bremskolben den Pegelstand prüfen. Steigt er bis zur Oberseite des Behälters, mit einer kleinen Spritze etwas Bremsflüssigkeit absaugen.

Beim Gebrauch von Bremsenreiniger beachten:
■ Bremsenreiniger ist aufgrund seiner aggressiven Reinigungskraft hochgradig gesundheitsschädlich, weswegen die Werkstatträume gut gelüftet sein müssen. Am besten im Freien verwenden.
■ Nicht rauchen!
■ Nicht auf die Haut, in die Augen oder Atemwege sprühen! Einatmen vermeiden!
■ Alle Teile im Umkreis der einzusprühenden Bremssättel mit Lappen großflächig abdecken.
■ Bremsenreiniger sparsam und gezielt einsetzen, Sprühkopf direkt auf die zu reinigende Stelle richten, nicht länger als zwei Sekunden sprühen.
■ Teile nach Einsprühen sofort durchputzen.
■ Bremssattel nicht mit harter Pressluft ausblasen!

Bremsklotzwechsel bei Festbremssattel
Ausbau:
1. Abdeckung mit einem Schraubenzieher abhebeln (geht leicht!), Bremssattel-Befestigungsschrauben lösen und ausdrehen, Bremssattel abnehmen.
2. Sicherungsclip aus seiner Nut herausziehen bzw. herausschieben, dazu einen kleinen Schraubenzieher verwenden (Bild 18).
3. Bremssattel sicher in der Hand halten und den Bremsklotz-Haltestift mit einem Splintdurchschlag ausschlagen: Durchschlag exakt auf der Mitte des Haltestifts ansetzen und kurze, leichte Schläge mit dem Hammer darauf geben, der Stift rutscht Stück für Stück heraus (Bild 19).
3.1. Dabei gleichzeitig die H-förmige Feder nach unten drücken, damit der Stift leicht darüber rutscht und sich die Feder nicht verbiegt.
4. Stift ganz herausziehen, H-förmige Feder abnehmen, Bremsklötze herausziehen.
5. Bremssattel reinigen (Bild 20).

Einbau:
1. Um Platz für die neuen (dicken) Beläge zu schaffen, die alten Bremsklötze wieder in den Schacht einschieben, mit Handkraft gegen die Bremskolben drücken und damit die Bremskolben ganz zurückschieben.
2. Auf Rückseiten und Kanten der Bremsbelag-Trägerplatten (Bild 21) etwas Kupferpaste auftragen.
■ **NICHTS** auf den Bremsbelag schmieren!
3. Neue Bremsklötze in den Bremssattel einschieben. H-förmige Feder ansetzen: Die breite Seite muss nach vorne weisen (Bild 22)! Wenn ein Pfeil darauf angebracht ist (Kreis in Bild 22), muss dieser in Fahrtrichtung zeigen.
4. Bremsbelag-Haltestift durch Bohrungen im Bremssattel, Einbuchtung der H-förmigen Feder und Bohrungen der Bremsklötze ganz durchstecken, mit kurzen Hammerschlägen nachhelfen (Bilder 22 und 23).
5. Sicherungsclip in seine Nut im Haltestift einsetzen (Bild 24).
6. Bremssattel auf Bremsscheibe fädeln. Gereinigte, leicht eingeölte Schrauben eindrehen und mit dem vorgeschriebenen Anziehdrehmoment festziehen. Plastikabdeckung aufdrücken.
7. Durch Pumpen am Bremshebel Druck auf-

Bilder 20 und 21: Bremssattel reinigen, etwas Kupferpaste auf die Bremsbelag-Trägerplatte geben.

Bilder 22 und 23: Die H-förmige Feder muss mit der breiten Seite nach vorne eingebaut werden.
■ *Wenn ein Pfeil eingraviert ist (Kreis), muss dieser in Raddrehrichtung zeigen.*

Bild 24: Sicherungsclip in seine Nut einsetzen.

Bild 20

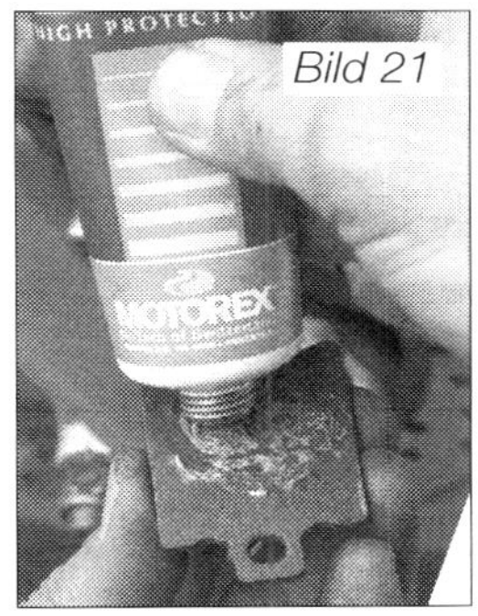

Bild 21

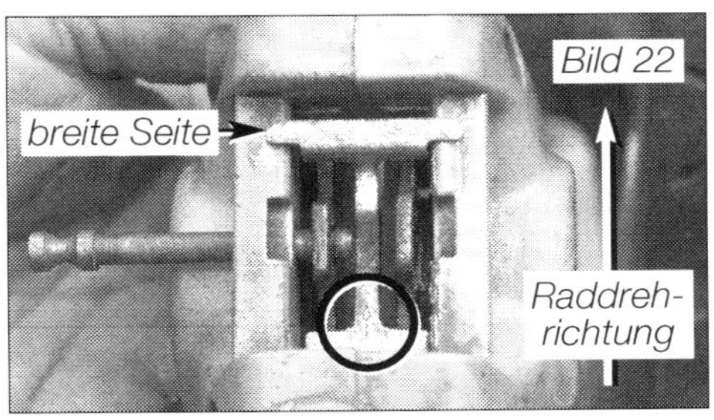

Bild 22

Bild 23

Bild 24

Bilder 25 und 26: Eingeschraubter Haltestift.

Bilder 27 und 28: Sicherungssplint ausziehen, Haltestift austreiben.

bauen, bis die neuen Bremsbeläge an der Scheibe anliegen. Bremsflüssigkeitsstand kontrollieren, ggf. nachfüllen!

■ Erst bei deutlich fühlbarem Druckpunkt ist die Bremse betriebsbereit!

Bremsklotzwechsel bei Schwimmsattel

Ausbau:

1. Die Bremsklotz-Haltestifte können entweder eingeschraubt sein (Bilder 25 und 26) oder eingesteckt und mit einem Splint gesichert (Bild 27).

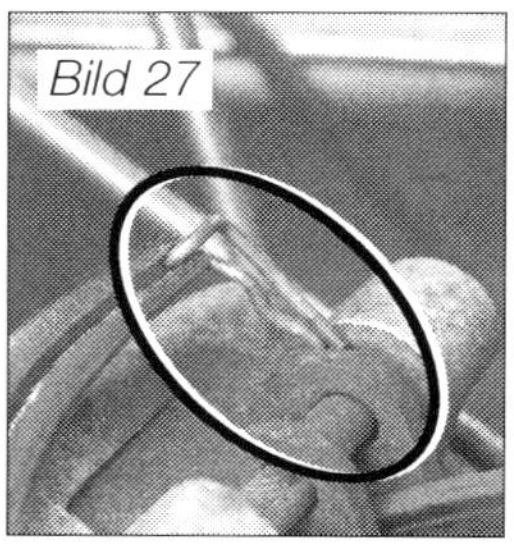

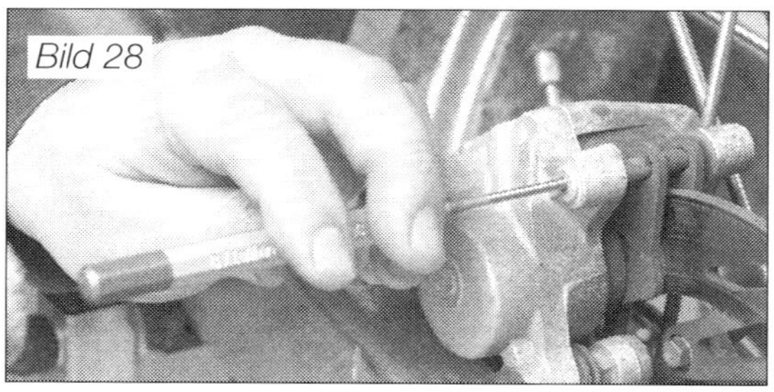

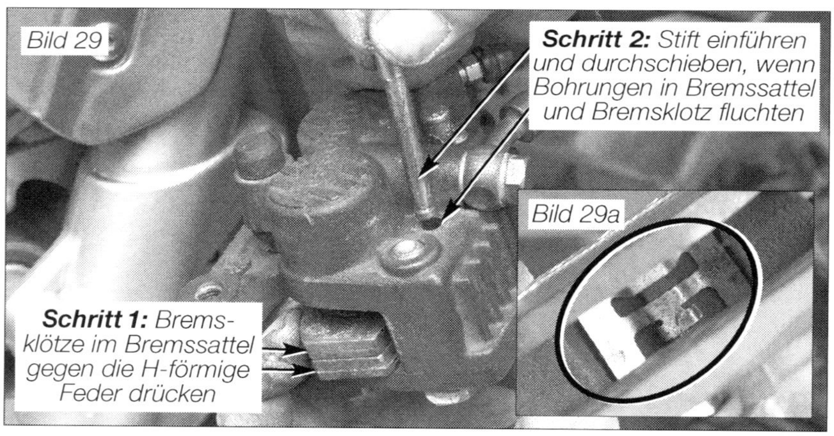

Bilder 29 und 29a: Bremsklötze beim Einbau gegen die Feder drücken.

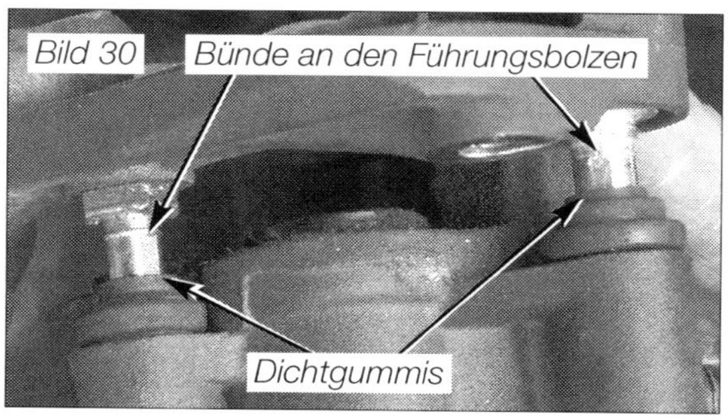

Bild 30: Dichtgummis über die Bünde ziehen.

Es ist zweckmäßig, den Haltstift vor dem Abbau des Bremssattels auszudrehen bzw. mit einem entsprechenden Durchschlag und einem 100-Gramm-Hammer auszuschlagen (Bild 28).

2. Befestigungsschrauben des Bremssattels lösen und ausdrehen, Bremssattel abziehen.

3. Alte Bremsklötze herausnehmen.

Bei abgebautem Bremssattel beachten:

1. Unten im Bremssattel ist ein H-förmiges Blech eingesetzt. Dieses muss unbedingt richtig herum eingesetzt sein, die korrekte Einbaulage entnimm bitte dem Bild 29.

2. Die beiden Hälften des Bremssattels sind über Führungsbolzen miteinander verbunden, diese müssen leicht gleiten (Bild 30).

2.1. Falls sie schwer gehen: Bremssattelhälften auseinanderziehen, Stifte und Bohrungen reinigen, mit frischem Silikonfett einschmieren und wieder zusammenstecken.

Wichtig: Ränder der Dichtgummis müssen über den Bünden der Bolzen sitzen (Bild 30)!

Einbau:

1. Auf Rückseiten und Kanten der Bremsbelag-Trägerplatten (Bild 21) etwas Kupferpaste auftragen.

■ NICHTS auf den Bremsbelag schmieren!

2. Bremsklötze mit den Belagseiten gegeneinander (Bild 29) in den Bremssattel schieben.

3. Bremsklötze gegen die innere H-förmige Feder drücken und einen Bremsklotz-Haltestift nach dem anderen einschieben (Bild 29) bzw. einschrauben (Bild 25 und 26).

4. Sicherungssplint einschieben (Bild 27).

5. Bremssattel auf die Scheibe fädeln, Befestigungsschrauben reinigen, eindrehen und mit dem vorgeschriebenen Anziehdrehmoment festziehen (Bild 16).

6. Durch Pumpen am Bremshebel Druck aufbauen, bis die neuen Bremsbeläge an der Scheibe anliegen. Bremsflüssigkeitsstand kontrollieren, ggf. nachfüllen!

■ Erst bei deutlich fühlbarem Druckpunkt ist die Bremse betriebsbereit!

Bremsscheiben wechseln

Zum Wechseln der Bremsscheiben muss das Rad ausgebaut sein (siehe Kapitel 11 »Räder«). Wenn die Bremsscheiben übermäßig stark riefig sind, lässt sich die Bremse nicht mehr gut dosieren. Die minimal zulässige Dicke der Bremsscheibe ist auf dem Innenrand aufgestempelt (Bild 31). Verschlissene Bremsscheiben, die noch nicht ihre

Mindestdicke erreicht haben, können nachgeschliffen werden (Händler fragen!).

Bremsscheibe abmontieren

1. Die Schrauben, mit denen die Bremsscheibe am Rad befestigt ist, gehen schwer heraus, denn sie sind mit Loctite »hochfest« eingeschraubt.
1.1. Deswegen einen exakt passenden Schlüssel verwenden, sonst werden die Schraubenköpfe vermurkst!
1.2. Schraubenkopf und ggf. auch die Radnabe im Bereich der Schraubverbindung mit einem Heißfluftföhn anwärmen, das löst den Schraubenkleber.
2. Schrauben über Kreuz Schritt für Schritt lösen (Bild 33) und ausdrehen, Bremsscheibe vom Rad abnehmen.

Bremsscheibe montieren

1. Anlageflächen der Bremsscheiben am Rad und am Bremsscheibenadapter sowie die Gewinde der Befestigungsschrauben mit Bremsenreiniger und Messingbürste reinigen.
2. Bremsscheibe auf den Bund an der Radnabe aufsetzen, etwas hin und her drehen, Bohrungen zu den Gewinden in Deckung bringen.
3. Je einen Tropfen Loctite »hochfest« auf die Gewinde der Bremsscheiben-Befestigungsschrauben auftragen.
4. Befestigungsschrauben eindrehen und nacheinander über Kreuz Schritt für Schritt festziehen: ■ Anziehdrehmoment beachten (liegt meist bei 20 bis 30 Nm)!
5. Vor dem Radeinbau die Bremsscheiben mit Bremsenreiniger reinigen.
Wichtig: Wenn du neue Bremsscheiben montiert hast, auch neue Bremsklötze einbauen.

Bremssättel, Bremspumpen

Bei einigen supersportlichen, sehr schnellen Maschinen wie z. B. Suzuki GSX 1300 Hayabusa oder Kawasaki ZX-12R ist vom Hersteller vorgeschrieben, dass Bremsmanschetten und Staubdichtungen in den Bremssätteln und Bremspumpen alle vier Jahre erneuert werden müssen. Diese Arbeiten sollten vom Fachhändler erledigt werden.

Feste Bremse?

Wenn sich eine Maschine schwer schiebt, weil sich ein Rad nicht mehr frei drehen kann, oder es beim Fahren von der Bremse her quietscht, liegt dies meistens daran, dass der Bremsbelag an der Scheibe schleift, weil entweder die Bremskolben korrodiert sind (Bild 34) und nicht mehr von selbst zurückgleiten oder die Führungsstifte fest sind (Bild 30). Das sind typische Fehler an einem älteren Motorrad, an dem lange kein Bremsenservice gemacht wurde.

Bei einer Sichtkontrolle wirst du sehen, dass sich die Bremsbeläge beim Lösen des Bremshebels nur widerwillig oder gar nicht mehr von der Bremsscheibe lösen. Das kommt daher, dass sich in der (meist steinalten) Bremsflüssigkeit Dreck gesammelt hat, der die Bremskolben blockiert.

Wichtig: Mit einer Maschine, bei der die Bremse quietscht und fest zu gehen droht (oder schon fest ist!), nicht mehr fahren, sondern sie sofort in die Fachwerkstatt bringen zur fachgerechten Behebung des Problems!

Bilder 31 und 32: Dicke der Bremsscheiben mit einem Mikrometer an mehreren Stellen messen. Die Verschleißgrenze ist auf der Scheibe in mm angegeben.

Bild 33: Zum Ab- und Anbau der Bremsscheibe exakt passenden Schlüssel verwenden.

Bild 31

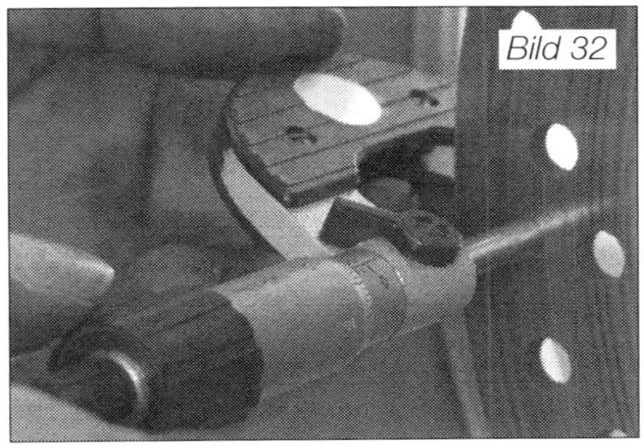
Bild 32

Bild 33

Bild 34: Korrodierte und deswegen defekte Bremskolben.

Sichtprüfung Messen

Stahlflex-Bremsschläuche, Hohlschrauben
Wie weiter vorne in diesem Kapitel schon beschrieben, müssen Bremsschläuche aus Gummi nach einer bestimmten Zeit erneuert werden. Dazu bietet sich ein Umbau auf Stahlflex-Bremsschläuche (Bild 36) an.

Wenn neue Bremsschläuche abgebaut werden, müssen dazu die Hohlschrauben an Bremssattel und Bremspumpe ausgedreht werden, welche die Ringanschlüsse der Bremsschläuche mit Bremspumpe und Bremssattel verbinden. Wie der Name »Hohlschraube« schon sagt, sind dies Schrauben, die der Länge nach und quer dazu durchbohrt sind – eben »hohl«. Eine Hohlschraube ist entsprechend schwach und muss sehr sorgsam gelöst und angezogen werden, damit sie nicht abbricht (Bild 35). Deswegen sollte der Umbau auf Stahflex in der Fachwerkstatt gemacht werden!

Bild 35: Zu stark angezogene und deswegen gebrochene Hohlschraube.

Bild 36: Kompletter Stahlflex-Kit von Goodridge mit neuen Hohlschrauben und Dichtringen.

Bild 35

Trommelbremsen

Viele ältere Motorräder haben Trommelbremsen und auch moderne Maschinen (meistens Enduros) sind noch mit ihnen ausgestattet. Die Bremstrommel ist gleichzeitig Radnabe. In der Bremsankerplatte sind Bremsnocken und Bremsbacken angebaut. Über einen Seilzug oder ein Gestänge wird die Trommelbremse betätigt. Durch das Betätigen des Bremshebels wird der Bremszug gespannt (bzw. das hintere Bremsgestänge betätigt) und bewegt den Radbremshebel mit der Bremswelle. Wird die Bremswelle um einen bestimmten Betrag gedreht, spreizt der Bremsnocken die Bremsbacken, wodurch sich diese von innen an die Bremstrommel (»Bremsring«) anlegen. Trommelbremsen sind nicht so wartungsintensiv wie Scheibenbremsen, benötigen aber auch ein Mindestmaß an Beachtung.

Bild 36

Regelmäßige Kontrollen

- Hand- und Fußbremshebel müssen sich leicht und ohne zu haken bewegen lassen.
- Hand- und Fußbremshebel müssen sicher ganz in ihre Ausgangslage zurückgehen.
- Das »freie Spiel« am Ende des Bremshebels, also bevor die Bremsbacken beginnen, leicht an der Bremstrommel anzuliegen, muss mindestens 10 bis 15 mm betragen, darf aber nicht mehr als 25 mm groß sein.
- Der Handbremshebel darf sich nicht bis an den Lenkergriff durchziehen lassen.
- Der Fußbremshebel darf beim Niedertreten kein Teil des Fahrzeugs berühren (z. B. Fußrastenhalterung, Motorseitendeckel). Dies ist oft nach einem Sturz der Fall: Bremshebel richten!
- Spätestens beim Radausbau zum Reifenwechsel müssen die Bremsbeläge auf ausreichende Dicke sowie unbeschädigte Oberfläche überprüft werden.
- Verschleißbeurteilung von außen: An der Ankerplatte ist eine Verschleißanzeige angebracht, die den Verschleiß der Bremsbeläge in Abhängigkeit zur Stellung des Radbremshebels zeigt. Wenn die Bremsbeläge nahezu verschlissen sind, ist auch die Nachstellmöglichkeit des Seilzugs oder des Bremsgestänges erschöpft.

Trommelbremse einstellen

1. Am oberen Seilzugeinsteller: Rändel-Kontermutter öffnen und ganz zurückdrehen, Seilzugeinsteller in den Bremshebelhalter eindrehen.
2. Am unteren Seilzugeinsteller: Kontermutter lösen, mit dem Seilzugeinsteller den Bremszug so weit spannen, bis der Leerweg am oberen Hebel vom äußeren Ende des Bremshebels bis zum Lenker hin etwa 10 bis 15 mm beträgt.
- Sechskantmutter zum Widerlager hin kontern.

3. Am oberen Seilzugeinsteller: Feineinstellung vornehmen, so dass der Leerweg ca. 10 bis 15 mm beträgt.
4. Bremseinstellung prüfen:
- Motorrad so aufbocken, dass sich das Rad frei drehen lässt.
- Bremshebel sanft anziehen: Die Bremsbacken dürfen erst, nachdem der Hebel mindestens

10 bis 15 mm angezogen ist, sich hörbar an den Bremsring anlegen, das Rad bremst langsam ab.
■ Bremshebel stärker anziehen: Er darf sich nur bis ca. 2/3 Hebelweg ziehen lassen, bis die Bremsbacken stark anliegen.
5. Rändel-Kontermutter des oberen Seilzugeinstellers gegen das Widerlager kontern.
■ NICHT mit einer Zange anziehen, sondern nur »gut handfest«.

Bremsprobleme

Der Bremshebel lässt sich nur schwer betätigen. Beim Lösen geht der untere Bremshebel am Rad nicht von alleine in seine Ausgangslage zurück, gibt also die Bremsbacken nicht frei.

Bremsprobleme kündigen sich meist durch Quietschen beim Betätigen der Bremse und gehemmte Raddrehung an. Sie treten deswegen auf, weil der Bremsnocken in seiner Lagerung in der Bremsankerplatte schwergängig oder nahezu festgefressen ist (meist Korrosion). Es kann auch sein, dass der Bremszug bzw. die Lagerung des Bremshebels schwergängig ist. Meistens treten die drei Fehler defekte Hebellagerung, schwergängiger Bremszug und schwergängige Bremsnocke auf einmal auf!

Wenn die Bremse fest zu gehen droht (oder schon fest ist!), fahre keinen Meter mehr mit dem Motorrad, sondern kümmere dich sofort um eine fachgerechte Behebung der Fehler.

Eine defekte Trommelbremse lässt sich wieder reparieren, indem sie zerlegt, gereinigt und wieder sauber zusammengebaut wird. Diese Arbeit überlässt du am besten deiner Werkstatt.

Bilder 37, 39 und 40: Funktion einer Trommelbremse.

Bild 38: Leerweg am Bremshebel.

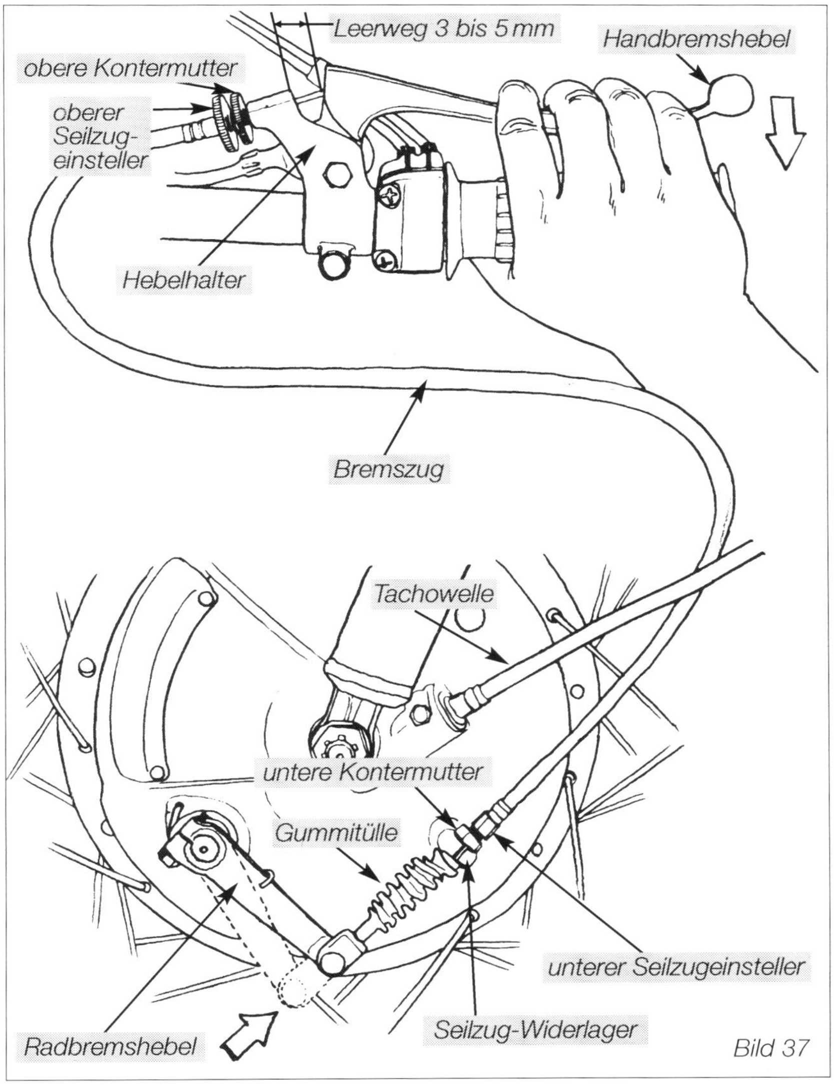

Bild 37

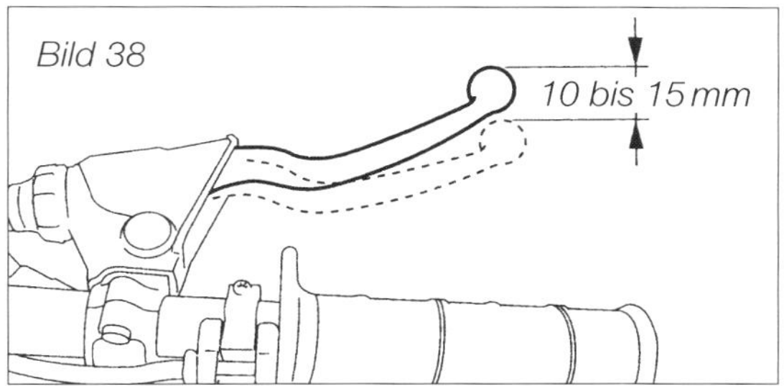

Bild 38

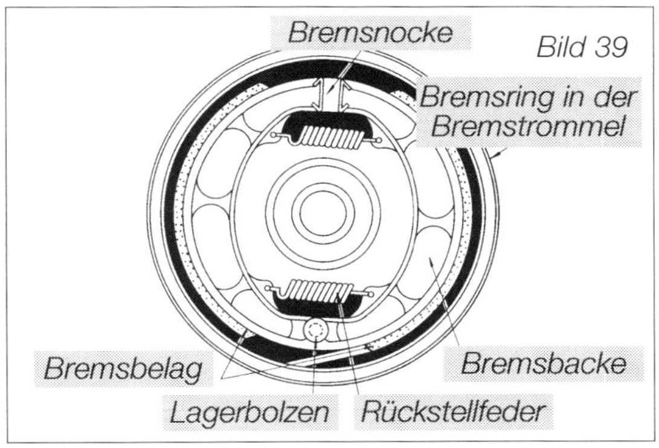

Bild 39

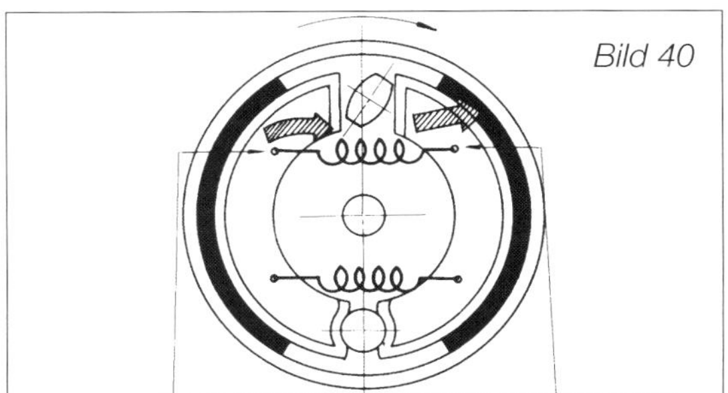
Bild 40

Bremse betätigt: Bremsbacken werden gespreizt und legen sich am Bremsring an

Kette

In diesem Kapitel: Antriebe, Lebensdauer · Kette reinigen, kontrollieren und schmieren · Kettenspannung prüfen, messen und einstellen · Ritzel reinigen · Kette wechseln · Zubehör für den schmutzigen Job.

Antriebe, Lebensdauer

Es gibt bei Motorrädern drei verschiedene Arten des Hinterradantriebs: Kette, Zahnriemen und Kardan. Bekannte Kardanmarken sind BMW und Moto Guzzi, aber auch jeder der vier Japaner hat Kardanmaschinen im Programm. Harley Davidson hat die meisten Zahnriemenmodelle. Weil der Kettenantrieb nicht nur am weitesten verbreitet, sondern auch am pflegeintensivsten ist, behandeln wir ausschließlich diesen. Übrigens brauchen Zahnriemen und Kardan am wenigsten Pflege, aber auch eine moderne Kette mit O-Ringen zwischen den Laschen ist nicht so schlecht, wie sie oft hingestellt wird!

Entscheidend für eine lange Lebensdauer von Kette, Kettenritzel und Kettenrad ist, dass diese drei Bauteile sorgsam gepflegt und die Kette richtig gespannt wird, sonst ist der Antrieb schon nach kurzer Zeit kaputt. Das Lebensende einer Kette deutet sich an, wenn die Zähne der Kettenräder stark verschlissen sind und übermäßig »spitz« werden (Bilder 1 und 2) oder der Einstellbereich an der Schwinge überschritten ist.

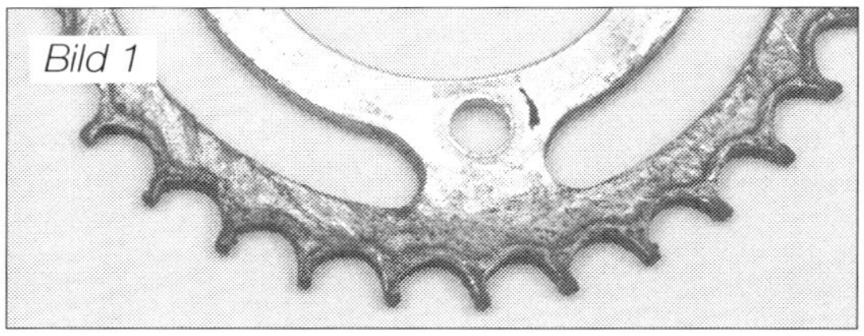

Bild 1: Dieses Kettenrad ist total hinüber. Die Zähne neigen sich schon in Laufrichtung.

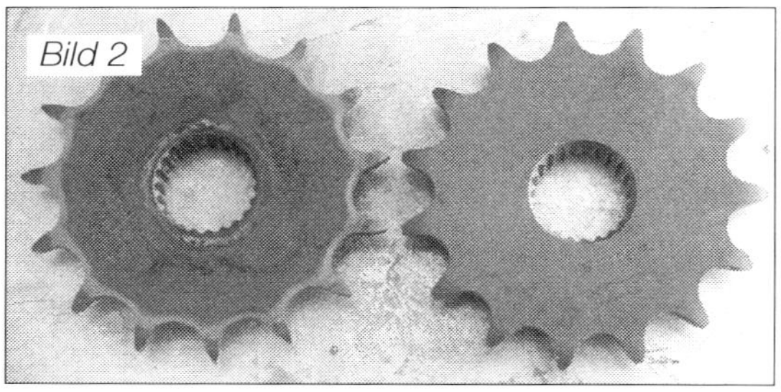

Bild 2: Verschleißbild des Kettenritzels. Rechts ein neues Ritzel, links ein verschlissenes, dessen Zähne spitz und leicht in Laufrichtung gebogen sind.

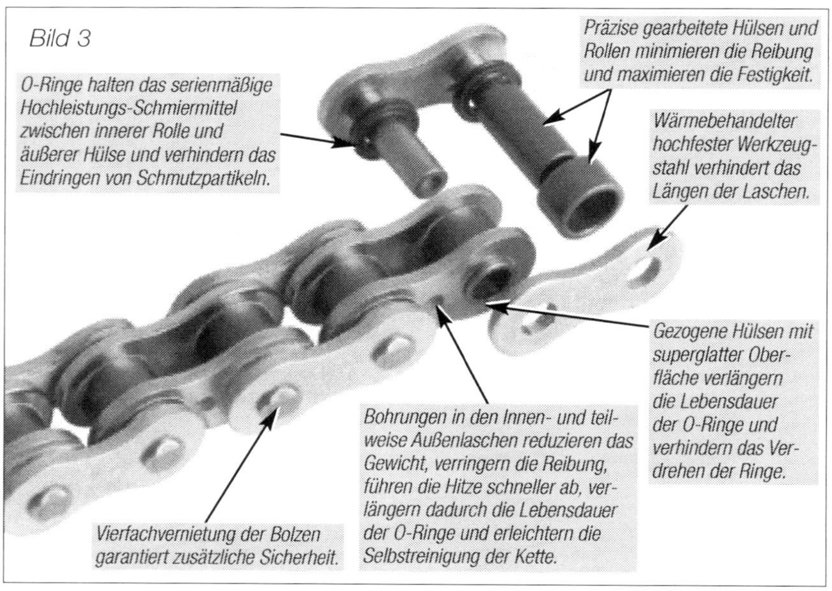

Bild 3: Einzelteile einer modernen Kette.

Reinigen, kontrollieren, schmieren

Zum Reinigen und Schmieren der Kette gibt es im Fachhandel viele Anbieter. Für welches Produkt von welchem Hersteller du dich entscheidest ist prinzipiell egal, es sollte aber nicht unbedingt der billigste sein. Wir verwenden oft die Kettenschmier- und Reinigungsmittel Mittel von Castrol, Enuma, HKS und Shell.

Zum Reinigen und Schmieren der Kette dein Motorrad auf den Haupt- oder Heckmontageständer abstellen. Nur so kann das Rad frei gedreht werden. Nur mit dem Seitenständer geht es auch, allerdings musst du das Motorrad dann immer wieder ein paar Zentimeter weiter vor- oder zurückschieben und das nervt. Eine Alternative ist der am Ende dieses Kapitels beschriebene »Heckjack«, der dein Motorrad über Vorderrad und Seitenständer aufbockt.

Kette reinigen

Kette mit speziellem Kettenreiniger und hartem Pinsel oder einem nicht fusselnden Lappen reinigen und trocknen lassen (Bilder 4 und 5).

- Ein Stück Karton als Schutz zwischen Kette und Hinterradreifen stellen.
- Das Hinterrad so lange drehen, bis du wieder am Anfangspunkt angelangt bist.
- Verwende kein scharfes Reinigungsmittel wie zum Beispiel Bremsenreiniger, denn dieses kann die O-Ringe in der Kette zerstören. Am besten reinigst du die Kette mit Ölspray, du kannst aber auch Dieselöl nehmen.

Am Ende dieses Kapitel findest du einige Empfehlungen für Anbieter, die clevere und saubere Geräte für diese »dreckige« Arbeit entwickelt haben.

Kette kontrollieren

Nach der Reinigung der Kette ist der beste Zeitpunkt deine Kette zu kontrollieren.

1. Kette sorgfältig Glied für Glied auf lockere Stifte und beschädigte Rollen sowie trockene, verrostete, geknickte, verklemmte Glieder, übermäßige Abnutzung und fehlende O-Ringe prüfen (Bild 6).

2. Kettenräder auf spitze oder abgebrochene, beschädigte Zähne kontrollieren (Bilder 1 und 2).

3. Muttern bzw. Befestigungsschrauben am hinteren Kettenrad und die Zentralmutter des Kettenritzels an der Getriebeabtriebswelle auf festen Sitz prüfen. Im Normalfall lösen sich diese Schraubverbindungen nicht.

■ »Normalfall« bedeutet: Kettenritzel und Kettenrad sind noch serienmäßig (Erstausrüstung) oder der letzte Wechsel der Kette und Kettenräder wurde in einer Fachwerkstatt gemacht.

4. Prüfen, ob der Kettenschleifschutz auf dem Schwingenarm an allen Stellen noch genügend dick und an keiner Stelle durchgeschliffen ist (Bild 7).

■ Wenn er beschädigt ist, muss er unbedingt erneuert werden, sonst besteht die Gefahr, dass die Kette auf der Schwinge schleift und sie damit beschädigt!

Kette schmieren

■ Vor dem Schmieren muss die Kette gereinigt und trocken sein.

■ Auch beim Schmieren steht das Motorrad am besten auf dem Haupt- oder Montageständer, damit das Hinterrad von Hand frei gedreht werden kann.

■ Auf den Spühkopf ein langes Sprühröhrchen aufstecken. Achte beim Kauf darauf, dass dieses an der Dose angebracht ist, leider gehört es nicht bei allen Herstellern zum Lieferumfang.

1. Eine Hand auf das Hinterrad legen, mit der anderen Hand die Spraydose mit dem Spühröhrchen auf die Kette auflegen (Bild 8).

■ Der beste Punkt zum Schmieren ist von innen auf dem unteren Teil der Kette (Bilder 8 und 9).

2. Das Hinterrad langsam im Uhrzeigersinn drehen und dabei gleichzeitig gleichmäßig Kettenschmiermittel auftragen.

■ Wird das Hinterrad gegen den Uhrzeigersinn gedreht, kann der Sprühaufsatz beim Drehen nicht sauber auf der Kette anliegen und es wird zu viel daneben gespüht.

3. Wenn die Kette einmal vollständig durchgedreht wurde und du am Anfangspunkt wieder

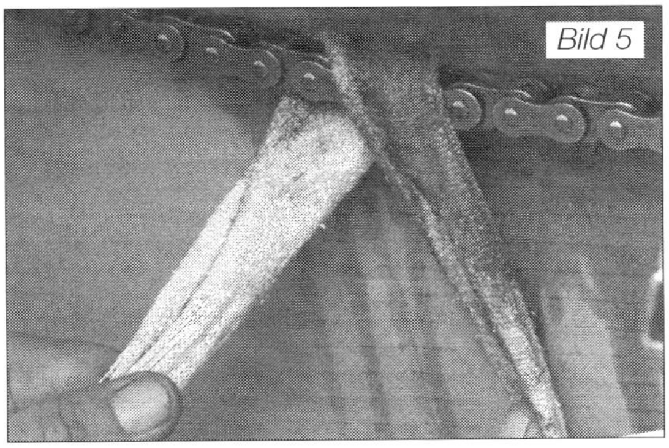

Bilder 4 und 5: Damit beim Reinigen der Kette kein Kettenreiniger auf den Reifen gerät, mit einem Stück Karton abdecken. Danach die Kette trocknen lassen.

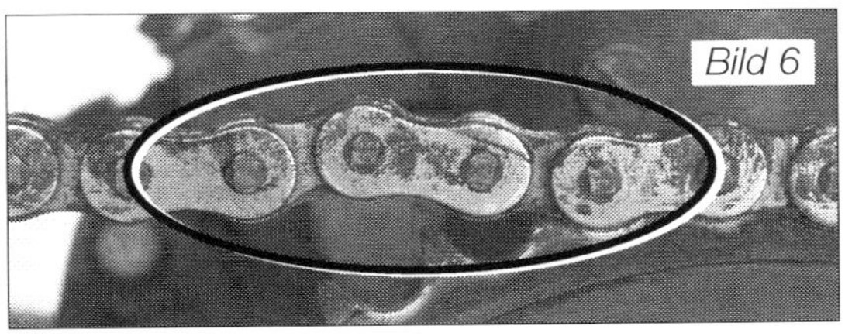

Bild 6: Festes Kettenglied wegen schlechter Schmierung.

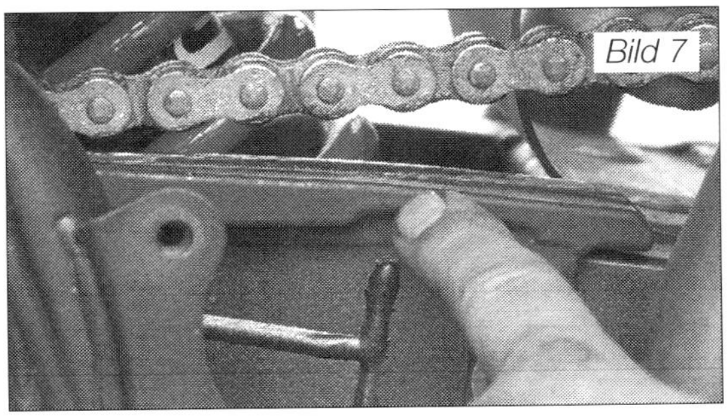

Bild 7: Kettenschleifschutz auf der Schwinge kontrollieren.

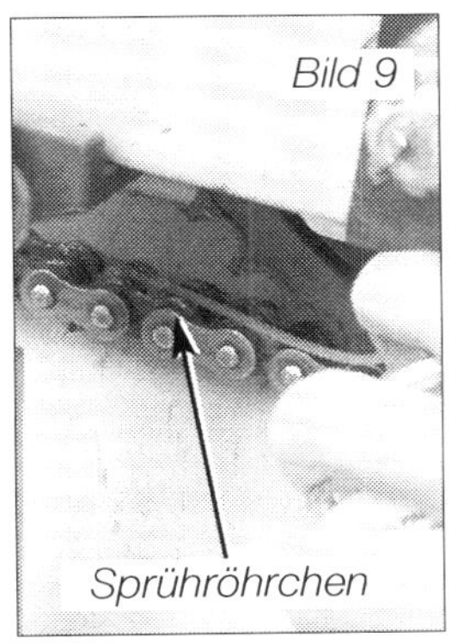

Bilder 8 und 9: Kette mit speziellem, für O-Ring-Ketten geeigneten Kettenspray von innen schmieren. Nicht zu viel Schmiermittel auftragen.

angekommen bist, ist die Kette genügend geschmiert.

- Kettenschmiermittel nicht auf den Reifen oder die Bremssscheibe sprühen! Falls doch, sofort mit Bremsenreiniger entfernen!
- Fahre nach dem Aufbingen des Schmiermittels nicht sofort los, denn das Schmiermittel muss ein paar Minuten ablüften. Noch besser ist es die Kette abends zu reinigen und zu schmieren und das Schmiermittel über Nacht einwirken zu lassen.

Kettenspannung

Kettenspannung prüfen und einstellen

Die Kette muss vor dem Einstellen des Kettendurchhangs (Kettenspannung) gereinigt und geschmiert sein.

- **Regel 1:** Wenn kein Gewicht (die Fahrerin) auf dem Motorrad sitzt und das Hinterrad voll ausgefedert ist, ist die Kette am lockersten.
- **Regel 2:** Wenn durch das Gewicht der Fahrerin, einer Sozia und dann vielleicht noch Gepäck das Hinterrad einfedert, bewegt sich die Hinterachse (das ist der Mittelpunkt des Hinterrrads und damit auch des Kettenblatts) von der Getriebeabtriebswelle (auf ihr sitzt das Ritzel) weg und die Kette wird straffer.

Bild 10: Das Hinterrad drehen und die Kette am unteren Kettentrum wippend nach oben und unten drücken und so die straffste Stelle der Kette suchen.

Bild 10

Messstelle suchen

Eine Kette verzieht sich im Laufe ihres Lebens unregelmäßig. Deswegen das Hinterrad mit der einen Hand drehen und mit der anderen Hand die Kette am unteren Teil wippend leicht nach oben drücken (Bild 10) und die straffste Stelle suchen, das ist die Messstelle. Gemessen wird ca. in der Mitte der Schwinge (Bilder 11 und 12).

Beachten:

- Wenn das Motorrad auf dem Hauptständer abgestellt und das Hinterrad voll ausgefedert ist, ist der Kettendurchhang größer (Regel 1).
- Wenn das Motorrad auf dem Seitenständer abgestellt und dadurch das Hinterrad etwas eingefedert ist, ist die Kette »kürzer« (Regel 2). Das ist die schlechtere Möglichkeit, die Kettenspannung korrekt einzustellen!

Wenn du weder einen Haupt- noch Heckmontageständer hast, auf dem sich das Motorrad so aufbocken lässt, dass die Schwinge einfedert und gleichzeitig das Hinterrad frei gedreht werden kann, dann setze dich auf deine Maschine, bewege sie ca. zwei Meter nach vorne und hinten und suche so die straffste Kettenstelle.

Kettendurchhang messen

1. Einen Zollstock unten an der Schwinge zur Kette hin anlegen.
2. Kette mit dem Finger so weit nach oben drücken, bis es nicht mehr geht, Maß am Zollstock zur Mitte einer Kettenniet nehmen (Bild 11).
3. Kette mit dem Finger so weit nach unten

Bilder 11 und 12: Kettendurchhang messen:

- *Die Differenz der Maße **X** und **Y** ist der Kettendurchhang.*
- *Im Fahrzeughandbuch nachsehen, welches Maß vorgeschrieben ist und welcher Einfederzustand dazu angegeben ist!*

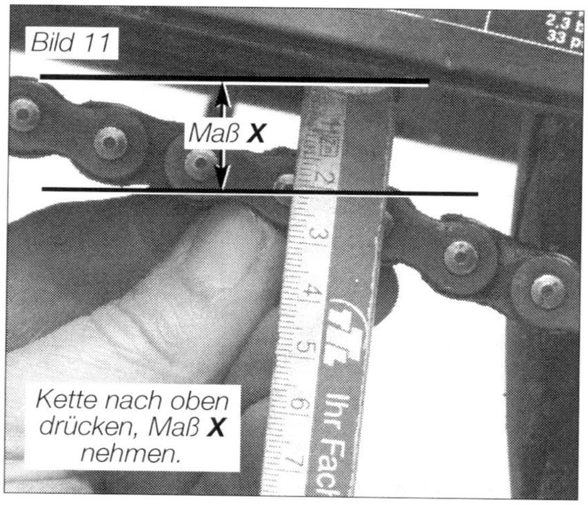

Bild 11

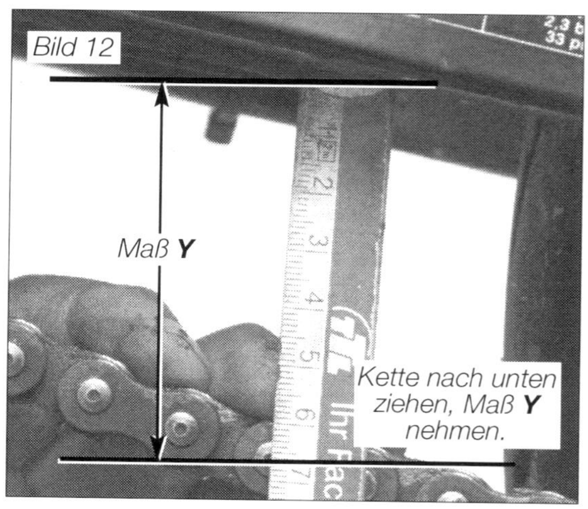

Bild 12

drücken, bis es nicht mehr geht, Mass am Zollstock zur Mitte der Kettenniet nehmen (Bild 12).
4. Die Differenz ist der Kettendurchhang.
▪ In unserem Beispiel: 22 mm nach oben gedrückt, 66 mm nach unten gezogen ergibt eine Differenz von 44 mm.
▪ Bei dieser Maschine sind 20 bis 40 mm Kettendurchhang vorgeschrieben.
Fazit: Die Kette muss gespannt werden.

Kettenspannung, Markierungen, Verschleiß
Die vorgeschriebene Kettenspannung ist je nach Hersteller und Modell unterschiedlich. Diese Angabe findest du in deinem Handbuch oder es gibt dir dein Händler Auskunft.

Jedes Motorad hat Markierungen am Ende der Schwinge, meistens eine Skala mit mehreren Strichen. Bezugspunkt ist eine Einkerbung auf der Achsaufnahme oder das Ende der Achsaufnahme selbst. Bild 15 zeigt eine Skala auf der Achsaufnahme, die Hinterkante des Achslanglochs ist der Bezugspunkt dazu.

Die roten und grünen Verschleißmarkierungen darüber sagen:
▪ Ist die Skala auf der Achsaufnahme im grünen Bereich, ist die Kette in Ordnung.
▪ Kommt die Skala jedoch in den roten Bereich, ist die Kette verschlissen und muss erneuert werden.

Kettenspannung einstellen
Das Einstellen der Kettenspannung ist bei allen Motorrädern pinzipiell gleich: Wenn die Hinterachse nach hinten verschoben wird, wird die Kette gespannt.

1. Hinterachsmutter mindestens zwei Umdrehungen lösen, damit sich das Hinterrad leicht verschieben lässt. Wenn ein Sicherungssplint in der Achsmutter steckt, musst du diesen vorher ausziehen.
2. Kontermuttern der Kettenspanner auf beiden Seiten um zwei Umdrehungen lösen. Dazu je einen Gabelschlüssel auf die Kontermutter und die Einstellschraube setzen (Bild 13).

⚠ **Achtung:** Einstellschraube soll sich beim Lösen der Kontermutter nicht verdrehen.

2.1. Mit den Einstellschrauben die Hinterachse nach hinten verschieben (Bild 14).
▪ In Vierteldrehungen rechte Schraube – linke Schraube – rechte Schraube – linke Schraube vorgehen – bis die Kette den korrekten Durchhang erreicht.
▪ Dabei kannst du dich an den Markierungen orientieren, die rechts und links am Ende der Schwinge angebracht sind. Die Bezugspunkte auf der Achsaufnahme müssen auf beiden Seiten auf den gleichen Markierungen sein, ansonsten steht das Hinterrad schief.
Beachten: Wenn keine Einstellschrauben ange-

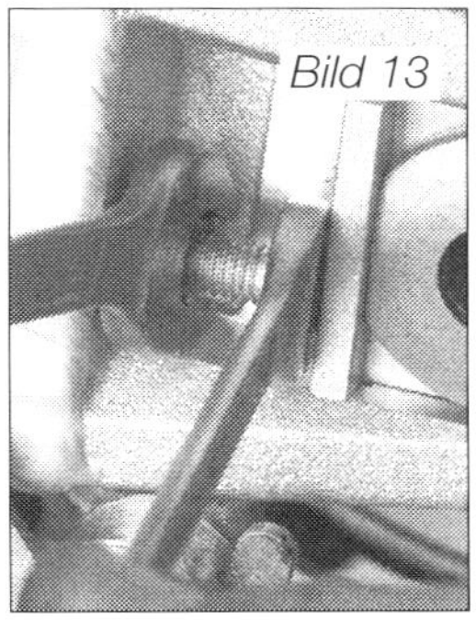

Bild 13: Kontermutter lösen, Einstellmutter mit Gabelschlüssel gegenhalten.

Bild 14: Einstellmuttern auf beiden Seiten der Achse nach und nach je um eine Viertelumdrehung verstellen. Einstellmarkierungen müssen auf beiden Seiten der Schwinge übereinstimmen.

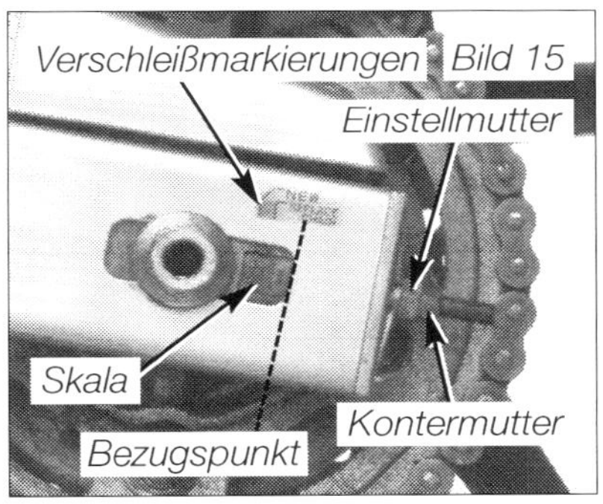

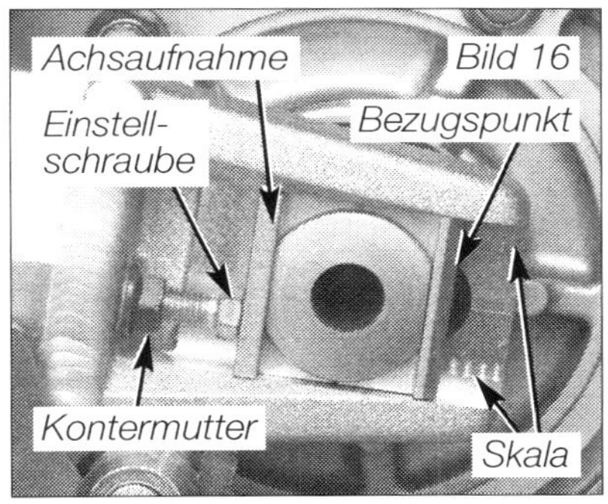

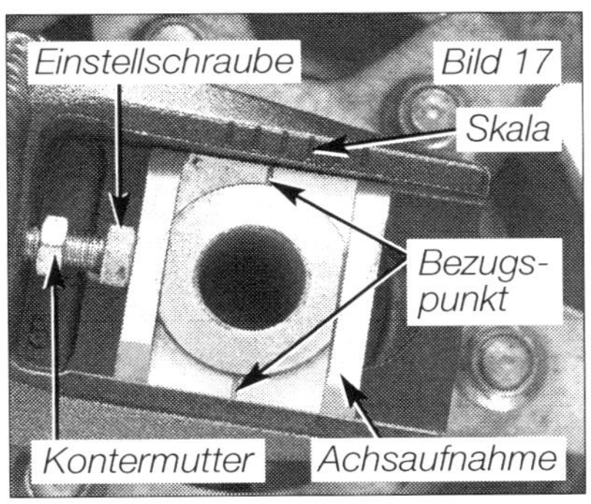

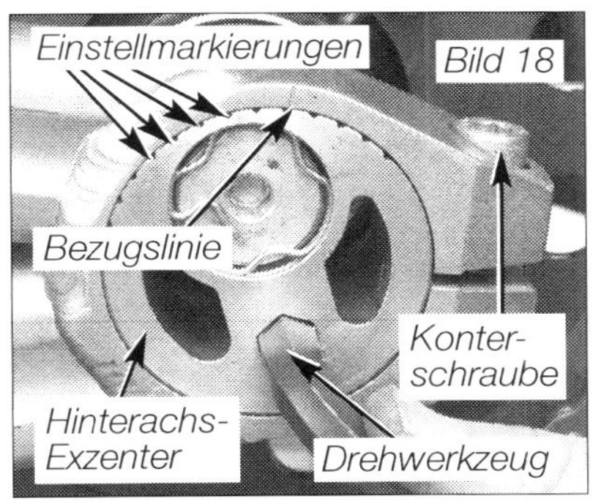

Bilder 15 bis 18: Beispiele verschiedener Einstellarten zum Spannen der Kette mit Bezeichnungen und Bezugspunkten.

Bild 19: Hinterradachsmutter anziehen.

bracht sind, mit denen die Hinterachse nach hinten verschoben wird (wie in den Bildern 13, 14, 16 und 17 als Beispiel gezeigt), sondern ein Gewinde hinten aus der Schwinge heraussteht und zwei Muttern aufgedreht sind (wie in Bild 15), dann musst du die Einstellmuttern drehen, um die Kette zu spannen.

3. Achsmutter mit dem vorgeschriebenen Anziehdrehmoment festziehen (Bild 19).

■ Darauf achten, dass die Achsaufnahmen an den Einstellschrauben anliegen.

4. Kontermuttern festziehen: Vorher die Kettenspannschrauben leicht gegen die Achsaufnahmen drehen, Kopf mit Schlüssel festhalten und Kontermuttern gegen die Schwinge festziehen (»leicht handfest«).

Beachten: Wenn du die Hinterachsmutter mit dem Drehmomentschlüssel festziehst, spannt sich die Kette automatisch mehr. Deshalb vor dem Anzug die Kette eher für ein wenig zu locker erachten als zu stramm.

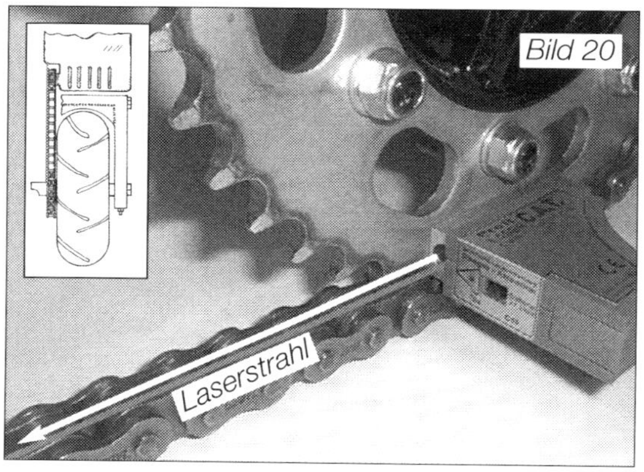

Bild 20: Das kleine, pfiffige Spezialwerkzeug Laser CAT ist klein, leicht und passt prima ins Bordwerkzeug. Der Laserstrahl zeigt an, ob die Kettenflucht exakt stimmt.

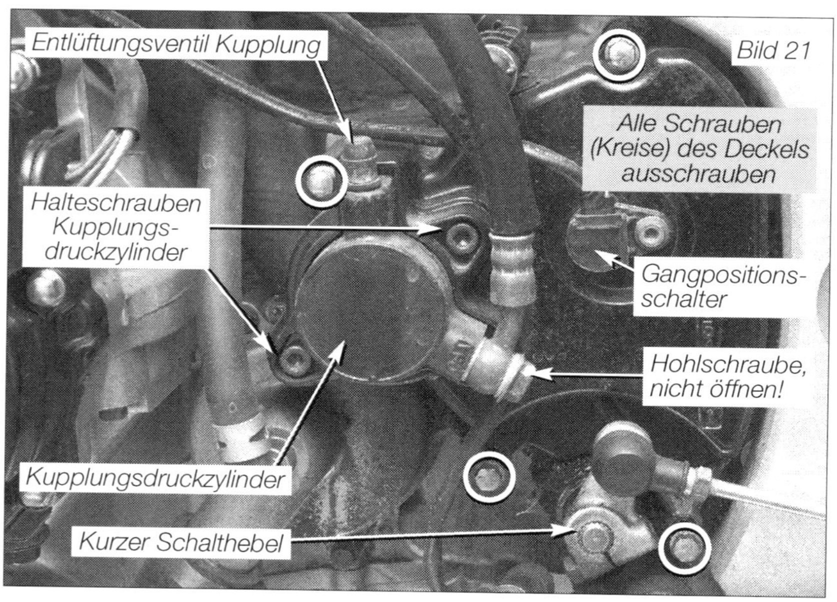

Bild 21: Ritzelabdeckung an einem Motorrad mit hydraulischer Kupplung.

■ Alle Schrauben der Abdeckung ausschrauben, auf Kabelklemmen achten. Die Schrauben haben oft unterschiedliche Längen, merken wo welche drin war.

5. Wenn die Achsmutter festgezogen ist, die Kettenspannung erneut prüfen. Nicht verzagen, das Einstellen der Kettenspannung hat viel mit Gefühl und Übung zu tun. Sollte das erste Einstellen nicht zum gewünschten Ziel geführt haben – zu locker, zu stramm – die Hinterachsmutter wieder lösen und die Einstellschrauben entsprechend ein- oder ausdrehen.

Tipp: Damit nach dem Spannen der Kette die Kettenflucht stimmt, empfehlen wir das kleine, pfiffige Spezialwerkzeug Laser CAT *(www.profi-products.de)*. Mit ihm kann die Kettenflucht während des Spannvorgangs exakt überprüft und eingestellt werden. Übrigens ist eine exakte Kettenflucht auch die erste Voraussetzung, dass Hinter- und Vorderrad in einer Spur laufen.

Ritzel reinigen

Nachdem du auf deinem Motorrad einige tausend Kilometer zurückgelegt hast, wirst du festellen, dass sich einiges an Öl-Schmodder im Bereich des vorderen Kettenritzels festgesetzt hat. Der Verschmutzungsgrad ist sehr gut erkennbar auf der Innenseite des Kettenschutzes: Je mehr dort hängt, desto mehr erwartet dich unter der Ritzelabdeckung. Bei einer großen Motorradwäsche diese Stellen zu reinigen ist eine sehr gute Pflegemaßnahme.

Besonderheiten bei Motorrädern mit hydraulischer Kupplung:

Bei Maschinen mit hydraulischer Kupplung ist der Druckzylinder der Kupplung meistens auf dem Deckel der Ritzelabdeckung angebracht (Bild 21). Er ist entweder direkt mit dem Deckel der Ritzelabdeckung verschraubt (in diesem Fall kann nichts passieren) oder im anderen Fall reichen seine Halteschrauben bis in das Motorgehäuse. Dann muss er zuerst abgeschraubt werden, wenn der Deckel abgebaut werden soll.

■ NIEmals die Hohlschraube der Kupplungsleitung abschrauben (Bild 21)! Darin befindet sich Bremsflüssigkeit, sie kann auslaufen und in das Kupplungssystem dringt Luft ein! Dann muss das System entlüftet werden!

■ Damit der Kolben im Druckzylinder nicht herausfallen kann, muss der Druckzylinder mit einem Kabelbinder gesichert werden (Bild 22).

Danach den Druckzylinder zur Seite hängen, damit er beim weiteren Arbeiten nicht stört, den Kupplungsschlauch nicht zu sehr verdrehen oder gar knicken!

In eine Bohrung neben dem Ritzel ist die Kupplungsdruckstange (Bild 23) eingesteckt (der Kupplungsdruckzylinder betätigt diese Stange). Du kannst sie einfach herausziehen, aber achte darauf, wie sie eingebaut war, denn sie muss mit dem gleichen Ende wieder eingesteckt werden. Beim Einbau auf das Ende der Stange etwas hochfestes Lagerfett geben. Um die Kupplungsdruckstange vom Kettenschmodder zu säubern, musst du Bremsenreiniger verwenden.

Ritzelraum reinigen

1. Schrauben der Ritzelabdeckung ausschrauben, Deckel abnehmen (Bild 21). Bei vielen Modellen sind im Deckel Passhülsen eingesetzt (Bild 25): Diese nicht verlieren und beim Einbau darauf achten, dass sie am richtigen Platz sitzen.

■ Merk dir, welche Schraube wo drin war, oft werden lange und kurze Schrauben verwendet.

■ An einigen Maschinen muss eventuell der kurze Schalthebel abgeschraubt werden, damit der Deckel runter geht. Ist das der Fall, am besten mit einem Lackstift eine Markierung anbringen, damit der kurze Schalthebel in der selben Position wieder angebracht wird (siehe dazu auch Kapitel 6 »Einstellungen«).

2. Bei vielen Maschinen ist unter der Ritzelabdeckung eine gebogene Metallschiene eingebaut (Bild 24), die verhindert, dass die Kette an das Motorgehäuse kommen und dieses beschädigen kann. Sie muss so eingebaut werden, wie sie drin war, also beim Ausbau darauf achten.

3. Den gröbsten Dreck in Ritzelschacht und Deckel mit einem flachen Schraubenzieher ausputzen (Bild 26). Vorsichtig zu Werke gehen damit nichts beschädigt wird. Danach Ritzel und Schacht mit Ölspray oder Bremsenreiniger einsprühen, mit Pinsel und Lappen säubern.

4. Wenn alles sauber ist, die Ritzelabdeckung wieder anbingen:

4.1. Sicher gehen, dass die Passhülsen richtig im Deckel sitzen (Bild 25) und (falls vorhanden) die Metallschiene (Bild 24) richtig angesetzt ist.

4.2. Bei hydraulischer Kupplung: Auf das Ende der Kupplungsdruckstange, das in den Motor eingeführt wird, etwas hochfestes Lagerfett geben.

5. Ritzelabdeckung montieren:

5.1. Ritzelabdeckung aufsetzen, Kupplungsdruckstange muss exakt am Kupplungsdruckzylinder anliegen, darauf achten!

5.2. Schrauben eindrehen und gut handfest anziehen (10 bis 12 Nm). Schalthebel anbingen.

6. Püfen, ob sich die hydraulische Kupplung einwandfrei betätigen lässt.

Kette wechseln

Wurde bei der Kontrolle ganz vorne in diesem Kapitel festgestellt, dass Teile des Kettensatzes verschlissen sind, muss ein komplett neuer Kettensatz eingebaut werden, er besteht aus Kette, Kettenrad und Ritzel!

Wichtig 1: Nie Alt- und Neuteile kombinieren, da sie sich gegenseitig extrem schnell abnutzen. Bei normalem Verschleiß sind Ritzel, Kettenrad und Kette zugleich verschlissen.

Wichtig 2: Wenn du einen sehr billigen Kettensatz montieren lässt, verschleißen Ritzel und Kettenrad schneller als die Kette. Wir raten deshalb dazu, einen originalen bzw. hochwertigen Kettensatz zu montieren.

Wichtig 3: Der Wechsel eines Kettensatzes erfordert z. B. einen Pressluft-Schlagschrauber

Bild 22: Zum Sichern des Kupplungsdruckzylinders Kabelbinder verwenden.

Bild 23: Beim Ausbau der Kupplungsdruckstange darauf achten, mit welchem Ende sie im Motorgehäuse steckte.

Bild 24: Einige Motorräder haben eine halbrunde Metallschiene am Ritzelgehäuse.

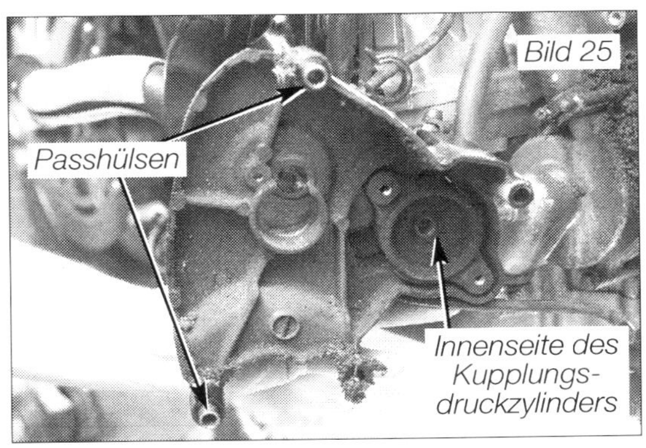

Bild 25: Am Deckel der Ritzelabdeckung sind Passhülsen aufgesteckt.

Bild 26: Vorsichtig den groben Dreck herausputzen.

zum Lösen des Ritzels und ein spezielles Kettentrenn- und Vernietwerkzeug. Unsere Empfehlung lautet deshalb: Pflege deinen Kettensatz gut und regelmäßig und er wird es dir mit einer Lebensdauer von mehr als 30 000 km danken. Muss er dann erneuert werden, befreie die Montagestellen wie beschrieben vom Öl-Schmodder und lass die Montage des neuen Kettensatzes von der Werkstatt deines Vertrauens erledigen. Der Arbeitaufwand für eine Fachwerkstatt beträgt dafür ungefähr eine Stunde.

Zubehör für den schmutzigen Job

Die richtige Kettenpflege ist ein »dreckiger Job«. In den letzten Jahren hat die Motorrad-Zubehörindustrie dazu einige kleine Helferlein entwickelt um diesen Job etwas einfacher und angenehmer zu gestalten.

Diese Liste soll nur einen Überblick über Produkte geben, die dein Leben »nur« mit Seitenständer und Kette etwas vereinfachen und hat keinen Anspruch auf Vollständigkeit. Im Internet findest du unter den Stichworten »Kette reinigen«, »Aufbockhilfen«, »Kette schmieren« eine Vielzahl an Infos und Produkten zu diesem Thema. Auch hier raten wir dazu einen Blick in die unterschiedlichen Motorrad-Foren zu werfen und Erfahrungsberichte mit dem jeweiligen Produkt nachzulesen.

Aufbockhilfen
Nicht jede Motorradfahrerin hat Platz für einen sperrigen Montageständer. Eine clevere und platzsparende Aufbockhilfe ist z. B. der »Heckjack«. Der Handbremshebel wird durch einen Kabelbinder oder Riemen arretiert und das Motorrad über Vorderrad, Seitenständer und den »Heckjack« aufgebockt. Für die einfachen Reinigungs- und Kontrollarbeiten an der Kette von Motorrädern ohne Hauptständer ist dies vollkommen ausreichend.
Bezugsquelle: *www.heckjack.de*

Kettenreinigung
Die Firma »Kettenmax« bietet ein komplettes Kettenpflege-Set, welches den Öl-Schmodder von der Kette in einem wiederverwendbaren Extrabehälter auffängt, der dann als Sondermüll entsorgt werden kann. Nach der Reinigung wird, ebenfalls über den »Kettenmax«, die Kette gleichmäßig geschmiert. Wir meinen: Eine sehr saubere Sache – und du sparst durch die gezielte Anwendung Reinigungs- und Schmiermittel und schonst die Umwelt.
Bezugsquelle: *www.kettenmax.com*

Permanente Kettenschmierung
Das Prinzip: Während der Fahrt wird die Kette permanent durch abfallende Öltropfen geschmiert. Was sich zuerst liest wie eine Hänsel-und-Gretel-Variante mit Ölflecken, ist eine sehr saubere, sichere und umweltfreundliche Methode, die Kette immer in bestem Zustand zu halten.

Hier haben sich rein mechanische sowie elektronisch gesteuerte Systeme entwickelt. Beide bieten einen hohen Nutzwert und verlängern die Lebensdauer der Kette um einiges. Spätestens nach dem zweiten Kettenwechsel hat sich der Kauf und Einbau eines dieser Systeme ausgezahlt. Auch für Fahrerinnen, die öfter ihr Motorrad wechseln, ist eine Montage lohnenswert, da alle Systeme modellunabhängig arbeiten und ab- und angebaut werden können.

Der Einbau, besonders der elektronischen Komponenten, ist nicht wirklich einfach und es gehört mehr dazu, als nur »etwas Geschick«, wie der Hersteller im Beipackzettel optimistisch schreibt. Wir haben auch schon einige Männer nach stundenlanger Schrauberei mit hochrotem Kopf und schwerem Atem ihre Werkstätten verlassen sehen…

Bezugsquellen: *www.scottoiler.de*
www.pro-oiler.com (engl.)
www.cls200.de

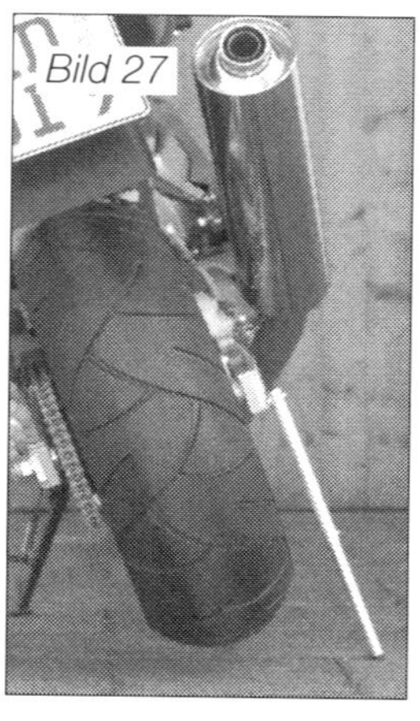

Bild 27

Bild 27: Eine platzsparende Aufbockhilfe. Der »Heckjack«

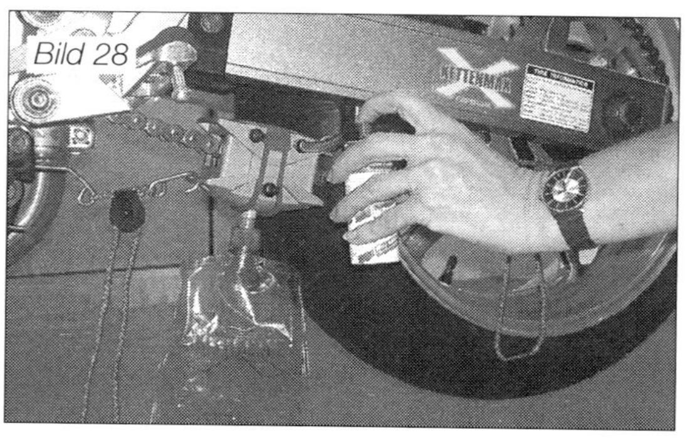

Bild 28

Bild 28: Kettenreinigung einfach und sauber mit dem »Kettenmax«.

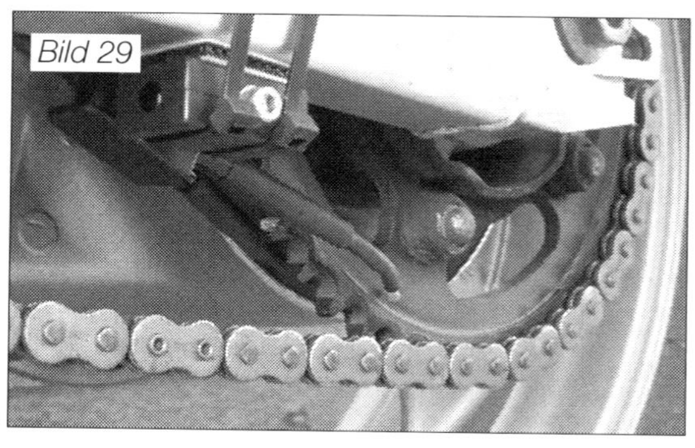

Bild 29

Bild 29: Permanente Kettenschmierung: Eine Ölleitung die entlang der Schwinge Öl auf das Kettenblatt »wirft«.

Lenkung · Federung

In diesem Kapitel: Lenkung · Lenklagerung · Lenklagerung prüfen und einstellen · Federung und Dämpfung · Federung prüfen · Federung einstellen · Federvorspannung · Dämpfung · Schwingenlager schmieren.

Lenkung

Die Lenkung setzt sich zusammen aus den miteinander wirkenden Baugruppen Telegabel, Vorderrad mit Reifen und Lenklagerung oben im Rahmen. In diesem Kapitel erklären wir die Lenklagerung sowie Federung und Dämpfung von Vorder- und Hinterrad.

Die Lenklagerung ist aus folgenden Bauteilen aufgebaut (siehe dazu Zeichnung in Bild 2):

- Lenkkopf: Rohrförmiges, fest mit dem Rahmen verbundenes Bauteil.
- Lenkschaftrohr, dieses ist mit der unteren Gabelbrücke fest verbunden.
- Oberes und unteres Lenkkopflager: Jedes Lager besteht aus den Einzelteilen Außenring (sitzt fest im Lenkkopf), Innenring (der untere ist fest auf das Lenkschaftrohr aufgepresst, der obere sitzt mit einer Gleitpassung auf dem Lenkschaftrohr), Kugelring oder Kegelrollen (je einer zwischen Außen- und Innenring).
- Einstell- und Kontermutter, womit das obere Lenkkopflager spielfrei eingestellt werden kann. Je nach Hersteller sind zwischen diesen Muttern verschiedene Sicherungsscheiben eingebaut.

Laut Wartungsplan muss die Lenklagerung bei jeder Inspektion überprüft und ggf. eingestellt werden. Wenn sie neu eingestellt werden muss, dann deswegen, weil im Laufe der Zeit das Lagerspiel in der Regel nicht zu gering, sondern zu groß geworden ist, da sich die Lagerbauteile »gesetzt« haben. Außerdem sind alle Lagerbauteile einem gewissen Verschleiß unterworfen und bekommen mit der Zeit »Luft« zueinander.

Reinigung und Schmierung der Lenklagerung sind in den meisten Wartungsplänen alle 24 000 km (bzw. alle zwei Jahre) vorgeschrieben. Weil bei kaum einem Motorrad Schmiernippel am Lenkkopf vorhanden sind, muss die Lenklagerung zu Reinigung und Schmierung zerlegt werden, wozu viele Teile abgebaut werden müssen. Entweder gibst du dazu das Motorrad in die Fachwerkstatt oder wenn du gut schrauben kannst, besorge dir eine für deine Maschine passende Reparaturanleitung.

Bild 1 zeigt das Lenkkopflager einer Suzuki Bandit 600, die sich eine Freundin nach zehn Jahren Motorradabstinenz gebraucht gekauft hat. Schon bei der ersten Ausfahrt hatte sie speziell in Spitzkehren große Probleme, eine saubere Linie zu finden, denn die Maschine fuhr ziemlich eckig um die Kurve. Sie dachte, es läge an ihren eingerosteten Knochen!

Wir haben dann die nachstehend beschriebenen Prüfungen durchgeführt und trockene Lenkkopflager aufgespürt. Beim Zerlegen in der Werkstatt zeigte sich, dass die Lager noch nie geschmiert

Bild 1: Ein völlig verrostetes Lenkkopflager, nie gereinigt und geschmiert.

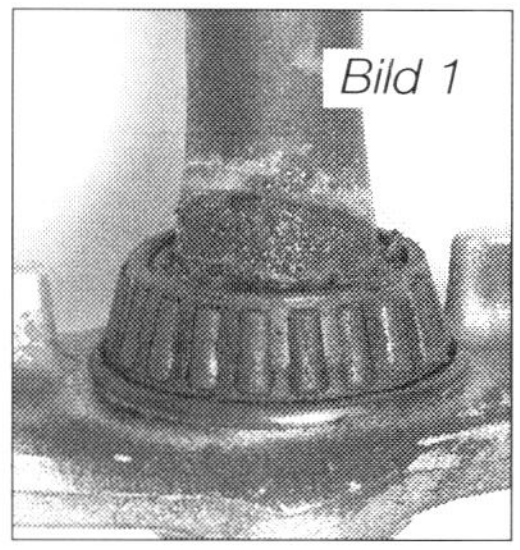

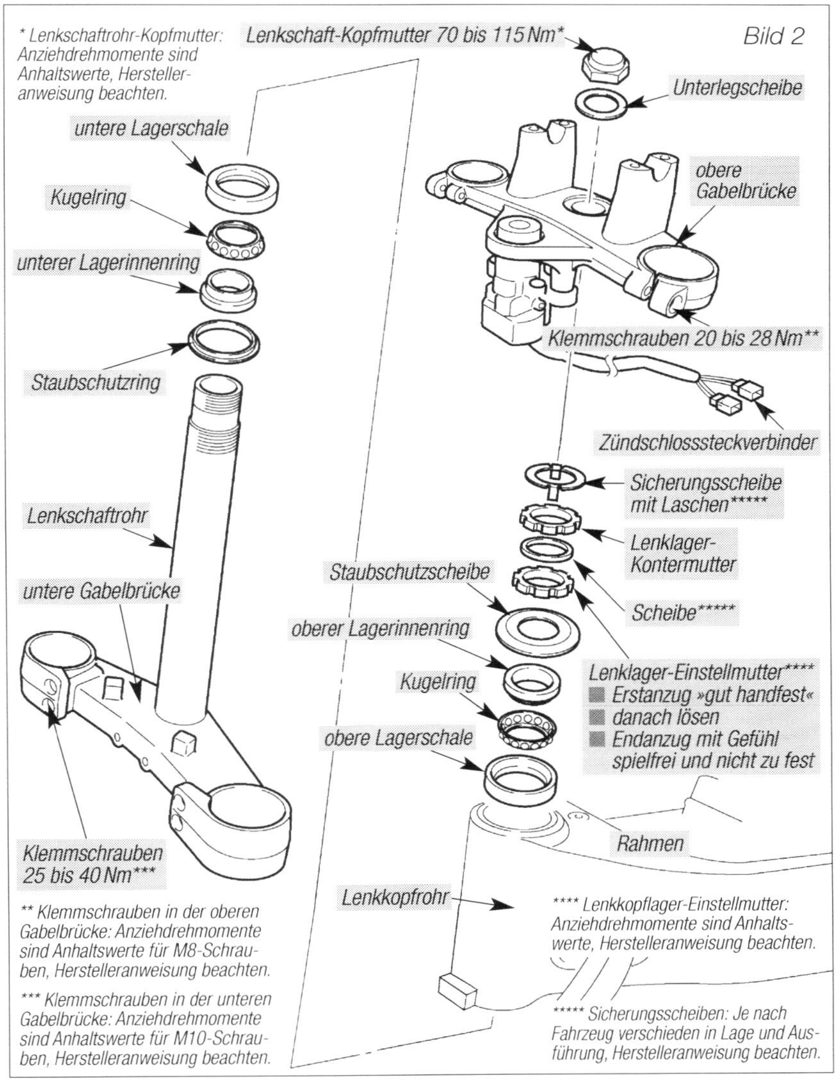

Bild 2: Explosionszeichnung zeigt Aufbau und Bauteile der Lenklagerung, wie sie bei den meisten Motorrädern üblich sind.

Sichtprüfung Messen

wurden! Sie waren richtig verrostet und kurz davor, ganz kaputt zu gehen. Durch sorgfältiges Reinigen, Einfetten und korrektes Zusammenbauen haben wir die Lenklagerung wieder hinbekommen – und heute lässt sich unsere Freundin auch in Kehrkurven nicht mehr abhängen!

Lenklagerung

Die Lenklagerung muss so eingestellt sein, dass leichtes Schwenken und sicheres Fahren gewährleistet sind. Wenn die Maschine in lang gezogenen Kurven nicht mehr die gewohnt saubere Linie halten will (sofern Reifenprofile in Ordnung sind und Luftdruck stimmt!) und es beim kurzen Anziehen der Vorderradbremse verdächtig in der Lenkung knackt, hat die Lenklagerung zu viel Spiel.

- Eine zu lockere Einstellung der Lenklagerung führt zu instabilem Fahrverhalten bei niedrigen Geschwindigkeiten und kann zu Flattern des Vorderrads bei höheren Geschwindigkeiten führen.
- Eine zu straffe Einstellung der Lenklagerung verursacht Pendelbewegungen bei niedrigen und hohen Geschwindigkeiten und erschwert Lenkbewegungen.

Bilder 3, 4 und 5: Prüfen der Lenklagerung.

Bild 3

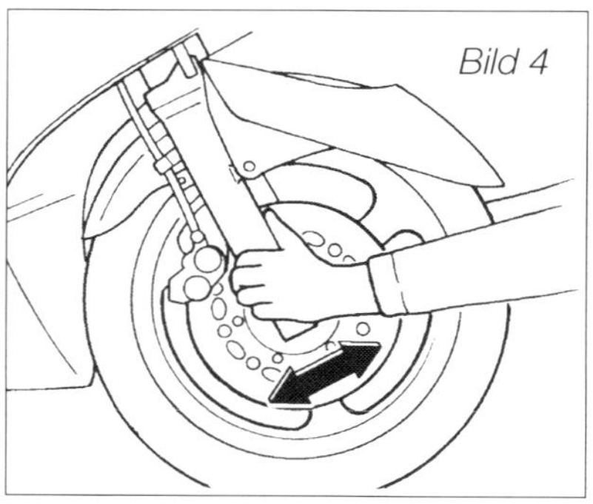

Bild 4

Bild 5

Lenklagerung prüfen

Zur Überprüfung der Lenklagerung muss die Lenkung frei beweglich sein, das Vorderrad darf also keinen Bodenkontakt haben.

Prüfmethode A mit Hauptständer:

1. Motorrad steht auf Hauptständer, eine Helferin drückt mit den Händen das Heck hinunter. Weil das mit der Zeit anstrengend wird, setzt sich die Helferin auf den Soziussitz möglichst weit hinten, bis das Hinterrad Bodenkontakt hat (Bild 3).

2. Lenkung langsam von Anschlag rechts zum Anschlag links und wieder zurück schwenken. Dabei auf jede noch so kleine ungleichmäßige Bewegung, Rastung oder Knacken im Bereich des oberen und unteren Lenkkopflagers achten.

Wichtig: Seilzüge und Kabel dürfen den Lenkeinschlag nicht behindern.

2.1. Falls du beim Bewegen der Lenkung spürst, dass die Lager ungleichmäßig laufen, knacken oder schwer gehen, müssen sie gereinigt und geschmiert werden.

2.2. Wenn die Lenkung in einer bestimmten Stellung (meist der Mittelstellung) immer wieder einrastet, sind die Lenkkopflager defekt.

2.3. Wenn sich die Lenkung gleichmäßig nach rechts und links bewegen lässt, ohne dass es knackt, schwer geht oder einrastet, sind die Lager grundsätzlich in Ordnung und können jetzt auf Spiel überprüft werden.

3. Bilder 3 und 4: Vor die Maschine knien, bei gerader Radstellung beide Gabelholme unten packen und ruckartig nach vorne und hinten bewegen. Wenn die Lenklager Luft haben, spürst du dies ganz deutlich.

Prüfmethode B ohne Hauptständer (Bild 5):

1. Motorrad steht abgebockt auf den Rädern:
- Du stellst dich im Bereich der Sitzbank neben die Maschine.
- Oder sitze halb stehend auf die Maschine mit beiden Füßen platt auf der Erde.

2. Rechte Hand betätigt die Vorderradbremse.

3. Daumen der linken Hand liegt auf der linken Seite an der oberen Gabelbrücke, der Zeigefinger liegt am Rahmen (bzw. am Lenkkopfrohr) in Höhe des oberen Lenkkopflagers.

4. Jetzt die Maschine mit gezogener Bremse kräftig mehrmals nach vorne stoßen und wieder zurückziehen.
- Wenn die Lenklagerung Luft hat, spürst du dieses Spiel in Daumen und Zeigefinger der linken Hand. Es muss dabei nicht unbedingt hörbar knacken!

Hinweis: Das »Erspüren« des Lagerspiels ist

nicht nur Erfahrungssache, sondern auch von Maschine zu Maschine verschieden. Wichtig ist, dass das Spiel beseitigt wird.

Wenn du die Lenklagerung selbst nachstellen möchtest, besorge dir die vorgeschriebenen Anziehdrehmomente für Lenkschaft-Kopfmutter, Lenklager-Einstell- und Kontermutter (Nutmuttern) und die Standrohr-Klemmschrauben in der oberen und unteren Gabelbrücke. Denn wenn diese zu lose angezogen werden, war die Einstellerei für die Katz, und wenn sie zu fest angezogen werden, können Lenklager und Gabelstandrohre beschädigt werden!

Lenklagerung einstellen

1. Motorrad ist so aufbockt, dass der Vorderbau frei ist. Einige Spritzer Allzwecköl (WD-40) an die Schraubstellen und die Klemmstellen der Gabelstandrohre in der oberen Gabelbrücke geben.

2. Lenkschaft-Kopfmutter lösen und einige Umdrehungen aufdrehen: Um die meist verchromte Mutter nicht zu beschädigen, eine exakt passende Sechskantnuss verwenden.

2.1. Wenn ein durchgehender Rohrlenker angebracht ist und den Zugang zur Mutter stört, kannst du diese entweder mit einem Gabelschlüssel öffnen oder du baust den Lenker ab.

3. Standrohr-Klemmschrauben in der oberen Gabelbrücke lösen und mindestens zwei Umdrehungen aufdrehen.

4. Obere Gabelbrücke etwas nach oben schieben: Dazu mit einem Kunststoffhammer mit Gefühl von unten gegen die Klemmstellen der Gabelstandrohre und Lenkkopfrohr klopfen (Bild 7).

5. Obere Nutmutter (»Lenklager-Kontermutter«, sitzt direkt unter der Gabelbrücke) mit einem Hakenschlüssel lösen und eine Umdrehung aufdrehen. Wenn eine Sicherungsscheibe eingebaut ist (Bild 8), die in die Nuten eingebogenen Laschen waagerecht biegen.

6. Jetzt die untere Nutmutter (»Lenklager-Einstellmutter«) mit dem Hakenschlüssel mit viel Gefühl gut handfest anziehen und wieder etwas lösen (Bild 9). Dadurch »setzt« sich das Lager und das Spiel verschwindet.

7. Untere Nutmutter mit dem Hakenschlüssel in Position halten, obere Nutmutter dagegen kontern.

7.1. Dabei die Laschen der Sicherungsscheibe auf Nuten ausrichten und dann einbiegen.

8. Gabelbrücke nach unten schieben (bzw. vorsichtig mit dem Plastikhammer von oben nach unten klopfen).

9. Gabelbrücken-Spannschrauben und Lenkschaft-Kopfmutter abwechselnd in mindestens drei Schritten anziehen und mit dem vorgeschriebenen Anziehdrehmoment festziehen.

10. Lenkung einige Male nach rechts und links bis zum Lenkanschlag schwenken und dabei prüfen, ob sich die Lenkung leicht und ohne zu »sperren« bewegen lässt und keine »Luft« mehr hat.

- Wenn »ja«, ist alles ok.
- Wenn »nein«, Einstellung wiederholen.

Federung und Dämpfung

Federung und Dämpfung von Vorderrad und Hinterrad müssen im Kontext betrachtet werden, sie gehören zusammen wie Jacke und Hose.

■ **Federn:** Die Federn in den Gabelbeinen der Telegabel und in den hinteren Federbeinen »tragen« das Fahrzeug, weswegen sie auch »Tragfedern« genannt werden.

■ **Dämpfung:** Wäre ein Motorrad nur mit Federn ausgestattet, dann wäre es unfahrbar, denn schon nach dem Überfahren der kleinsten Bodenwelle würde die Maschine »nachschwingen« und spätestens ab der übernächsten Bodenwelle anfangen zu springen wie ein Bock. Für das Abklingen dieser Nachschwingungen ist die Dämpfung zuständig, sie setzt der Stärke der Feder einen kontrollierten Widerstand entgegen, damit sie nicht so schnell ausfedern kann.

■ **Federung zu weich oder zu hart?** Die vom Werk in Telegabel und Federbeine eingebauten

Bild 6: Lenkschaft-Kopfmutter mit einer Nuss öffnen und festziehen.

Bild 7: Obere Gabelbrücke mit einem Plastikhammer etwas nach oben schieben.

Bilder 8 und 9: Einstellen der Lenklagerung.

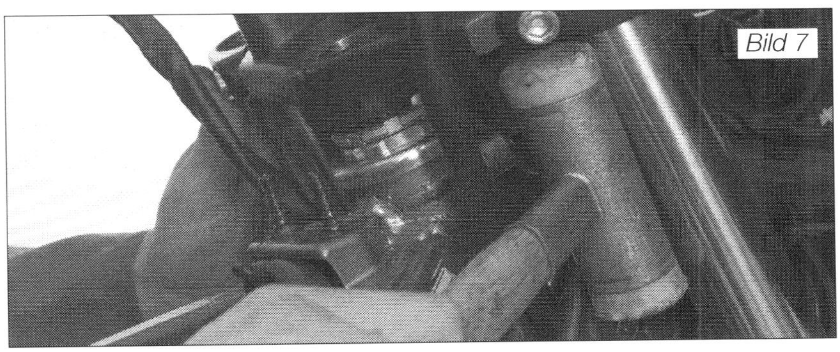

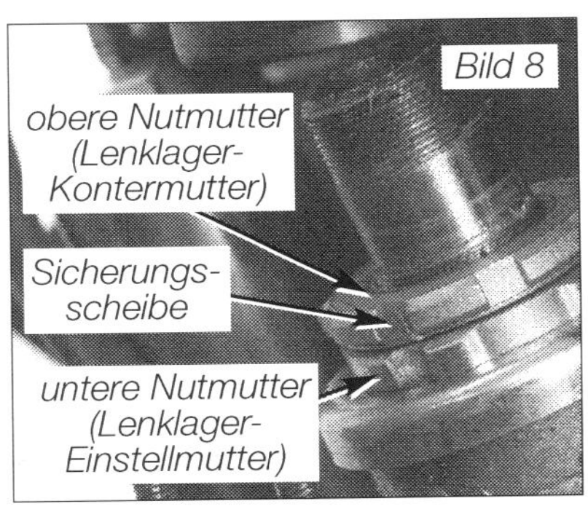

Gabelöl altert und verschleißt, worunter die Dämpfkraft der Gabel und damit das Fahrverhalten leiden. Deswegen raten wir, das Gabelöl mindestens alle 15 000 bis 20 000 km oder alle zwei Jahre erneuern zu lassen.

Bild 10

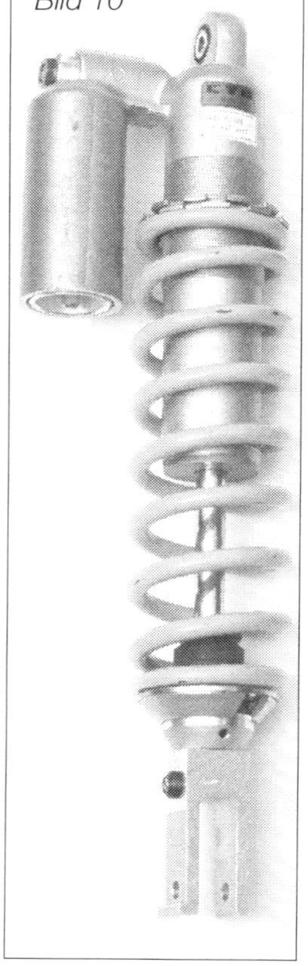

Bild 10: Ein über Kopf eingebautes Federbein mit Ausgleichsbehälter.

Federn sind als Kompromiss zu betrachten:

- Wird das Motorrad ausschließlich von einer leichten Person gefahren, dann ist die Feder generell zu hart.
- Bei zwei Leuten plus Urlaubsgepäck kann die Federung dagegen zu weich sein: Federbeine und Telegabel schlagen rasch durch und in Schräglage setzt das Motorrad früh auf.

In beiden Fällen sind weder Fahrsicherheit noch Fahrkomfort besonders toll. Wenn du den Wunsch hast, dies zu verändern, solltest du es auch tun: Weichere oder härtere Federn gibt's bei engagierten Händlern oder bei Federspezialisten. Kauf und Einbau anderer Federn in Telegabel und Federbeine ist nicht sehr teuer, verbessert jedoch Fahrkomfort und Fahrsicherheit enorm (und damit auch den Spaß am Motorrad!).

Bild 11

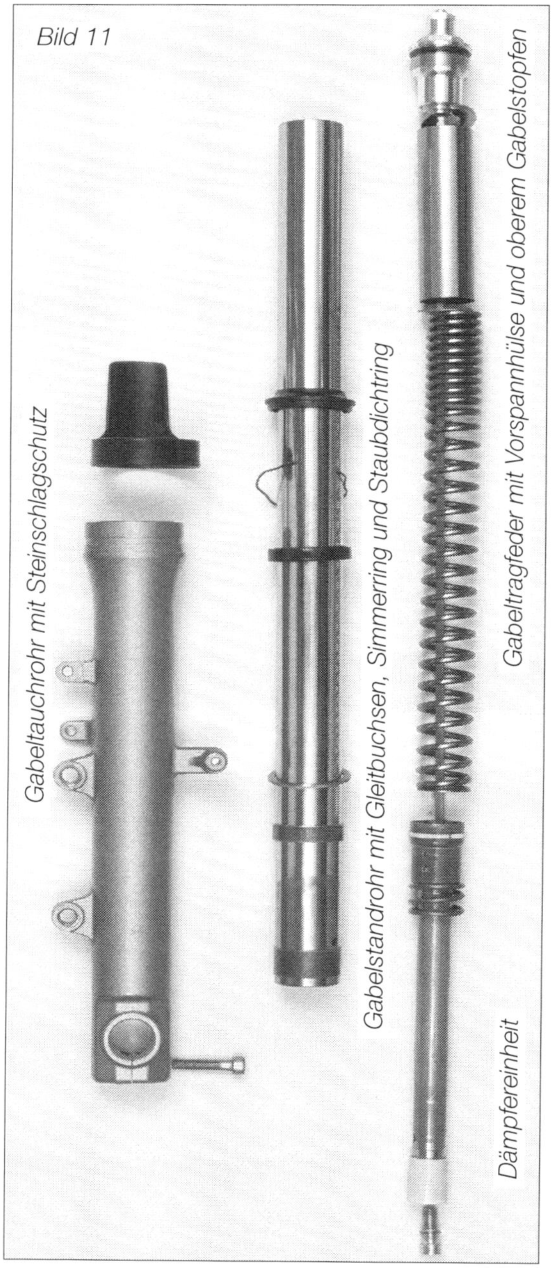

Bild 11: Zerlegtes Gabelbein mit Bezeichnung der wichtigsten Teile.

- **Alte Federbeine:** Wenn die serienmäßigen Federbeine deiner Maschine ein gewisses Alter erreicht haben (ca. 4 bis 5 Jahre), lässt ihre Dämpfkraft nach. Du kannst sie entweder in einer Federbein-Spezialwerkstatt überholen lassen oder kaufst dir gleich neue Federbeine, die von besserer Qualität sind als die serienmäßigen.

Dazu sind folgende Angaben wichtig:

- Das Längenmaß des Federbeins ist das »Maß zwischen den Augenmitten« (siehe Bild 13).
- Der Durchmesser des Federdrahts, denn davon ist die Federhärte abhängig.
- Auch ist es sehr wichtig, dass die obere und untere Befestigung der neuen Federbeine an deine Maschine passt. Für Federbeine, die als Paar rechts und links an der Schwinge angebracht werden, gibt es Zwischenstücke (»Adapter«). Wenn jedoch in deine Maschine nur ein Federbein eingebaut ist, eventuell sogar noch mit einem Umlenkhebel, müssen die Befestigungen exakt dem Serienfederbein entsprechen (Bild 10).
- **Länge des Federbeins:** Möglichst genau messen! Zwar verändert ein um 5 mm kürzeres oder längeres Federbein das Fahrverhalten eines Motorrads nur unmerklich, weil eine solche Toleranz im Fahrwerk schon bei den Durchmessern der Reifen von Marke zu Marke sowie der Reifenprofiltiefe gegeben ist, aber ein neues Federbein sollte dennoch in der Länge exakt dem serienmäßigen entsprechen.
- **Andere Gabelfedern:** Wenn du andere Federbeine mit härteren oder weicheren Federn einbaust, dann solltest du passend dazu auch die Federung in der Telegabel entsprechend verändern, also andere Federn einbauen. Diese gibt es von verschiedenen Anbietern im Zubehörhandel, engagierte Markenhändler haben sie auf Lager vorrätig. Denn nur mit anderen Federn kannst du sicherstellen, dass die Gesamtabstimmung der Maschine, also Vorder- und Hinterradfederung, zueinander passt – aber das haben wir ja weiter vorne in diesem Kapitel schon gesagt.

Federung prüfen

Sichtprüfung Vorderradfederung

- Aus keinem Gabelbein darf Öl auslaufen, es muss überall trocken sein.
- Die Gabelstandrohre dürfen keine Riefen, Kratzer oder »Pickel« (Beschädigung durch Steinschlag) haben.

■ Wenn die Gabelsimmerringe nicht mehr dicht sind und Dämpferöl ausläuft, ist dies besonders nach Fahrten über schlechte Straßen zu sehen: Die Gabelstandrohre sind zuerst nur leicht verölt, aber im fortgeschrittenen Undichtigkeitsstadium läuft Öl außen an den Tauchrohren herunter und verbindet sich mit dem Straßenstaub, wodurch ein typischer »Dreckrand« entsteht.

■ Defekte Gabelsimmerringe können erneuert werden, was schnell geschehen soll, denn sonst läuft immer mehr Gabelöl aus, kann auf die Bremse geraten und die Dämpfung verschlechtert sich: Beides dient nicht der Fahrsicherheit!

■ Bei einem Unfall verbogene Gabelstand- und Tauchrohre und Gabelbrücken sowie Standrohre mit tiefen Rostnarben müssen erneuert werden.

Sichtprüfung Hinterradfederung

■ Aus dem Federbein darf an keiner Stelle Öl auslaufen, es muss überall trocken sein.

■ Dichtringe der Dämpferstange dürfen keine Undichtheiten zeigen, es darf kein Öl auslaufen.

■ Dämpferstange darf keine Riefen/Kratzer haben.

■ Feder und Federeinstellhülse dürfen weder verformt noch gebrochen sein.

■ Die Gummi-Formelemente in den oberen und unteren Befestigungsaugen der Federbeine müssen formstabil vorhanden sein und dürfen nicht porös oder ausgebrochen sein.

Standprüfung der Federung

1. Motorrad steht frei auf den Rädern (auch der Seitenständer ist eingeklappt!), Motor aus.

2. Vorderradfederung prüfen: Über der Sitzbank stehen, Füße platt auf der Erde, Lenkergriffe fest umfassen, Vorderradbremse betätigen und Druck auf die Telegabel geben.

■ Du kannst auch das Motorrad mit dem Vorderrad gegen eine Wand stellen und die Gabel dagegen eindrücken.

■ Mit stoßenden Bewegungen den Vorderbau nach unten drücken und frei ausfedern lassen.

3. Hinterradfederung prüfen: Körpergewicht immer wieder in den Sitz fallen lassen.

■ Wenn du richtig fit bist im Umgang mit deiner Maschine, stelle dich hinter die frei senkrecht auf den Rädern stehende Maschine und drücke mit den Händen wippend auf das Heck (oder den Gepäckträger).

Ergebnisse bewerten

1. Vorne wie hinten muss Einfedern schneller gehen als Ausfedern. Beim Ausfedern dürfen weder Vorder- noch Hinterbau nachschwingen, Telegabel und hintere Federbeine müssen über den gesamten Einfederweg »saugend« wieder ausfedern. Erst ganz zum Schluss darf die Telegabel wieder etwas zurück auf den Tragenullpunkt federn.

2. Beim Abarbeiten dieser Prüfpunkte spürst du, ob Telegabel und Hinterradschwinge leicht und frei einfedern und die Dämpfung auch dämpft (also langsamer zurückfedern als sie einfedern).

3. Dabei kannst du feststellen, ob die Gabeltauchrohre in ihrer Beweglichkeit behindert sind, etwa durch verspannten Einbau der Gabelbeine, krumme Gabelbrücke(n), krumme Vorderachse.

4. Dabei spürst du auch, ob sich die Schwinge frei bewegt oder etwas klemmt, etwa durch festgefressene (bzw. trockene, weil schlecht geschmierte) Schwingenlager oder klemmende Federbeine.

Fahrprüfung der Federung

1. Wenn Telegabel bzw. Hinterradfederung beim Betätigen der Vorderradbremse bzw. beim Überfahren einer Bodenwelle schnell durchschlägt, sind entweder:

■ die Federn in der Telegabel bzw. Federbeine ermüdet (was jedoch nur selten der Fall ist),

■ oder die Druckstufen-Dämpfung hat nachgelassen, weil das Dämpferöl alt und damit dünnflüssiger geworden ist,

■ oder das Dämpferöl ist durch defekte(n) Simmerring(e) weniger geworden.

Trick mit mehr Dämpferöl:
Wenn die Telegabel deiner Maschine zu weich ist und z. B. beim Bremsen durchschlägt, lasse etwas mehr Dämpferöl einfüllen als vorgeschrieben (ca. 10%). Das spart den Einbau härterer Gabeltragfedern.

Bild 12: Bauteile und Details eines Federbeins.

Bild 13: Details zur Federvorspannung und Länge des Federbeins (»Länge zwischen den Augenmitten«).

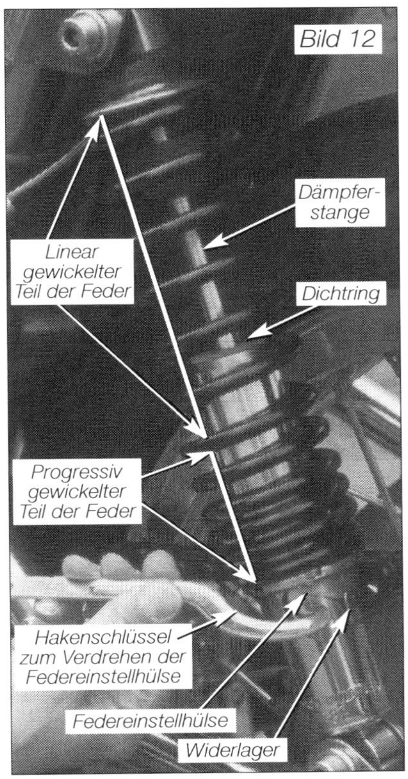

Sichtprüfung Messen

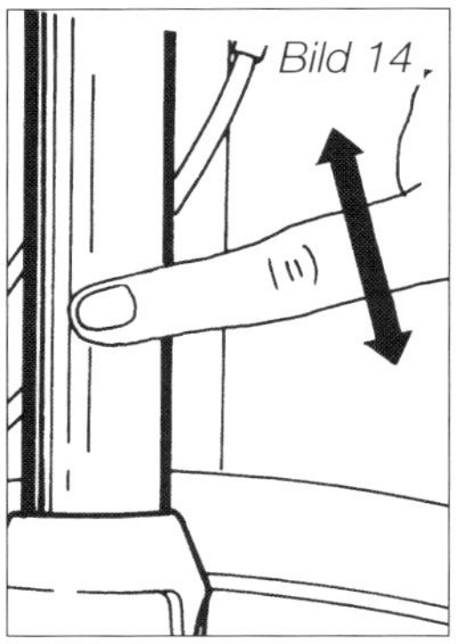

Bild 14: Sichtprüfung der Telegabel von außen.

Bild 15: Untere Befestigung des Federbeins über Umlenkhebel und Zugstangen. Am unteren Federbeinkopf ist ein Einstellrad zur Einstellung der Dämpfung angebracht.

Bilder 16 und 17: Die Explosionszeichnungen von Umlenkhebel und Schwingenlagerung zeigen wie aufwändig diese gefertigt sind, damit sie kein Spiel haben. Wichtig: Regelmäßig Abschmieren!

2. Wenn die Fahrzeugfront oder das Heck nach dem Überfahren von Bodenwellen nachschwingen und sich die Maschine »weich« anfühlt, ist dies ein sicheres Indiz dafür, dass die Wirkung der Dämpfung (»Zugstufe«) nachgelassen hat.

In beiden Fällen musst du etwas tun: Entweder benötigt die Telegabel einen Service, z. B. eine Erneuerung des Dämpferöls, und/oder die hinteren Federbeine sind defekt und sollten schleunigst repariert oder gar erneuert werden.

Selbst machen oder in die Werkstatt geben?
Sowohl der Wechsel des Dämpferöls als auch der Einbau neuer Gabelsimmerringe sind eher ein Fall für die Fachwerkstatt, als dass du es selbst machen kannst. Wenn du aber eine geübte Schrauberin bist und dir solche Arbeiten zutraust, besorge die vor Beginn dieser Arbeiten die nötigen Werkstattunterlagen für die Telegabel deiner Maschine, denn es gibt verschiedene Konstruktionen und die exakten Anziehdrehmomentwerte sind ebenfalls zu beachten!

Schwinge prüfen
Schwinge, Federbeinumlenkung und Umlenkhebel dürfen kein Spiel haben. Zu dieser Prüfung die

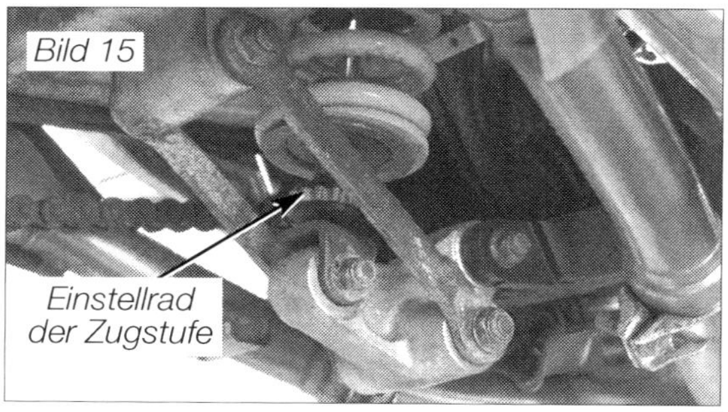

Maschine auf den Mittelständer aufbocken, hinter die Maschine stehen, das Hinterrad mit beiden Händen packen und versuchen, die Schwinge ruckartig nach rechts und links sowie auf und ab zu bewegen. Man spürt eventuelles Spiel (»Luft«) im Schwingenlager, beim Umlenkhebel und der Federbeinbefestigung.

Federung einstellen

Wenn du meistens alleine fährst, solltest du eine Federeinstellung finden, die deinem Gewicht möglichst genau angepasst ist. Wenn für kürzere Strecken etwas Gepäck oder ein Sozius zugeladen werden, kann mit dieser Einstellung sicher gefahren werden, du brauchst also das Werkzeug nicht herauszukramen, um die Federvorspannung einzustellen. Das ist erst notwendig, wenn deutlich mehr Gewicht für lange Strecken zugeladen wird.

Nimm einfach mal ein paar Veränderungen an Federung und Dämpfung vor, schreibe auf, was du verändert hast und fahre ein paar Kilometer, um zu spüren ob und wie sich das Fahrverhalten verändert hat. Danach kannst du die Federung und Dämpfung in die andere Richtung verändern und wieder eine Testfahrt machen. Am besten fährst du immer über die gleiche Strecke, sie sollte viele Kurven und einen holprigen Fahrbahnbelag haben, damit findest du die für dich richtige Fahrwerks-Einstellung.

Einstellmöglichkeiten
Folgende Einstellmöglichkeiten gibt es an Federbeinen und Telegabel:
- Bei allen Motorrädern kann die Federvorspannung an den Federbeinen verändert werden.
- Bei vielen Motorrädern kann die Federvor-

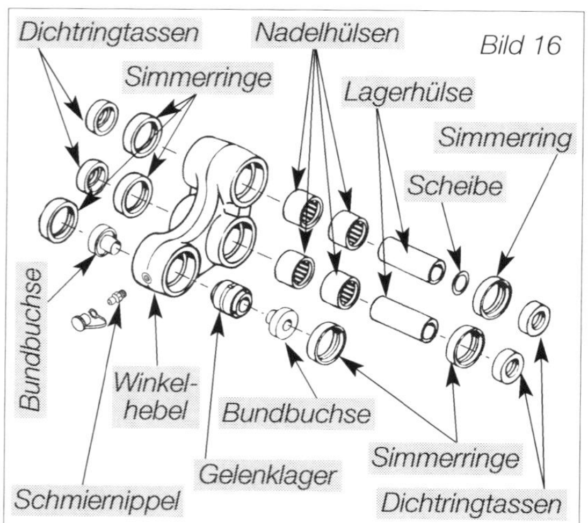

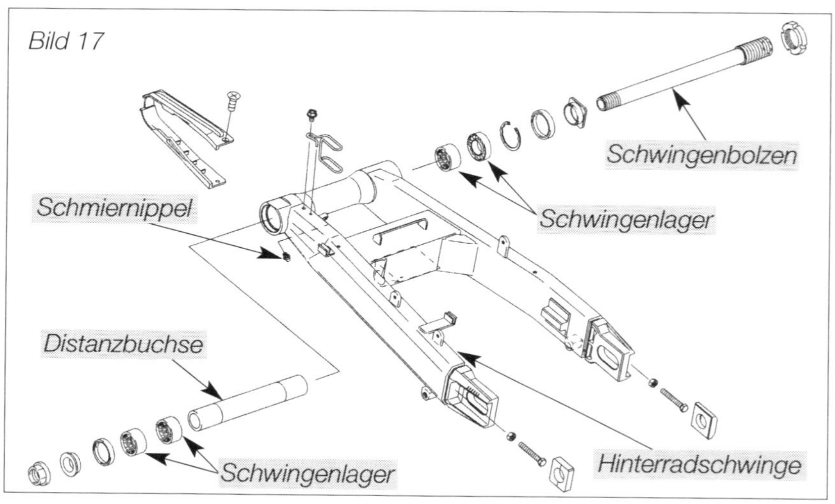

spannung an der Telegabel verändert werden.
■ Bei nicht so vielen Motorrädern kann die Zugstufen-Dämpfung an den hinteren Federbeinen und der Telegabel verändert werden.
■ Bei wenigen Motorrädern kann die Druckstufendämpfung an den hinteren Federbeinen und der Telegabel verändert werden.

Grundsätzliches zur Einstellung
Merke 1: Vorder- und Hinterradfederung müssen immer passend zueinander eingestellt sein, damit die Grundgeometrie des Fahrwerks gesichert ist.
Merke 2: Wenn die Federn in den Gabelbeinen maximal vorgespannt sind (»Stopfen ganz eingedreht«) und die Feder am Federbein nur wenig, dann steht die Maschine vorne zu hoch und hinten zu niedrig.
Merke 3: Wenn umgekehrt die Federn in den Gabelbeinen nur minimal vorgespannt sind (»Stopfen ganz ausgedreht«), die Feder am Federbein jedoch maximal, steht die Maschine vorne zu niedrig und hinten zu hoch.
■ Beides verändert das Fahrverhalten deines Motorrads ins Negative.
Merke 4: Beim Einstellen der Dämpfung an Telegabel und Federbeinen zuerst den Einsteller ganz eindrehen, dann 1/8 um 1/8 Umdrehung aufdrehen und diese 1/8-Umdrehungen als »Verstellschritte oder Klicks« zählen.
■ Veränderungen notieren und beobachten, wie sich das Fahrverhalten verändert!
Merke 5: Einstellstopfen der Federn in der Telegabel, Einstellringe an den Federn der Federbeine und die Einstellschrauben für Dämpfer-Zugstufe und -Druckstufe müssen an beiden Gabelbeinen und bei zwei Federbeinen hinten immer gleich eingestellt sein!

Federvorspannung

Die so genannte Federvorspannung wird am Federbein über ein Verdrehen der Federeinstellhülse (Bilder 18 und 20) eingestellt und an der Telegabel durch Ein- oder Ausdrehen des Stopfens im Gabelstandrohr oben (Bilder 21 und 22). Manche Motorräder haben eine komfortable außen liegende Federeinstellung mit einem Drehgriff (Bild 19).

Merke 1: Entgegen der landläufigen Meinung wird die Federung durch ein Verändern der Federbasis weder »härter« noch »weicher«, sondern das Fahrzeugheck oder die Fahrzeugfront werden entsprechend angehoben oder abgesenkt, wodurch sich Höhe des Motorrads, Positivfederweg und Bodenfreiheit ändern.
Merke 2: Wird die Federvorspannung an Federbein und Telegabel nicht der Beladung entsprechend eingestellt, passiert Folgendes:
■ Wenn bei schwerer Beladung die Feder nur gering vorgespannt ist, sinkt die Maschine zu weit ein und die Federung schlägt bei Bodenwellen rasch durch, die Handlichkeit wird schlecht und die Bodenfreiheit gering.
■ Wenn bei geringer Beladung die Feder stark vorgespannt ist, steht die Maschine zu hoch und beim Ausfedern nach Bodenwellen kommt die Federung an den Ausfeder-Anschlag, wodurch das Heck zu hüpfen beginnt.

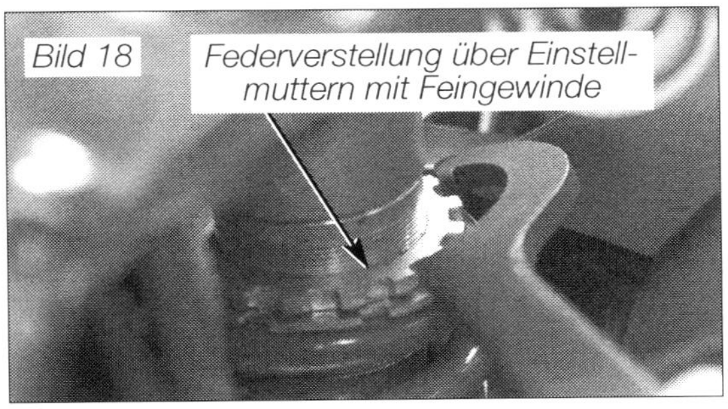

Bilder 18 und 20: Mit einem Hakenschlüssel wird die Federvorspannung an der Federeinstellhülse eingestellt. Wenn an einem Federbein die Federverstellung über zwei Muttern mit Feingewinde vorgenommen wird (Bild 18) ist die Verstellung etwas schwieriger; manchmal muss dazu sogar das Federbein ausgebaut werden.

Bild 19: Außen liegende Federeinstellung mit Drehgriff.

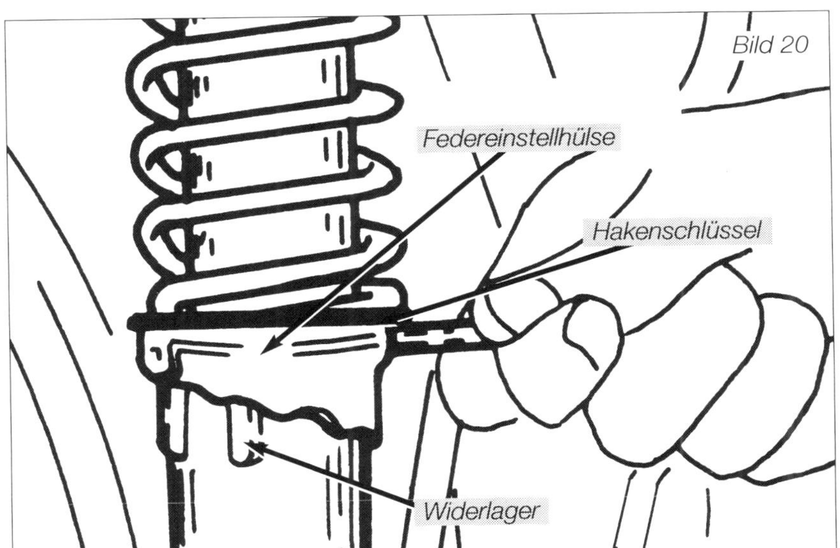

Bilder 21 und 22: Zum Verstellen der Federvorspannung eine passende Sechskantnuss mit Verlängerung verwenden. Kontrolle der Einstellung über die Anzahl der sichtbaren Ringe. Es muss auf beiden Seiten die gleiche Anzahl von Ringen zu sehen sein.

Bilder 23 und 24: Zum Verändern der Dämpfeinsteller einen passenden Schraubenzieher verwenden.

Federvorspannung am Federbein einstellen

1. Passenden Hakenschlüssel an die Federeinstellhülse ansetzen, meistens ist dieser im Bordwerkzeug enthalten (Bilder 18 und 20).

2. Weil das Verstellen meist schwer geht, solltest du vor dem Einstellen einen Schuss Ölspray an die Hülse geben und einige Zeit einwirken lassen.

2.1. Wenn im Bordwerkzeug auch eine Verlängerung für den Hakenschlüssel vorhanden ist, diese unbedingt verwenden (dann tut es auch nicht so weh, falls du abrutschen solltest).

3. Drehen der Federeinstellhülse im Uhrzeigersinn spannt die Feder mehr vor – und das Heck hebt sich an.

Bild 21

Kontrolle der Gabelfeder-Vorspannnung am rechten und linken Gabelstopfen über die Anzahl der sichtbaren Ringe

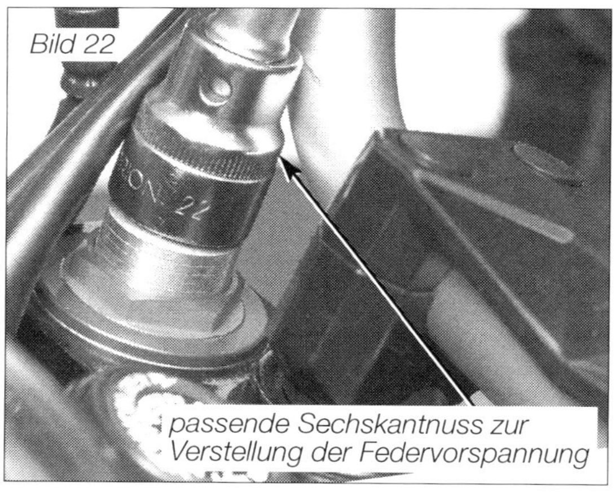

Bild 22

passende Sechskantnuss zur Verstellung der Federvorspannung

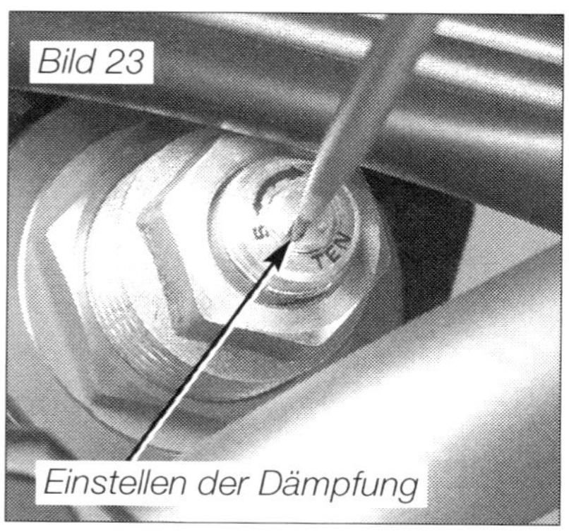

Bild 23

Einstellen der Dämpfung

Bild 24

3.1. Drehen der Federeinstellhülse gegen den Uhrzeigersinn spannt die Feder weniger vor – und das Heck senkt sich ab.

■ Eine Verstellung der Telegabel geschieht nach dem gleichen Prinzip, siehe Bilder 21 und 22.

Dämpfung

Die Dämpfung wird unterteilt in »Dämpfer-Zugstufe« und »Dämpfer-Druckstufe«. Beide sind in Federbein und Telegabel grundsätzlich vorhanden, auch wenn sie sich nicht von außen einstellen lassen.

■ Die **Zugstufe** setzt der Ausfedergeschwindigkeit (die grundsätzlich von der Federhärte abhängig ist) einen definierten Widerstand entgegen.

■ Die **Druckstufe** ist beim Einfedern zusätzlich zur Federkraft zu sehen.

Wenn an Federbein und Telegabel Einstellmöglichkeiten für Zugstufe und Druckstufe vorhanden sind, solltest du diese auch nutzen um die Möglichkeiten deines Fahrwerks hinsichtlich Fahrkomfort und Straßenlage auskosten zu können.

■ **Zugstufeneinsteller** sitzen oft oben am Federbein; ist jedoch dieses »auf dem Kopf stehend« eingebaut, z. B. hinter der Schwingenlagerung an einem Umlenkhebel, dann ist der Zugstufeneinsteller unten.

■ **Druckstufeneinsteller** sitzen meistens auf der anderen Seite: Bei der Telegabel also unten und beim Federbein abhängig von dessen Einbaulage unten oder oben.

Ob an Federbein und Telegabel deines Motorrads zusätzlich zur Federung auch die Dämpfung eingestellt werden kann, findest du leicht heraus. Schau dir Federbein und Telegabel genau an, ob Einstellmöglichkeiten wie in den Bildern 23 und 24 zu sehen sind. Meistens sind die Einsteller mit einem Schlitz versehen, seltener mit einem kleinen Rädchen oder einem Einstellknopf (im Fahrzeughandbuch nachsehen!). Auch sind meistens direkt neben den Einstellern kleine Pfeile angebracht und die Buchstaben »S« für soft und »H« für hard, sie bezeichnen die Drehrichtung: Eindrehen (rechts herum) macht die Dämpfung härter. Ausdrehen (links herum) macht die Dämpfung weicher.

Für die **Dämpfer-Zugstufe** bedeutet dies:

■ Eine härtere Dämpfung lässt das Rad langsamer ausfedern.

■ Eine weichere Dämpfung lässt das Rad schneller ausfedern.

Für die **Dämpfer-Druckstufe** bedeutet dies:
■ Eine härtere Dämpfung lässt das Rad langsamer einfedern.
■ Eine weichere Dämpfung lässt das Rad schneller einfedern.

Bei den Einstellern bitte beachten: Je nach Hersteller lassen sich diese mehr oder weniger ein- oder ausdrehen, die Verstellung wird mehr oder weniger stark. Die Anzahl der Verstellstufen, (wir sagen dazu »Klicks«) ist vom Hersteller abhängig: Es gibt solche mit 20 Klicks, aber auch solche mit 50 Klicks. Einfach mal ausprobieren, wie viele 1/4-Umdrehungen möglich sind. **Wichtig:** Die ersten und letzten zehn Klicks sollen nicht verwendet werden, hier ist die Wirkung meistens null. Einstelller auch nicht zu stark ein- oder ausdrehen, sonst können innere Bauteile wie die Nadelspitze der Verstellschraube oder der Ventilsitze beschädigt werden.

Grundsätzliches zur Dämpfungseinstellung
■ Wenn du als Fahrerin sehr leicht bist und hauptsächlich alleine fährst, muss die Zugstufen-Dämpfung härter eingestellt sein.
■ Wenn du etwas mehr wiegst, Gepäck zugeladen hast oder zu zweit fährst, muss die Dämpfung weicher eingestellt sein.

Die Bezeichnung »ten« an den Einstellschrauben (Bild 23) ist die Abkürzung für »Tension«, auf deutsch Spannung oder Federung.

Schwingenlager schmieren

Wie vorhin schon bei den Lenkkopflagern gesehen, ist eine regelmäßige Schmierung der Lager nötig, damit die Leichtgängigkeit erhalten bleibt, die zueinander gleitenden Bauteile nicht verschleißen und weder Wasser noch Schmutz in die Lager eindringen können (»Wo Fett ist kann kein Wasser hin, also bildet sich auch kein Rost!«).

Die Lagerung der Hinterradschwinge im Rahmen kann entweder nur mit Lagerbuchsen (»Gleitlager«) ausgeführt sein oder mit Nadellagern, Kugellagern oder Kegelrollenlagern (Bild 17). Wenn die Hinterradfederung mit einem Umlenkhebel ausgeführt ist, sind darin meistens Nadellager eingebaut (Bild 16). **Wichtig:** Die Lager in der Schwingenlagerung und dem Umlenkhebel sind stark belastete Bauteile, weswegen sie regelmäßig abgeschmiert werden müssen.

Bei manchen Maschinen sind am Schwingenlager und Umlenkhebel Schmiernippel angebracht. Durch diese wird mit einer Hochdruck-Fettpresse frisches Fett in die Lager eingedrückt:
1. Besorge dir eine Fettpresse (Bild 27) und das entsprechende Fett: Am besten ist Molybdänfett für Gleit- und Nadellager, du kannst aber auch hochwertiges Wälzlagerfett verwenden. Fett gibt es in Kartuschen, die in die Fettpresse eingesetzt werden (Bild 25).
2. Schlauchstück der Fettpresse auf den Schmiernippel ansetzen und so lange Fett eindrücken, bis es an den Seiten des Lagers wieder austritt.
3. Ausgetretenes Fett wieder abwischen, fertig!

Wenn keine Schmiernippel an diesen Lagern angebracht sind, müssen diese zerlegt, gereinigt und frisch eingefettet wieder zusammengebaut werden. Wie weiter vorne in diesem Kapitel beim Lenkkopflager schon gesagt, ist diese Arbeit sehr aufwändig, verlangt viel schrauberisches Können und Präzision. Wenn du dir diese Arbeiten zutraust, besorge dir die für deine Maschine geltenden Arbeitsschritte und Anziehdrehmomente; andernfalls gib diese Arbeit in der Fachwerkstatt in Auftrag. Der Profimechaniker braucht dazu ungefähr zwei Stunden.

Anmerkung: Wenn du das Schmieren der Schwingenlager und der Umlenkung nach Wartungsplan beherzigst, danken es dir die Lager, aufwändige und zudem teure Reparaturen bleiben dir erspart. Immerhin gehören Schwinge und Federbeine zu den »tragenden Teilen« deiner Maschine und garantieren nur in einwandfreier Funktion die Fahrsicherheit.

Bilder 25, 26 und 27: Abschmieren der Lager in Schwinge und Umlenkhebel.

Bild 25

Bild 26
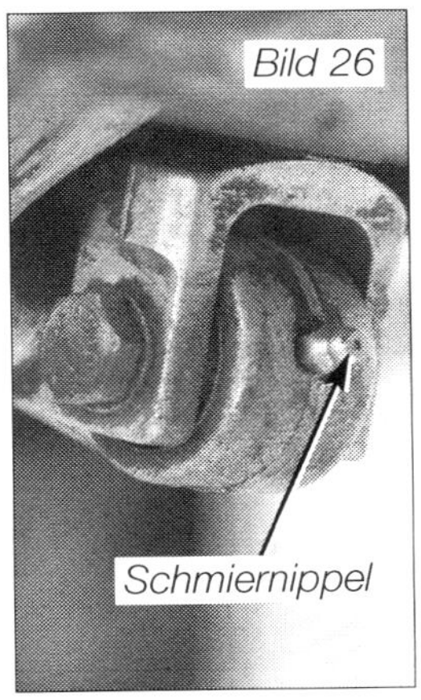

Bild 27
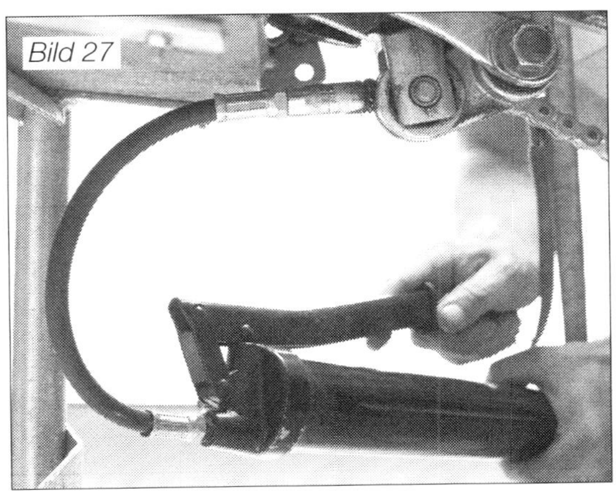

Licht · Hupe

In diesem Kapitel: Beleuchtung · Reservelampen · Lampen wechseln in Scheinwerfer, Standlicht, Rück-/Bremslicht, Blinker, Kennzeichenbeleuchtung und Instrumenteneinheit · Scheinwerfer aus- und einbauen · Scheinwerfereinstellung prüfen und einstellen · Feuchtigkeit im Lampengehäuse · Lichthupe und Hupe.

Beleuchtung

Die Kontrolle der Beleuchtungs- und Signalanlage ist keine periodische Wartungsarbeit starr nach Wartungsplan, sondern gehört zu den sicherheitsrelevanten Tätigkeiten, die du regelmäßig erledigen solltest. Ein Check der Beleuchtung ist schnell gemacht und dient der Fahrsicherheit.

Glühlampen werden zwar umgangssprachlich »Birnen« genannt (Verniedlichung: »Birnchen«), hier benutzen wir allerdings den fachlich korrekten Begriff »Lampen«.

Reservelampen

Bist du bis in die Nacht unterwegs und es geht die Lampe im Scheinwerfer kaputt, endet deine Fahrt an dieser Stelle. Mit Reservelampen kannst du dir vor Ort selber helfen und mit deinem Motorrad die Fahrt fortsetzen.

In der Bedienungsanleitung zu deinem Motorrad findest du die Angaben, welche Lampe wie viel Watt hat. Ein Set Reservelampen soll bestehen aus je einer Lampe für Fernlicht/Abblendlicht, Rücklicht/ Bremslicht, Blinker. Diese Reservelampen in eine vibrations- und stoßsichere, mit Schaumstoff ausgepolsterte kleine Box packen und diese unter der Sitzbank unterbringen.

Bilder 1 und 2: Scheinwerfer einer unverkleideten Maschine. Zum Wechseln der Lampe muss der Scheinwerfer aus dem Gehäuse ausgebaut werden.

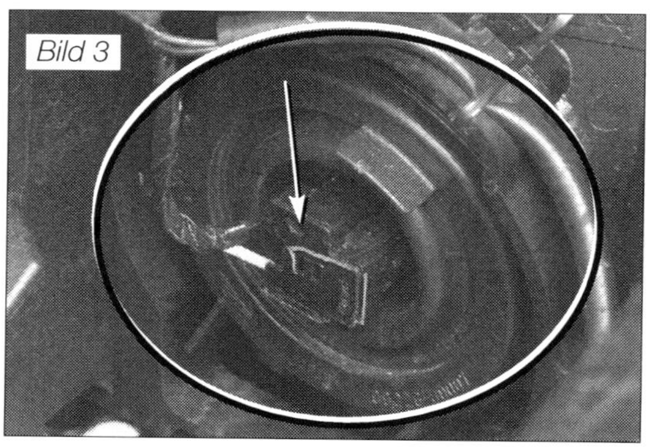

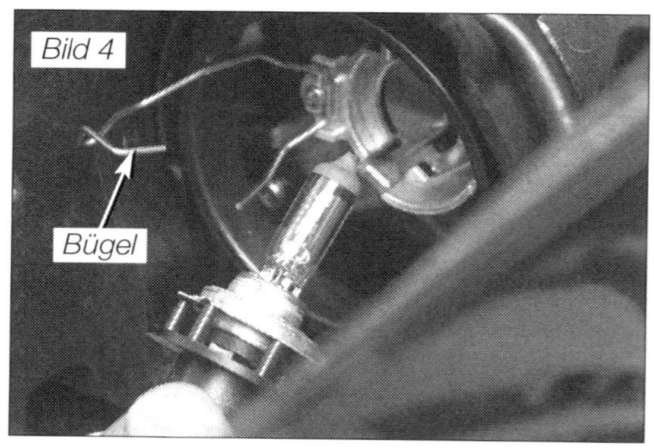

Bilder 3 und 4: So kommt man an die Scheinwerferlampe:

■ Zuerst Stecker (Pfeil), dann Gummikappe (Kreis) abziehen.

■ Bügel aus Arretierung drücken, Lampe herausziehen. Neue Lampe einsetzen, Laschen müssen in die Ausschnitte eingreifen.

■ Glaskolben und Kontaktanschlüsse der Glühlampe nicht mit bloßen Fingern berühren!

Sicherheitshinweise ⚠ Achtung und ☞ Tipps

☞ Wenn du an einer roten Ampel zufällig in einem Schaufenster dein Spiegelbild siehst, betätige Hand- und Fußbremse und checke so das Bremslicht.

⚠ Brennende Halogenlampen werden bis einschließlich Metallsockel sehr heiß. Wenn eine Lampe herausgenommen werden soll, immer sicherstellen, dass sie abgekühlt ist.

⚠ Beim Ersetzen von Lampen immer Motor und Zündung ausschalten! Dies gilt auch für alle anderen Arbeiten an der Lichtanlage.

☞ Beim Einbau einer neuen Lampe Folgendes beachten:
■ Steckkontakte und Glaskörper einer Lampe nicht mit bloßen Fingern anfassen! Sonst setzen sich Hautfette ab und brennen sich ins Glas ein, was Leuchtkraft und Lebensdauer mindert.
■ Lampe nur mit einem sauberen Lappen in die Hand nehmen. Schmutz oder Fingerabdrücke mit Spiritus abwischen!

☞ Beim Einbau neuer Lampen darauf achten, dass sie genau die gleiche Wattzahl haben, wie die defekte. Wenn du nicht weißt, was für eine Lampe eingebaut ist, zuerst die alte ausbauen und mit ihr als Muster die neue kaufen.

Lampen wechseln

Scheinwerferlampe wechseln

Zuerst nachsehen, wie du an die Lampenfassung gelangst. Wenn eine Lampenverkleidung über dem Scheinwerfer montiert ist, musst du diese eventuell abbauen, um von hinten an das Lampengehäuse heranzukommen. Oft hat man auch Glück und kommt mit der Hand so an das Gehäuse, ein Gefummel bleibt es aber, denn der Platz ist einfach zu gering.

Bei unverkleideten Motorrädern muss meistens der Scheinwerfereinsatz aus dem Gehäuse ausgebaut werden, um von hinten an den Sitz der Birne zu gelangen (Bild 1): Schrauben am Gehäuse ausschrauben, der Scheinwerfereinsatz lässt sich dann nach vorne ausziehen (Bild 2).

1. Zuerst den Stecker von den Lampenkontakten abziehen, dann die Gummischutzkappe (Bild 3).
■ Ziehe nie an den Kabeln, um damit den Stecker abzuziehen!

2. Sicherungsbügel durch gleichzeitiges Nieder- und Zusammendrücken aus der Arretierung ausklinken, defekte Lampe entnehmen (Bild 4).

Einbau einer neuen Lampe in umgekehrter Reihenfolge. Beachte dabei Folgendes:
■ Lampe am Glas nicht mit bloßen Fingern anfassen (siehe Tipps links unten im Kasten).
■ Die Laschen am Lampensockel sind unterschiedlich breit, sie müssen in die zugehörigen Nuten eingesetzt werden, nur dann sitzt die Lampe satt in ihrer Fassung.
■ Sicherungsbügel sicher einrasten lassen.
■ Auf der Gummiabdeckung ist meistens ein »Top« zu lesen, diese Seite muss nach oben zeigen.

Standlicht (Parkleuchte) wechseln

Das Standlicht befindet sich immer in der Nähe der Scheinwerferlampe(n). Auch hier gilt das bereits beim Scheinwerfer Gesagte: Bei unverkleideten Motorrädern kann die Standlichtlampe an der Rückseite des Scheinwerfergehäuses vorsichtig mit der Fassung herausgezogen werden. Die Lampe ist in die Lampenfassung nur eingesteckt (Bild 5). Bei verkleideten Motorrädern muss meistens die Verkleidung oder ein Teil davon abgebaut werden, um an die Standlichtlampe zu gelangen.

Rück- und Bremslichtlampe wechseln

Zuerst nachsehen, ob Schraubenköpfe im Rücklichtglas von außen sichtbar sind.
■ Falls »ja«, ist dies ein Zeichen, dass du zum Wechseln der Lampe das Glas abnehmen musst.
■ Falls »nein«, gelangst du nur von hinten an die Lampen heran, wozu du die Sitzbank abnehmenmusst.

Lampenglas abschrauben (Bild 6):

1. Kreuzschlitzschraube(n) ausdrehen, Lampenglas (ist oft aus Kunststoff!) abnehmen.
■ Wenn das Glas am Dichtgummi etwas klebt, vorsichtig abhebeln, damit die Dichtung nicht zerreißt.

2. Die Rücklichtlampen sitzen in so genannten Bajonettfassungen (Bild 7). Zum Ausbau die Lampe leicht in die Fassung eindrücken und gleichzeitig nach links bis zum Anschlag drehen, die

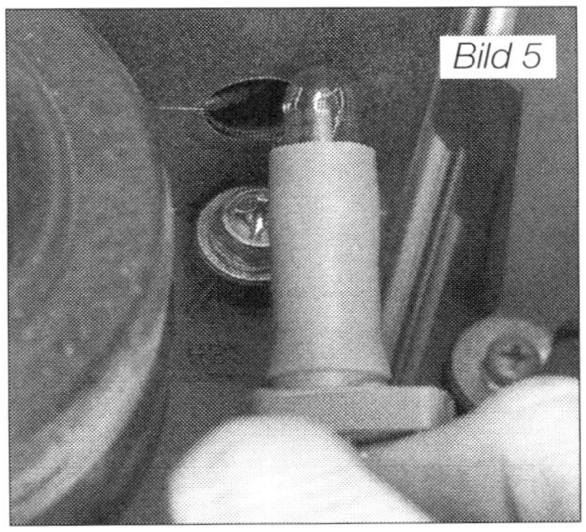

Bild 5

Bild 5: Das Standlicht ist in die Fassung nur eingesteckt.

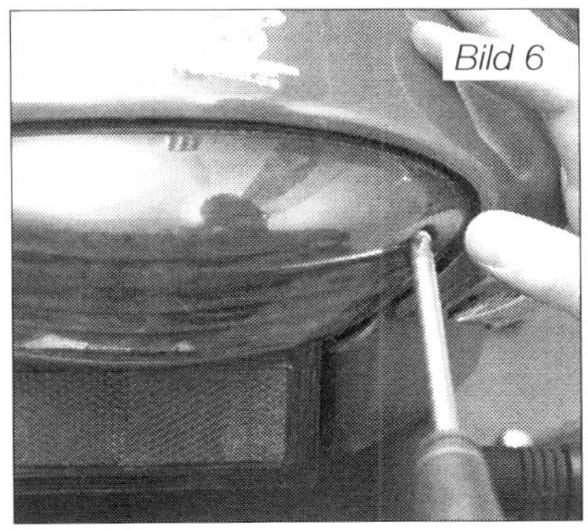

Bild 6

Bild 7

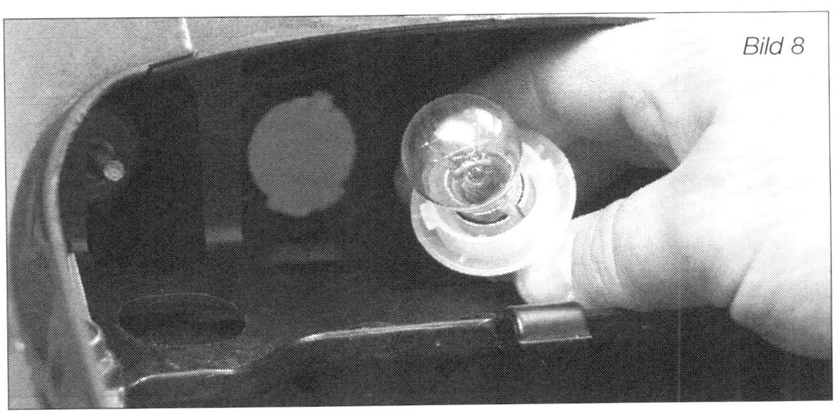

Bild 8

Bilder 6 bis 8:
■ Wenn das Rücklichtglas nicht von außen abnehmbar ist, steckt die Brems-Rücklichtbirne in der Heckverkleidung, die Bajonettfassung muss von innen herausgenommen werden.

■ Birne leicht eindrücken und gleichzeitig nach links drehen.

Bild 9: Die vorderen Blinker sind bei einem vollverkleideten Motorrad oft in der Seitenverkleidung integriert. Zum Wechsel der Birnen, muss man die Verkleidung abnehmen.

Bilder 10 bis 13: Zum Wechseln einer Blinkleuchte die Halteschrauben des Blinkerglases ausdrehen.
■ Wenn eine Lampe nicht brennt, können Fassung und Kontakt (Kreis) korrodiert sein.
■ Zwischen Blinkerglas und Gehäuse ist eine Dichtung (Pfeil) eingesetzt. Beim Abnehmen darauf achten, dass sie nicht reißt. Entlüftungsbohrung (Oval) muss frei sein.

Lampe kann leicht heraus genommen werden. Einbau in umgekehrter Reihenfolge. Dabei darauf achten, dass:

■ ...das Rücklichtglas mit seiner Dichtung exakt eingesetzt ist.
■ ...die Befestigungsschraube(n) nicht zu fest angezogen wird (werden), sonst reißt das Glas ein.

Brems-/Rücklichtlampe in der Heckverkleidung wechseln (Bild 8):
Oft ist die kombinierte Brems-/Rücklichtlampe in der Heckverkleidung untergebracht und du brauchst gelenkige Finger, um an die Fassung zu gelangen. Oft sitzt der Lampensockel ziemlich fest in seiner Fassung.

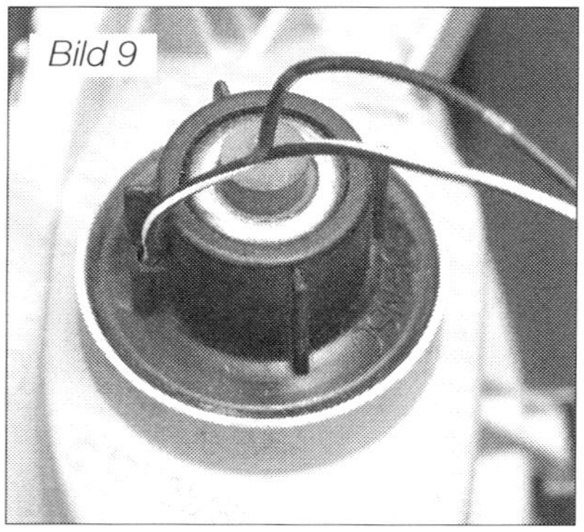
Bild 9

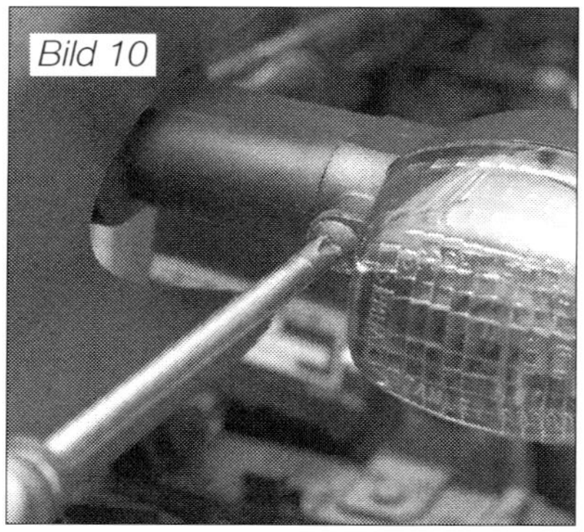
Bild 10

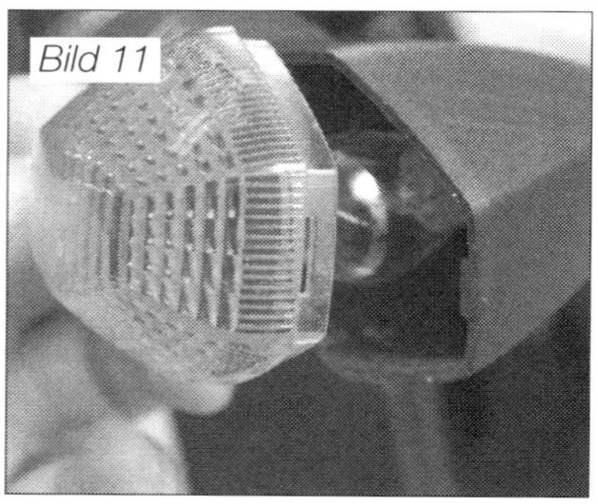
Bild 11

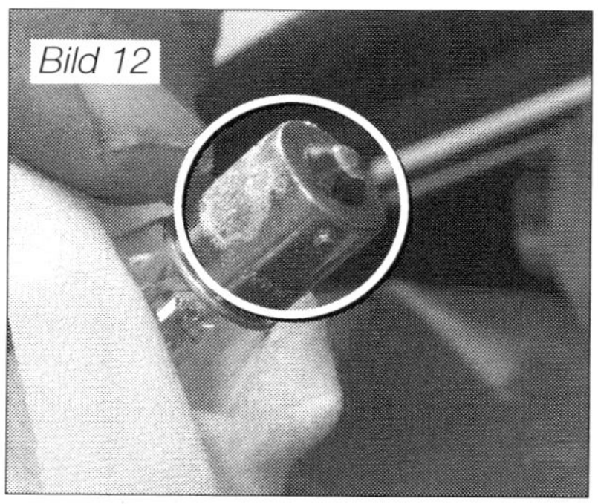
Bild 12

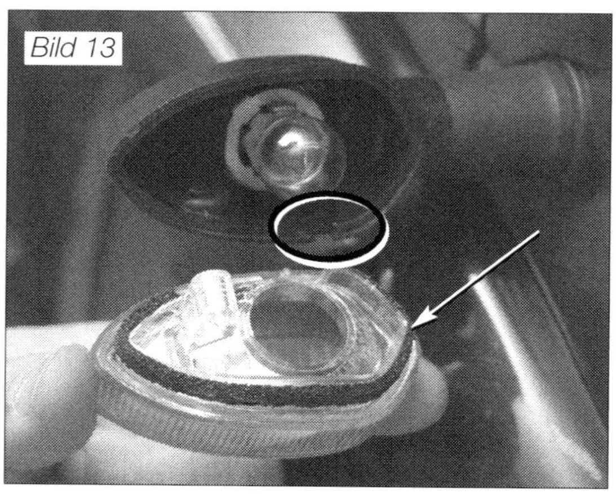
Bild 13

1. Sitzbank abnehmen.
2. Plastikfassung eine Viertelumdrehung nach links drehen, Fassung mit Lampe herausziehen.
3. Lampe leicht in die Fassung eindrücken und gleichzeitig nach links bis zum Anschlag drehen, die Lampe kann herausgenommen werden.

Einbau in umgekehrter Reihenfolge, wenn du ein wenig Silikonpaste an die Plastikfassung gibst, läßt sie sich beim nächsten Mal leichter öffnen.

Blinkerlampe wechseln
Bei verkleideten Motorrädern sind die Blinker manchmal in die Seiten- und Heckverkleidung integriert. Dann kannst du von innen an die Blinkerlampe gelangen, wobei es dabei ziemlich eng zugeht. Wenn dies nicht möglich ist, muss die Verkleidung abgebaut werden, was einen großen Aufwand bedeutet. Die Blinkerlampe selbst kann wie beim kombinierten Brems-/Rücklicht entfernt und gewechselt werden (Bild 9).

Bei unverkleideten Motorrädern sind die Blinklampen gut erreichbar und können einfach gewechselt werden (Bilder 10 bis 13). Blinkergläser sind nach vielen Methoden befestigt, die meisten haben Zapfen und Schlitze, die beim Einbau exakt ineinander liegen müssen. Wenn ein Blinkerglas nicht gleich abgeht, vorsichtig bewegen, damit du nichts abbrichst.

1. Schraube im Blinkerglas ausschrauben. Glas vorsichtig abnehmen, damit die eventuell vorhandene Dichtung nicht reißt.
2. Diese Lampen haben Bajonettfassungen: Lampe leicht in die Fassung eindrücken und gleichzeitig nach links bis zum Anschlag drehen, die Lampe kann entfernt werden.

Einbau in umgekehrter Reihenfolge, darauf achten, dass:
■ ...das Blinkerglas mit seiner Dichtung exakt eingesetzt ist.
■ ...die Befestigungsschraube(n) nicht zu fest angezogen wird (werden), sonst reißt das Glas ein.

Kennzeichenlampe wechseln
Falls es eine separate Kennzeichenbeleuchtung gibt, ist diese oberhalb vom Kennzeichen (Bild 14) angebracht. Im anderen Fall sitzt die Lampe der Kennzeichenbeleuchtung im Rücklichtgehäuse. Schrauben am Gehäuse oder direkt im Glas ausdrehen und die eingesteckte Lampe aus der Fassung ziehen.

Lampen der Instrumenteneinheit wechseln

Nicht bei jedem Motorrad lassen sich die Lampen in der Instrumenteneinheit wechseln. Oft sind LED-Leuchten eingebaut, die nicht einzeln erneuert werden können. Normalerweise gehen LEDs nicht kaputt, falls doch, muss die gesamte Einheit erneuert werden (Bilder 15 und 16).

Bei älteren Motorrädern sind kleine Kontrolllampen in die Instrumenteneinheit eingesetzt, die erneuert werden können. In deinem Fahrerhandbuch findest du die entsprechenden Wattangaben zu den Instrumentenlampen. Falls nicht, könnte dies ein Hinweis auf LED-Leuchten sein.

1. Falls vorhanden, die Frontverkleidung abnehmen. Halteschrauben der Instrumenteneinheit ausschrauben, elektrischen Stecker trennen und Instrumenteneinheit abnehmen (Bild 17).

2. Schrauben auf der Rückseite des Gehäuses aufschrauben, Gehäusedeckel abnehmen. Defekte Lampe entweder ausdrehen oder ausziehen. Dabei besonders beachten:

- Die Instrumenteneinheit ist ein empfindliches Teil, vorsichtig auf der Oberseite ablegen und nicht mit Druck arbeiten.
- Kontakte in der Schalttafel nicht beschädigen.
- Die Schrauben nur handfest anziehen, nicht zu fest, sonst können die Plastikteile brechen.

Scheinwerfer

Scheinwerfer aus- und einbauen

Ist ein Austausch der gesamten Scheinwerfereinheit notwendig, weil etwa das Scheinwerferglas oder der Reflektor beschädigt ist, beachte:

- Falls nötig, Frontverkleidung ausbauen.
- Kabelstecker trennen, bevor der Scheinwerfer abgenommen wird.
- Befestigungsschrauben des Scheinwerfergehäuses ausschrauben, Scheinwerfereinheit abnehmen.

Einbau in umgekehrter Reihenfolge, dabei beachten:

- Rahmen des Scheinwerferglases muss ringsum dicht an der Anlagefläche anliegen.
- Gewinde der Schrauben vor dem Eindrehen mit gutem Wälzlagerfett einschmieren, damit sie nicht festrosten.

Scheinwerfereinstellung prüfen

Die Einstellung des Scheinwerfers muss bei korrektem Reifenluftdruck und der Federbeineinstellung vorgenommen werden, mit der du

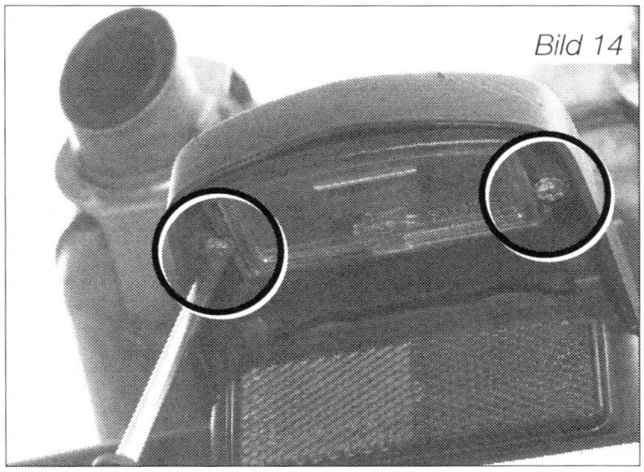

Bild 14: Zum Wechsel der Kennzeichenbeleuchtung Schrauben am Gehäuse oder direkt im Glas ausdrehen und die eingesteckte Lampe aus der Fassung ziehen.

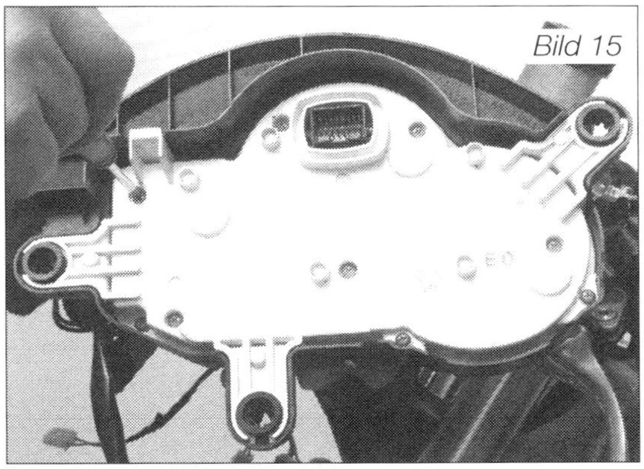

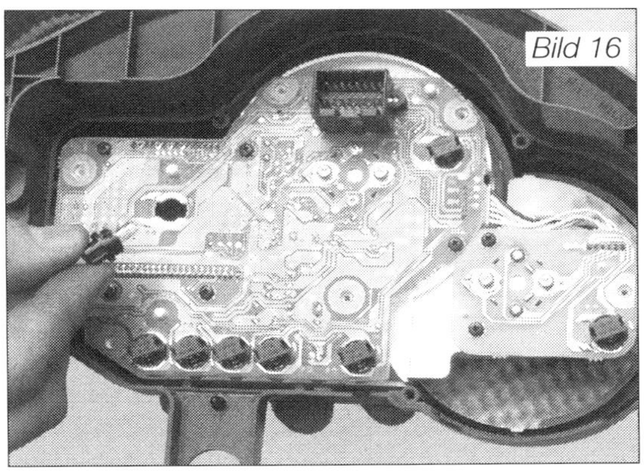

Bilder 15 und 16: Instrumenteneinheit abschrauben, elektrischen Stecker ziehen, Schrauben auf der Rückseite ausschrauben, defekte Birnen austauschen. LED-Birnen können nicht getauscht werden.

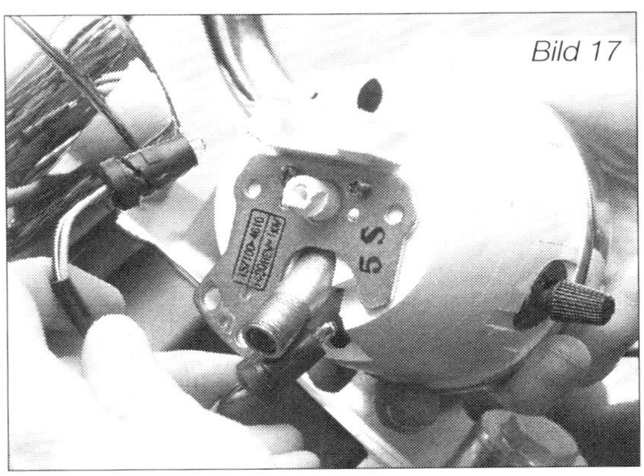

Bild 17: Instrumentenbeleuchtung an einem Naked-Bike. Gehäuse abschrauben, Schrauben im Gehäusedeckel ausschrauben, Gehäusedeckel abnehmen und Birne ausziehen.

Sichtprüfung Messen

im normalen Straßenverkehr fährst. Die Federbeineinstellung beeinflusst die Höhe des Hecks und damit die Leuchtweite des Scheinwerfers. Wenn ein anderes Federbein in dein Motorrad eingebaut wird, musst du die Scheinwerfereinstellung neu justieren.

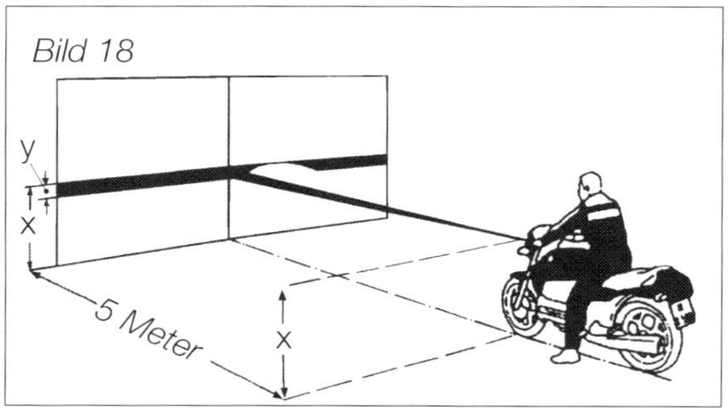

Bild 18: Schemazeichnung für die Scheinwerfereinstellung. x = Mitte des Scheinwerfers, y = 5 cm.

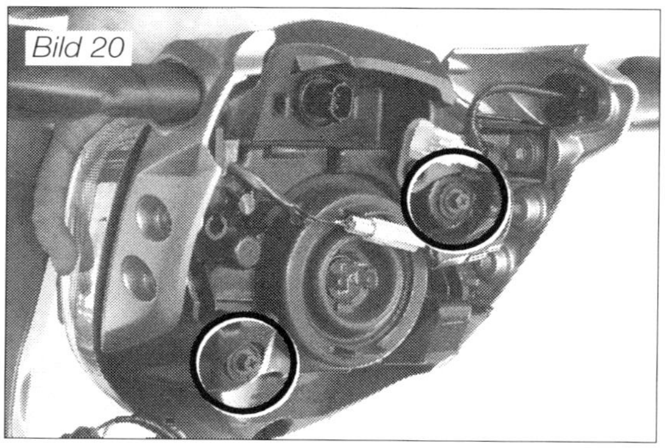

Bilder 19 und 20: Der Scheinwerfer lässt sich horizontal und vertikal verstellen. Bei verkleideten Maschinen ist es manchmal ein Fummelei, bis man an die Einstellschrauben gelangt. Mit einem Schraubenzieher in die Führung einfahren und die Schraube entsprechend verstellen.

Bilder 21 und 22: Bei unverkleideten Motorrädern erfolgt die Einstellung direkt am Scheinwerfer.

Besonders die Zuladung mit zwei Personen und schwerem Gepäck hat großen Einfluss auf die Leuchtweite, weil die Maschine hinten schwerer wird. Vor einer Fahrt in den Urlaub solltest du die Leuchtweite an die Beladung anpassen, um eine Blendung des Gegenverkehrs zu vermeiden.

Ein Polizist im Streifenwagen, der vor meiner Schwester an einer roten Ampel stand, ist ausgestiegen und hat gefragt, ob sie einen Luftangriff erwartet. Nicht nur die peinliche Begegnung mit der Polizei muss nicht sein, der TÜV bemängelt das auch. Wir lachen noch heute über die Fragestellung, aber der Polizist war sehr nett und es gab kein Verwarnungsgeld.

Scheinwerfereinstellung überprüfen

1. Maschine in 5 Metern Abstand vor einer Wand aufstellen. Boden sollte eben sein, Maschine steht auf den Rädern, du sitzt auf der Sitzbank und stützt dich mit den Füßen nur leicht auf dem Boden ab (Bild 18).
2. Abstand vom Boden bis zur Mitte des Scheinwerfers messen, Abstand mit einem Kreidekreuz auf die Wand übertragen.
3. Unter dieses Kreuz im Abstand von 5 cm ein weiteres Kreuz anzeichnen.
4. Motor starten, Abblendlicht einschalten.
5. Die Hell-/Dunkelgrenze soll in der Mitte des unteren Kreuzes beginnen, bis zur Höhe des oberen Kreuzes nach rechts ansteigen und dann wieder abfallen. Falls nicht, einstellen.
■ Es ist einfacher diese Messung zu zweit auszuführen, dann kannst du auf dem Motorrad sitzen bleiben und die zweite Person kann das Messen und Anzeichnen übernehmen.

Scheinwerfer einstellen

Jeder Scheinwerfer lässt sich einzeln vertikal und horizontal einstellen. Sieh nach, wo die (je eine) Schrauben für die Ausrichtung des Leuchtkegels angebracht sind, meist sind sie von unten erreichbar (Bilder 19 und 20). Zum Einstellen genügt in den meisten Fällen ein Schraubenzieher. Bei verkleideten Motorrädern ist es oft eine Fummelei, bis du an die Schrauben gelangst. Einfacher ist es, wenn Handrädchen angebracht sind, damit wird bei manchen Motorrädern die Scheinwerfereinstellung wesentlich erleichtert.
■ Die Schraube für die **horizontale Leuchtweite** sitzt entweder unten oder oben mittig auf der Rückseite des Scheinwerfergehäuses. Damit wird der Scheinwerfer höher oder niedriger eingestellt, der Lichtkegel leuchtet weiter oder weniger weit.

■ Die Schraube für die **vertikale Leuchtweite** sitzt meist auf der linken oder rechten Seite am Scheinwerfergehäuse, ebenfalls auf der Rückseite. Damit wird der Lichtkegel weniger oder mehr nach rechts oder links eingestellt.

Wichtig: Falls dein Motorrad zwei Lampen im Scheinwerfer und damit kein kombiniertes Abblend-/Fernlicht hat, sind jeweils zwei Einstellschrauben für jede Lampe vorhanden.

Bei unverkleideten Maschinen ist der Scheinwerfer meist mit zwei Befestigungsschrauben rechts und links an den Lampenhaltern befestigt. Über sie wird auch die Leuchtweite eingestellt: Schrauben lösen, Scheinwerfer mehr oder weniger nach oben oder unten kippen. Andere haben Einstellschrauben unterhalb oder seitlich des Scheinwerfergehäuses (Bilder 21 und 22).

Feuchtigkeit im Lampengehäuse

Feuchtigkeit in Leuchteinheiten entsteht durch Schwitzwasser. Die Lampe wird beim Brennen heiß, die Luft im Lampengehäuse erwärmt sich, am Ende der Fahrt beim Ausschalten des Lichtes kühlt sich die Luft wieder ab und Feuchtigkeit entsteht. Schwitzwasser kriecht in jede Ritze und sorgt für Korrosion der Kontakte: Im Laufe der Zeit wird das Licht immer dunkler und erlischt schließlich ganz, obwohl die in die Fassung eingesteckte Lampe nicht defekt ist.

Wenn du bei der Lichtkontrolle oder beim Erneuern einer Lampe feststellst, dass Feuchtigkeit im Scheinwerfer-, Blinker- oder Rücklichtglas sitzt, ist dies entweder ein Zeichen für fehlende Entlüftung der Leuchteinheit bzw. die Dichtung ist defekt oder liegt nicht richtig am Gehäuse an. Dann kontrollieren und beheben:
■ Liegt die Dichtung am Gehäuse richtig an, ist die Dichtung gerissen oder etwa gar nicht vorhanden? Falls ja, neue Dichtung einbauen.
■ Oft ist auch eine kleine Entlüftungsbohrung im Lampengehäuse vorhanden, eventuell ist die Entlüftung durch Dreck zugesetzt – reinigen.

Falls es nicht an der Dichtung liegt und du keine Entlüftungsöffnung entdeckst (z. B. billige Nachrüst-Leuchteinheiten haben keine!), dann bohre ins Lampengehäuse eine Entlüftung rein:
■ Mit einem 2-mm-Bohrer ein Loch von unten in das Leuchtengehäuse bohren. Gehe vorsichtig zu Werke, damit weder Kabel noch Lampenfassung oder Reflektor beschädigt werden!

Lichthupe und Hupe

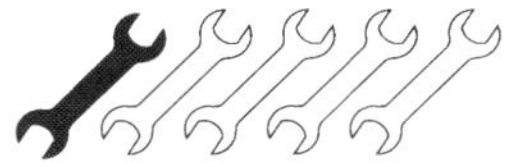

Lichthupe prüfen
Die Lichthupe wird betätigt, indem ein kleiner, oft roter oder gelber Schalter an der linken Lenkerschaltereinheit gedrückt wird. Das Fernlicht muss aufleuchten, solange der Schalter gedrückt bleibt.
■ Falls das Fernlicht nicht aufleuchtet, zuerst die Lampe überprüfen: Auf Fernlicht schalten und nachsehen, ob es überhaupt brennt.
■ Ist die Lampe in Ordnung, Kabel und Steckverbindungen kontrollieren.
■ Sind Kabel und Steckverbindungen in Ordnung, die Lenkerschaltereinheit öffnen und nachsehen, ob beim Drücken des Schalters innen einwandfreier Kontakt hergestellt wird. Falls nicht, kannst du den Kontakt vielleicht hinbiegen oder du brauchst einen neuen Schalter. Vielleicht ist auch Korrosion schuld, mit feinem Schmirgelpapier den Kontakt säubern.

Hupe prüfen
Wenn die Hupe nicht richtig funktioniert, liegt dies meist an defekten Kabeln oder Steckverbindungen (Bild 23).
■ Kabel zwischen Hupenschalter und Hupe auf Bruch und durchgescheuerte Stellen kontrollieren.
■ Steckverbindungen säubern, Kontakte mit feinem Schleifpapier von Korrosionsschicht befreien, ggf. mit Kontaktspray behandeln.
■ Oft ist die Hupe aber auch einfach kaputt gegangen, das kann an starken Vibrationen liegen. Hupe ersetzen: Stecker abziehen, Befestigungsschraube lösen und Hupe abnehmen.
■ Einbau in umgekehrter Reihenfolge.

Bild 23: Wenn die Hupe nicht funktioniert oder nur noch einen krächzenden Ton von sich gibt, zuerst die Kabelanschlüsse (Kreis) auf festen Sitz und Korrosion prüfen.

Bild 23

Sicherungen · Relais · Stecker

In diesem Kapitel: Einbaulage der Sicherungen · Sicherung wechseln · Relais · Relais überprüfen · Elektrische Stecker trennen · Aufgescheuerte Kabel.

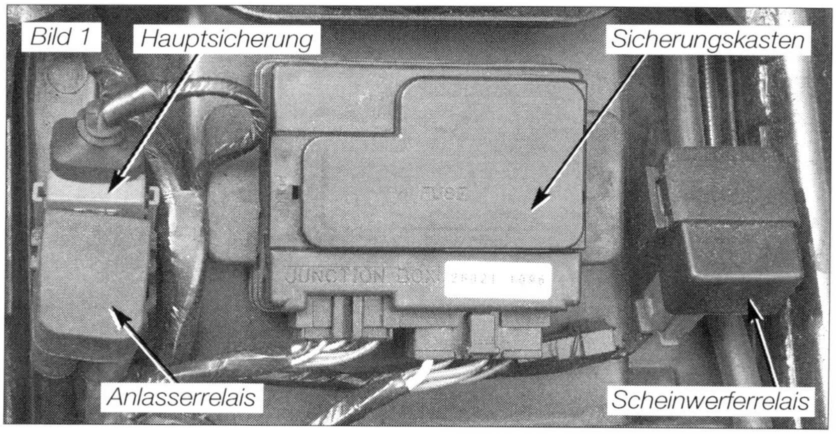

Bild 1: Beispiel für die Lage eines Sicherungskastens unter der Sitzbank.

Die Arretierung des Deckels mit einem kleinen Schraubenzieher abhebeln oder mit dem Finger lösen.

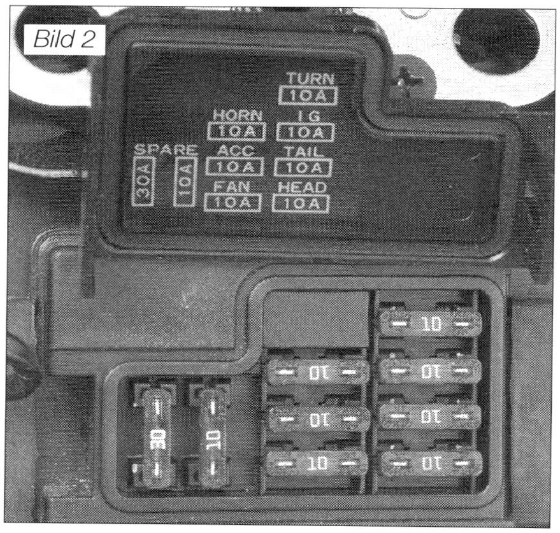

Bild 2: Blick in den geöffneten Sicherungskasten: Welche Sicherung zu welcher Baugruppe gehört ist im Deckel in englischer Sprache vermerkt.

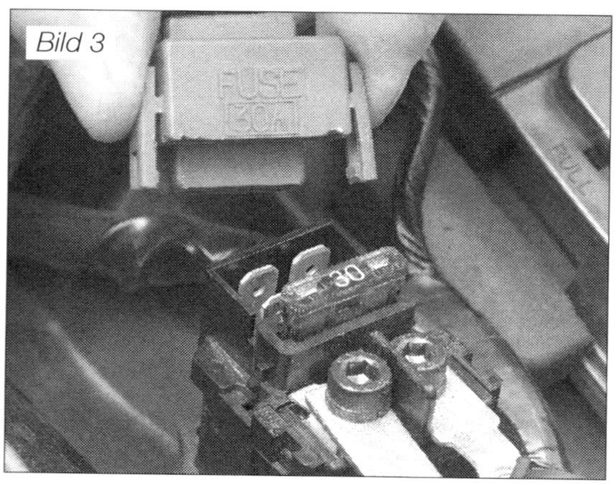

Bild 3: Neben den verschiedenen Einzelsicherungen gibt es eine Hauptsicherung. Sie ist meist in einem extra Steckplatz in der Nähe der anderen Sicherungen zu finden. Sie hat immer den höchsten Amperewert.

Einbaulage der Sicherungen

Jedes Motorrad hat eine starke Hauptsicherung (meist 30 A) und weitere Sicherungen für Hupe, Scheinwerfer, Blinker, Rücklicht, Kühlerventilator, Motorsteuerung, Zündung und andere elektrische Verbraucher. Die Einzelsicherungen können verschiedenen Stromkreisen oder einzelnen Verbrauchern (»Bauteile«) zugeodnet sein. Meistens sind die Sicherungen in einem Sicherungskasten untergebracht; in ihm finden sich zusätzlich auch eine oder zwei Ersatzsicherungen. Der Sicherungskasten ist in der Nähe der Batterie oder des Scheinwerfers zu finden. Die Hauptsicherung ist entweder direkt neben dem Sicherungskasten oder an einem separaten Steckplatz, oftmals auch in der Nähe der Batterie, zu finden. In den Bildern 1 und 2 zeigen wir beispielhaft die Lage eines Sicherungskastens und anhand des geöffneten Deckels die englischen Bezeichnungen der Sicherungen (Bild 2). Die Hauptsicherung befindet sich in diesem Fall direkt neben dem Sicherungskasten.

Bezeichnungen im Deckel und Übersetzung:
Spare = Ersatzsicherungen (30 und 10 Ampere)
Horn = Hupe (10 Ampere)
ACC = Zubehör (10 Ampere)
Fan = Kühlerlüfter (10 Ampere)
Turn = Blinker (10 Ampere)
IG = Zündung (10 Ampere)
Tail = Rücklicht (10 Ampere)
Head = Scheinwerfer (10 Ampere)

Mit den Sicherungen wird, wie im Stromkreis eines Haushalts, eine Überlastung der Leitungen verhindert. In der Regel werden 1,5 mm²-Leitungen verwendet, die 16 Ampere vertragen. Sie sind mit 10 Ampere-Sicherungen abgesichert. Ausnahmen bilden die Hauptsicherung mit meistens 30 Ampere und der Starterstromkreis, der nicht abgesichert ist (bevor das Starterkabel brennt, ist die Batterie tot!). Bild 3 zeigt die Hauptsicherung mit 30 Ampere.

Sicherung wechseln

1. Arretierungen des Deckels des Sicherungskastens mit einem kleinen Schraubenzieher oder durch Fingerdruck lösen, Deckel aufklappen.
2. Defekte Sicherung entweder mit spitzen Fingern oder (wenn es eng zugeht) mit einer Spitzzange aus der Steckklemme ziehen (Bild 5).
3. Ob die Sicherung defekt ist, erkennst du daran, dass der »Sicherungsfaden« in der Mitte unterbrochen ist (Bild 4).

3.1. Es kann aber auch nur der Steckkontakt der Sicherung korrodiert sein, diese kannst du mit feinem Schmirgelpapier säubern (Bild 6).
4. Neue Sicherung mit identischem Ampere-Wert einsetzen.

Achtung: NIEmals eine Sicherung mit höherem Ampere-Wert einsetzen, als die, die serienmäßig eingebaut ist. Wenn eine Sicherung wiederholt durchbrennt, ist ein Fehler der durch die Sicherung abgesicherten Bauteile zu vermuten. Solch ein Fehler muss gesucht und behoben werden.

Beim Arbeiten an Sicherungen beachten:
- Vor einem Sicherungswechsel die Zündung sicher ausschalten, Zündschlüssel am besten abziehen.
- Defekte Sicherungen können nicht repariert werden.
- Verbrauchte Ersatzsicherungen im Sicherungskasten umgehend ersetzen.
- Nur vorgeschriebene Sicherungen verwenden!

Hast du dich schon mal gefragt, warum Sicherungen eigentlich bunt sind? Ganz einfach, gleiche Farbe bedeutet gleiche Amperezahl. So kann man auf einen Blick erkennen, um welche Amperewerte es sich handelt.

Relais

In elektrischen Stromkreisen sind Relais eingesetzt, z. B. für den Anlasser, Blinker, Scheinwerfer oder Seitenständerschalter. Sie befinden sich meistens unter der Sitzbank und der Heckverkleidung oder unter dem Tank. Ein Relais ist ein elektromagnetisch wirkender Schalter, mit dessen Hilfe ein kleiner Steuerstrom einen wesentlich größeren Strom schalten kann. Beispielsweise kann das Startrelais den Startstrom von etwa 100 Ampere mit etwa zwei Ampere Steuerstrom schalten.

Falls eine Baugruppe nicht funktioniert und die zugehörige Sicherung in Ordnung ist, kann es am Relais liegen: Leicht gegen das Relais klopfen und es erneut versuchen. Falls dann immer noch nichts geht, muss das Relais überprüft werden.

Ein Beispiel: Ein defektes Blinkrelais erkennst du daran, dass der Blinker zu schnell oder unregelmäßig blinkt. Im Fall des Blinkrelais kannst du die Abfolge des Blinkens auch anhand des regelmäßigen Klackens des Relais »hören«.

Bild 4

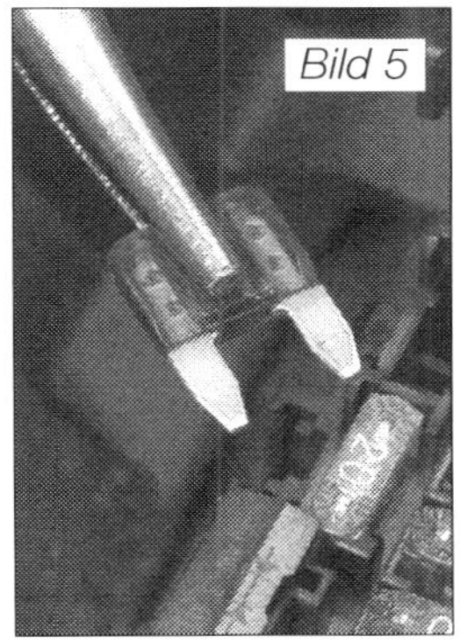
Bild 5

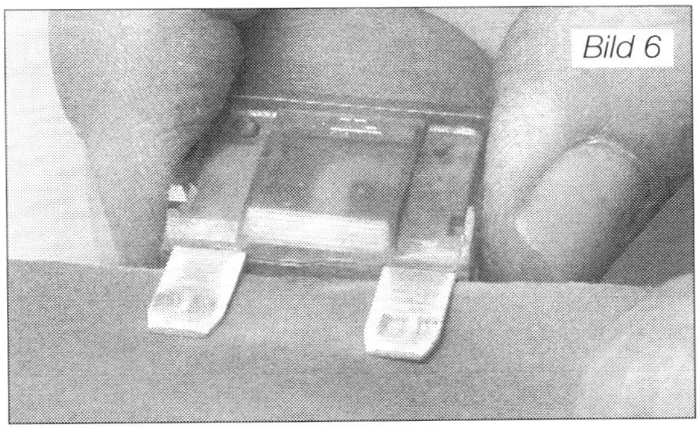
Bild 6

Bild 7

Bild 8

Bild 4: Eine defekte Sicherung, der Leitfaden in der Mitte ist unterbrochen.

Bild 5: Sicherungen mit einer Spitzzange herausziehen, die Neue kann mit den Fingern eingesetzt werden.

Bild 6: Die Anschlüsse einer Sicherung können korrodiert sein, mit feinem Schmirgelpapier säubern.

Bilder 7 und 8: Ist die Sicherung intakt und die dazugehörige Baugruppe funktioniert trotzdem nicht, liegt es oft an einem defekten Relais.

- *Relais ausbauen und in der Fachwerkstatt überprüfen lassen.*

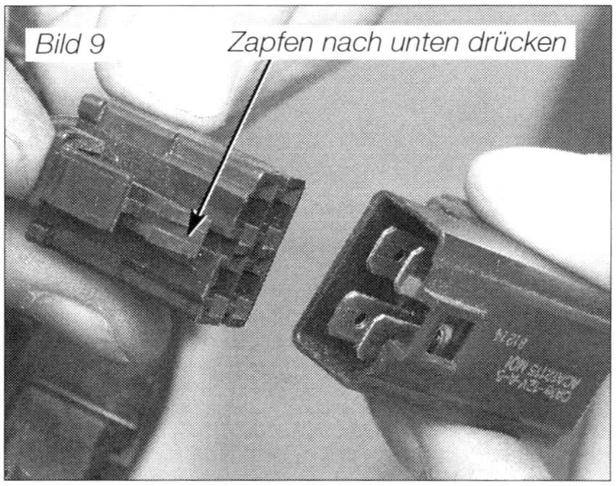

Bild 9: Zum Öffnen dieses Relais den Zapfen nach unten drücken.

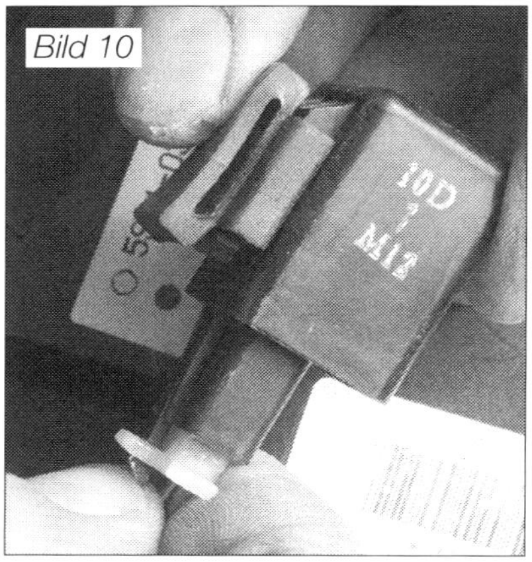

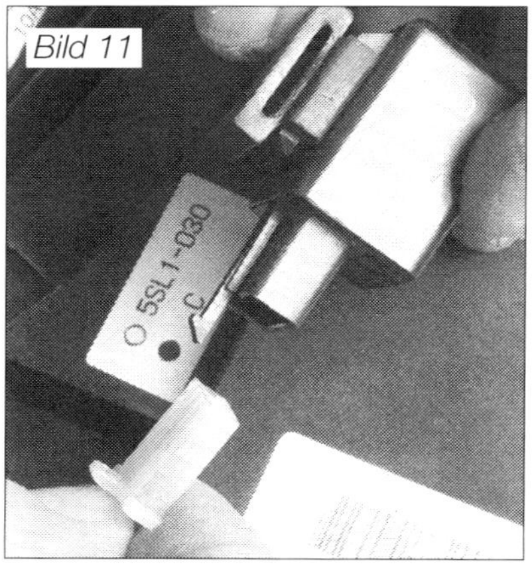

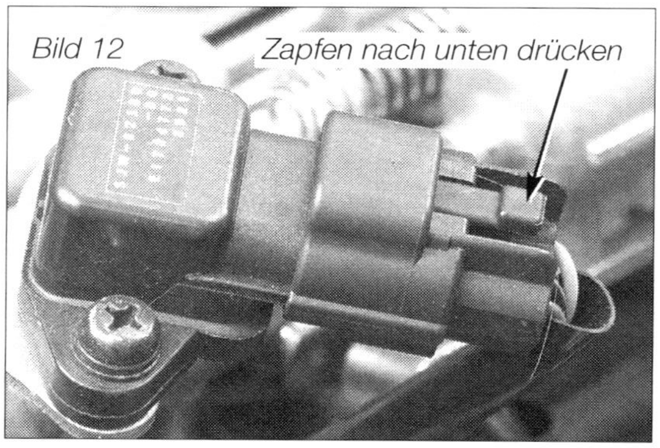

Bilder 10 bis 12: Elektrische Stecker sind mit Zapfen geklemmt. Vor dem Trennen genau schauen, wie er geklemmt ist.

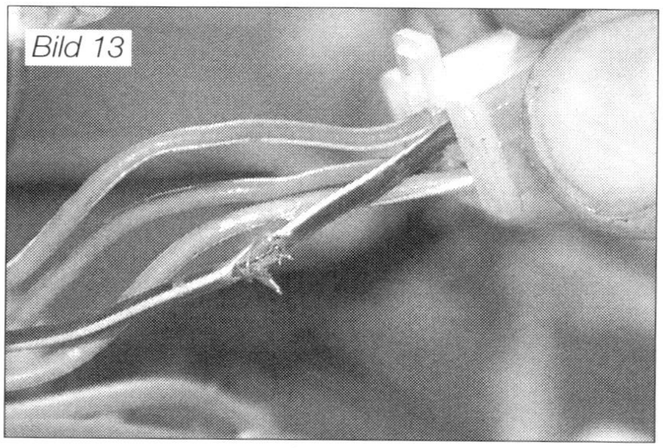

Bild 13: Ein aufgescheuertes Kabel kann mit Isolierband repariert werden, um Kurzschlüsse zu vermeiden. Ist das Kabel wie in diesem Fall aber schon fast komplett durchgescheuert, sollte es besser erneuert werden.

Relais überprüfen

Falls du den Verdacht hast, dass ein Relais defekt ist, baue es aus und lass es in der Werkstatt durchmessen. Ein Relais ist entweder nur eingesteckt (Bild 7) oder es sitzt in einer Halterung (Bild 8) und lässt sich wie ein Stecker trennen.

Sollte das Relais nicht defekt sein, liegt ein anderer Grund vor. Der Fehler muss in einer Fachwerkstatt gesucht und behoben werden.

Elektrische Stecker trennen

Bei Wartungsarbeiten müssen gelegentlich elektrische Stecker getrennt werden, zum Beispiel beim Abbau der Verkleidung oder des Tanks. Wenn man nicht weiß, wie sie zu trennen sind, gehen sie entweder kaputt oder die Nerven liegen nach zehn Minuten blank.

- Niemals versuchen, einen Stecker zu trennen, indem du an den Kabeln ziehst!
- Es gibt verschiedene Arten von Steckverbindungen, bei den meisten muss ein kleiner Zapfen nach unten gedrückt werden, bei anderen müssen die Zapfen auseinandergezogen werden, um die Steckverbindungen dann zu trennen. Oft kannst du dir mit einem kleinen Elektroschraubenzieher helfen, indem du vorsichtig den Zapfen an seinem Ende herunterdrückst.
- Generell gilt: Schau dir den Stecker vor dem Trennen genau an, wie er zusammen gesteckt ist.

Aufgescheuerte Kabel

Alle Kabel sind mit einem Gummimantel geschützt. Falls ein Kabel mal eingeklemmt war oder unglücklich an einem Bauteil gescheuert hat, kann es vorkommen, dass der Gummimantel beschädigt ist und das blanke Kabel zu sehen ist. Solche Stellen müssen mit einem Isolierband abgeklebt werden, damit kein Kurzschluss entstehen kann, was wiederum zum Durchbrennen der Sicherung führt.

Das Isolierband so weit um das Kabel herum kleben, bis es ca. zwei Zentimeter vor und hinter der betroffenen Stelle anliegt. Dadurch ist das Kabel geschützt, es kann kein Wasser mehr eindringen oder bei Kontakt am Rahmen einen Kurzschluss auslösen. Selbstverständlich sollte jedoch die Ursache der Beschädigung herausgefunden und abgestellt werden, denn der Einsatz von Isolierband ist keine Dauerlösung.

Batterie

In diesem Kapitel: Batteriespannung und Kapazität · Batteriearten · Batterie prüfen und laden · Neue wartungsfreie Batterie erstladen.

Batterie

Batteriespannung und Kapazität

Entsprechend der Spannung des Bordnetzes wird eine Batterie benötigt, bei modernen Motorrädern sind 12 Volt üblich. Die Angabe der Kapazität erfolgt in der Maßeinheit »Amperestunden« (Ah), die Folgendes aussagt:

- Eine voll geladene Starterbatterie mit einer angegebenen Nennkapazität von z. B. 30 Ah (wie die in Bild 1) kann bei 27 °C für 20 Stunden einen Strom von 1,5 Ampere liefern.
- Bei niedrigerer Temperatur als 27 °C sowie bei fortgeschrittenem Alter der Starterbatterie ist die tatsächliche Kapazität der Batterie niedriger als ihre Nennkapazität.

Bild 1: Eine große, leistungsfähige Batterie, wie sie z. B. in den älteren BMW-Boxern oder italienischen V2-Maschinen eingebaut ist.

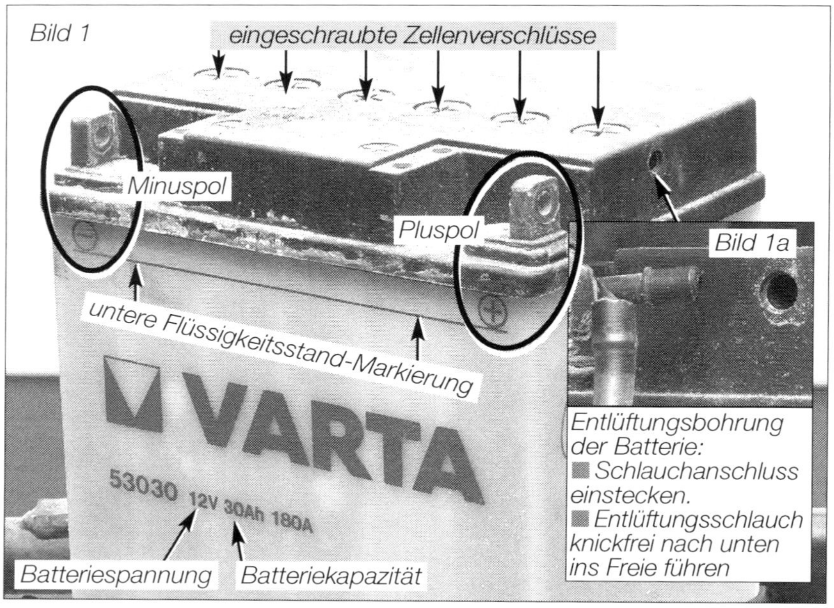

Bild 2: Eine moderne, wartungsfreie Batterie. Gut zu sehen ist die oben fest eingesetzte Stopfenleiste. Welche Ladeströme und Ladezeiten die Batterie benötigt, ist auf ihr angegeben.

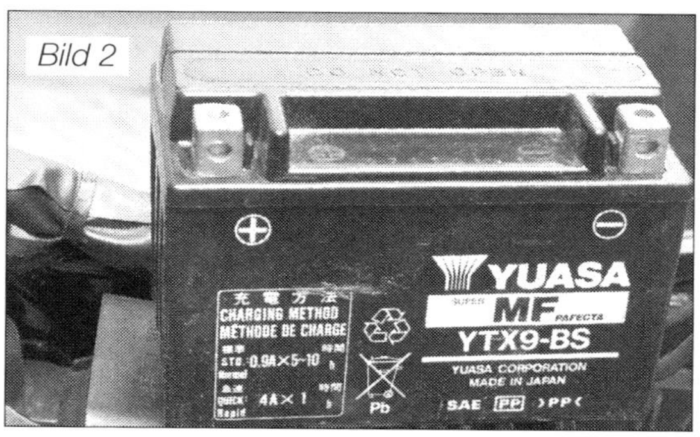

Die benötigte Batteriekapazität richtet sich in erster Linie nach dem Hubraum und damit nach der »Größe« bzw. Stromaufnahme des Elektrostarters: Ein großer Motor mit viel Hubraum hat einen leistungsstärkeren Elektrostarter als ein kleiner Motor und benötigt deswegen eine »größere« und damit leistungsfähigere Batterie.

Batteriearten

Wartungsfreie Batterie

Viele moderne Motorräder sind schon serienmäßig mit einer versiegelten, wartungsfreien Batterie ausgestattet.

- **»Versiegelung«** bedeutet: Nach dem die neue, trocken vorgeladene Batterie mit Batteriesäure befüllt wurde, werden die Einfüllbohrungen der Zellen mit einer durchgehenden Stopfenleiste dauerhaft verschlossen (Bilder 2, 5, 8 und 12).
- **»Wartungsfrei«** bedeutet: Der Säurestand braucht nicht überprüft werden und auch das Nachfüllen von destilliertem Wasser entfällt.

In einer wartungsfreien Batterie entsteht kein Flüssigkeitsverlust, denn während des Betriebs entsteht nur Sauerstoff, der an der Minusplatte mit dem dort gebundenen Wasserstoff reagiert und sich wieder in Wasser verwandelt. Deswegen bleibt der Flüssigkeitsstand der Batterie immer konstant. Vorteil dieses Prinzips ist die bessere Ausnutzung des Raumes, denn es wird kein Sicherheitspolster an Ausdehnungsvolumen gebraucht, weswegen eine wartungsfreie Batterie klein und leicht ist und weniger Raum zur Unterbringung am Motorrad braucht. Weiterhin braucht sie keinen Entlüftungsschlauch, und weil sie nicht auslaufen kann, ist sie in einigen Motorräder liegend eingebaut.

Wenn eine solche Batterie mit einem zu hohen Ladestrom geladen wird oder Regler/Gleichrichter defekt ist und die Batterie deswegen überladen wird, entsteht Wasserstoff. Zur Sicherheit ist ein Ventil eingebaut, das bei Überdruck öffnet und bei Erreichen des Normaldrucks wieder schließt. Zusätzlich befindet sich unter dem Deckel auf dem Sicherheitsventil ein Keramikfilter, der als Schutz gegen Entzündung oder Explosion dient.

Säurebatterie

Eine Säurebatterie ist mit Batteriesäure (größter Anteil ist Schwefelsäure) gefüllt. Der Flüssigkeitsstand sinkt mit der Zeit durch Verdunstung ab. Auf einer Außenseite der Batterie sind Markierungen angebracht (Bilder 1 und 3), der Flüssigkeits-

stand muss immer zwischen der oberen und unteren Markierung sein. Wenn er sich unterhalb der unteren (»Min«) befindet, muss destilliertes Wasser nachgefüllt werden.
Sehr wichtig: KEINE Säure zum Nachfüllen verwenden und auch KEIN Leitungswasser, sondern ausschließlich destilliertes Wasser.

Beim Umgang mit einer solchen Batterie muss man äußerst vorsichtig sein:

⚠ Die in der Batterie enthaltene Schwefelsäure ist stark ätzend, sie darf keinesfalls an die Haut kommen, nicht eingeatmet werden und nicht ins Erdreich eindringen.

⚠ Geringe Spritzer Batteriesäure mit reichlich Wasser abwaschen!

⚠ Wer mit Batteriesäure oder Chemikalien aus einer Batterie stärker in Berührung gekommen ist, sollte umgehend einen Arzt aufsuchen.

■ Das Entsorgen einer (auch unbeschädigten) Batterie ist nur über autorisierte Händler oder Werkstätten gestattet.

Batterie prüfen

1. Säurestand: Muss in allen Zellen über der unteren bzw. zwischen unterer und oberer Markierung sein (Bilder 1 und 3).
1.1. Wichtig: Schaue im Sommer des öfteren und außerhalb einer Wartungsarbeit nach dem Säurestand, weil Batteriesäure bei hohen Außentemperaturen schneller verdunstet als bei niedrigen. Wenn der Säurestand unterhalb die Bleiplatten fällt, trocknet der nicht mehr von Batteriesäure bedeckte Teil der Bleiplatten aus und »stirbt ab«.
2. Wenn der Säurestand an oder schon unterhalb der unteren Markierung ist: Zellenverschluss ausziehen (oder ausdrehen) und eine Zelle nach der anderen mit destilliertem Wasser bis zwischen die beiden Markierungen auffüllen: Die Oberseiten der Bleiplatten sollen ca. 10 mm bedeckt sein.
Wichtig: Sauber arbeiten, jegliche Verschmutzung des Elektrolyten vermeiden! Nur destilliertes Wasser nachfüllen, NIEmals Batteriesäure oder gar Leitungswasser!
2.1. Zellenverschlüsse einstecken/eindrehen: Die Zellen dürfen nur mit den originalen Zellenverschlüssen verschlossen werden!
3. Batteriespannung messen: Dazu wird ein Multimeter benötigt, dessen Pluskabel (rot) und Minuskabel (schwarz) an die Batteriepole angeklemmt werden (Bild 4).
3.1. Messung erst dann durchführen, wenn sich die Batterie beruhigt hat, also mindestens 30 Minuten nicht benutzt worden ist.

■ Kurz nach einer Fahrt oder Ladung »gast« die Batterie noch, weswegen das Messgerät eine höhere Spannung anzeigt.
3.2. Ergebnisse werten:
■ mehr als 12,7 Volt: Batterie ist voll geladen
■ weniger als 12,5 Volt: Nachladen erforderlich
■ weniger als 11,8 Volt: Batterie ist fast leer, Nachladen dringend erforderlich.
Sollte sie noch weiter entladen werden, kann sie auch bei nachfolgender Vollladung nur einen Teil ihrer ursprünglichen Kapazität erreichen.

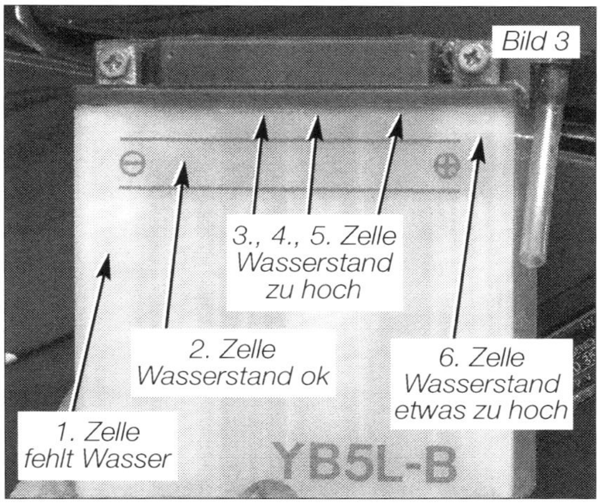

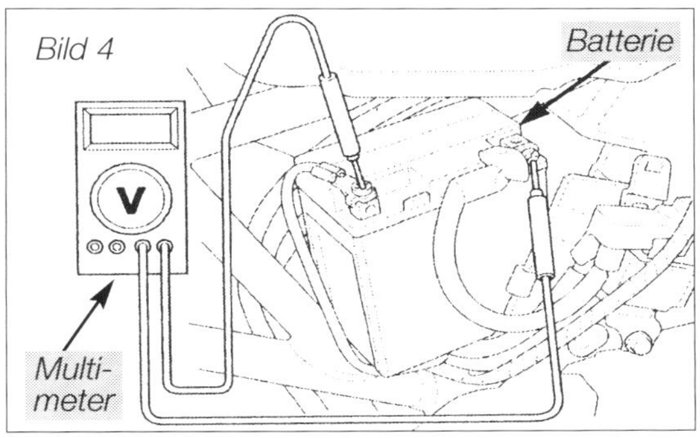

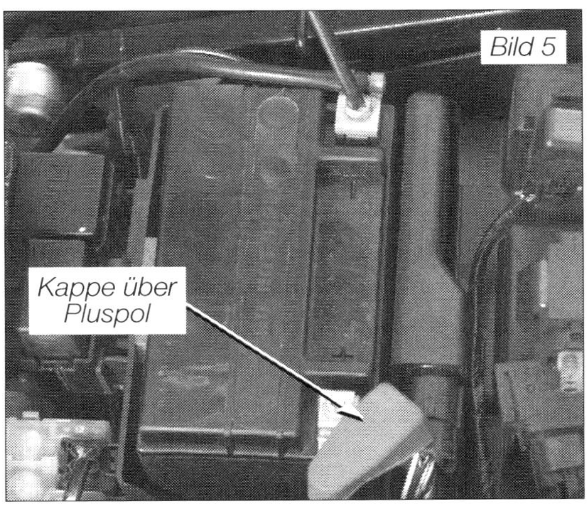

Bild 3: Wasserstand der Batterie vor dem Laden auffüllen und nach dem Laden kontrollieren.

■ Beim Ausbau der Batterie darauf achten, dass die Flachmuttern in den Batteriepolanschlüssen nicht herausfallen.

Bild 4: Eingebaute Batterie mit Multimeter auf Spannung prüfen, Zündung dabei AUSschalten.

Bild 5 und 6: Ausbau der Batterie: Zuerst den Minuspol abklemmen; dann den Pluspol.

Bild 7: Beim Einbau zuerst den Pluspol anklemmen, dann den Minuspol.

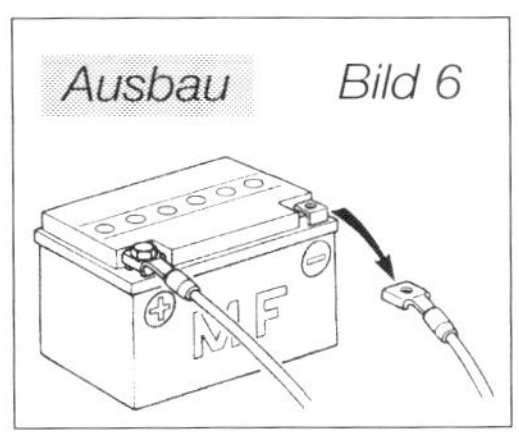

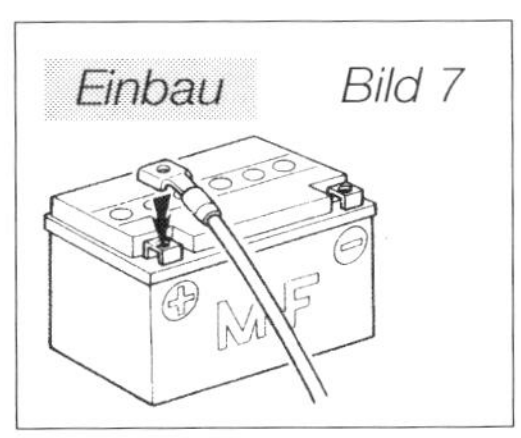

4. Batterieschäden:
4.1. Sie entstehen meist durch Vibrationen: Wenn die Batterie in ihrer Halterung nicht richtig befestigt oder keine vibrationsabsorbierende Gummiplatte untergelegt ist, kann in einer Zelle ein »Plattenschluss« entstehen: Diese Zelle ist dann defekt und damit auch die ganze Batterie.
4.2. Sie entstehen aber auch durch falsche Pflege, wozu der Betrieb mit zu niedrigem Säurestand ebenso gehört wie ein Stehenlassen über mehrere Monate ohne Benutzung.
5. Lebensdauer: Eine normal gepflegte Batterie hält vier bis fünf Jahre, eine sehr gut gepflegte kann sechs bis sieben Jahre halten.
6. Entlüftung: Eine normale Flüssigbatterie hat einen Entlüftungsschlauch, worüber die verdunstende Batteriesäure ins Freie abgeleitet wird.
Wichtig: Dieser Entlüftungsschlauch muss nicht nur an dem an der Batterie angebrachten Stutzen sicher aufgesteckt (Bild 1), sondern auch knickfrei nach unten ins Freie geführt sein! Wenn der Schlauch zu kurz oder am Ende so verlegt ist, dass die aus der Batterie austretenden säurehaltigen Dämpfe mit Fahrzeugteilen in Kontakt kommen, dann entsteht an ihnen ein »Säureschaden«, der nicht nur hässlich ist (weil sich Lack ablöst), sondern auch sehr gefährlich, weil er zum Bruch des Bauteils führen kann!

Batterie laden

Batterie ausbauen

1. Zündung AUSschalten, Zugang zur Batterie schaffen: z. B. Sitzbank oder Seitendeckel abnehmen, oder wenn die Batterie unterm Tank ist, diesen anheben.
2. Batteriepole abklemmen: Zuerst den Minuspol (Bilder 5 und 6), dann Pluspol abschrauben.
3. Batterie aus ihrer Halterung nehmen.

Batterie laden

1. Batterie an Ladegerät anklemmen (Bilder 8 und 9): Zuerst Pluspol, dann Minuspol.
2. Die auf der Batterie angegebenen Ladeströme und Ladezeiten (Bild 2) nicht überschreiten, sonst wird die Batterie beschädigt.
2.1. Der **vorgeschriebene Ladestrom** beträgt 1/10 der Batteriekapazität über eine Ladezeit von 4 bis 10 Stunden.
■ Bei einer Batteriekapazität von 12 Ah also 1,2 Ampere bei einer maximalen Ladespannung von 14,4 Volt.
2.2. Batterie nach der Ladung mindestens 30 Minuten ruhen lassen, erst dann einbauen.
3. Schnellladung: Soll nicht vorgenommen werden. Wenn es doch sein muss, weil es nicht anders geht: 1 Stunde mit maximal 1/3 der Batteriekapazität. Batterie bei nächster Gelegenheit langsam nachladen!

Batterie einbauen

1. Ladedatum auf der Batterie vermerken.
2. Batterie in Batteriekasten einsetzen.
3. Pluskabel an Batterie anschrauben (Bild 7).

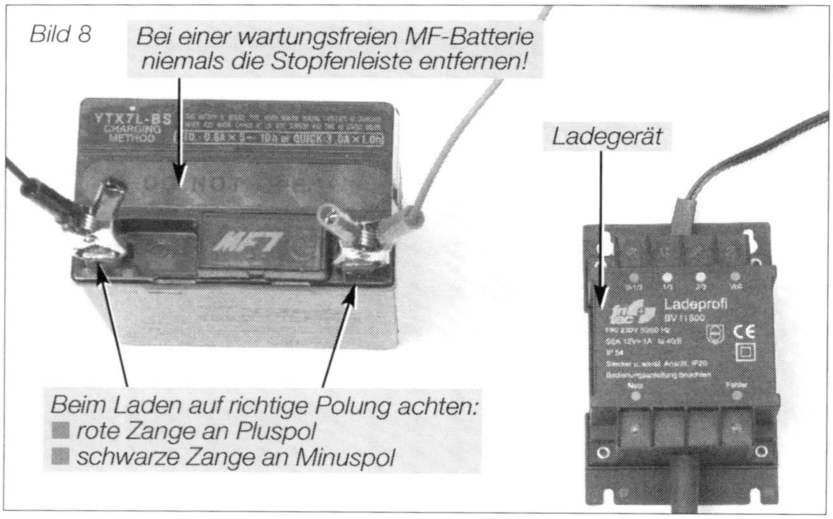

Bild 8

Bild 8: Beim Laden auf richtige Polung der Zangen achten.

Bild 9

Bild 9: Batterieladegeräte verschiedener Leistungs- und Preisklassen.

*■ Gerät **A** (ca. 10 €), lädt mit 0,3 Ampere. Geeignet für langsames Laden der Batterie.*

*■ Gerät **B** (ca. 25 €), lädt mit 1,6 Ampere und entlädt im Wechsel. Geeignet für das Überwintern einer größeren Batterie.*

*■ Mit dem High-Tech-Gerät **C** (ca. 80 €), können tiefentladene Batterien wieder regeneriert werden.*

3.1. Minuskabel anschrauben.
4. Batterie mit Gummiband oder Sicherungsblech befestigen.
5. Batterieanschlüsse mit Säureschutzfett einfetten. Gummiabdeckungen aufschieben.

Neue Batterie

Wenn eine neue Batterie nötig wird, weil die alte entweder sehr alt oder schon defekt ist, sollte man eine wartungsfreie Säurebatterie oder gleich eine Gelbatterie kaufen. Diese sind zwar etwas teurer als eine Flüssigbatterie, aber auch zuverlässiger, startsicherer und wartungsärmer.

Wartungsfreie Batterie, Gelbatterie

Weiter vorne in diesem Kapitel haben wir schon einiges zur wartungsfreien Batterie gesagt, hier wiederholen wir das Wichtigste: Bei einer wartungsfreien, versiegelten Baterie kann und braucht der Säurestand nicht überprüft zu werden, auch das Nachfüllen von destilliertem Wasser entfällt. Bei der Gelbatterie liegt der Elektrolyt eingedickt zum Gel zwischen den Bleiplatten, es wird schon im Batteriewerk eingefüllt.

Wartungsfreie Batterie prüfen

Für eine wartungsfreie Batterie oder eine Gelbatterie gelten die folgenden, weiter vorne schon beschriebenen Prüfpunkte unter »Batterie prüfen«:
3. Batteriespannung messen
4. Batterieschäden
5. Lebensdauer

Neue wartungsfreie Batterie befüllen und erstladen

Eine neue, wartungsfreie Batterie ist trocken vorgeladen. Beim Kauf findet sich im Karton ein Säurepaket geliefert. Die neue Batterie muss vor ihrem Einbau zunächst mit Säure befüllt und dann geladen werden.

»Warum muss eine neue Batterie geladen werden?« wirst du jetzt fragen, »wenn die neue Batterie trocken vorgeladen und nach der Erstbefüllung mit Säure sofort einsatzbereit ist!« Wir antworten wie Radio Eriwan: »Im Prinzip ja, aber…«, denn alles stimmt, aber nur zum Teil: Je sorgsamer eine neue Batterie auf ihren ersten Einsatz vorbereitet wird, desto länger lebt sie!

Batterie mit Säure befüllen

1. Klebestreifen über den Einfüllöffnungen der Batterie entfernen (Bild 10).
2. Schutzfolie vom 6-Kammer-Säurebehälter abziehen (Bild 10). Säurebehälter exakt auf die Einfülllöcher der Batterie ansetzen und gleichmäßig eindrücken (Bild 11).
Wichtig: Die Behälter NICHT anstechen in dem Glauben, dass die Säure nur dann fließt! Säuremenge und Fließgeschwindigkeit sind exakt auf die Batterie abgestimmt. Wenn der Säureabfluss stockt, den Behälter nur ganz leicht mit einem Finger anstoßen, man sieht kleine Luftblasen aufsteigen und die Säure fließt wieder.
3. Nach rund einer Stunde ist alle Säure in die Batterie eingelaufen: Leeren 6-Kammer-Behälter von der Batterie abziehen.
4. Stopfenleiste fest aufdrücken (Bild 12), ggf. mit Gummihammer leicht nachklopfen.
5. Batterie einige Stunden laden, eine halbe Stunde ruhen lassen, einbauen.

Wichtiges zur Gelbatterie

1. Wenn du eine neue Gelbatterie kaufst, ist das Säuregel schon in die Batterie eingefüllt und die Oberseite der Batterie verschlossen.
2. Auch eine neue Gelbatterie sollte vor ihrem ersten Einsatz sorgfältig erstgeladen werden.
2.1. Danach einige Zeit ruhen lassen, bevor sie eingebaut wird.
3. Bei einer Gelbatterie ist es besonders wichtig, dass sie mit maximal 1/10 der Nennkapazität geladen wird.

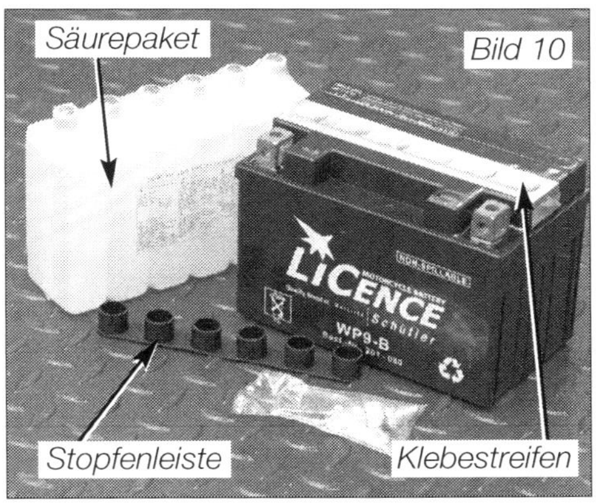

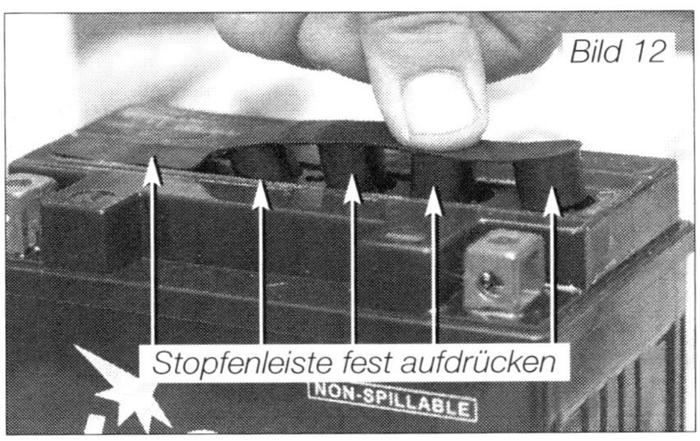

Bilder 10, 11 und 12: Befüllen einer neuen wartungsfreien Batterie mit Schwefelsäure. Die Stopfenleiste sicher ansetzen und fest aufdrücken.

Hinweis: Zu diesem Kapitel empfehlen wir folgende Korrespondenzkapitel:
- *16 »Sicherungen · Relais · Stecker«*
- *17 »Batterie«*

Bild 1: Der Regler/ Gleichrichter ist am verrippten Aluminiumgehäuse erkennbar.

*Bild 2: Blockschaltbild einer Bordelektrik: Die zum Ladesystem gehörenden Bauteile sind **grau** beschriftet.*

Ladesystem

In diesem Kapitel: Erklärung Ladesystem · Ladesystem prüfen: Regler, Gleichrichter · Lichtmaschine defekt?

Ladesystem

Das Ladesystem besteht aus der Lichtmaschine und dem elektrischen Kreislauf. Die Lichtmaschine wird auch als »Stromgenerator« bezeichnet, sie versorgt alle elektrischen Verbraucher am Motorrad mit Strom und lädt die Bordbatterie immer wieder neu auf.

Die Lichtmaschine sitzt entweder direkt auf der Kurbelwelle (Bild 5) oder wird über einen Riemen angetrieben (z. B. BMW, Moto Guzzi). Sie wandelt die vom Motor erzeugte mechanische Energie in elektrische Energie um.

- Bei laufendem Motor liefert die Lichtmaschine ab ca. 2000 bis 3000/min Wechselstrom, der vom Gleichrichter in Gleichstrom umgewandelt wird und die Batterie damit fortwährend auflädt.
- Der Regler sorgt dafür, dass die Batterie nicht überladen wird: Er lässt Ladestrom zur Batterie nur dann durch, wenn diese ihn benötigt und schaltet ihn quasi einfach ab, wenn die Batterie ausreichend geladen ist.

Ladesystem prüfen

Wenn die Batterie nicht mehr richtig geladen wird, kann eine Störung im Ladesystem vorliegen. Zur Überprüfung ist ein Multimeter notwendig.

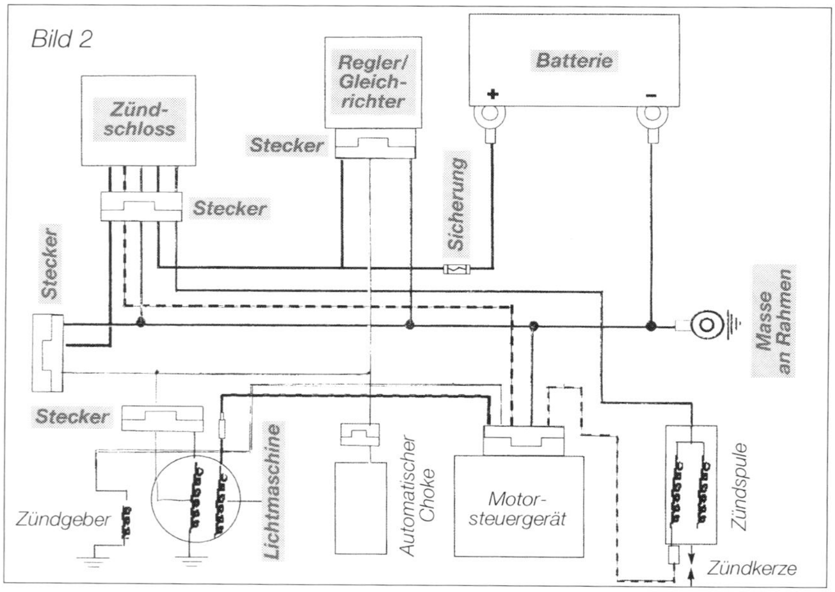

- Wenn bei einer Störung im Batterieladesystem kein Ladestrom mehr zur Batterie gelangt, läuft der Motor noch so lange, bis die Batterie leer ist, dann geht der Motor aus. Er lässt sich dann nicht mehr mit dem Kick- oder Elektrostarter und auch nicht durch Anschieben wieder starten.
- Wenn dagegen der Regler den Ladestrom nicht abschaltet, wird die Batterie überladen, sie wird heiß, »kocht sich auf«, die in der Batterie enthaltene Säure wird herausgedrückt, was bis zum Platzen der Batterie führen kann.

Ladesystem überprüfen

1. Anschlüsse der **Batterie** kontrollieren auf feste und korrosionsfreie Batteriepole.

2. Hauptsicherung auf Durchgang kontrollieren sowie auf sicheren Sitz in den Steckkontakten.

2.1. Steckkontakte reinigen, z. B. mit feinem Schmirgel, leicht mit Kontaktspray einsprühen. Im Zweifelsfall neue Sicherung einsetzen.

3. Kabel und Kabelanschlüsse des gesamten Ladesystems prüfen: Wird die Batterie nicht ausreichend geladen, überprüfe vor allem das Massekabel – ein loser oder korrodierter Anschluss ist oft auf den ersten Blick nicht feststellbar. Der sichere Anschluss des Massekabels am Rahmen (Fahrzeugmasse) kann oft schon durch leichte, kaum sichtbare Korrosion negativ beeinflusst werden: Schraubkontakt abnehmen, abschmirgeln, sicher anschrauben wirkt meist Wunder!

4. Ladespannung prüfen: Wenn die Batterie leer ist, weil sie für eine gewisse Zeit vom Ladesystem nicht mehr richtig geladen wurde, für diese Prüfung eine voll geladene Batterie einbauen.

4.1. Multimeter an Batterie anschließen: Plusklemme auf Pluspol, Minusklemme auf Minuspol, Ruhespannung ablesen (z. B. 13,1 Volt).

4.2. Motor starten, Abblendlicht einschalten. Motor auf etwa 3000/min hochdrehen, die auf dem Multimeter angezeigte Spannung ablesen. Sie muss größer sein als die vorhin gemessene Batteriespannung (z. B. 14 Volt).

4.3. Ergebnisse werten:

- Wenn die vom Multimeter angezeigte Spannung größer als die Batteriespannung ist, ist die Ladespannung in Ordnung und damit auch die Lichtmaschine sowie der Regler/Gleichrichter.
- Wenn die vom Multimeter angezeigte Spannung kleiner oder gleich ist, können sowohl Lichtmaschine als auch Regler/Gleichrichter defekt sein.
- Es kann auch ein Defekt in den Kabeln oder Kabelsteckern vorliegen. Diese zuerst auf Bruch und einwandfreie Kontakte überprüfen!

5. Widerstand der Statorwicklung direkt an

der Statorwicklung prüfen: Dieser ist je nach Hersteller verschieden. Die für dein Modell vorgeschriebenen Prüfwerte erhältst du z. B. beim Markenhändler, denn er kann diese aus der internen Werkstattliteratur herauslesen.

5.1. Falls die Widerstandswerte in Ordnung sind, den Regler/Gleichrichter versuchsweise gegen ein erwiesenermaßen intaktes Bauteil tauschen.

5.2. Falls die Statorwicklung defekt ist, den Stator ersetzen.

6. Regler/Gleichrichter überprüfen

Der Regler/Gleichrichter ist das Bauteil mit dem verrippten Aluminiumgehäuse (Bild 1), es sitzt zwischen Lichtmaschine und Batterie irgendwo unter der Sitzbank oder Heckverkleidung an einem geschützten Platz.

■ Falls du den Regler/Gleichrichter suchen musst, folge dem von der Lichtmaschine zum Regler/Gleichrichter führenden Kabel. Auf der anderen Seite dieses Bauteils führt ein Kabel heraus zur Batterie.

6.1. Stecker trennen, Regler/Gleichrichter abschrauben. Zuerst die Kontakte der Steckverbindungen prüfen (Bilder 3 und 4). Kabel auf einwandfreien Stromdurchgang durchmessen. Falls Fehler festgestellt werden:

■ Korrosion beseitigen: korrodierte Steckkontakte mit feinem Schmirgelpapier abziehen.

■ Lockere Kontakte am Kabel richtig befestigen (z. B. anlöten).

6.2. Ergebnisse werten: Sind alle Komponenten des Ladesystems in Ordnung, die Steckkontakte des Reglers weder locker noch korrodiert, den Regler/Gleichrichter austauschen.

Lichtmaschine defekt?

Lichtmaschinenrotor (Schwungrad)

Der Lichtmaschinenrotor, auch »Schwungrad« genannt, ist ein problemloses Bauteil, das im Normalfall nicht kaputt geht. Bei alten oder ganz alten Motoren aus den 80er-Jahren (oder noch früher) kann es sein, dass die Magnetkraft des Lichtmaschinenrotors nachgelassen hat. Dann lädt die Lichtmaschine weder die Batterie, noch läuft der Motor richtig, weil der Zündfunke zu schwach ist. Das Schwungrad kann man »aufmagnetisieren« lassen. Dazu gehst du am besten in die Werkstatt.

Generatorstator wechseln

Der Generatorstator sitzt bei den meisten Motorrädern im Motorgehäusedeckel (»Lichtmaschinendeckel«). Vor Beginn der Montagearbeiten das Motoröl ablassen oder Motorrad auf die Seite legen, damit beim Abbau des Deckels kein Öl ausläuft.

1. Deckel abschrauben: Schrauben Schritt für Schritt über Kreuz ausdrehen. Wenn der Deckel sich nicht leicht löst, klebt er mit Dichtmittel am Gehäuse fest: Leichte (!) Schläge mit einem Plastikhammer auf den Deckel helfen, ihn zu lösen. Zudem ist das darunter befindliche Schwungrad magnetisch, die Magnetkraft »zieht« den metallischen Deckel. Deshalb kann es sein, dass der halb abgezogene Deckel wieder auf das Schwungrad »springt«, wenn er nicht richtig festgehalten wird.

2. Deckel abnehmen, auf Passbuchsen achten. Kabelhalter abschrauben, Kabel herausnehmen.

3. Halteschrauben des Stators ausdrehen, Stator herausnehmen (müsste leicht gehen).

4. Neuen Stator einsetzen, Schraubenlöcher müssen mit den Gewindebohrungen fluchten.

5. Gewinde der Statorhalteschrauben mit Loctite »mittelfest« bestreichen, eindrehen und über Kreuz zuerst handfest, dann Schritt für Schritt nacheinander mit vorgeschriebenem Drehmoment festziehen.

6. Kabelgummitüllen aus dem Gehäuse und dem Deckel herausziehen, mit etwas Dichtmittel bestreichen und wieder in die Ausschnitte eindrücken.

7. Dichtflächen an Motor und Deckel reinigen, neue Dichtung aufsetzen.

■ Falls die Dichtung beim Ausbau zerrissen wurde und keine neue Dichtung vorhanden ist, die Dichtfläche mit Silikon-Dichtmittel bestreichen und dieses einige Minuten ablüften lassen.

7.1. Passbuchsen einsetzen, Deckel aufsetzen. **Achtung – Magnetkraft!** Der Deckel wird regelrecht »angesaugt«, achte auf deine Finger!

7.2. Schrauben eindrehen, zuerst handfest, dann über Kreuz mit vorgeschriebenem Drehmoment (meist 12 Nm) anziehen. Stecker verbinden.

Bilder 3 und 4: Stecker müssen korrosionsfrei sein und fest sitzen, kein Kabel darf gebrochen oder geknickt sein.

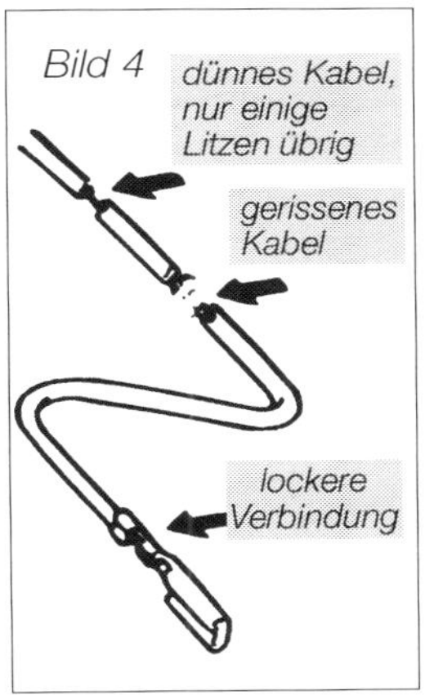

Bild 5: Im Lichtmaschinendeckel ist der Stator.

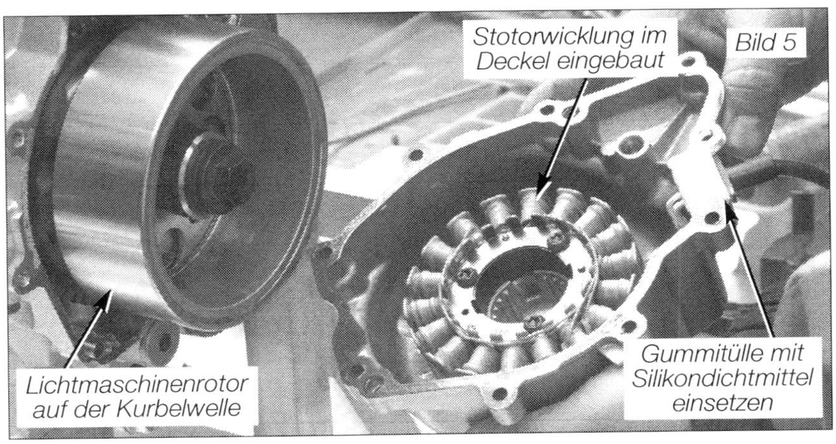

Zündanlage

In diesem Kapitel: Zündkerzen · Wärmewert · »Bessere« Zündkerzen · Zündkerzenstecker · Zündkerzen ausbauen, reinigen und einbauen · Zündanlage · Zündspule, Zündkabel.

Zündkerzen

Die Zündkerze erzeugt den zur Entzündung des Kraftstoff-Luft-Gemischs notwendigen Zündfunken und muss deswegen ein sehr zuverlässiges Bauteil sein. Die meisten Motoren haben eine Zündkerze pro Zylinder; zwei Zündkerzen pro Zylinder (»Doppelzündung«) gibt es in Großserie nur bei den BMW-Boxermodellen seit 2004.

Eine normale Zündkerze hat eine Mittelelektrode und eine als Bügel ausgebildete Masseelektrode (Bild 1). Zündkerzen mit zwei (Bild 2) oder drei Masseelektroden (Bild 4a) sind eher selten. Bekannte Zündkerzenmarken sind Beru, Bosch, Champion, Nippon-Denso (ND) und NGK, wobei letztere Marke die größte Auswahl an Motorrad-Zündkerzen bietet.

Die vom Fahrzeughersteller vorgeschriebenen und serienmäßig montierten Zündkerzen sind Standardkerzen für alle normalen Betriebsbedingungen. Ihre Elektroden werden bei normalen Verbrennungstemperaturen (ca. 400 bis 800 °C) so heiß, dass etwaige Rußablagerungen stets verbrennen, bleiben aber auch so kühl, dass Motor und Kerze nicht beschädigt werden.

Kenngrößen einer Zündkerze sind Gewindedurchmesser, Gewindelänge (Bild 3), Elektrodenabstand (Bilder 4 und 4a) und Wärmewert. Weil die Kenngrößen von Motor zu Motor verschieden sind, raten wir dir dringend, immer nur die vom Fahrzeughersteller vorgeschriebenen Zündkerzen zu verwenden und darauf zu achten, dass der Elektrodenabstand den Werksvorschriften entspricht: z. B. 0,6 – 0,7 mm; 0,7 – 0,8 mm; 0,8 – 0,9 mm. Eine Zündkerze gilt als verschlissen, wenn durch Abbrand der Elektrodenabstand 0,2 mm größer geworden ist als vorgeschrieben.

Bild 3 zeigt Einbaubeispiele verschiedener Zündkerzenlängen. Daraus wird klar: Baue niemals eine Zündkerze mit kurzem Gewinde ein, wenn

Bild 1: Aufbau einer modernen Zündkerze.

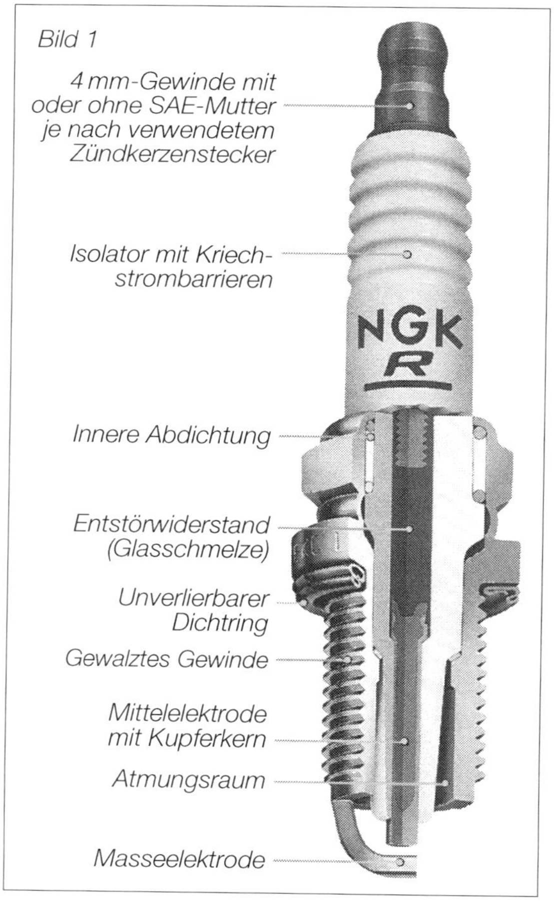

Bild 2: Die Zündkerze wird, je nach Kontakt im Zündkerzenstecker, entweder mit oder ohne Anschlussmutter eingebaut.

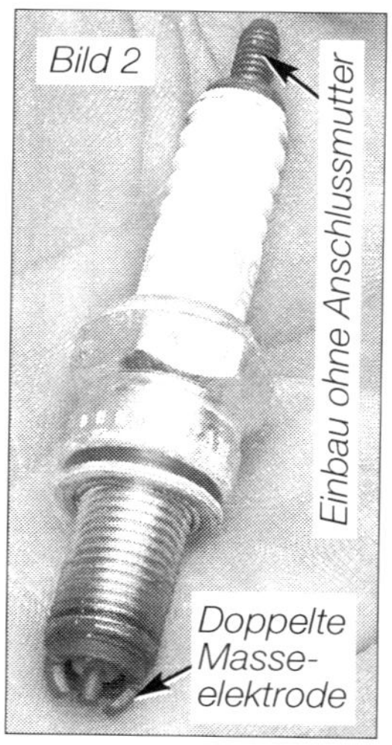

Bild 3: Einbaubeispiele verschiedener Zündkerzenlängen. Die Gewindelänge der Zündkerze ist ebenfalls wichtig: Baue niemals eine Zündkerze mit kurzem Gewinde ein, wenn der Motor serienmäßig eine Langgewinde-Zündkerze hat.

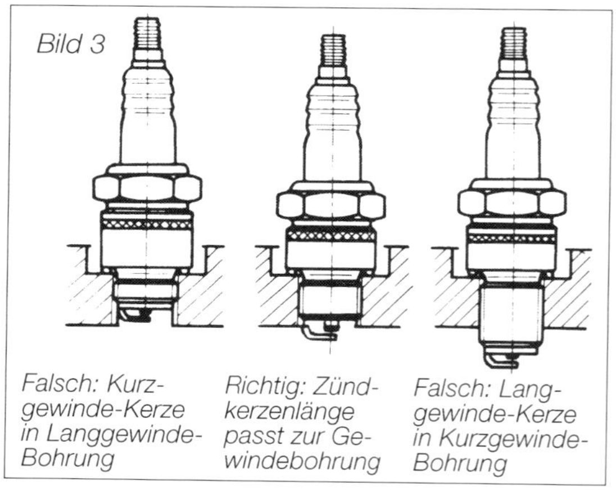

Bilder 4 und 4a: Der Elektrodenabstand wird zwischen Mittel- und Außenelektrode gemessen.

der Motor serienmäßig eine Langgewinde-Zündkerze hat. Im umgekehrten Fall gilt dies ebenso: Eine Langgewinde-Zündkerze darf nicht anstelle einer Kurzgewinde-Zündkerze eingebaut werden.

Wärmewert

Der Wärmewert einer Zündkerze ist von elementarer Bedeutung für die Betriebssicherheit und Zuverlässigkeit von Zündkerze und Motor. An der Zündkerze muss möglichst rasch eine Temperatur von mindestens 400 °C erreicht werden (»Freibrenngrenze der Zündkerze«), damit eventuelle Ablagerungen verbrannt werden und keine Zündaussetzer verursachen. Wenn der Motor länger läuft, darf eine Höchsttemperatur von ca. 850 °C (»Glühzündungsbereich«) nicht überschritten werden, weil sich sonst das Gemisch an der glühenden Zündkerze unkontrolliert entzündet, anstatt am Zündfunken, der ja zu einer bestimmten Zeit kommt (»Zündzeitpunkt«). Bei Glühzündungen »klopft« der Motor und wird in kürzester Zeit innerlich zerstört.

Der Wärmewert wird im Typencode, der auf der Zündkerze aufgedruckt ist, als Zahl angegeben, z. B. CR9E (Bild 5). Im Jargon spricht man von einer »9er-Kerze«; das sind übrigens die am meisten verwendeten Wärmewerte.

- Die »Zahl« steht für die Fähigkeit der Zündkerze, wie schnell sie die bei der Verbrennung entstehende Wärme aufnehmen und an den Zylinderkopf wieder abführen kann.
- Eine Zündkerze mit einem hohen Zahlenwert, z. B. 9 oder 10, führt die aufgenommene Verbrennungswärme schneller ab – sie hat also eine gute Wärmeableitung, deswegen spricht man von einer *»kalten Zündkerze«*.
- Eine Zündkerze mit einem niedrigen Zahlenwert, z. B. 6 oder 7, führt die aufgenommene Verbrennungswärme langsamer ab – sie hat also eine schlechte Wärmeableitung, weswegen man von einer *»heißen Zündkerze«* spricht.

Praxistipps zum Wärmewert

Tipp 1: Falls du aus irgendeinem Grund einmal gezwungen bist, in deinen Motor eine *»heißere Zündkerze«* einzubauen, als vom Hersteller vorgeschrieben ist (z. B. eine 7er-Kerze anstatt einer 9er), dann vermeide Vollgasfahrten, denn dabei kann der Motor so stark überhitzen, dass es entweder ein Loch in den Kolben brennt (beim Zweitakter) oder die Ventile und Ventilsitze verbrennen (beim Viertakter).

Tipp 2: Umgekehrter Fall: Falls du dazu gezwungen bist, eine *»kältere Zündkerze«* einzubauen (also z. B. eine 10er anstatt einer 8er), dann wundere dich nicht, wenn dein Motor mit der Zeit immer schlechter anspringt und er bei einer Stadt-Bummelfahrt irgendwann einfach stehen bleibt, weil die Kerze stark verrußt ist: Sie hat ihre Selbstreinigungstemperatur nicht erreicht.

In beiden Fällen gilt: So schnell als möglich eine Zündkerze mit dem vorgeschriebenen Wärmewert einbauen, nur damit ist größtmögliche Betriebssicherheit gegeben.

*Bild 5: Die Zahl auf der Typenbzeichnung steht für den Wärmewert. In diesem Beispiel CR**9**E.*

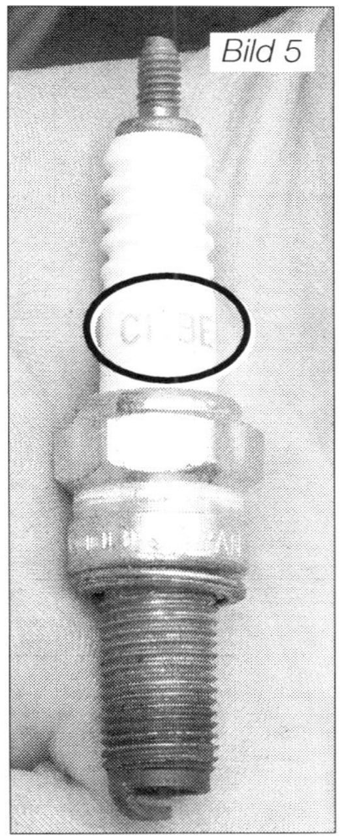

Sicherheitshinweise ⚠ Achtung und ☞ Tipps für dieses Kapitel

⚠ Zündkerzenstecker immer nur von Hand abziehen und aufstecken! Keine Zange zu Hilfe nehmen! Auch nicht mit Reifenmontiereisen, Schraubenzieher oder Flacheisen an den Kerzensteckern herumhebeln, denn dadurch kann der Zündkerzenstecker beschädigt werden.

⚠ Kerzenstecker und ausgebaute Zündkerze nicht fallen lassen! Dadurch können Teile brechen oder Risse bekommen, wodurch Stromkreisunterbrechungen oder Kurzschlüsse verursacht werden.

⚠ Beim Einschrauben der Zündkerzen unbedingt darauf achten, dass schon der erste Gewindegang richtig greift, das Außengewinde der Kerze also richtig am Innengewinde im Zylinderkopf angesetzt ist. Eine schräg angesetzte Kerze ruiniert mit ihrem harten Stahlgewinde das weiche Gewinde im Aluminiumzylinderkopf schon nach einer halben Umdrehung.

⚠ Halte bei einer Zündfunkenprüfung mit ausgebauter, an Masse gelegter Zündkerze einen Feuerlöscher betriebsbereit! Es ist schon passiert, dass der Motor »ersoffen« war und bei der Prüfung mit ausgebauter Zündkerze sich das aus dem Zündkerzenloch austretende Gemisch entzündet hat und die Maschine sofort in Flammen stand. Ebenso kann das Zündsteuergerät beschädigt werden, wenn die Zündkerze einen unsicheren Massekontakt hat. Deswegen für sicheren Massekontakt sorgen!

☞ Das Alter einer Zündkerze ist nicht ausschlaggebend, ob sie ersetzt werden muss. Es zählen in erster Linie Laufleistung und Belastung. Wenn du mit deiner Maschine überwiegend Kurzstrecken fährst mit viel Start-Stopp, musst du der Zündkerze mehr Aufmerksamkeit schenken, als wenn du die Maschine meist auf freier Strecke im oberen Drehzahlbereich fährst.

⚠ Bei jedem Problem mit einer Zündanlage checke zunächst alle Steckverbindungen und stelle sicher, dass die Batterie voll geladen ist. Und, so komisch es klingen mag: Ist Sprit im Tank, der Benzinhahn auf »ON« und der Stoppschalter am Lenker auf »RUN« oder »ON«?

Bilder 6 und 7: Vergleich der Mittelelektroden einer Standard- und Iridiumzündkerze.

Bilder 8 und 9: Gerader und abgewinkelter Kerzenstecker.

Bilder 10, 11 und 12: Kerzenstecker mit integrierter Zündspule sehr sorgsam behandeln beim Ausbau.

»Bessere« Zündkerzen

Natürlich gibt es bessere Zündkerzen als die, die serienmäßig in den Motor eingebaut sind. »Bessere« Zündkerzen haben eine hochwertige Mittelelektrode aus Iridium oder Platin. Während der Preis einer Standardzündkerze bei ca. 7 Euro liegt, kosten eine Iridiumzündkerze ca. 14 Euro und eine Platinzündkerze ca. 19 Euro. Für den höheren Preis bieten die »besseren« Zündkerzen auch einige Vorteile:

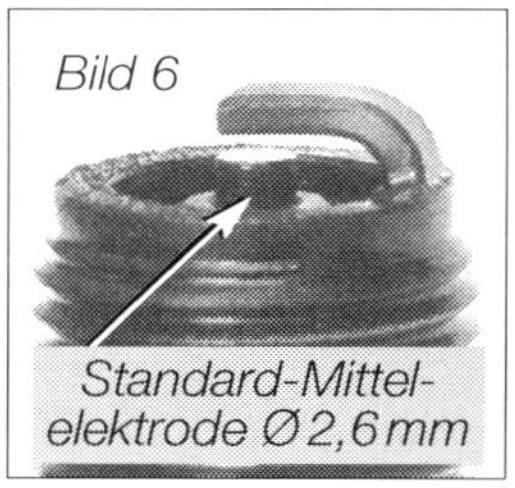

- Höhere Betriebssicherheit, weil ihr stärkerer Funke das Gemisch besser entzündet.
- Dadurch gibt es keine Ablagerungen an der Zündkerze – und wenn doch etwas an sie kommt, wie zum Beispiel Verunreinigungen durch das Benzin, verbrennen diese sehr schnell.
- Eine Mittelelektrode aus Platin oder Iridium ist sehr viel dünner als die Stahl-Mittelelektrode einer Standardzündkerze (Bilder 6 und 7). Dennoch ist sie sehr viel härter und damit verschleißfester, weswegen der Abbrand geringer ist und sie eine mehr als doppelt so hohe Lebensdauer wie eine Standardzündkerze hat. Wenn der Fahrzeughersteller im Wartungsplan eine Erneuerung der Zündkerze nach z. B. 20 000 km vorschreibt, kann eine Iridiumzündkerze mehr als 40 000 km im Motor bleiben!

Zündkerzenstecker

In den Bildern 8, 9 und 10 sind die am meisten verwendeten Zündkerzenstecker abgebildet. Unabhängig von der äußeren Form des Kerzensteckers ist der innere Elektroanschluss gestaltet: Entweder wird eine Anschlussmutter auf das obere Zündkerzengewinde aufgeschraubt (Bild 1) oder der Kerzenstecker ist direkt auf das Gewinde aufgesteckt (Bild 2).

Die Bilder 8 und 9 zeigen Kerzenstecker, die mit einem dicken Zündkabel mit der Zündspule verbunden sind. Das Abziehen und Aufstecken eines solchen Zündkerzensteckers ist einfach; es genügt eine kräftige Hand und beim Aufstecken muss es hörbar klicken.

Der Zündkerzenstecker in Bild 10 ist einer der neusten Generation, nämlich mit integrierter Zündspule. Bevor ein solcher Zündkerzenstecker von der Zündkerze abgezogen werden kann, muss man den Kabelstecker abziehen: Dazu die Klinke am Stecker lösen und gleichzeitig den Stecker abziehen (Bild 11). NIEMALS an den Kabeln ziehen!

Zum Abziehen des Zündkerzensteckers von der Zündkerze kannst du ein Reifenmontiereisen zu Hilfe nehmen (Bild 12), denn der Stecker sitzt meistens so fest auf der Zündkerze, dass er sich von Handkraft alleine nicht von ihr abziehen lässt (bitte ganz vorsichtig mit dem Reifenmontiereisen werken!). Beim Aufsetzen dagegen darfst du nur deine Handkraft benutzen, keinen Hammer, sonst geht der Zündkerzenstecker defekt.

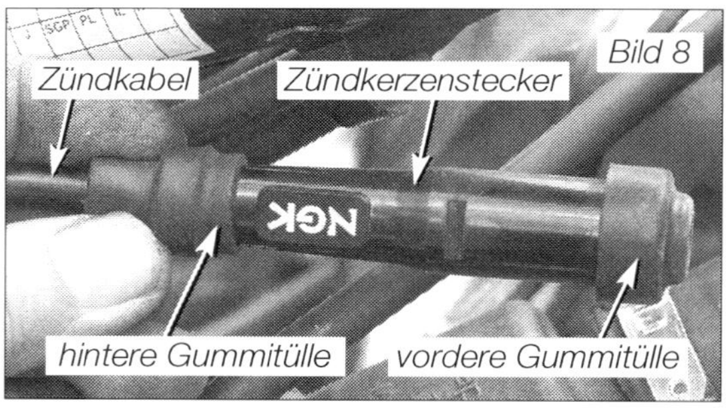

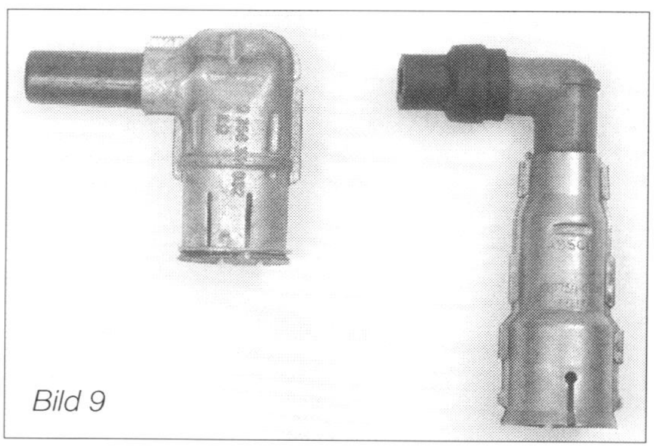

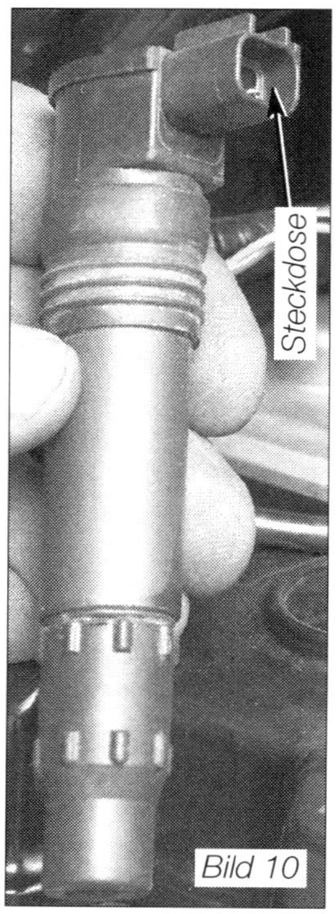

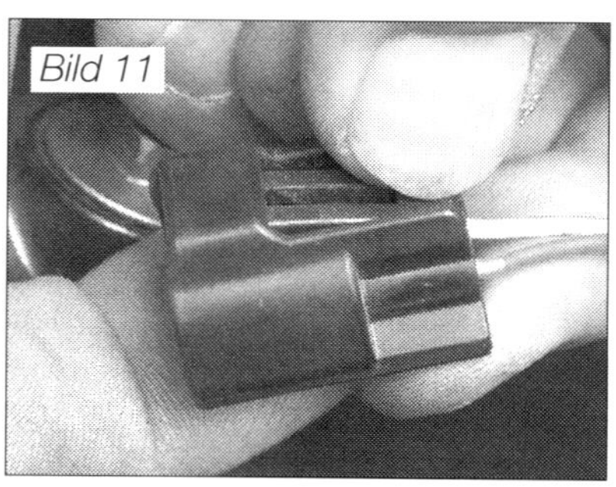

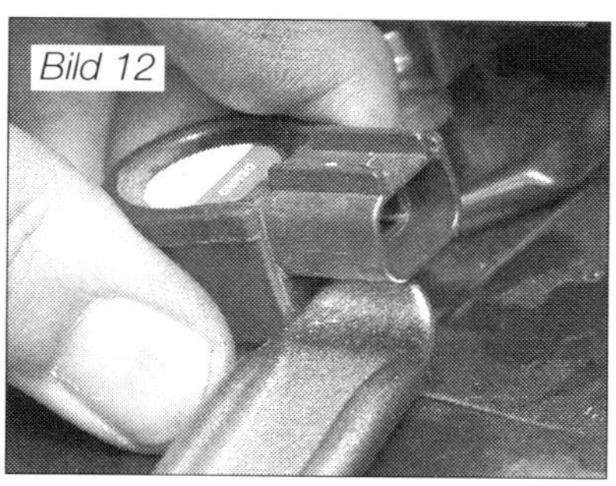

Zündkerze aus- und einbauen

Werkzeuge und Anziehdrehmomente
Der Kerzenschlüssel aus dem Bordwerkzeug genügt meistens zum Aus- und Einbau der Zündkerze. Soll diese allerdings mit dem vorgeschriebenen Anziehdrehmoment festgezogen werden, wird ein spezieller Zündkerzen-Nussaufsatz für den Drehmomentschlüssel benötigt.

Abhängig vom Gewindedurchmesser der Zündkerze gelten folgende Anziehdrehmomentwerte:
- Gewinde 8 mm...... 8 bis 10 Nm
- Gewinde 10 mm...... 10 bis 12 Nm
- Gewinde 12 mm...... 15 bis 20 Nm
- Gewinde 14 mm...... 25 bis 30 Nm
- Gewinde 18 mm...... 35 bis 40 Nm

Zündkerze ausbauen
Bei einem unverkleideten Motorrad ist es meistens sehr einfach an die Zündkerze zu kommen. Bei einem modernen und vollverkleideten Motorrad dagegen kann es sehr arbeitsintensiv sein, die Zündkerzen aus- und einzubauen, weswegen es sinnvollerweise im Rahmen einer großen Inspektion gemacht wird.

1. Freien Zugang zur Zündkerze schaffen: Verkleidung und andere störende Teile entfernen.
2. Zündkerzenstecker abziehen.
3. Druckluft von oben zwischen die Kühlrippen in den Zündkerzenschacht blasen und somit allen angesammelten Schmutz aus dem Zündkerzenschacht ausblasen.
■ **Es darf später bei ausgebauter Zündkerze auf keinen Fall Dreck in den Motor fallen!**
4. Zündkerze mit dem Zündkerzenschlüssel lösen und herausdrehen.

Zündkerze reinigen
Zum Reinigen der Zündkerze entweder eine Messingbürste nehmen (Bild 13) oder eine harte Zahnbürste. Ölrückstände, die meist an Zündkerzen aus Zweitaktmotoren hängen, mit Bremsenreiniger und Druckluft sauber abputzen.

Zündkerze einbauen
1. Einen kleinen Tropfen Kupferpaste auf das Gewinde der Zündkerze geben (Bild 14), das verhindert ein Festbacken der Kerze im Gewinde des Zylinderkopfs.
2. Zündkerze in Zündkerzenschlüssel einsetzen und von Hand gefühlvoll und ohne irgendwo anzuschlagen in den Zündkerzenschacht einführen, exakt ans Gewinde ansetzen und einschrauben.
3. Zündkerze so weit einschrauben, bis Widerstand spürbar wird, dann mit vorgeschriebenem Anziehdrehmoment festziehen.
4. Falls kein Drehmomentschlüssel zur Verfügung steht, folgendermaßen vorgehen:
■ **Gebrauchte Zündkerze:** Wenn eine bereits benutzte Zündkerze wieder montiert wird, bei der sich der Dichtring schon gesetzt hat: Zündkerze von Hand so weit eindrehen, bis es nicht mehr weiter geht, Kerzenschlüssel ansetzen und um ca. 1/8 Umdrehung anziehen.
■ **Neue Zündkerze:** Wenn eine neue Kerze mit neuem Dichtring montiert wird: Zündkerze von Hand so weit eindrehen, bis es nicht mehr weiter geht, Kerzenschlüssel ansetzen und 1/4 bis 1/2 Umdrehung anziehen, wieder lösen und endgültig um 1/8 Umdrehung anziehen.

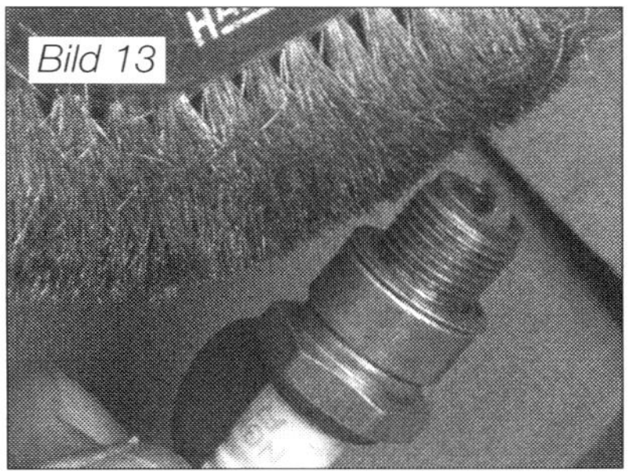
Bild 13

Bild 13: Zündkerze entweder mit einer Messingbürste oder harter Zahnbürste reinigen. NICHT mit einer Stahlbürste.

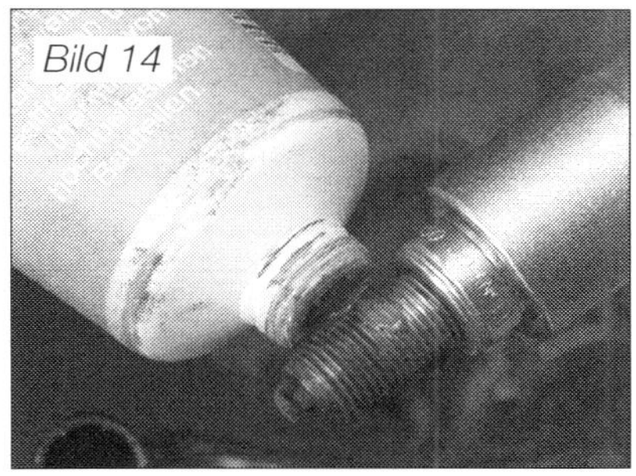
Bild 14

Bild 14: Einen Tropfen Kupferpaste auf das Gewinde der Zündkerze geben, das verhindert Festbacken und sorgt für bessere Wärmeableitung.

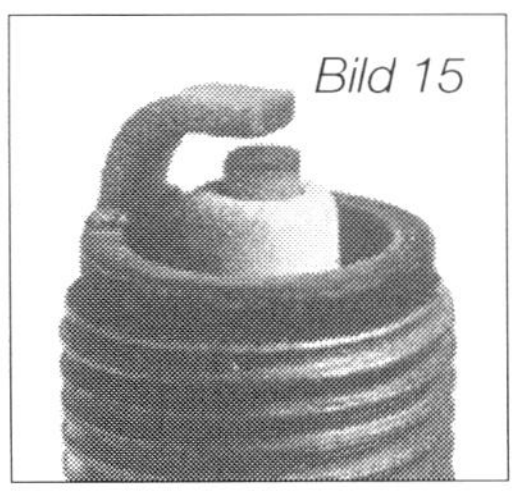
Bild 15

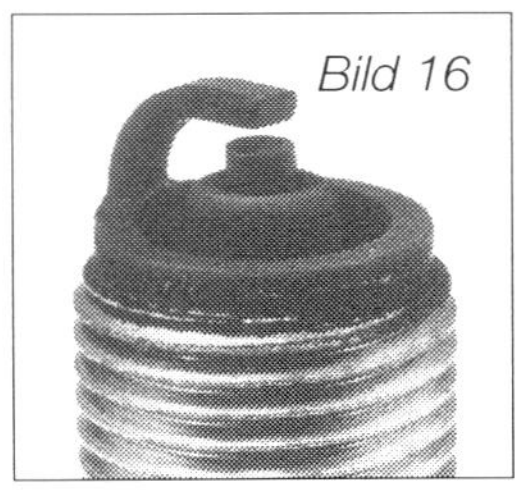
Bild 16

Bild 15: Normales Zündkerzengesicht.

Bild 16: Verrußte Zündkerze, muss gereinigt werden.

Bild 17

Bild 18

Bild 19

Bild 20

Bilder 17 bis 20: Defekte Zündkerzen mit gebrochenem Isolator, Ablagerungen, Anschmelzungen durch Überhitzung, herausgefallener Mittelelektrode.

Bilder 21, 22 und 24: Bei Zündproblemen zuerst nachsehen, ob die Anschlüsse der Zündspule korrosionsfrei sind und das Zündkabel einwandfrei in der Zündspule sitzt. Überwurfmutter gut handfest anziehen!

■ Das Zündkabel muss staubtrocken und beidseitig sicher in den Zündkerzenstecker und in die Zündspule eingesteckt sein.

Bild 23: Der Zündimpulsgeber sitzt unten am Motor bei der Kurbelwelle.

Zündanlage

Moderne Motoren sind in der Regel mit kontaktlosen Zündungen ausgestattet, die wartungsfrei und zuverlässig arbeiten. Ihr größter Feind ist Feuchtigkeit, durch die im Laufe der Zeit die Kontakte und Anschlüsse korrodieren.

Digitale Zündanlagen sind mit verschiedenen Sensoren bestückt für Kurbelwellenwinkel, Drehzahl, Drosselklappenwinkel, Zylindererkennung und gefahrene Geschwindigkeit. Mit den von den Sensoren an die Zündanlage gelieferten Parametern wird der optimale Zündzeitpunkt bestimmt. Ist einer dieser Sensoren defekt, kann der Motor zwar weiterhin laufen, bringt aber weder volle Leistung noch läuft er sauber und rund. Einem defekten Sensor auf die Schliche zu kommen, ist Sache des Händlers.

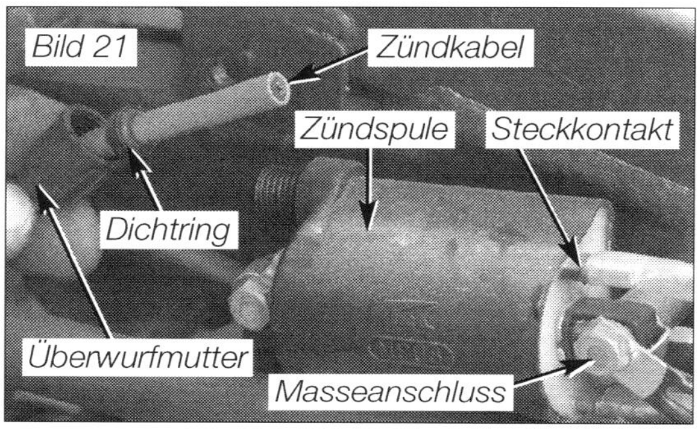

Bild 21

Das Zündsystem hat folgende Bauteile:
- ■ Mindestens eine Zündkerze pro Zylinder.
- ■ Zündkerzenstecker.
- ■ Zündspule mit eingeschweißtem, eingestecktem oder eingeschraubtem Zündkabel, das zum Zündkerzenstecker führt (Bild 21).
- ■ Die Zündbox (»Motorsteuergerät«) ist ein verschweißtes Bauteil und kann zwar durchgemessen, aber nicht repariert werden.
- ■ Kontaktlose Zündung: Zündimpulsgeber unten am Motor bei der Kurbelwelle (Bild 23).
- ■ Kontaktgesteuerte Zündung: Unterbrecherkontakte plus Kondensator ebenfalls unten am Motor, nur noch zu finden bei Motoren älterer Baujahre bis vor 1980.

Wenn nur eines dieser Bauteile nicht exakt angeschlossen oder defekt ist, dann ist entweder:
- ■ der Zündzeitpunkt nicht korrekt und der Motor patscht, ruckelt oder wird zu heiß;
- ■ der Zündfunke zu schwach bzw. überhaupt nicht vorhanden, der Motor läuft entweder nur sehr träge oder überhaupt nicht.

Zündspule, Zündkabel

Auf einer Seite der Zündspule ist das Zündkabel eingesteckt, das zum Zündkerzenstecker führt und dort eingesteckt ist (Bilder 22 und 24). Auf beiden Seiten sorgt innen eine nagelähnliche Spitze für Kontakt zur Kupferseele des Zündkabels.

Wenn der Motor nicht sauber läuft, prüfe zuerst alle elektrischen Steck- und Masseanschlüsse auf korrekten Sitz und eventuelle Korrosion (»Grünspan«), bevor du zum Händler gehst.
- ■ Überwurfmutter abdrehen, Zündkabel herausziehen (Bilder 22 und 24).
- ■ Wenn der Anschluss des Zündkabels »ausgefranst« ist, ein kurzes Stück vom Zündkabel abschneiden.
- ■ Spitze in der Zündspule und im Zündkerzenstecker mit Kontaktspray reinigen, trocken blasen, Zündkabel aufstecken bzw. aufdrehen, Überwurfmutter festdrehen.

Ganz wichtig: Wenn der Motor eine Weile mit Zündproblemen gelaufen ist, ist meist die Zündkerze verschmutzt oder gar defekt. BEVOR du mit einem reparierten Zündkabel oder einer neuen Zündbox auf Probefahrt gehst, schraube eine saubere bzw. neue Zündkerze ein.

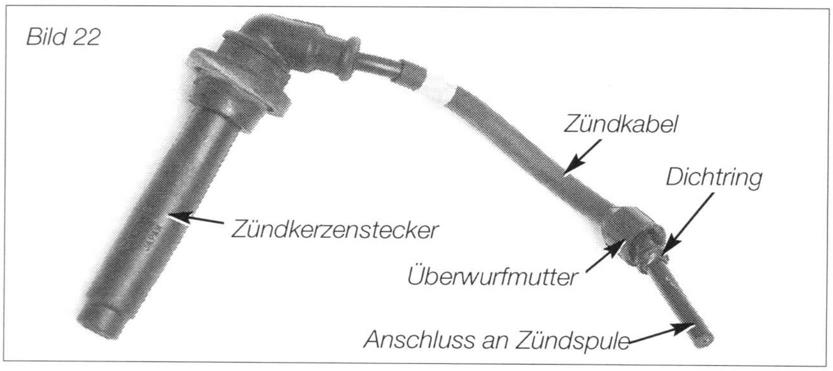

Bild 22

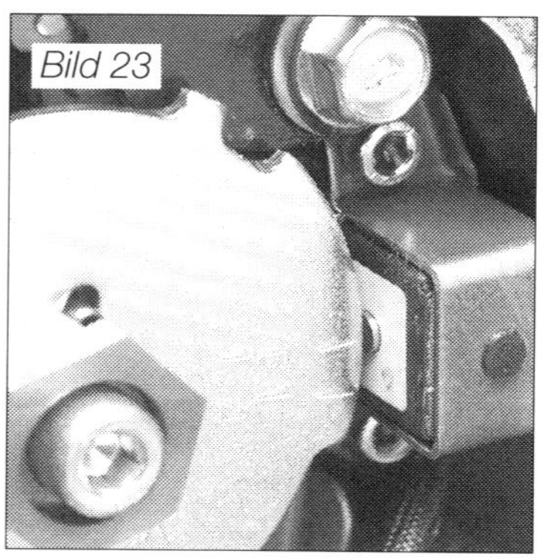
Bild 23

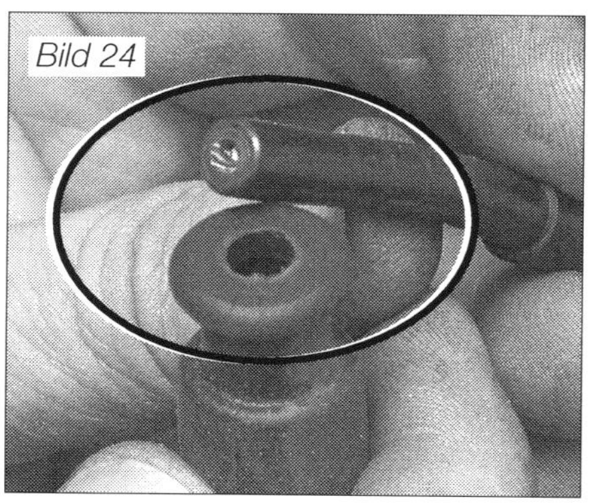
Bild 24

Luftfilter

In diesem Kapitel: Funktion und Bauarten · Luftfilter ausbauen, reinigen und einbauen · Luftfilter und Luftfilterkasten prüfen.

Funktion und Bauarten

Der Luftfilter ist wichtig für die Leistungsabgabe und die Zuverlässigkeit des Motors (bzw. für dessen Verschleiß):

■ Durch einen verschmutzten Luftfilter kann der Motor weniger Luft ansaugen, weswegen die Motorleistung sinkt und der Benzinverbrauch steigt.

■ Wenn der Luftfilter defekt oder nicht eingebaut ist, zieht der Motor ungereinigte Luft an, weswegen Kolben, Zylinder und Ventile schnell verschleißen und in kürzester Zeit defekt sind.

Dewegen soll der Luftfilter bei jeder Inspektion gereinigt oder bei Bedarf erneuert werden. Bei Fahrten durch staubige Gebiete oder lange Zeit duch Regen muss der Luftfilter öfter gereinigt werden.

Luftfilterbauarten

Bei Straßenmotorrädern sind meistens Trockenluftfilter eingebaut; bei Einzylinder-Motoren, speziell solchen in Enduros und Crossern, jedoch Nassluftfilter.

■ **Trockenluftfilter:** Besteht aus trockenem (oder ganz leicht eingeöltem) Papier, das mehrfach S-, U-, V- oder Z-förmig gefaltet ist und in einem Kunststoff-Metallrahmen formstabil gehalten wird (Bilder 1 und 2). Abhängig vom Verschmutzungsgrad kann ein Trockenluftfilter mehrmals gereinigt werden.

Wenn z. B. das Luftfilterpapier eingerissen oder der Rahmen gebrochen ist, gilt der Trockenluftfilter als defekt und muss erneuert werden.

Wenn in den Motor zu viel Öl eingefüllt und dieses aus der Motorentlüftung heraus- und in den Luftfilterkasten hineingedrückt wurde, ist meist das Luftfilterpapier mit Öl vollgesogen und muss erneuert werden.

■ **Nassluftfilter:** Besteht aus einem Stück grobporigem, leicht eingeöltem Schaumstoff, der über ein Kunststoffgitter gezogen ist und dadurch seine Passform erhält (Bilder 3 und 4). Ein Nassluftfilter kann einfach gereinigt werden. Wenn er nicht mechanisch beschädigt wird (z. B. duch grobes Herumziehen daran oder durch murkshaften Aus- und Einbau), hält er quasi ewig.

Luftfilter reinigen

Der Luftfilter sitzt im Luftfilterkasten. Dieser ist entweder direkt unter dem Tank oder im Bereich unter der Sitzbank zu finden; seltener seitlich unter einem der Verkleidungs-Seitendeckel. Zum Ausbau des Luftfilters muss der Deckel des Luftfilterkastens abgenommen werden.

Luftfilter ausbauen

1. Schrauben aus Luftfilterdeckel ausdrehen.

2. Luftfilterdeckel heraus- bzw. abnehmen: Achte dabei auf die Kantendichtung (***K*** in Bild 1), denn sie kann am Luftfiltergehäuse kleben. Deckel vorsichtig abnehmen, damit diese Dichtung nicht zerreißt.

3. Luftfilter herausnehmen: Achte jetzt schon

Bilder 1 und 2: Trockenluftfilter: In Bild 1 sitzt er unter der Sitzbank; in Bild 2 ist der Luftfilterkasten unter dem Tank.

Bilder 3 und 4: Nassluftfilter bei einer KTM Enduro.

■ *Zum Ausbau des Luftfilters den Deckel des Luftfilterkastens abnehmen und das Filterelement herausnehmen.*

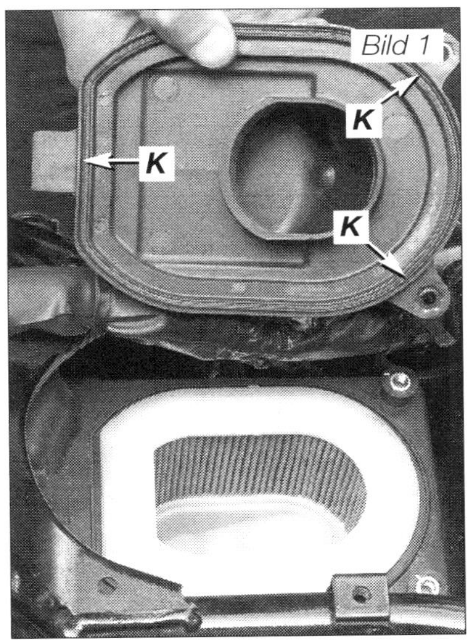

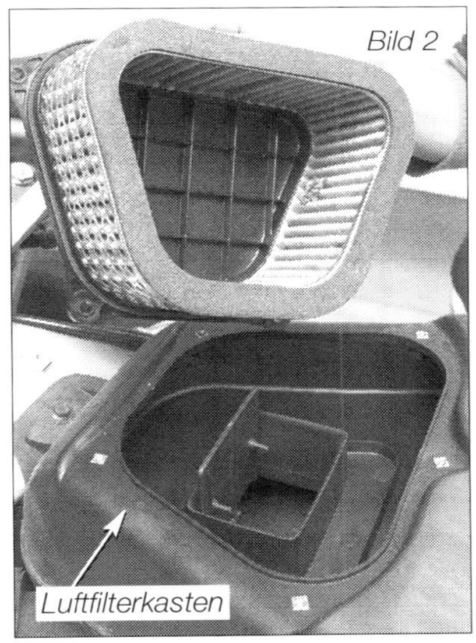

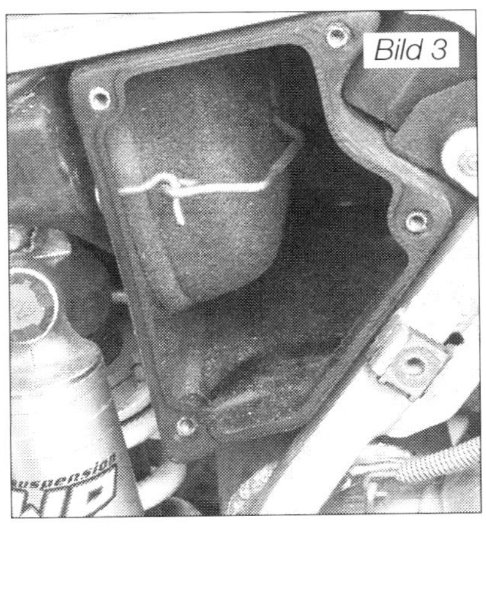

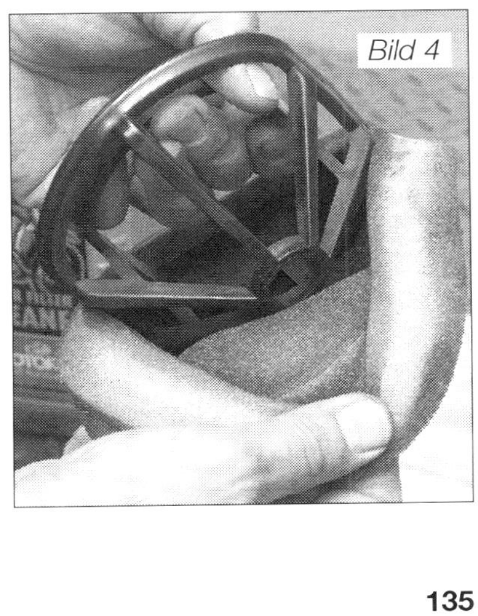

Sichtprüfung Messen

Bilder 5 bis 7: Nassluftfilter mit speziellem Reiniger auswaschen.

■ Filterelement in Reinigungsflüssigkeit ausdrücken, Säurefesten Handschuh dabei tragen! Zur Not geht auch eine Plastiktüte.

■ Gereinigtes Filterelement leicht einölen, überschüssiges Öl ausdrücken.

Bild 5

Bild 6

Bild 7

Bild 8: Trockenluftfilter entgegen der Luftansaugrichtung mit weicher Druckluft ausblasen.

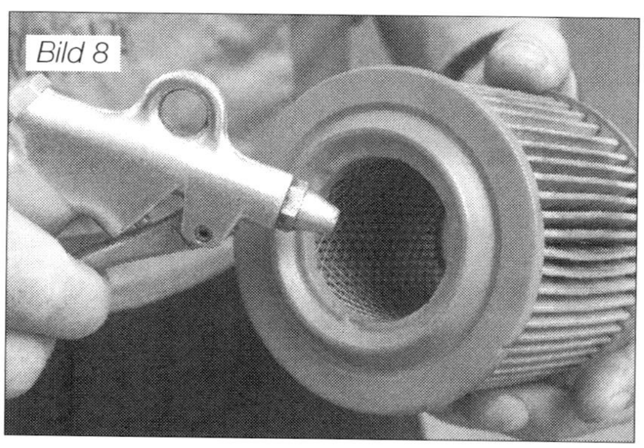
Bild 8

darauf, wie er eingebaut ist, denn wenn keine Markierung (z. B. »OUT«) am Luftfilter angebracht ist, kannst du beim Einbau Probleme bekommen!

Nassluftfilter reinigen

1. Filterelement vom Kunststoffgitter abziehen (Bild 4). Entweder mit speziellem Luftfilterreiniger reinigen oder einige Zeit in Benzin legen.
2. Filterelement in der Reinigungsflüssigkeit einige Male ausdrücken (Bilder 5 und 6).
■ Dabei unbedingt einen säurefesten Handschuh tragen, zur Not kannst du auch eine Plastiktüte über die Hand stülpen.
3. Filterelement vorsichtig auswringen, mit weicher Druckluft trocken blasen oder an der Luft trocknen lassen. Kontrollieren, ob der Schaumstoff durchgehend unbeschädigt ist.
4. Filterelement leicht mit speziellem Luftfilteröl einölen (Bild 7).
■ Öl einziehen lassen, Filterelement dabei etwas durchkneten, damit das Öl in alle Poren dringt.
5. Filterelement auf das Kunststoffgitter aufziehen und exakt in den Luftfilterkasten einsetzen.

Trockenluftfilter reinigen

1. Zuerst leicht abklopfen, damit grober Dreck und Verunreinigungen abfallen, wie zum Beispiel Überreste von Insekten.
2. Luftfilter mit schwacher (!) Druckluft entgegen der Ansaugluftrichtung ausblasen. »Schwache Druckluft« deswegen, damit das feine Filterpapier nicht zerreißt.
■ Halte mit der Luftpistole genügend Abstand zum Filterelement.
■ Wenn an deiner Maschine die Ansaugluft durch die Außenseite des Luftfilters angesaugt und nach innen zum Motor abgegeben wird, muss das Filterelement von innen nach außen ausgeblasen werden (Bild 8).
Wichtig: Immer entgegen der Luftansaugrichtung blasen, sonst drückt die Druckluft den Schmutz noch weiter in die Poren des Filters hinein, wodurch der Ansaug-Luftstrom gehemmt wird und der Motor nicht mehr volle Leistung bringt.
■ Beim Ausblasen eine Schutzbrille tragen.
■ Je nach Verschmutzungsgrad des Luftfilterelements ist es besser, ein neues Luftfilterelement einzubauen. Das schont den Motor, sichert die Leistung und hält den Spritverbrauch niedrig.
3. Wenn du keine Möglichkeit hast, den Luftfilter mit Druckluft zu reinigen, weil du keinen Druckluftkompressor hast, kannst du ihn auch mit einer nicht zu harten Bürste reinigen (Zahn- oder Schuhbürste). Er darf dabei aber nicht be-

schädigt werden. Druckluft ist besser, vielleicht kannst du an der Tankstelle mit angeschlossener Werkstatt um die Ecke fragen, ob sie dir den Filter ausblasen.

4. Luftfilterkasten und Luftfilterkastendeckel mit einem Lappen auswischen.

Luftfilter einbauen

1. Luftfilter so in das Luftfiltergehäuse einsetzen, dass die »OUT«-Markierung auf der Oberseite nach außen zum Deckel zeigt.

2. Luftfilterdeckel aufsetzen, es darf nichts klemmen oder von innen dagegen drücken.

■ Gehäusedichtung muss exakt sitzen!

3. Schrauben eindrehen, gut handfest anziehen.

Luftfilter, Luftfilterkasten prüfen

■ Luftfilter und Gehäuse dürfen nicht verbogen, verzogen oder aufgerissen sein.

■ Das feine Drahtgeflecht des Luftfilters bzw. das Kunststoffgitter beim Nassluftfilter müssen ringsum vorhanden und formgenau sein.

■ Die Dichtung am Luftfiltergehäuse bzw. Deckel muss ihre Form haben und darf weder gerissen noch zu sehr gequetscht sein. Wenn doch: Neue Dichtung einbauen!

■ Alle Ansaug- und Verbindungsschläuche zum Vergaser oder Drosselklappengehäuse müssen dicht und richtig befestigt sein (Bild 11).

Am Luftfilterkasten ist ein so genannter »Ablaufsack« vorhanden. In diesem durchsichtigen, meist kurzen Schlauch sammeln sich das aus der Motorentlüftung herausgedrückte Öl und andere Rückstände. Bei einer Inspektion diesen Schlauch abnehmen und säubern (Bilder 9 und 10).

Bernard und Bianca

Zum Schluss noch eine wahre Geschichte aus unserem Motorradleben. Wir haben eine alte BMW R 100 CS aus ihrem trüben Garagentiefschlaf erweckt, sie stand seit fünf Jahren unangetastet herum. Wir wollten ihr wieder Leben einhauchen und haben sie von Grund auf überholt.

Beim Öffnen des Luftfilterkastens fanden wir eine perfekt gestaltete Mäusewohnung: Sauber getrennt, eine Ecke wurde als Toilette benutzt, in der Mitte waren die Reste von Haselnüssen zu finden und im anderen Eck haben sie aus Holzspänen und Teilen der Abdeckplane ein flauschiges Bett gezaubert (Bild 12).

Einfach zuckersüß, vor allem wenn einem »Bernard und Bianca« noch was sagt. Übrigens: Die BMW läuft wieder perfekt, die Mäuse mussten deswegen umziehen!

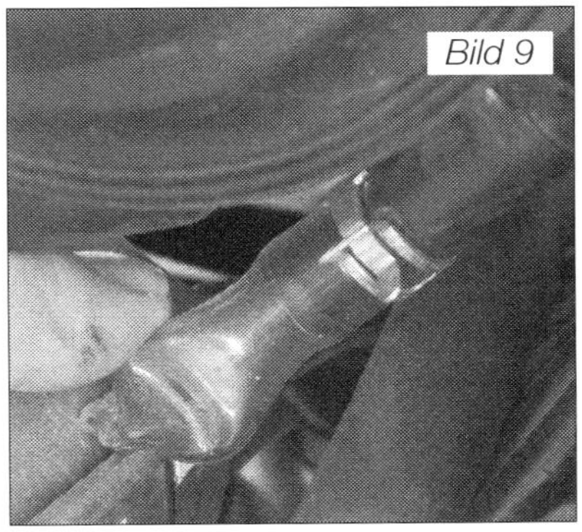

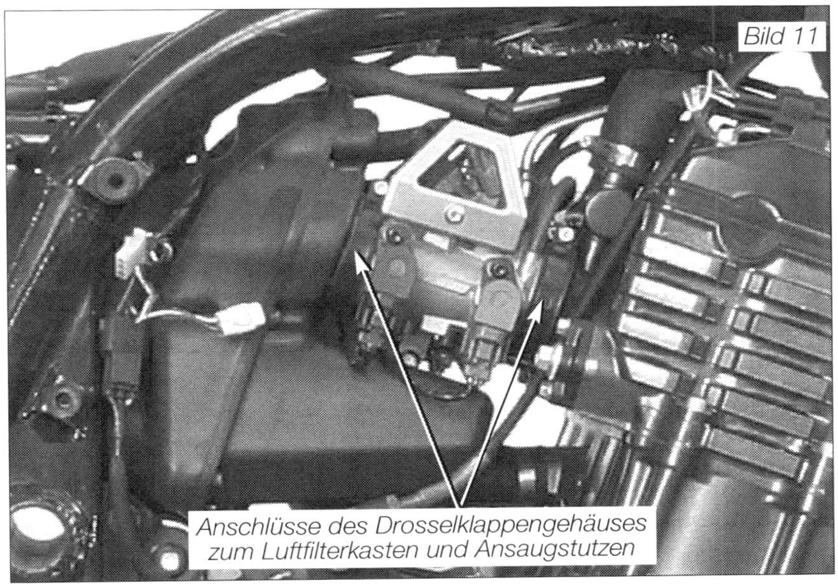

Bilder 9 und 10: Ablaufsäcke an Luftfilterkästen.

Bild 11: Schlauchanschlüsse und Verbindungsschellen auf festen Sitz und Dichtheit prüfen.

Bild 12: Eine Mäuse-Drei-Raum-Wohnung, eingerichtet im Luftfilterkasten einer alten BMW R 100 CS.

Vergaser · Einspritzung

In diesem Kapitel: Vergaserfunktion · Vergaserprobleme · Vergaser einstellen · Vergaser aus- und einbauen · Benzinhahn aus- und einbauen · Einspritzanlage · Störungen in der Einspritzanlage · Drosselklappen synchronisieren · Gaszüge und Chokezug wechseln · Tank reinigen.

Für dieses Kapitel gilt der generelle **Warnhinweis:** Vorsicht beim Umgang mit Benzin, es ist äußerst gesundheitsschädlich und höchst explosiv. Nicht rauchen und keine offenen Flammen in weitem Umkreis des Arbeitsplatzes, an dem mit Benzin hantiert wird! Die Arbeitsräume müssen gut gelüftet sein.

Vergaserfunktion

Ein Vergaser ist, einfach ausgedrückt, so etwas Ähnliches wie ein »Parfumzerstäuber«. Damit das Kraftstoff-Luft-Gemisch im Motor verbrennen kann, muss der Kraftstoff sehr fein zerstäubt und gut mit Luft vermischt werden. Im Vergaser wird dieses Gemisch erzeugt und in allen Betriebspunkten (im gesamten Drehzahl- und Lastbereich) des Motors in der richtigen Menge zur Verfügung gestellt.

Bild 1: Explosionszeichnung eines Gleichdruckvergasers.

Bild 1

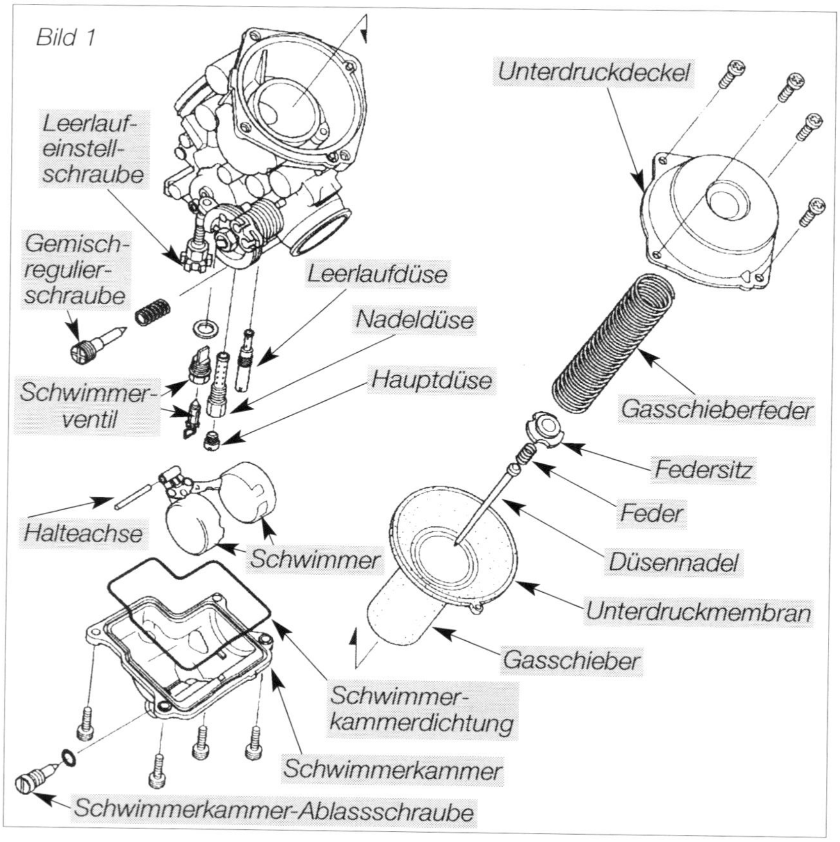

Das für die Verbrennung ideale Luft-Kraftstoff-Mischungsverhältnis liegt bei ca. 14,7 kg Luft auf 1,0 kg Kraftstoff. Dies wird auch als »Lambda 1« bezeichnet.

Bei weniger Luft bzw. mehr Kraftstoff als beim idealen Luft-Kraftstoff-Verhältnis spricht man von »fettem« Gemisch, bei mehr Luft bzw. weniger Kraftstoff von »magerem« Gemisch.

Um die Verhältnisse bei idealer Mischung zu verdeutlichen: Verbraucht ein Motorrad auf einer Strecke von 100 km 5 Liter Benzin, werden dafür ca. 42 700 Liter Luft bzw. die darin enthaltenen 8540 Liter Sauerstoff benötigt.

Die Gemischbildung im Vergaser ist in der Realität alles andere als ideal, denn das Mischungsverhältnis kann stark schwanken. Dies liegt unter anderem daran, dass es dem Vergaser nicht möglich ist, auf veränderte äußere Bedingungen wie Temperatur oder Luftdichtenschwankung zu reagieren. Kommt man z. B. in Regionen mit geringerem Luftdruck und somit weniger Sauerstoffgehalt in der Luft, wie zum Beispiel im Gebirge auf Passhöhen, verfettet das Gemisch, die Motorleistung reduziert sich dadurch und der Motor läuft »unrund«.

Am Vergaser sind Gemischregulierschrauben vorhanden, über sie wird die vorgeschriebene Gemischmenge von Hand eingestellt. Hat dein Motorrad mehrere Vergaser, müssen alle Gemischregulierschrauben exakt gleich eingestellt sein. Hier spricht man auch von »Vergasersynchronisation«. Diese Einstellarbeit solltest du einer Fachwerkstatt überlassen.

In den meisten Motorrädern sind entweder Schiebe- oder Gleichdruckvergaser eingebaut. Welche Art von Vergaser du hast, erkennst du an der Form: Der Gleichdruckvergaser hat einen größeren runden Deckel, der Schiebevergaser ist oben eher eckig oder zylinderförmig.

Im Vergleich zur Einspritzung, in der alles elektronisch geregelt ist, wird beim Vergaser die Gemischregulierung mechanisch gesteuert. Durch Öffnen und Schließen des Benzinhahns läuft Benzin in den Vergaser, das Gemisch wird über Kammern, Gasschieber und Düsennadeln regulierт. Wenn der Motor Probleme macht, die auf den oder die Vergaser zurückzuführen sind, gibst du dein Motorrad am besten in eine Werkstatt. Oft liegt es an verstopften Düsen aufgrund Verunreinigungen in der Schwimmerkammer. Der Vergaser muss dann abgebaut, zerlegt und gründlich gereinigt werden.

Vergaserprobleme

Wenn du unterwegs auf Tour keine Möglichkeit hast, den Vergaser abzubauen und überprüfen zu lassen, kann es schon etwas nutzen, wenn du die Ablassschraube an der Schwimmerkammer ausdrehst (Bild 3) und das Benzin ablässt. Dann kommt auch meistens der Dreck heraus.

■ Bei manchen Vergasern ist neben der Schwimmerkammer-Ablassschraube ein kleiner Ablaufstutzen angebracht, worauf man einen Schlauch schieben und das Benzin gezielt in einen Behälter ablassen kann.

Benzin aus Schwimmerkammer ablassen

1. Motor abstellen, Benzinhahn zu.
2. Sauberes Gefäß unter die Ablassöffnung stellen, Schraube lösen (nicht ausdrehen!).
3. Benzin aus der Schwimmerkammer ablassen und nachsehen, ob sich Dreck oder Wasser darin befindet.
4. Benzinhahn öffnen und Schwimmerkammer mit dem nachlaufenden Benzin durchspülen.
4.1. Nachsehen, ob sich Dreck darin befindet: Wenn »nein« kannst du weiterfahren.
4.2. Wenn »ja«, den Vorgang wiederholen. Wenn beim fünften Mal immer noch Dreck zu sehen ist, kommt dieser wahrscheinlich aus dem Tank und du musst diesen bei nächster Gelegenheit abbauen und reinigen; in ganz harten Fällen muss der Tank innen entrostet und neu versiegelt werden (Fall für die Fachwerkstatt).

Vergaser einstellen

1. Motor starten und etwa ein bis zwei Minuten warm laufen lassen. Falls das Standgas noch nicht eingestellt ist, den Motor mit rhythmischen Gasstößen am Leben halten.
2. Standgas einstellen: Gasschieber-Anschlagschraube so weit ein- bzw. ausdrehen, dass der Motor mit der vom Hersteller vorgeschriebenen Leerlaufdrehzahl läuft, diese liegt meist zwischen 1300 und 1700/min.

■ Darauf achten, dass der Gaszug mindestens 1 bis 2 mm Spiel behält.

Wichtig: Standgas weder an der oberen noch der unteren Gaszug-Einstellschraube einstellen,

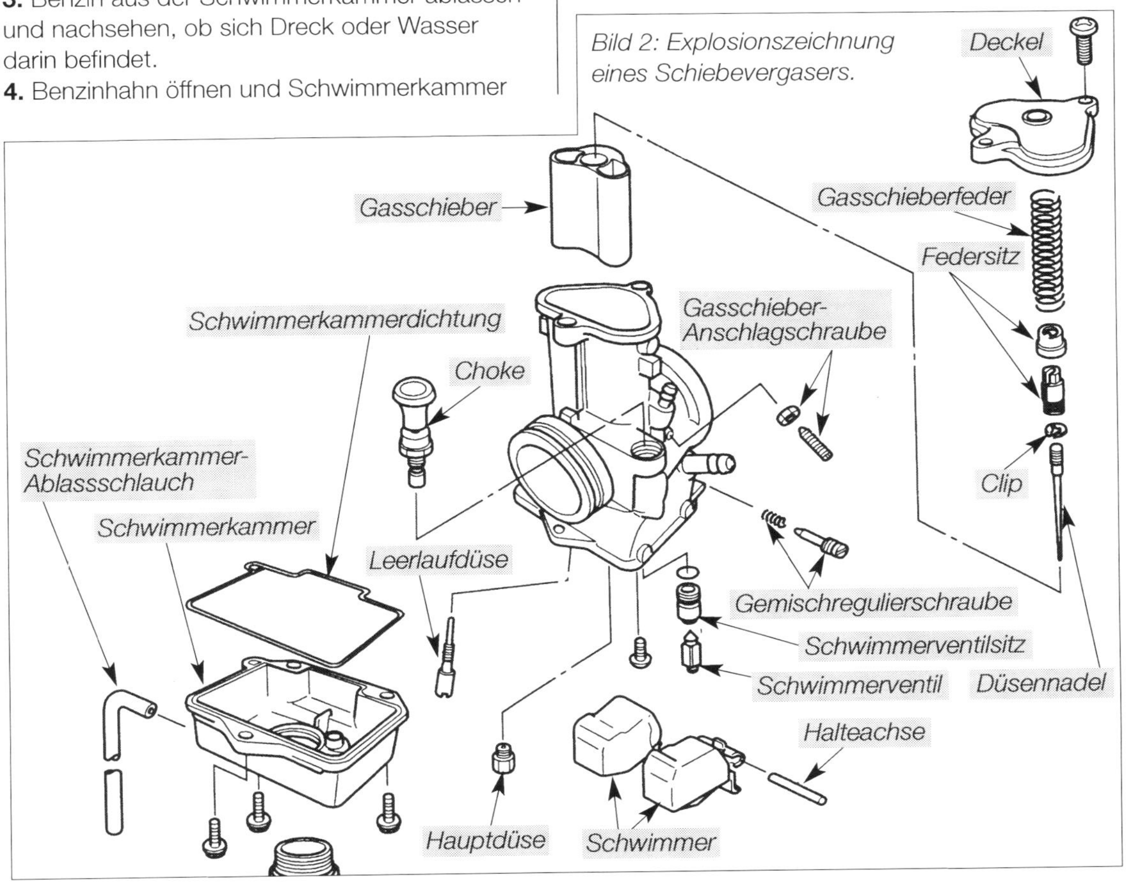

Bild 2: Explosionszeichnung eines Schiebevergasers.

Sichtprüfung · Messen

sondern immer nur an der Gasschieber-Anschlagschraube!

■ Beim Gleichdruckvergaser wird das Standgas über die Anschlagschraube der Gasseilzugrolle eingestellt.

■ Spiel im Gaszug einstellen siehe Kapitel 6 »Einstellungen«.

3. Gemischregulierschraube: Standardmäßig ist sie 1 bis 1 1/2 Umdrehungen ausgedreht. Schon eine 1/4- bis 1/8-Umdrehung mehr ein- oder ausgedreht beeinflusst das Ansprechverhalten des Motors aus dem Standgas heraus.

■ Einstellung prüfen, indem aus dem Standgas heraus kurz und kräftig Gas gegeben wird:

■ Raucht der Motor beim Gas geben aus dem Auspuff und dreht nur zäh hoch, ist das Gemisch zu fett: Schraube um 1/8 bis 1/4 Umdrehung eindrehen.

■ Stirbt der Motor ab oder dreht nur sehr zäh hoch, ist das Gemisch zu mager: Schraube um 1/8 bis 1/4 Umdrehung weiter ausdrehen.

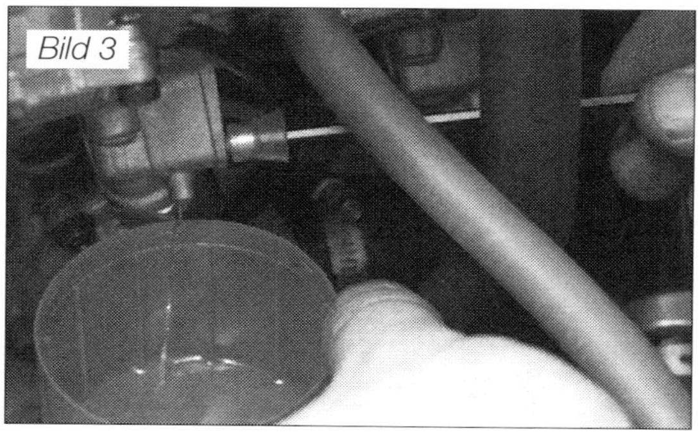

Bild 3: Benzin an der Schwimmerkammer ablassen.

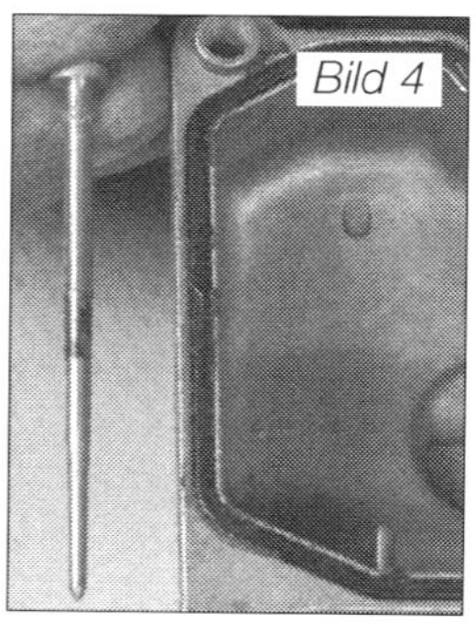

Bild 4: Festen Dreck in der Schwimmerkammer und an der Düsennadel mit Vergaserreiniger einweichen und dann vorsichtig abkratzen.

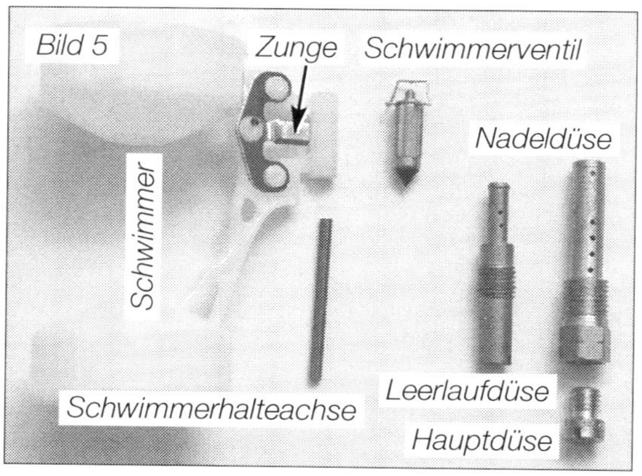

Bild 5: Alle Düsen und Bauteile im Vergaser müssen jederzeit sauber sein.

■ Das Schwimmerventil wird in eine Zunge im Ausschnitt des Schwimmers eingehängt.

Bild 6: Zum Ausbau der Vergaserbatterie die Schellen an Luftfilter und Ansaugstutzen lösen.

Vergaser aus- und einbauen

Wir beschreiben den Ein- und Ausbau eines Vergasers. Zerlegen und Reinigen können wir niemandem empfehlen, der das noch nie gemacht hat, denn ein Vergaser besteht aus so vielen Einzelteilen, dass qualifiziertes Wissen Voraussetzung ist, um ihn wieder richtig und funktionsfähig zusammenzubauen. Wir zeigen aber in den Bildern 4 und 5, wie ein Vergaser von innen aussieht, damit du mal siehst, warum der Vergaser ein so kompliziertes Bauteil ist.

1. Verbindungsschellen zwischen Vergaser und Luftfiltergehäuse lösen. Etwas WD-40 in die Klemmstellen spüren, dann lösen sich die Gummistutzen vom Vergasergehäuse!

2. Benzinschläuche abziehen.

■ Klemmschellen vorher mit einer Zange an den Enden zusammendrücken und nach oben von der Klemmstelle abziehen, dann erst lassen sich die Schläuche abziehen.

2.1. Eventuell vorhandene elektrische Steckverbindungen trennen.

3. Gaszug aushängen:

■ Wenn der Gaszug von oben in den Vergaser eingeführt ist (Schiebervergaser), Schrauben aus dem Vergaserdeckel ausdrehen und Deckel samt Gasschieber und Feder herausziehen.

■ Oder den Gasschieber-Gehäusedeckel komplett abdrehen.

3.1. Gasschieber fest in die eine Hand nehmen, mit der anderen Hand den Vergaserdeckel gegen die Federkraft gegen den Gasschieber drücken und gleichzeitig den Bowdenzug aus dem Gasschieber aushängen.

4. Chokeventil ausdrehen: Überwurfmutter öffnen, gegen den Federdruck ausdrehen, Chokekolben herausziehen.

5. Vergasereinheit vom Ansaugstutzen zum Zylinderkopf abziehen.

Einbau umgekehrt zum Ausbau, dabei besonders beachten:

■ Alle Benzinschläuche sauber aufstecken, Klemmschellen anbringen.

■ Alle Entlüftungsschläuche sauber aufstecken und sorgsam nach unten ins Freie verlegen.

■ KEIN Schlauch darf geknickt sein!

Benzinhahn aus- und einbauen

Wenn der Benzinhahn undicht oder defekt ist, bzw. der Benzinfilter verstopft ist, muss der Benzinhahn ausgebaut werden. Vor dieser Arbeit muss das gesamte Benzin aus dem Tank abgelassen werden! Es gibt verschiedene Arten von Benzinfiltern, entweder ist der Filter von unten an den Benzinhahn angeschraubt (Bild 8) oder er befindet sich oben im Benzinhahn und steckt mit diesem im Tank (Bild 10).

1. Benzin vollständig aus dem Tank ablassen, dazu Benzinhahn schließen, Schlauch abziehen oder abschrauben, ein geeignetes Auffanggefäß unter den Benzinhahn stellen. Tankdeckel öffnen, damit das Benzin besser ablaufen kann. Benzinhahn öffnen, gesamten Sprit auslaufen lassen, Benzinhahn wieder schließen.
2. Benzinhahn mit einem passenden Gabelschlüssel ausschrauben.
■ Im Benzinhahn ist ein O-Ring angebracht, diesen beim Einbau durch einen neuen ersetzen. Den ausgebauten Benzinfilter durch neuen ersetzen, Benzinhahn gut säubern. Sollte der Benzinhahn undicht sein, ebenfalls durch ein Neuteil ersetzen.

Einbau in umgekehrter Reihenfolge des Ausbaus, dabei besonders beachten:
■ O-Ringe müssen in einwandfreiem Zustand sein.
■ Mutter am Benzinhahn gut handfest anziehen.
■ Tank nicht gleich randvoll machen, zuerst nur ein paar Liter einfüllen und Benzinhahn auf Dichtheit und Funktion prüfen.

Einspritzanlage

Bei modernen Motorrädern ist der Vergaser inzwischen nahezu komplett von der Einspritzung verdrängt worden. Eine elektronisch gesteuerte Einspritzanlage arbeitet zuverlässig in jeder Betriebssituation, bildet das optimale Kraftstoff-Luft-Mischungsverhältnis und erreicht dadurch geringen Verbrauch und gute Abgaswerte.

Erste mechanische Einspritzanlagen gab es bereits während des zweiten Weltkrieges in Flugmotoren. In Motorrädern werden sie etwa seit dem Jahr 2000 in vollelektronischer Bauweise als Saugrohreinspritzung eingesetzt.

Erste Einspritzanlagen in Serienmotorrädern gab es schon um 1980, hochpreisige Motorräder wie Kawasaki 1300 Sechszylinder und die ersten BMW-Vierzylinder wurden von Einspritzanlagen mit Gemisch versorgt. Doch nur BMW wendet seither in den meisten Modellen die Einspritzung konsequent an.

Die Einspritzanlage besteht aus dem Steuergerät (ECU), verschiedenen Sensoren, der Benzinpumpe und den Einspritzdüsen. Über die Sensoren weiß das Steuergerät zu jeder Zeit, in welchem Betriebszustand (»Betriebspunkt« sagt der Techniker dazu) sich der Motor befindet und kann so die gerade benötigte Kraftstoffmenge zusteuern. Dies geschieht über die Einspritzventile, die sich

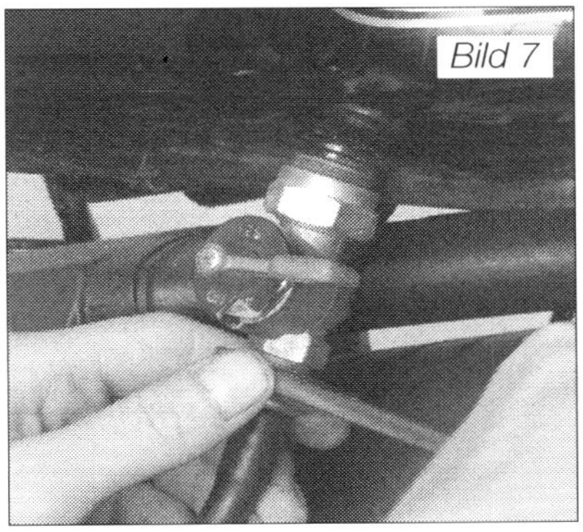
Bild 7

Bild 8

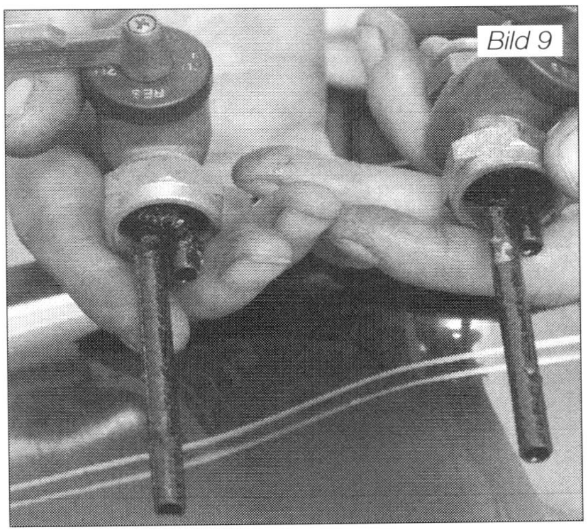
Bild 9

Bilder 7 bis 9: Die beiden Benzinhähne einer BMW R 100 CS. Der Benzinfilter ist unten am Benzinhahn angebracht, er kann ohne Ablassen des Benzins ausgebaut und gereinigt werden.

■ Die Benzinhähne waren so verklebt, dass sie nicht mehr zu bedienen waren und durch Neuteile ersetzt werden mussten.

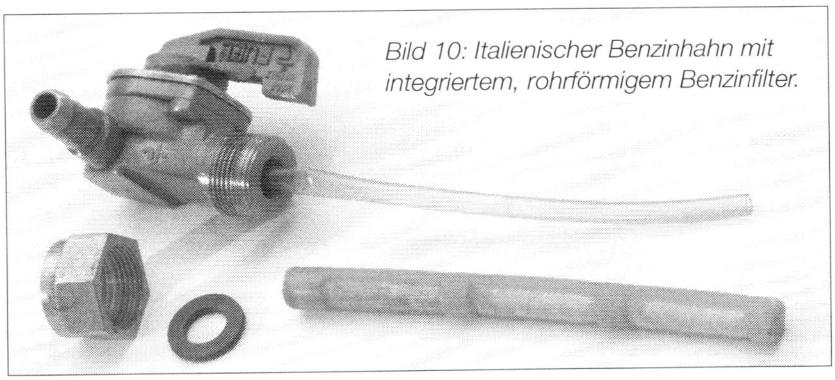
Bild 10: Italienischer Benzinhahn mit integriertem, rohrförmigem Benzinfilter.

Sichtprüfung Messen

Bild 11: Schnitt durch einen Drosselklappenkörper mit zwei Drosselklappen und Einspritzdüse.

Bilder 12 und 13: Blick auf die Einspritzung und Sensoren der Drosselklappen.

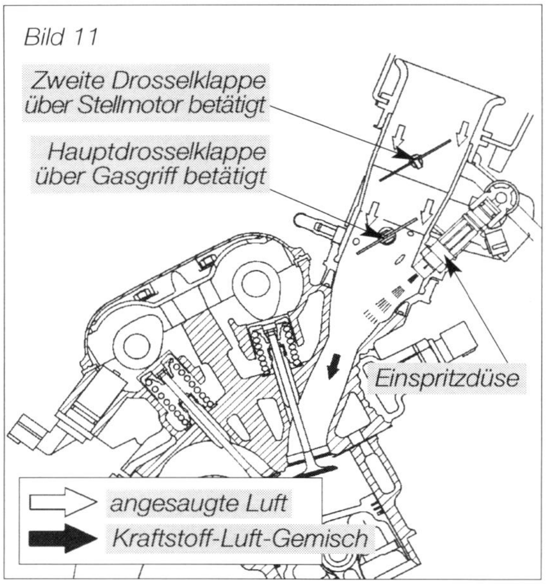

zwischen Drosselklappen und Einlassventilen befinden. Je nachdem, wie lange diese Einspritzventile geöffnet sind, kann der in den Brennraum strömenden Ansaugluft mehr oder weniger Kraftstoff beigemengt werden.

Die Benzinpumpe baut den dafür notwendigen Druck (»Einspritzdruck«) auf. Sie ist meist direkt im Tank eingebaut, weswegen es auch keinen Benzinhahn gibt, da die Benzinzufuhr elektronisch gesteuert wird.

Aus einer Vielzahl von Daten errechnet das Motorsteuergerät (ECU) die optimale Benzinmenge pro Zylinder sowie den richtigen Zündzeitpunkt. Die notwendigen Daten, wie zum Beispiel Gasgriffstellung (und damit die Stellung der Drosselklappen), Temperatur des Motorkühlmittels, Ansaugluftdruck, Ansauglufttemperatur,

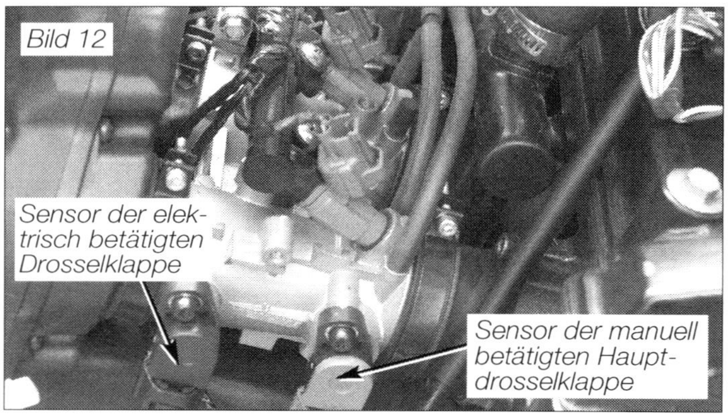

Bild 14: Systemkomponenten und Baugruppen der Einspritz-Zündelektronik. Die Pfeile zeigen an, in welche Richtung die von den Sensoren aufgenommenen Informationen fließen. Sie werden vom Motorsteuergerät (ECU) entsprechend verarbeitet und als Einspritz- und Zündsignale an Einspritzventile und Zündkerzen zurückgeschickt.

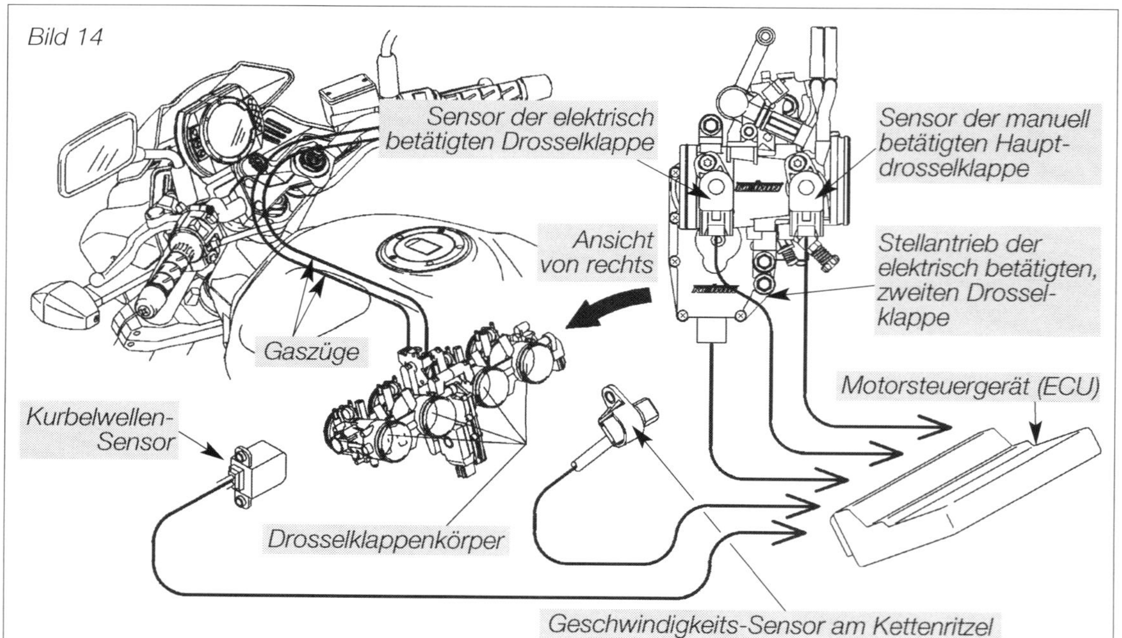

Kurbelwellen- und Nockenwellenstellung sowie die gefahrene Geschwindigkeit, bezieht das zentrale Motorsteuergerät (ECU) von entsprechenden Sensoren, die an den verschiedenen Baugruppen am Motorrad eingebaut sind.

Bei vielen Motorrädern sind im Drosselklappenkörper zwei Drosselklappen eingebaut (Bild 11):

- Die Hauptdrosselklappe wird von der Fahrerin über den Gasgriff und die Gaszüge betätigt und sitzt vorne im Drosselklappenkörper und somit dem Einlassventil am nächsten.
- Die zweite Drosselklappe sitzt, in Ansaugrichtung gesehen, vor der ersten Drosselklappe (Bilder 11 und 14), sie wird von einem Elektro-Schrittmotor (»Stellmotor«) betätigt (Bild 14). Die nötigen Steuersignale erhält dieser vom Motorsteuergerät (ECU).

Durch die zweite Drosselklappe wird der Ansaugluftstrom exakt dosiert. Dies sorgt z. B. dafür, dass sich der Motor z. B. bei abruptem Gasgeben nicht »verschluckt«.

Störungen in der Einspritzanlage

Fehler in der Einspritzanlage sind oftmals auf korrodierte oder nicht richtig angeschlossene Steckverbindungen oder auf poröse oder gequetschte Schläuche und Leitungen zurückzuführen. Bevor die große Fehlersuche mit allen möglichen Messgeräten losgeht:

- Alle in Frage kommenden Stecker checken, Kontakte mit harter Zahnbürste und Kontaktspray reinigen, ausblasen und auf Festsitz prüfen.
- Alle in Frage kommenden Schläuche und Leitungen auf Brüche, Knicke oder Quetschungen kontrollieren!

Wenn auch nur einer der Benzin- und Luftschläuche gequetscht ist, eingerissen oder nicht richtig auf seinem Stutzen sitzt, hat dies negative Auswirkungen auf das gesamte Ansaug- und Einspritzsystem (Bilder 12 und 13).

Drosselklappen synchronisieren

Eine wichtige Voraussetzung für runden Leerlauf, guten Motordurchzug und weitgehend vibrationsfreien Motorlauf bei höchstmöglicher Leistungsabgabe und geringem Verbrauch ist, dass die Drosselklappen synchronisiert sind. Das heißt, dass alle Klappen der Drosselklappen gleich öffnen und schließen. Das Synchronisieren der Drosselklappen ist eine vorgeschriebene Inspektionsarbeit, die je nach Modell ca. alle 12000 km durchgeführt werden muss. Dazu wird ein präziser Synchrontester benötigt. Wir empfehlen, diese und auch alle anderen Arbeiten, welche die Einspritzung betreffen, in der Werkstatt durchführen zu lassen.

Bild 16: Elektronikbauteile einer Einspritzanlage.

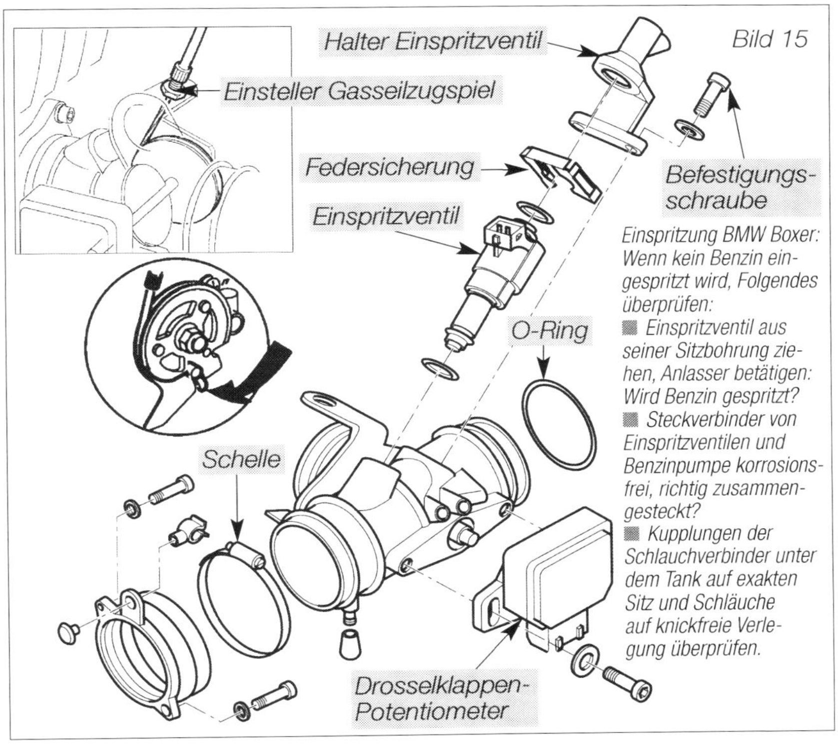

Einspritzung BMW Boxer: Wenn kein Benzin eingespritzt wird, Folgendes überprüfen:

- *Einspritzventil aus seiner Sitzbohrung ziehen, Anlasser betätigen: Wird Benzin gespritzt?*
- *Steckverbinder von Einspritzventilen und Benzinpumpe korrosionsfrei, richtig zusammengesteckt?*
- *Kupplungen der Schlauchverbinder unter dem Tank auf exakten Sitz und Schläuche auf knickfreie Verlegung überprüfen.*

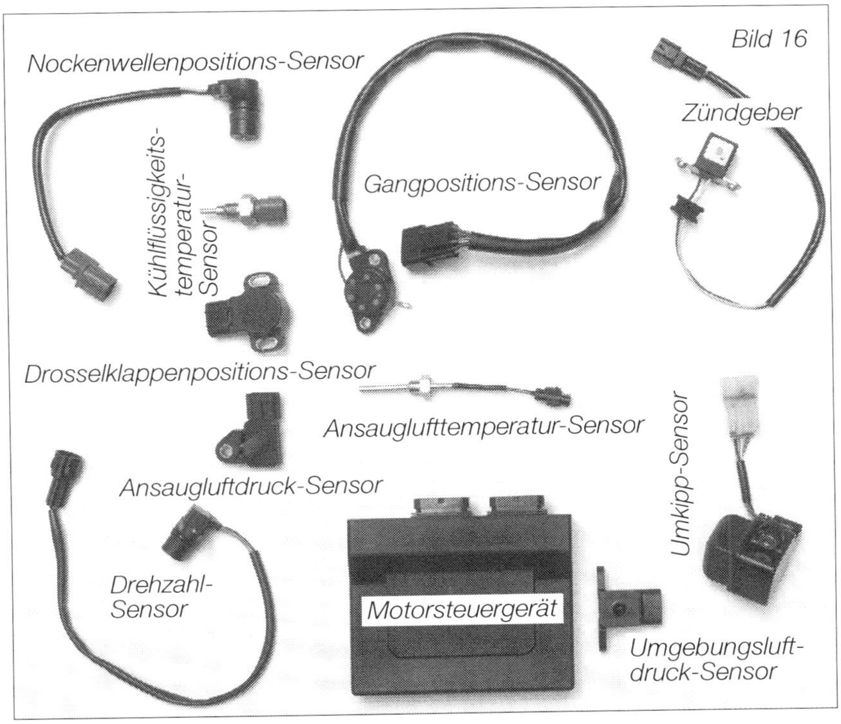

Bild 17: Lenkergewicht mit einem exakt passenden Kreuzschlitz ausschrauben, sonst ist der Schraubenkopf gleich vermurkst und die Schraube lässt sich nicht mehr öffnen.

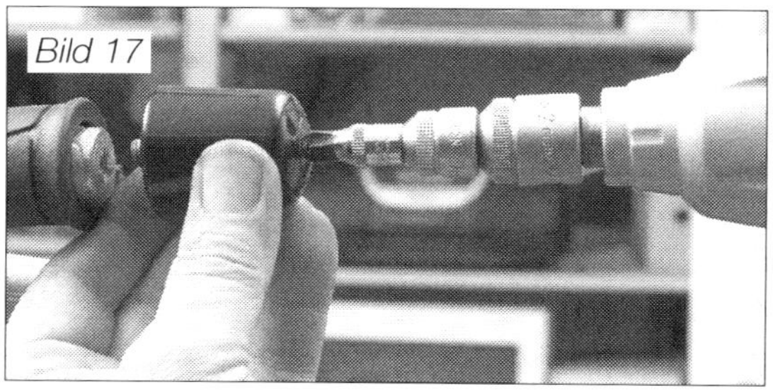
Bild 17

Bild 18: Einsteller am Öffnergaszug ganz aufdrehen.

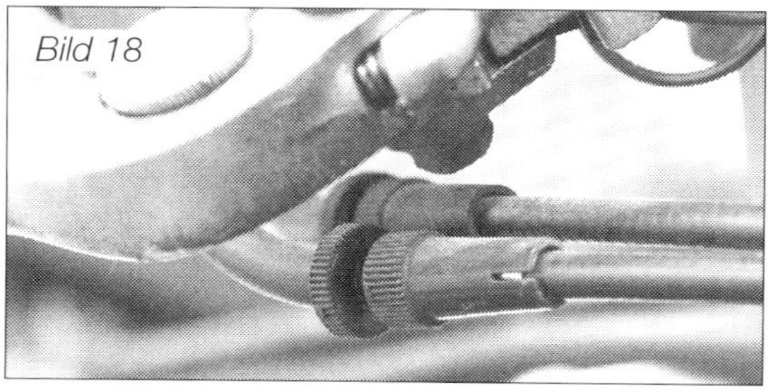
Bild 18

Bilder 19 und 20: Alle Schrauben am Gasgriffgehäuse ausschrauben, merken wo welche drin war, oft haben die Schrauben unterschiedliche Längen. Wenn alle Schrauben ausgeschraubt sind, lassen sich die Gehäusehälften trennen.
■ Die Gehäusehälften sind zusätzlich oft von unten verschraubt; wenn sich das Gehäuse nicht trennen lässt, nicht mit Gewalt daran zerren.

Bild 19

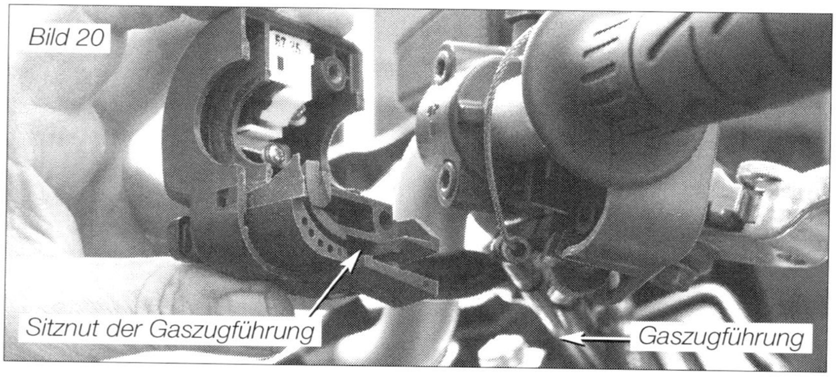

Bild 20

■ Beim Zusammenbau darauf achten, dass die Gaszugführungen exakt in ihren Nuten sitzen.

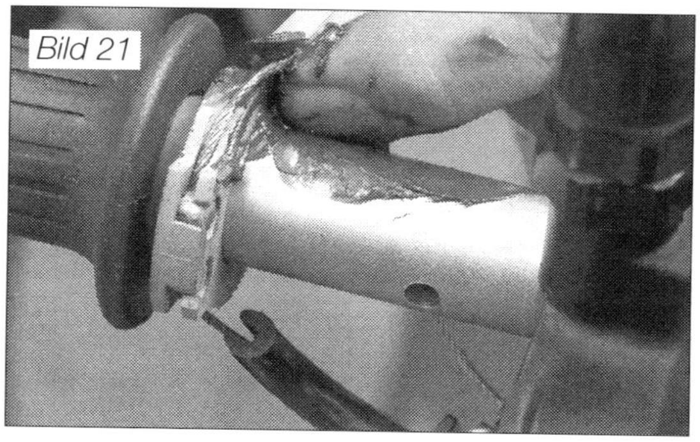
Bild 21

Gaszüge und Chokezug wechseln

Der Gasgriff muss leichtgängig sein und beim Loslassen von alleine in seine Ausgangslage zurückschnappen. Wenn er schwer geht, muss er abgebaut, gereinigt und geschmiert werden. Wenn man spürt, dass einer der Gaszüge »reibt« und der Gasgriff sich nur ungleichmäßig bewegen lässt, ist ein Gaszug eben dabei, kaputt zu gehen und es sollten umgehend zwei neue Gaszüge eingebaut werden.

Gasgriff schmieren, Gaszüge und Chokezug wechseln

Eventuell müssen Verkleidungsteile und der Tank abgebaut werden, um an die untere Gaszugrolle zu gelangen.

1. Zuerst das außen im Lenker eingesetzte Lenkergewicht (»Vibrationskiller«) ausbauen: Zentralschraube lösen (Bild 17), Lenkergewicht abnehmen.

2. Einsteller vom Öffnergaszug unten am Schaltergehäuse ganz aufdrehen (Bild 18).

3. Nun die Schrauben, welche die Gasgriff-Gehäusehälften zusammenhalten (Bild 19), ausschrauben und die Halbschalen vorsichtig voneinander trennen. Jetzt kommen die Gaszugführungen aus den Nuten in den Gehäusehäften heraus (Bild 20).

Beachten: Oft sind im Gasgriffgehäuse von unten Schrauben eingedreht, die nicht auf den ersten Blick zu sehen sind.

4. Nippel der Gaszüge aushängen (Bild 21).

5. Gasgriff vom Lenkerrohr abziehen und gut reinigen: Zur Reinigung keine aggressiven Lösungsmittel wie zum Beispiel Bremsenreiniger verwenden, denn diese können die Verklebung des Gasgriffgummis lösen! Am besten Gasgriff und Lenkerrohr mit Ölspray (WD-40) und einem sauberen Lappen reinigen.

5.1. Danach etwas Ölspray (WD-40) auf das Lenkerrohr sprühen oder sehr eine dünne Schicht Fett (Molykotepaste) auftragen.

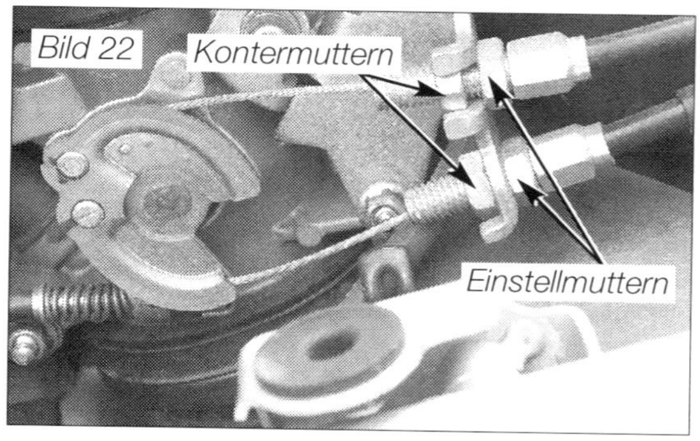

Bild 22

Falls die Züge nicht gewechselt werden müssen, kann man das Gasgriffgehäuse in umgekehrter Reihenfolge wieder zusammenbauen.

Neue Gaszüge einbauen

1. Neue Gaszüge exakt neben den alten verlegen.
2. Alte Gaszüge unten am Drosselklappengehäuse bzw. Vergaser aushängen, dazu falls vorhanden, Kontermuttern lösen. Neue Gaszüge einhängen.
3. Etwas Fett auch in die Gaszugnuten geben sowie unten auf die Seilzugrolle und die Nippelaufnahme.
4. Gaszüge oben einhängen, Gasgriffgehäuse zusammensetzen.
■ Dabei darauf achten, dass die gebogenen Gaszug-Führungsrohre exakt in ihren Nuten zum sitzen kommen (Bild 20), sonst lässt sich das Gasgriffgehäuse nicht zusammenbauen! Schrauben gut handfest anziehen.
5. Lenkergewicht anschrauben: Loctite »mittelfest« an die Schraube geben, eindrehen und mit 20 Nm festziehen
6. Alte Gaszüge ausziehen.
7. Zum Schluss das Gaszugspiel einstellen, siehe dazu Kapitel 6 »Einstellungen«.
7.1. Wenn sich das Spiel oben am Lenker nicht einstellen lässt, muss die Grobeinstellung unten an der Gaszugrolle vorgenommen werden: Kontermuttern lösen und die Einstellmuttern entsprechend verstellen. Danach Kontermuttern wieder festziehen und das vorgeschriebene Spiel über die Einsteller oben am Lenker einstellen.
■ Chokezug wird in gleicher Weise gewechselt.

Tank reinigen

Rostgefährdet ist der Benzintank besonders dann, wenn die Maschine über Winter mit leerem Tank im Freien abgestellt war oder der Tank in abgebautem Zustand nicht fachgerecht gelagert wurde.

Wer beim Tanken immer wieder mit dem Tankrüssel heftig an den Einfüllstutzen anstößt, der beschädigt dadurch den Lack im Tank und mit der Zeit bilden sich erste Rostflecken. Das beste Mittel dagegen – den Tankrüssel gefühlvoll in den Tank stecken!

Ein innen angerosteter oder auch ziemlich vergammelter Benzintank muss nicht unbedingt auf dem Schrottplatz landen. Solange der Rost nur an der Oberfläche sitzt, also das Blech noch nicht durchgerostet ist, lässt sich ein Tank auf Dauer entrosten. Es gibt viele Reinigungsmethoden, wie zum Beispiel den Tank mit Glasscherben, Bleikugeln oder Schrauben bis zur Hälfte zu füllen und dann kräftig und lange schütteln. Manche wickeln ihren Tank dazu in dicke Wolldecken ein und lassen ihn einen ganzen Tag in einem Betonmischer durchschütteln.

Allerdings führen diese Methoden meist nicht zum erhofften Erfolg, weil die verwinkelten, kleinen Ecken innerhalb des Tanks von den Bleikugeln bzw. Glassplittern nicht erreicht und deswegen der Rost nicht abgeschliffen wird. Schon der kleinste Rest-Rostfleck reicht zur Bildung eines neuen Rostnestes aus, und alle Mühe war umsonst.

Eine gründliche Reinigung eines Tanks, und sei er noch so verrostet, ist Sache von Spezialbetrieben. Der Preis richtet sich je nach Zustand und Größe des Tanks und liegt meist zwischen 100 und 200 Euro. Je nach Wunsch und Umfang der Arbeiten erhält man (gegen entsprechenden Aufpreis natürlich!) einen perfekt sandgestrahlten Tank mit kompletter Innenversiegelung.

Einer der führenden Tankreinigungs- und Beschichtungsspezialisten ist:

Der Tank-Spezialist GmbH
Blumenstraße 12 · D-72739 Pfullingen
www.tank-spezialist.de

Bild 21 und 22 auf der linken Seite unten: Nippel der Gaszüge aus der Führungsrolle oben und unten aushängen.

■ *Die Grobeinstellung des Gaszugspiels wird unten an der Gaszugrolle eingestellt. Kontermuttern lösen, Einstellmuttern entsprechend verdrehen.*

■ *Verstellung nach links, Spiel oben am Hebel wird größer, nach rechts wird es oben kleiner.*

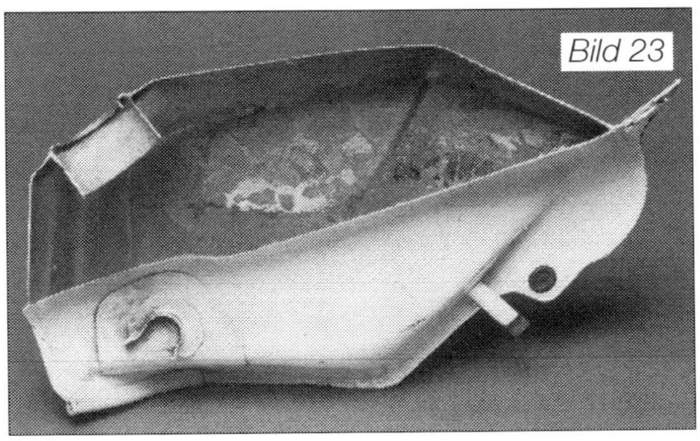

Bild 23: Blick in einen rostigen Tank.

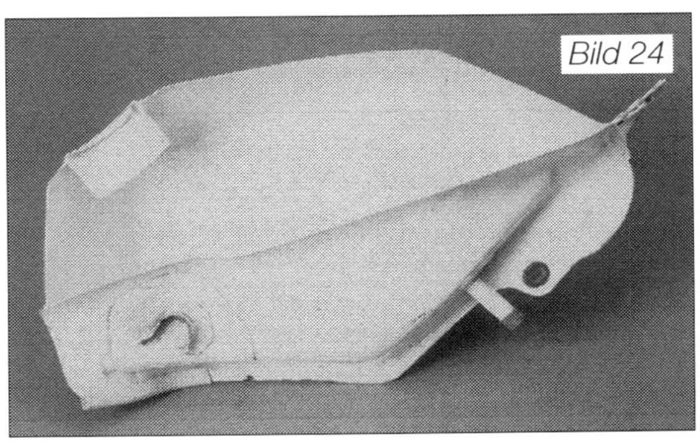

Bild 24: Tank nach Reinigung und Beschichtung.

Bild 1: Explosionszeichnung einer Auspuffanlage mit Teilebezeichnungen und Anziehdrehmomentwerten.

Bilder 2 und 3: Dichtungen der Auspuffanlage.

Auspuffanlage

In diesem Kapitel: Auspuffanlage · Auspuff prüfen · Dichtungen prüfen · Auspufftopf ab- und anbauen · Krümmer ab- und anbauen · Zubehör-Auspuffanlagen · Abgasreinigung · Sekundärluft-Steuerventil prüfen · Katalysator defekt?

Auspuffanlage

Trotz des unterschiedlichen Aussehens sind Motorradauspuffanlagen in ihrem Aufbau weitgehend gleich: Der (oder die) am Zylinderkopf angeflaschte(n) Auspuffkrümmer führen die Abgase über einen unter dem Motor angebrachten Sammler, der auch als »Vorschalldämpfer« bezeichnet wird, in einen Auspufftopf, in den eine Schalldämpfung eingebaut ist (Bild 1).

Im Vorschalldämpfer ist (z. B. bei BMW) ein geregelter Drei-Wege-Katalysator zur Abgasreinigung eingebaut. Die dazu nötige Lambdasonde sitzt entweder am Vorschalldämpfer oder am Ende der Auspuffkrümmer.

Je nach Ausführung der Auspuffanlage kann ein Vierzylinder eine 4-in-1-Auspuffanlage (4 Krümmer, 1 Auspufftopf) haben, eine 4-in-2- oder auch eine 4-in-4-Auspuffanlage. Wichtigste Funktion des Auspuffes ist neben der Dämpfung des Auspuffgeräusches und der positiven Beeinflussung der Leistungscharakteristik vor allem das Abkühlen und das gezielte Weiterleiten der aus dem Motor entweichenden Abgase.

Zwischen den einzelnen Bauteilen der Auspuffanlage sind Dichtungen eingebaut: »Ringdichtungen« (Bild 2) zwischen Auspuffkrümmer und Zylinderkopf, »Paketdichtung« (Bild 3) in den Klemmstellen der Anschlussrohre des Auspufftopfs an die Krümmer- oder Sammlerrohre. Alle Dichtstellen müssen jederzeit dicht sein, sonst blasen die Abgase unkontrolliert ins Freie ab bzw. zieht die Auspuffanlage Falschluft an.

Bild 2

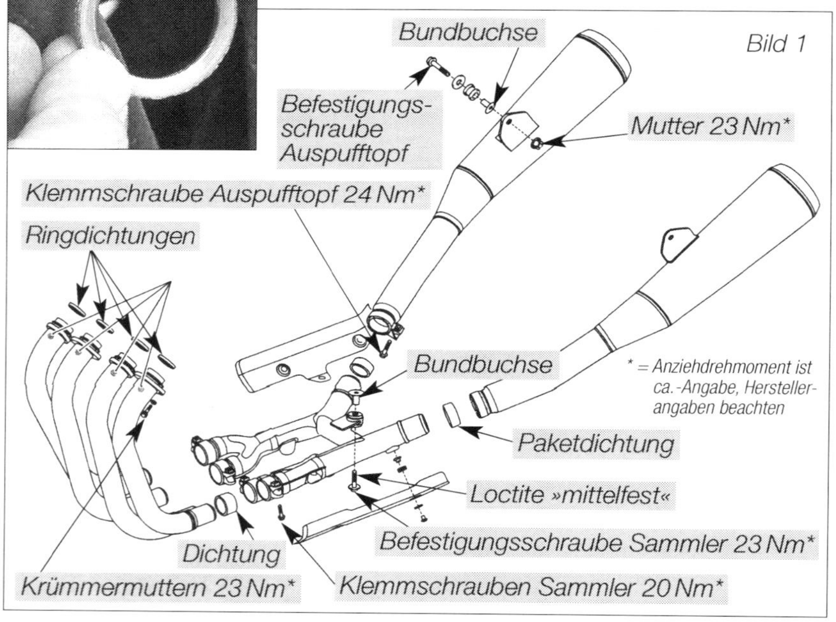

Bild 1

Auspuff prüfen

Auspufftopf kontrollieren

- Sichtprüfung: Alle Schweißnähte dicht?
- Oberfläche ohne Dellen, Löcher, Korrosion?
- Hörprobe: Mit dem Handballen gegen den Auspufftopf klopfen, innen darf nichts klappern. Wenn doch, haben sich innere Bauteile gelöst und der Auspufftopf muss ersetzt werden.

Bild 3

Sicherheitshinweise Achtung und Tipps für dieses Kapitel

⚠ Zu allen Arbeiten an der Auspuffanlage diese kalt werden lassen, nicht in heißem Zustand anfassen.

☞ Bei allen Montagearbeiten an der Auspuffanlage reichlich Kupferpaste an die Gewinde von Muttern und Schrauben geben. Ein Festbacken der Gewinde wird damit verhindert. KEIN Motoren- oder Schmieröl, Kettenspray oder Fett verwenden, denn das brennt sich ein und backt fest!

☞ Bei älteren Motorrädern können die Krümmermuttern so fest sitzen, dass sich beim Versuch, die Muttern zu öffnen der Stehbolzen aus dem Zylinderkopf herausdreht. Wenn keine Möglichkeit zur Reparatur des Gewindes besteht (z. B. mit Heli-Coil) und das Gewinde von Stehbolzen und Zylinderkopf in Ordnung ist, kannst du den Stehbolzen mitsamt der darauf verklemmten Mutter wieder einschrauben. Gut mit Kupferpaste einschmieren. Das Gewinde sollte jedoch bei nächster Gelegenheit repariert werden. Vor dem Einschrauben darauf achten, dass keine herausgerissenen Gewindegänge des Zylinderkopfmaterials am Stehbolzen hängen. Wenn doch, gleich reparieren.

Dichtungen prüfen
Motor laufen lassen und die Hand zwei Zentimeter vor die jeweilige Auspuffdichtung halten. Ist eine Dichtung defekt, spürt man die durchblasenden Abgase an der Hand. **Achtung heiß!** Oft genügt schon eine Sichtprüfung, denn undichte Auspuffdichtungen erkennt man an der Schwarzfärbung entsprechender Stellen.

Wichtig: Durchblasende Dichtungen kann man nicht durch ein stärkeres Anziehen der Flansche bzw. der Auspuffschellen beheben, dadurch werden nur die Bauteile dauerhaft verzogen. Wenn eine Dichtung der Auspuffanlage undicht ist, muss sie durch ein neues Originalteil ersetzt werden, wozu die entsprechenden Bauteile abgebaut werden müssen.

Auspufftopf ab- und anbauen

Abbau
1. Klemmschraube der Auspuffschelle an der Verbindung von Auspufftopf zu Auspuffkrümmer oder Sammler lösen, mindestens drei Umdrehungen aufdrehen.
■ Diese Schraube ist meistens schmutzig und stark korrodiert, deswegen zuerst mit einer Drahtbürste den gröbsten Dreck abputzen, mit Rostlöser einsprühen, einige Minuten wirken lassen. Schraube mit einer exakt passenden Sechskantnuss öffnen.
2. Mutter und Befestigungsschraube am Auspufftopf an der Soziusfußraste mit Rostlöser einsprühen. Mutter öffnen, Schraube am Kopf dabei gegenhalten.
3. Auspufftopf abbauen:
3.1. Wenn die Paketdichtung durch Alterserscheinung oder falsche Montage zerbröselt ist und deswegen der Auspufftopf abgebaut werden muss, lässt er sich leicht abziehen.
3.2. Ist die Paketdichtung alt, dann klebt sie in ihrem Sitz. Mit Rostlöser einsprühen, Auspufftopf mit beiden Händen packen und mit leichten Drehbewegungen abziehen.

Anbau
1. Neue Paketdichtung besorgen. Diese silbrig-schwärzlich glänzende Hülse (Bild 3) ist ähnlich einer Mullbinde aufgebaut und muss vorsichtig behandelt werden: Nicht drücken oder knicken!
2. Alte Paketdichtung abbauen, ggf. kleine Säge zu Hilfe nehmen (Bilder 6 und 7). Kontaktstellen am Auspuffkrümmerrohr und Klemmstelle im Auspufftopf (Bilder 8, 10 und 11) gut reinigen. Korrosion und Dichtungsreste mit Stahlbürste, Dreikantschaber und Schmirgelpapier ab- und herausputzen.
3. Neue Paketdichtung gut mit Kupferpaste einschmieren (Bild 9) und in ihren Sitz in die Klemmstelle des Anschlussrohrs am Auspufftopf ganz nach unten an den Anschlag einschieben.
■ Muss leicht gehen, nichts darf klemmen – wenn etwas klemmt, Dichtung vorsichtig wieder herausziehen und Öffnung vorsichtig leicht aufweiten.
4. Auspufftopf in Linie zum Krümmerrohr aufschieben, nicht verkanten (sonst geht Dichtung zu Bruch), mit leichten Drehbewegungen den Topf so weit aufschieben, dass die hintere Halte-

Bild 4: Falsch eingebaute Paketdichtung, sie steht vorne heraus. Auch die Klemmschelle sitzt nicht korrekt, ihre Klemmung muss mehr nach innen zum Rad hin zeigen.

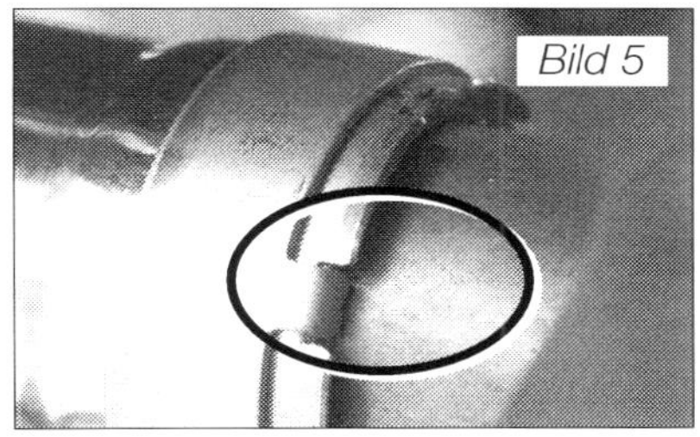

Bild 5: Schelle so positionieren, dass Haken in Ausschnitt eingreift (Kreis).

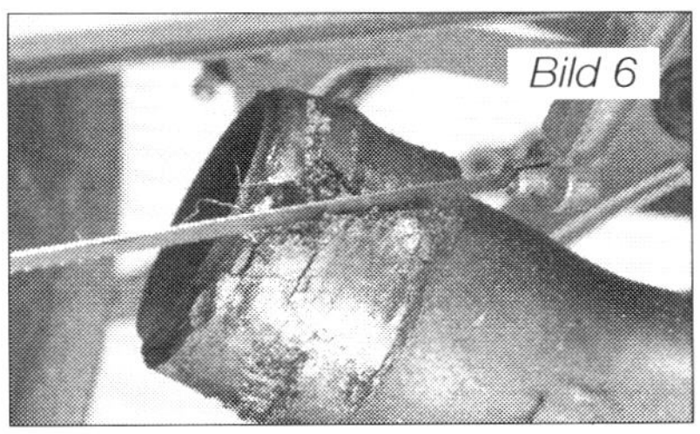

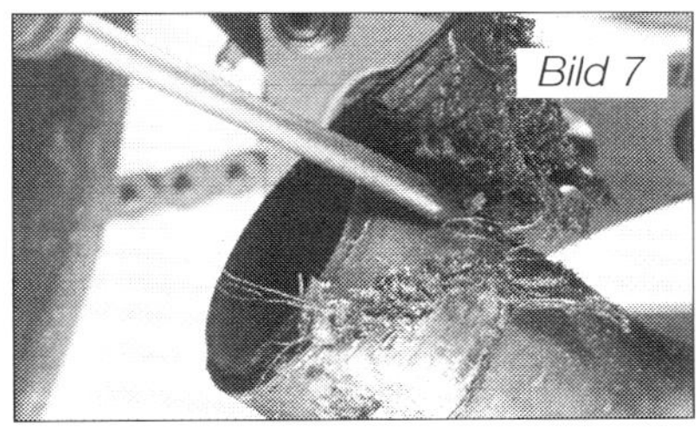

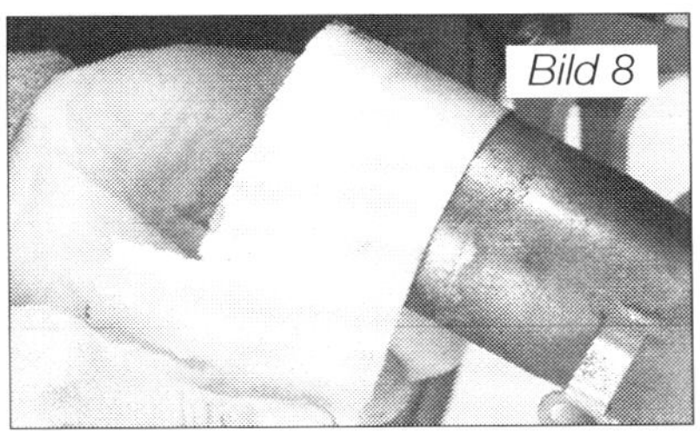

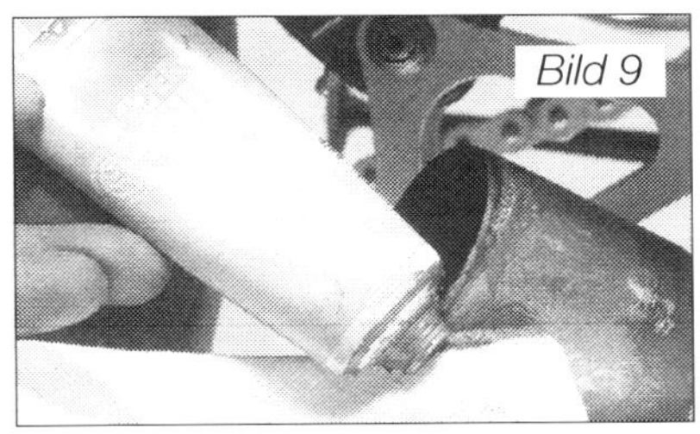

Bilder 6 bis 11: Vorbereitung der Dichtstellen am Auspuffkrümmer und im Anschlussrohr des Auspufftopfs zur Montage einer neuen Paketdichtung.

öse zur Anlage auf der Haltebohrung kommt.
5. Klemmschelle so ansetzen, dass der Haken in den Ausschnitt eingreift (Bild 5) und die Klemmstelle nach hinten-unten zum Reifen hinweist. Schraube eindrehen und festziehen.
6. Scheibe auf Schraube aufschieben, Schraube einstecken, Scheibe aufschieben, Mutter aufdrehen und sorgfältig festziehen.

> **Tipp:** Oft ist in die Auspuffhalterung am Fußrastenausleger eine vibrationshemmende Gummibuchse eingesetzt. Diese kontrollieren, ob sie noch komplett vorhanden und formstabil ist, sie darf auch nirgends gerissen sein. Wenn defekt, unbedingt erneuern, denn wenn diese Gummibuchse defekt ist oder fehlt, hält der Auspufftopf nicht richtig und die Paketdichtung zerbröselt.

Krümmer ab- und anbauen

Bei wassergekühlten Motorrädern kann es sein, dass vor dem Abbau der Auspuffkrümmer auch Tank, Wasser- und (wenn vorhanden) auch der Ölkühler abgebaut werden müssen. Geschickte Schrauberinnen schrauben den Kühler nicht komplett ab, sondern lösen ihn nur an seinen Befestigungsstellen und ziehen ihn samt der montierten Schläuche etwas nach vorne weg, damit die Schraubstellen der Auspuffkümmer am Zylinderkopf frei kommen und gut zugänglich sind.

Bei Motorrädern mit geregeltem Katalysator muss vor dem Abnehmen der Krümmer der Stecker des Kabels zwischen Lambdasonde und Kabelbaum getrennt und das Kabel aus den Klemmungen herausgenommen werden. Noch besser ist es, die Lambdasonde vor der Demontgage der Krümmer komplett herauszuschrauben. BMW schreibt zum Aus- und Eindrehen der Lambdasonde ein Spezialwerkzeug vor.

Auspuffkrümmer abbauen
1. Auspufftopf abbauen.
2. Falls vorhanden, Befestigungen des Vorschalldämpfers abschauben (Bild 1).
3. Muttern von den Stehbolzen am Zylinderkopf abdrehen (Bild 12) bzw. Schrauben ausdrehen.
4. Auspuffkrümmer oben feste packen, etwas daran wackeln und nach vorne herausziehen.
5. Alte Dichtungen aus den Bohrungen im Zylinderkopf herausziehen, ggf. Schraubenzieher zu Hilfe nehmen.

Der **Anbau** der Auspuffkümmer geschieht grundsätzlich umgekehrt zum Abbau. Dabei Folgendes beachten:
- Weil die Ringdichtungen bei der Montage stark gequetscht werden und sich durch die Verformung der Dichtstelle anpassen, können sie nur einmal verwendet werde: Alle Dichtungen der Auspuffanlage bei der Montage erneuern.
- Dichtungen, Muttern und Schrauben gut mit Kupferpaste einschmieren.
- Solltest du im Notfall keine neuen Dichtungen zur Hand haben, setze die alten Dichtungen mit reichlich Kupferpaste ein. Bei nächster Gelegenheit erneuern!
- Muttern und Schrauben mit den entsprechenden Anziehdrehmomenten anziehen, um Verzug zu vermeiden.

Anzugsreihenfolge
1. Alle Schrauben und Muttern leicht anziehen.
2. Muttern Auspuffkrümmer an Zylinderkopf.
3. Klemmschraube Auspuffschelle.
4. Befestigungsschraube Schalldämpfer.
5. Befestigungsschraube(n) Gummilager am Soziusrastenausleger.

Lambdasonde einbauen
- Gewinde mit Optimoly TM bestreichen.
- Lambdasonde eindrehen, mit 45 Nm festziehen.
- Kabel der Lambdasonde exakt verlegen, Kabelklemmen schließen, ggf. Kabelbinder anbringen, Stecker zusammenstecken.

Zubehör-Auspuffanlagen

Für den Anbau einer Nachrüst-Auspuffanlage spielen unterschiedliche Gründe eine Rolle: Defekt oder Verschleiß der serienmäßigen Anlage (z. B. nach Sturz), Optik, Sound, Gewicht, Tuning oder einfach nur der Spaß an der Freude. Es gibt auf dem Auspuffmarkt mehr als 30 Firmen, die Nachrüstanlagen anbieten. Das Angebot reicht

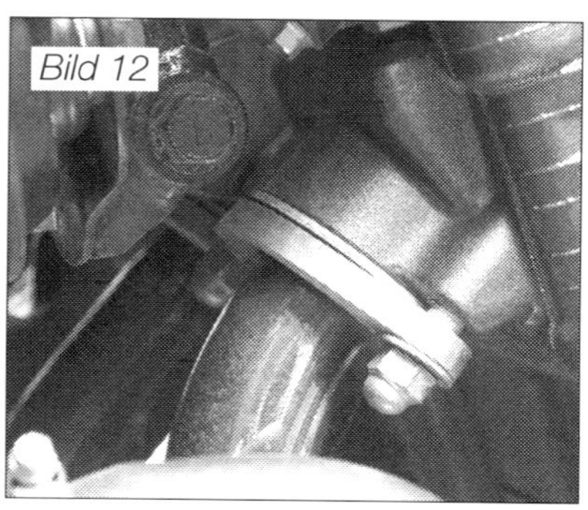

Bild 12: In diesem Fall die Bundmuttern an den Stehbolzen am Zylinderkopf abdrehen.

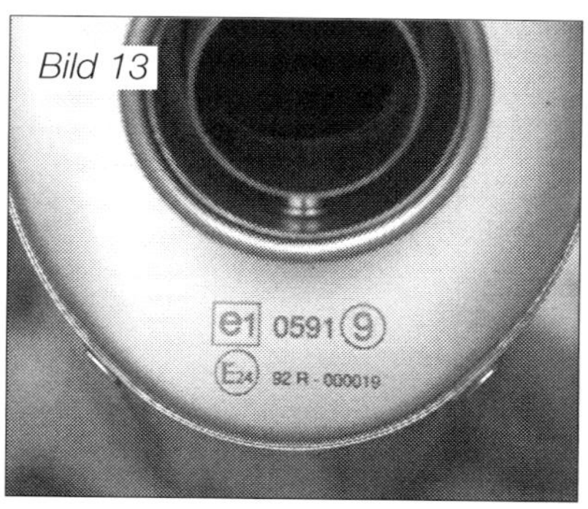

Bild 13: Auf dem Zubehörauspufftopf ist eine E-Nummer angebracht.

vom Endtopf, der an den Krümmer angebracht wird, bis zur Komplettanlage inklusive Krümmer. Die Preise reichen von ca. 250 für einen Auspufftopf bis weit über 2000 Euro für eine komplette Auspuffanlage aus Titan.

Für Straßenbetrieb muss der Auspufftopf eine »Allgemeine Betriebs-Erlaubnis« (ABE) haben. Diese wird vom Auspuffhersteller erstellt, liegt der Auspuffanlage bei und ist EU-weit gültig. Im Auspufftopf ist die Nummer der ABE aufgebracht (Bild 13). Wenn bei einer Polizeikontrolle der Nachrüstauspuff auffällt, genügt es normalerweise, dass man den kontrollierenden Polizisten auf die Nummer hinweist. Das Mitführen der ABE-Bescheinigung ist nicht zwingend notwendig; es ist jedoch sinnvoll, die Bescheinigung dabei zu haben, um möglichen Stress mit dem Auge des Gesetzes zu vermeiden. In der Schweiz (kein EU-Land) gelten andere Bestimmungen, weswegen Schweizer (und auch österreichische!) Polizisten oft sehr rigide mit Ausländern umgehen, die eine ihrer Meinung nach »zu laute Auspuffanlage« montiert haben, egal ob mit oder ohne EU-ABE.

Abgasreinigung

Alle Hersteller bieten verschiedene Systeme zur Abgasreinigung an, die Palette reicht vom Sekundärluftsystem (hat je nach Hersteller unterschiedliche Bezeichnungen) über den ungeregelten bis hin zum geregelten Drei-Wege-Katalysator.

Das Sekundärluftsystem bewirkt durch Zufuhr von Frischluft in den Auslasstrakt eine Nachverbrennung unverbrannter Kraftstoffpartikel. Je nach Unterdruck im Einlasstrakt wird das Sekundärluft-Steuerventil geöffnet und gibt dann den Weg für Frischluft in die Auslasskanäle frei bzw. ist es geschlossen und sperrt ab.

Am Sekundärluftsystem kann nichts eingestellt werden, Störungen sind die Ausnahme. Wichtig ist, dass kein Schlauch porös ist, alle Schläuche richtig auf ihren Stutzen sitzen und die Klammern zur Sicherung korrekt angebracht sind.

Motor patscht beim Gas zumachen
Wenn der Motor im Schiebebetrieb unkontrolliert aus dem Auspuff patscht und knallt, ist dies ein Zeichen für einen Fehler des Sekundärluft-Systems. Als Erstes alle Schläuche auf korrekte Anschlüsse (Bild 14), Löcher, Risse und Porosität überprüfen. Wenn ok, das Sekundärluft-Steuerventil prüfen.

Sekundärluft-Steuerventil prüfen

Das Sekundärluft-Steuerventil sitzt in der Regel hinter dem Lenkkopf oben über dem Ventildeckel zwischen den Schläuchen.

1. Schläuche abziehen, Unterdruckpumpe am Unterdruckschlauch anschließen.
2. Motor laufen lassen, etwas Gas geben und prüfen, ob durch den offenen Anschluss des dicken Luftschlauchs Luft angesaugt wird.
3. Mit der Unterdruckpumpe 40 mm Hg aufbringen. Motordrehzahl erhöhen und prüfen, ob der Unterdruck gehalten wird und keine Luft mehr durch den Luftschlauch angesaugt wird.
3.1. Wenn keine Luft mehr angesaugt wird, ist das Sekundärluft-Steuerventil in Ordnung und der Fehler liegt wahrscheinlich bei defekten Membraneinsätzen.
3.2. Wenn weiterhin Luft angesaugt wird, schließt das Sekundärluft-Steuerventil nicht mehr richtig, weil Membrane und/oder Feder defekt sind. Dann muss es erneuert werden.
■ Bei dieser Gelegenheit auch gleich neue Membraneinsätze einbauen (Bild 15).

Wichtig: Beim Zusammenbau darauf achten, dass alle Anschlüsse wirklich dicht sind!

Katalysator defekt?

Beim geregelten Drei-Wege-Katalysator misst die Lambdasonde den Sauerstoffgehalt im Abgas, meldet das Messergebnis an das Motorsteuergerät, das entscheidet, mehr oder weniger Kraftstoff einzuspritzen, damit das ideale Luft-Kraftstoff-Verhältnis von Lambda 1 erreicht wird (= ca. 14 Gramm Luft pro Gramm Treibstoff). Katalysator und Lambdasonde können nicht eingestellt oder repariert werden. Schäden am Katalysator treten dann auf, wenn mit verbleitem statt unverbleitem Benzin gefahren wird.

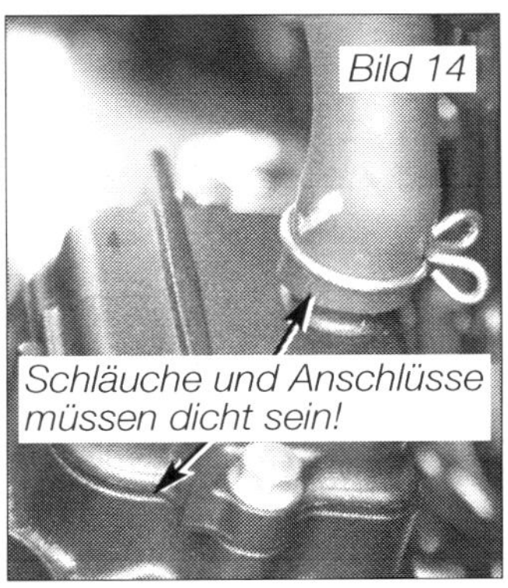

Bild 14: Schläuche auf korrekte Anschlüsse und Dichtheit prüfen.

Bild 15: Das Sekundärluft-Steuerventil sitzt auf dem Ventildeckel.

Sichtprüfung Messen

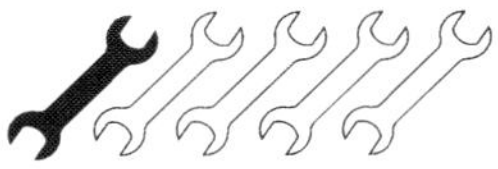

Ölwechsel

In diesem Kapitel: Schmiersystem · Motorölsorten, Bezeichnungen · Mineral- oder Synthetiköl · Ölkontrolle und Öl nachfüllen · Öl und Filter wechseln · Öldruckschalter.

Schmiersystem

Beim Viertaktmotor gibt es zwei verschiedene Schmiersysteme: Nasssumpf- und Trockensumpfschmierung:

Bild 1: Schematische Darstellung des Ölkreislaufs.

Nasssumpf: Das Motor-Schmieröl ist unten im Motor in der Ölwanne gelagert, wird von dort von einer Ölpumpe abgesaugt, zu den einzelnen Schmierstellen gedrückt und tropft von diesen wieder zurück in die Ölwanne.

Trockensumpf: Das Öl ist außerhalb des Motors in einem extra Öltank gelagert, wird aus diesem von einer Ölpumpe abgesaugt und zu den Schmierstellen gedrückt, tropft von dort nach unten in eine (recht kleine) Ölwanne ab und wird von dort von einer zweiten Ölpumpe zurück in den Öltank gefördert.

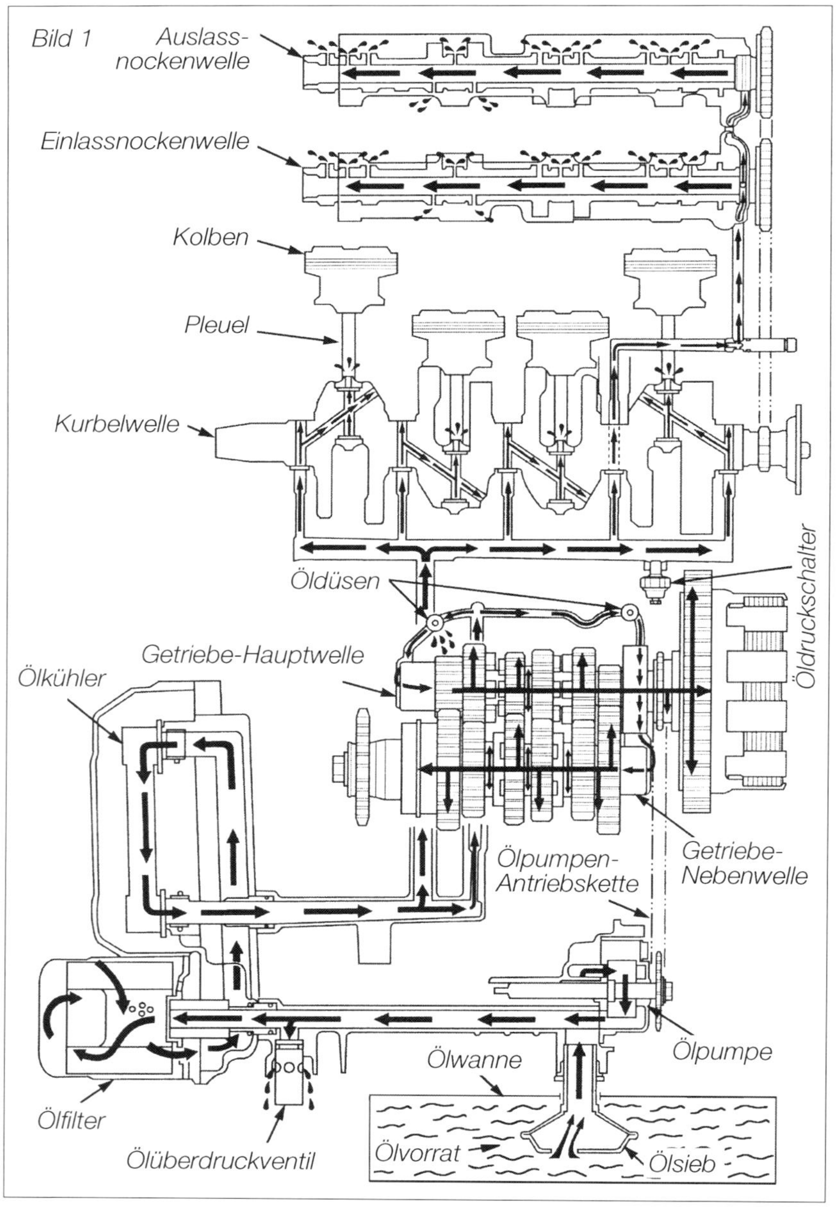

Die meisten Motorräder haben eine Nasssumpfschmierung, diese ist kostengünstig in der Herstellung, weil ja das Motorgehäuse gleichzeitig als Ölbehälter fungiert und nur eine Ölpumpe gebraucht wird. Die Trockensumpfschmierung ist die aufwändigere, technisch anspruchsvollere und teurere, denn sie hat ja nicht nur einen extra Ölbehälter mit Verbindungsschläuchen zum Motor, sondern auch zwei Ölpumpen. Ein- und Zweizylinder-Enduros haben oft eine Trockensumpfschmierung, im Straßenbereich sind es die großen Harley-V-Motoren.

Ölpumpe

Die einzelne Ölpumpe in der Nasssumpf- oder die beiden Ölpumpen in der Trockensumpfschmierung können über Zahnräder oder Kette angetrieben sein.

Im Inneren der Ölpumpe sind entweder Außen- und Innenrotor (»Trochoiden«, Bild 2) oder Zahnräder (Bild 3) eingebaut:

Trochoidenölpumpen bauen einen hohen Öldruck auf (bis ca. 6 bar) und werden deswegen bei gleitgelagerten Kurbeltrieben verwendet.

Zahnradölpumpen bauen einen geringeren Öldruck auf (bis ca. 2,5 bar) und werden deswegen bei wälzgelagerten Kurbeltrieben verwendet.

Im Ölkreislauf ist ein Ölfilter eingebaut, durch den das Öl auf dem Weg von der Ölpumpe zu den Schmierstellen gedrückt wird. Dabei werden metallische Abriebe aus dem Öl herausgefiltert.

Ölverbrauch

Der Ölverbrauch wird bestimmt von der äußeren und inneren Dichtheit des Motors:

Äußere Dichtheit: Durch Dichtungen und Simmerringe gelangt eine gewisse Menge Öl nach draußen, und wenn es auch nur Tropfen sind.

Innere Dichtheit: Durch Ventilführungen, Ölabstreifringe und Kolbenspiel gelangt eine gewisse Menge Motoröl in den Verbrennungsraum und wird dort verbrannt. Die »Innere Dichtheit« ist in großem Maße abhängig von der Laufleistung bzw. vom Verschleißzustand der inneren Motorbauteile. Deswegen braucht ein Motor mit 80 000 km Laufleistung etwas mehr Öl als einer mit 15 000 km. Weil das Motoröl auch Verbrennungsrückstände aufnehmen muss, wird es mit der Zeit immer dunkler.

Abhängig ist der Ölverbrauch aber auch von der Art und Weise, in welchen Geschwindigkeitsbereichen das Motorrad gefahren wird: Ein überwiegend mit hohen Drehzahlen laufender Motor verbraucht mehr Öl als einer, der »schonend« im mittleren Drehzahlbereich gefahren wird.

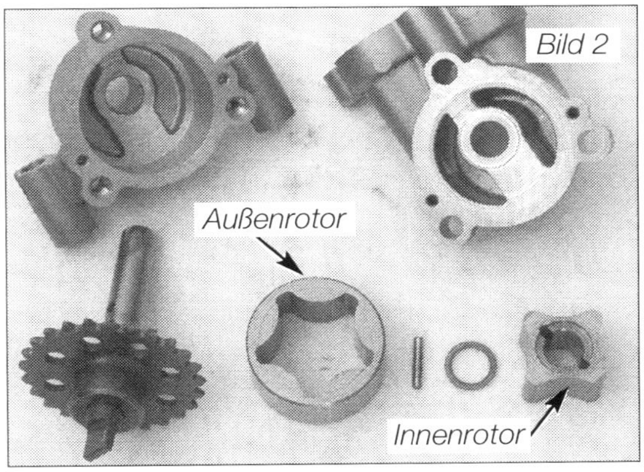

Bilder 2 und 3: Zerlegte Trochoiden-Ölpumpe und Zahnrad-Ölpumpe im Vergleich.

Motorölsorten, Bezeichnungen

Jeder Hersteller schreibt ein ganz bestimmtes Öl für seinen Motor vor. Unsere wichtigste Empfehlung lautet deshalb: **Kaufe das vom Motorenhersteller vorgeschriebene Öl.** Motoröle für PKW haben andere Eigenschaften zu erfüllen als Öle für Motorräder und sollen deswegen nicht verwendet werden!

Beispiel eines vom Hersteller im Fahrzeughandbuch vorgeschriebenen Motoröls: *»Motoröl SAE 10W/40 der API-Service-Klassifikation SE, SF oder SG und SH oder SJ mit JASO MA«.*

Sicherheitshinweise Achtung und Tipps für dieses Kapitel

Tipp: Zur Kontrolle des Ölstands soll das Motorrad waage- und senkrecht stehen.

Achtung: Im Öleinfüll-Verschlussstopfen ist ein kleiner O-Ring eingesetzt. Diesen kontrollieren, ob er in Ordnung ist, also keine geklemmte oder ausgerissene Stelle hat. Sollte er beschädigt sein, unbedingt erneuern, sonst drückt es (bzw. zieht der Fahrtwind) Öl heraus. Keine Zange benutzen, um den Öleinfüllstopfen besonders fest eindrehen zu wollen – nur handfest anziehen!

Tipp: Vor einer längeren Fahrt zu Hause den Ölstand kontrollieren und ggf. mit dem richtigen Öl auffüllen. Wer auf mehrtägige Fahrt geht, sollte entweder einen Liter des richtigen Öls mitnehmen oder eine ölfeste Plastikflasche mit öldichtem Verschluss mit dem Motoröl befüllen, das garantiert im Motor drin ist, und die Flasche ins Gepäck packen. Entsprechende Flaschen gibt es z. B. im Chemiefachhandel.

Tipp: Motoröl nur in betriebswarmem Zustand wechseln, also vorher den Motor mindestens zehn Kilometer warm fahren. Damit wird sichergestellt, dass Metallabriebteile, die sich noch nicht abgesetzt haben, sondern noch in der Schwebe sind, vom heißen Öl aufgenommen und beim Ablassen mit herausgespült werden.

Achtung: Altöl niemals wegschütten, sondern an einer Sammelstelle oder Tankstelle abliefern. Jeder Ölverkäufer ist zur Rücknahme einer entsprechenden Menge Altöls verpflichtet! Beim Kauf von neuem Öl die Quittung aufbewahren und bei der Rückgabe des Altöls vorzeigen!

Achtung: Keine Getränkeflaschen als Altölbehälter verwenden! Besser ist etwa ein alter Benzinkanister, der mit einem dauerhaften Etikett »Altes Motoröl« versehen wird.

Achtung: Dem Altöl keine anderen Flüssigkeiten beimischen, wie z. B. Brems- oder Kühlflüssigkeit. Diese extrem giftigen und wenig umweltfreundlichen Betriebsstoffe müssen in extra Behältern aufgefangen und zu Problemstoff-Sammelstellen gebracht werden.

Achtung: Zum Ölablassen ein so großes Gefäß verwenden, das den Bereich von Ölablassöffnung und Ölfilter unterm Motor nicht nur abdeckt, sondern allseitig um mindestens zehn Zentimeter übersteht (siehe Ölwanne im Kapitel 4 »Werkstatt«). Das Altöl zur Ölsammelstelle bringen, wo es umweltgerecht entsorgt wird.

Achtung: Wenn die Ölablassschraube ihren letzten Gewindegang erreicht hat, beginnt das Öl bereits zu laufen. Finger rasch wegziehen! Es ist besser, die Ölablassschraube mit dem ersten Schuss Öl ins Auffanggefäß fallen zu lassen, als sich am heißen Öl die Finger zu verbrühen! Öl läuft erst im Strahl, nach einiger Zeit nur noch tropfenweise. Also geduldig warten, bis auch der letzte Tropfen im Auffanggefäß gelandet ist.

Sichtprüfung Messen

SAE 10W/40: Motoröle sind in SAE-Klassen eingeteilt, z. B. 0W, 10W, 15W, 20W/20, 30, 40, 50. **SAE** steht für **S**ociety of **A**utomotive **E**ngineers, das ist die »Vereinigung amerikanischer Autoingenieure«. Das SAE-Institut in USA beuteilt Viskositäten von Motorölen, führt Prüfungen durch und legt Normen für Motoröle fest.

Je größer die Zahl ist, desto zähflüssiger ist ein Öl. Die erste Zahl zeigt, wie dünnflüssig das Öl bei Kälte ist (W = Winter), die Zahl dahinter bezieht sich auf das Fließverhalten bei Hitze. Es gibt Einbereichsöle (z. B. SAE 10) und Mehrbereichsöle (z. B. SAE 10W/40); für Motorradmotoren sind jedoch ausschließlich Mehrbereichsöle vorgeschrieben.

Folgende **Motoröl-Viskositätsklassen** in Abhängigkeit zu den Außentemperaturen sind von nahezu allen Herstellern vorgeschrieben:

SAE 10W/30 .... von –15 bis 33 °C
SAE 10W/40 .... von –15 bis über 40 °C
SAE 10W/50 .... von –15 bis über 40 °C
SAE 15W/40 .... von –5 bis über 40 °C
SAE 15W/50 .... von –5 bis über 40 °C
SAE 20W/40 .... von 0 bis über 40 °C
SAE 20W/50 .... von 0 bis über 40 °C

Generell kann man sagen, dass Motorrad-Motorenöle der Mehrbereichs-Viskositätsklassen SAE 10W/40 oder SAE 15W/40 für unsere europäischen Temperaturen sehr gut geeignet sind.

Bild 4

Bild 4: Spezielle Motoröle für Motorradmotoren gibt es von vielen Herstellern mit unterschiedlichen Viskositäten.

API-Service-Klassifikation SE, SF etc.
Das **API** steht für **A**merican **P**etroleum **I**nstitute. Dieses Institut legt die Ölklassifizierung fest aufgrund der Betriebsbedingungen eines Motors in Zusammenarbeit mit den Motorenherstellern und den Ölgesellschaften. Man kann also sagen, dass API die »Qualität des Öls spezifiziert«.

API SE, SF: Das »**S**« steht für Ottomotoren.

Der Buchstabe hinter dem »S« wie z. B. S**E** steht für die Qualität des Öls: Je höher der Buchstabe im Alphabet, desto besser die Qualität des Öls:
SB: Motoröl für niedrig beanspruchte Motoren
SD: Motoröl für schwere Betriebsbedingungen
SE: Motoröl für sehr hohe Anforderungen
SF: Motoröl für sehr hohe Anforderungen wie bei SE plus verbessertem Verschleißschutz und Schlammtragevermögen
SH: Motoröl für höchste Anforderungen, speziell für sehr hohe Temperaturen

Wichtig: Wenn für dein Motorrad die API-Klassifikation SE oder SF vorgeschrieben ist, kannst du auch eine höhere Klasse nehmen, aber niemals eine niedrigere.

API C: Das »**C**« steht für Dieselmotoren und deswegen soll ein solches Öl nicht verwendet werden, denn Motorradmotoren sind fast immer Ottomotoren, es gibt ganz wenige Ausnahmen, wie z. B. Enfield und ein paar Prototypen.

JASO MA
JASO steht für **J**apanese **A**utomotive **S**tandard **O**rganization.
MA: Steht neben anderen Ölkriterien für »hohe Reibung an der Kupplung«.
MB: Steht neben anderen Ölkriterien für »niedrige Reibung der Kupplung«.

Wenn für deinen Motor ein Öl in der Spezifikation JASO MA vorgeschrieben ist, du aber JASO MB einfüllst, kann es sein, dass damit die Kupplung »rutscht«: Der die Reibscheiben der Kupplung umhüllende Ölschmierfilm beeinträchtigt den Kraftschluss zu den Stahlscheiben, weswegen beim Gas geben die Kupplung rutscht.

Mittlerweile gibt es als neuere Versionen noch JASO MA1 und MA2, wobei diese Bezeichnungen keine Rückschlüsse auf die Reibung innerhalb der Kupplung zulassen, wie bei MA und MB.

Mineralöl oder Synthetiköl?

Es gibt drei verschiedene Motorölsorten: Mineralöl, halb- und vollsynthetisches Öl. Mineralöl ist billiger, halb- oder vollsynthetisches Öl teurer.

Synthetisches Öl hat folgende Vorteile:
- bessere Schmierleistung
- bessere Reinheit, keine Schlammbildung
- geringerer Benzinverbrauch, da der Reibungswiderstand im Motor kleiner ist
- geringerer Ölverbrauch
- längere Wechselintervalle: Mit vollsynthetischem Öl im Motor können die Ölwechselintervalle um 10 bis 20 Prozent gestreckt werden.

Wenn du ein modernes Motorrad fährst, empfehlen wir halb- oder vollsynthetisches Öl. Wenn du dagegen einen »Youngtimer« oder »Oldtimer« fährst, empfehlen wir mineralisches Öl. Im Zweifelsfall frage deinen Händler, denn Markenhändler sind immer gut informiert, welche Ölmarken und Ölsorten freigegeben bzw. empfohlen werden.

Wenn dein Motorrad schon länger als 20 000 km mit Mineralöl gefahren wurde, dann bleibe dabei. Denn wenn ein lange Zeit mit Mineralöl gefahrener Motor auf vollsynthetisches Öl umgestellt wird, kann er kaputt gehen, weil durch die hohe Reinigungskraft des vollsynthetischen Öls aus Kolbenringnuten und Gleitlagern Rückstände herausgespült werden können, die schon lange eingebettet waren und keine negative Wirkung hatten.

Fünf wichtige Punkte für den Ölkauf

1. Ausschließlich herkömmliche Motorrad-Motoröle verwenden. Auf der Rückseite der Öldose sind die Klassifikationen aufgeführt – nachsehen, ob sie der Herstellervorschrift entsprechen!

2. Nicht verwenden solltest du die so genannten »Leichtlauföle« SAE 5 oder Ultra-Mehrbereichsöle wie z. B. SAE 0W50. Diese sind für Automotoren entwickelt worden, wo ja weder Kupplung noch Getriebe im Motorölbad laufen. Für Motorradmotoren sind sie nicht geeignet.

3. Auch keine Öle mit Graphit- oder Molybdänzusatz verwenden, sonst besteht die Gefahr, dass die Kupplung rutscht.

4. Nicht verwendet werden dürfen Dieselöle mit der Spezifikation »CD« und Öle der Spezifikation »Energy Conserving«.

5. Wir raten dringend, benötigtes Öl weder im Supermarkt, noch im Kaufhaus oder gar im Baumarkt zu kaufen (»*Sonderangebot prima Motoröl 5 Liter nur 9,99 Euro*«), sondern ausschließlich im Motorrad-Fachhandel. Denn die Gefahr, dass man falsches (bzw. ein nicht für das Motorrad geeignetes!) Öl kauft, liegt bei Billigölen aus dem Kaufhaus immer bei 99 Prozent!

Im Motorrad-Fachhandel sind Motoröle in großen Gebinden, z. B. in einem 4-Liter-Kanister, meist billiger als in 1-Liter-Einzelflaschen.

Ölkontrolle

Wichtig 1: Ölstand nicht bei kaltem Motor kontrollieren, er sollte mindestens zehn Kilometer gefahren worden sein.

Wichtig 2: Beim Kontrollieren des Ölstands darf die Maschine NICHT schräg auf dem Seitenständer abgestellt sein, sonst ist der Ölstand verfälscht.

Ölstand kontrollieren

1. Motor abschalten und mindestens zwei Minuten warten, bis das Motoröl in die Ölwanne abgelaufen ist. Motorrad am besten auf dem Mittelständer abstellen; es kann aber auch auf dem Seitenständer stehen.

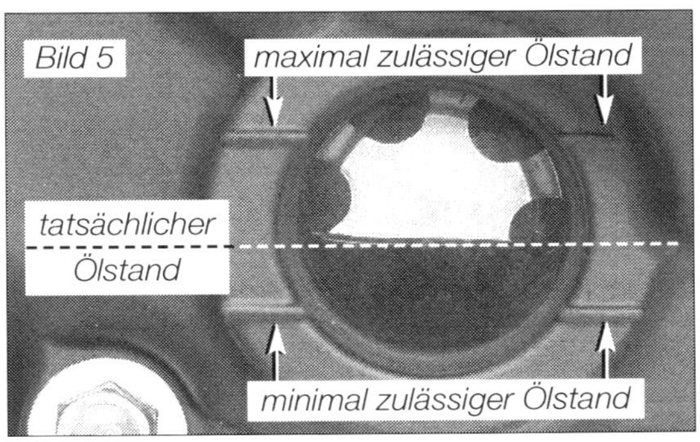

Bild 5: Kontrolle des Ölstands bei senkrecht stehender Maschine. Die Markierungen am Ölschauglas zeigen den minimalen Ölstand unten und den maximalen oben, der tatsächliche Ölstand muss dazwischen liegen.

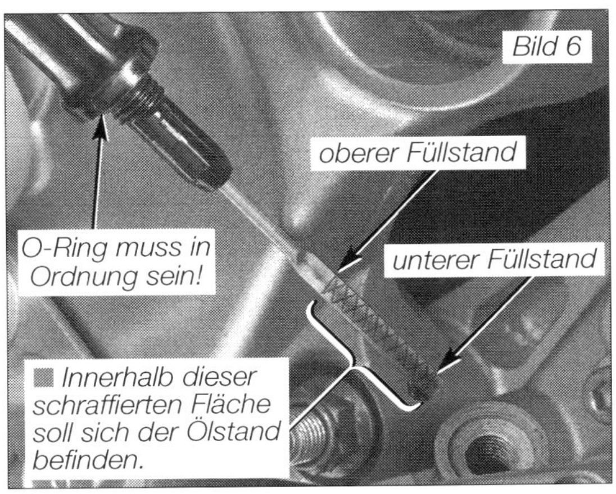

Bild 6: Kontrolle des Ölstandes über einen Ölmessstab. Der Ölstand muss sich in der Mitte der schraffierten Fläche befinden. Nicht vergessen den O-Ring zu kontrollieren.

Bild 7: Was alles zu einem Ölwechsel benötigt wird: Motoröl, Ölfilter, O-Ringe, Ölfilterschlüssel, Dichtring für Ölablassschraube, Lappen, Ölauffangwanne, Werkzeuge und Drehmomentschlüssel.

Bilder 8 und 9: Ölablassschraube öffnen, Ölauffangwanne unterschieben, Öl lange genug auslaufen lassen.

2. Motorrad in die Senkrechte bringen und einige Zeit ruhig halten. Das Öl läuft jetzt in die Waagerechte und der Ölstand kann am Ölschauglas oder am Ölmessstab abgelesen werden.
3. Ölstand im Ölschauglas: Er sollte zwischen der oberen (maximal) und unteren Markierung (minimal) liegen (Bild 5), also weder darunter (dann ist zu wenig Öl im Motor) noch darüber (dann ist zu viel Öl im Motor).
4. Ölstand am Ölmessstab: Ölmessstab ausdrehen, mit einem Lappen sauber machen.
Wichtig: Bei einigen Motoren muss der Ölmessstab nur eingesteckt werden, bei anderen muss er komplett ins Gewinde ein- und wieder ausgedreht werden, um den Ölstand korrekt ablesen zu können. Im Fahrzeughandbuch steht die richtige Messmethode oder du fragst deinen Händler.
- Der Ölstand sollte zwischen der oberen (maximal) und unteren Markierung (minimal) auf der schraffierten Fläche liegen (Bild 6).

Bild 7

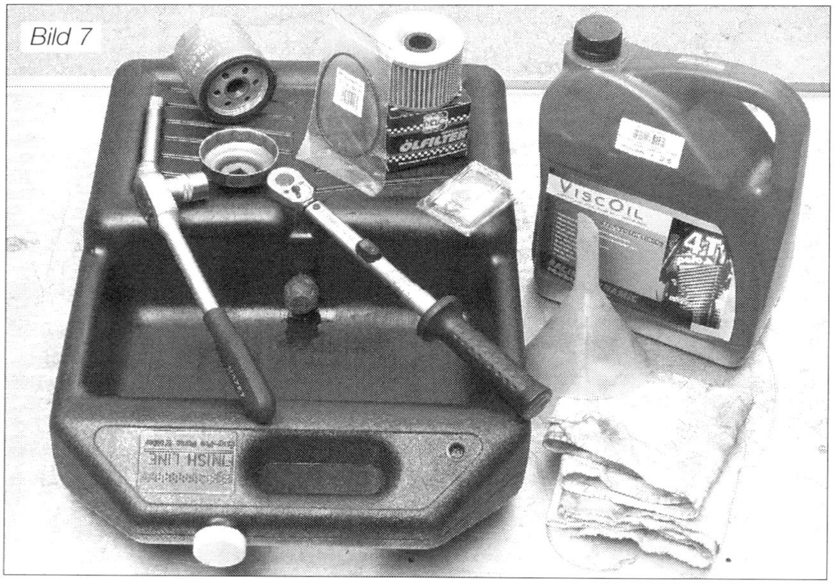

Bild 8

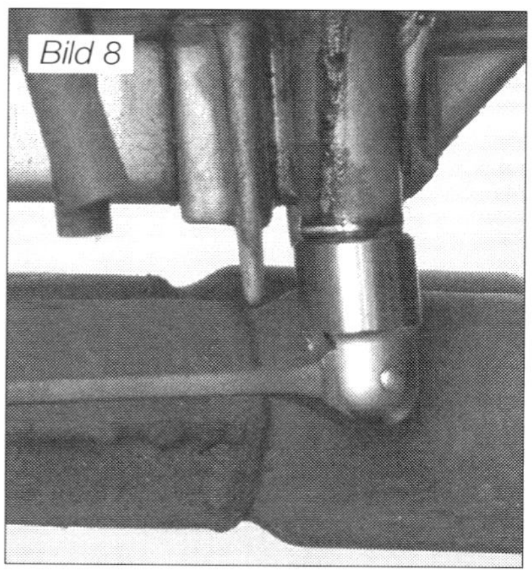

Bild 9

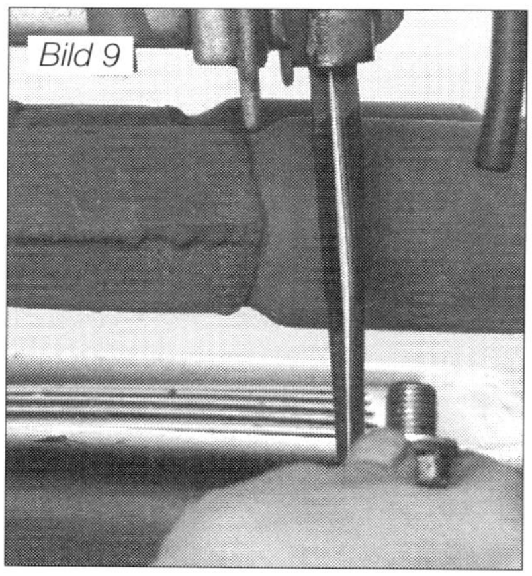

Motoröl nachfüllen

Ist der Motorölstand zu niedrig, muss Öl nachgefüllt werden. Fülle in kleinen Schritten auf, sonst leerst du schnell einmal zu viel Öl ein, denn die Differenz zwischen den beiden Markierungen beträgt je nach Modell nur 0,3 bis 0,5 Liter.

Falls du unterwegs an einer Tankstelle Öl nachfüllen musst und keines dabei hast, verlange exakt die Ölsorte, die du auch im Motor drin hast, also entweder halb- oder vollsynthetisches Öl oder eben Mineralöl. Lass dir nicht vom Tankwart das teuerste Öl aufschwatzen!

Wenn es das Öl nicht gibt, das du im Motor fährst, kannst du zum Nachfüllen folgende Motoröle miteinander mischen:
- Wenn Mineralöl im Motor ist, mit halbsynthetischem Öl auffüllen.
- Wenn halbsynthetisches Öl im Motor ist, mit vollsynthetischem oder Mineralöl auffüllen.
- Wenn vollsynthetisches Öl im Motor ist, mit halbsynthetischem Öl auffüllen.

Wichtig: Die Viskosität muss die selbe sein!

Ölwechsel

Der erste Ölwechsel ist bei 1000 km, danach je nach Hersteller in unterschiedlichen Intervallen vorgeschrieben (6000 bis 10 000 km, siehe dazu auch Kapitel 8 »Inspektionen«).
Im Handbuch stehen zwar die Ölfüllmengen, Wechsel- und Wartungsintervalle, aber nicht immer auch die Einbaulage von Ölablassschraube und Ölfilter sowie deren Anziehdrehmomentwerte! BEVOR du dich an einen Ölwechsel machst, besorge dir beim Händler die Daten für dein Motorrad.

Füllmengen

Die Ölfüllmengen werden im Fahrzeughandbuch meist so angegeben:
- Ölwechsel ohne Ölfilter (z. B. »2,3 Liter«)
- Ölwechsel mit Ölfilter (z. B. »2,6 Liter«)
- Neubefüllung nach Zerlegung des Motors (z. B. »3,0 Liter«).

Wir empfehlen bei jedem Ölwechsel auch einen neuen Ölfilter. Also brauchst du z. B. nicht nur 2,3 oder 2,5, sondern 3,0 Liter frisches Motoröl – die übrig bleibenden 0,4 Liter fülle in eine kleine Plastikflasche um und packe diese auslaufsicher zum Bordwerkzeug, dann hast du etwas Öl dabei für unterwegs und sparst dir den Stress des Ölkaufens beim Tankwart.

Ölfilter
Bei den meisten Motorrädern ist der Ölfilter von außen am Motorgehäuse angeschraubt, meistens vorne zwischen den Rohren des Auspuffkrümmers (Bild 10). Bei anderen sitzt er im Motorgehäuse entweder seitlich oder unten (Bilder 15 bis 19). In einem solchen Fall muss zum Wechseln des Ölfilters der Ölfilterdeckel abgeschraubt werden (Bilder 15 und 19). Zur Abdichtung des Deckels sind einer oder mehrere O-Ringe verbaut, die geprüft bzw. erneuert werden müssen (Bilder 16, 18 und 19).

Für einen Ölwechsel benötigte Teile (Bild 7)**:**
- neuen Ölfilter
- passenden Ölfilterschlüssel (wenn der Ölfilter außen angebracht ist)
- neue O-Ringe (wenn der Ölfilter im Motorgehäuse sitzt)
- neue Dichtscheibe für die Ölablassschraube
- große Ölauffangwanne
- nicht fusselnde Lappen
- entsprechende Menge Motoröl
- entsprechende Werkzeugteile und einen Drehmomentschlüssel

Motoröl ablassen
1. Motorrad mindestens zehn Minuten warm fahren. Auf Haupt- oder Heckmontageständer abstellen, es muss sich sicher daran schrauben lassen!
1.1. Bei vollverkleideter Maschine den unteren Teil der Verkleidung abbauen.
2. Groß genuges Auffanggefäß (Bild 7, mindestens 5 Liter Fassungsvermögen) unter die Ölablassschraube schieben.
2.1. Die Ölablassschraube findest du unten am Motorgehäuse an der so genannten »Ölwanne« (Bilder 8 und 13). Manche Enduros mit Trockensumpfschmierung haben noch eine zweite Ölablassschraube am Rahmenrohr (Bild 12).
3. Verschlussstopfen oder Ölmessstab aus der Öleinfüllöffnung ausdrehen.
4. Ölablassschraube mit Sechskantnuss oder Ringschlüssel lösen und ausschrauben (Bild 8).
- Wenn die Ölablassschraube sehr schwer aufgeht, benutze einen längeren Hebel (siehe Kapitel 4 »Werkstatt«).

Achtung: Mit den letzten Gewindegängen fängt das heiße(!) Öl schon an zu fließen. Entweder die Finger mit ausgedrehter Schraube sehr schnell wegziehen oder die Schraube einfach in das Ölauffanggefäß fallen lassen, das ist besser als die Finger zu verbrühen!

Das alte Öl läuft am Anfang sehr schnell (Bild 9), danach nur noch langsam. Geduldig so lange austropfen lassen, bis nichts mehr kommt.

Falls Öl auf irgendwelche Teile gelangt ist, speziell auf die Auspuffrohre, sorgsam reinigen. Beim späteren Start wird es aber trotzdem »stinken«.

Außen angeschraubten Ölfilter wechseln
1. Ölfilterschlüssel auf den Ölfilter aufsetzen. Verlängerung benutzen, Ölfilter lösen (Bild 10)
1.1. Ölauffangwanne unter Ölablassschraube und Ölfilter schieben.

Bilder 10 und 11: Zum Wechseln eines außen angebrachten Ölfilters brauchst du einen speziellen Ölfilterschlüssel mit Verlängerung. Gummidichtring am neuen Ölfilter mit frischem Öl benetzen.

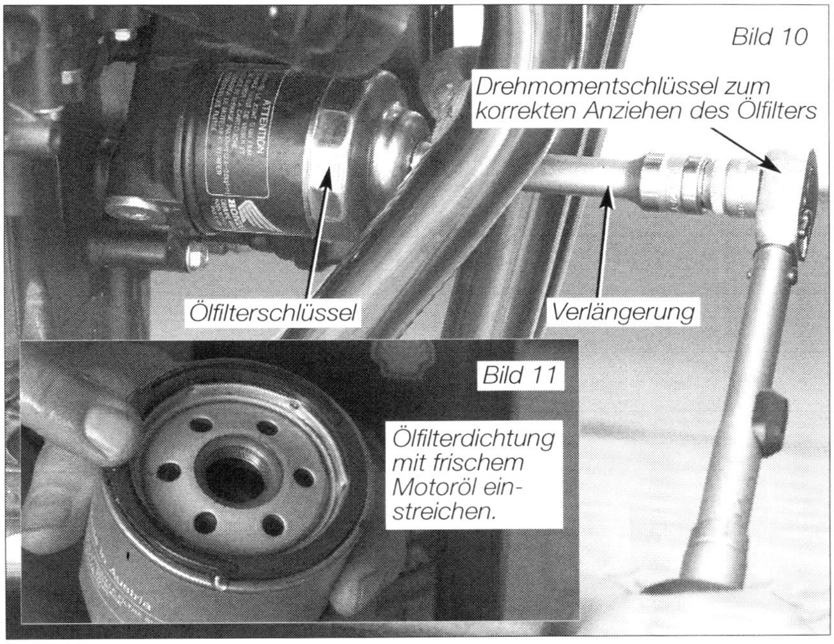

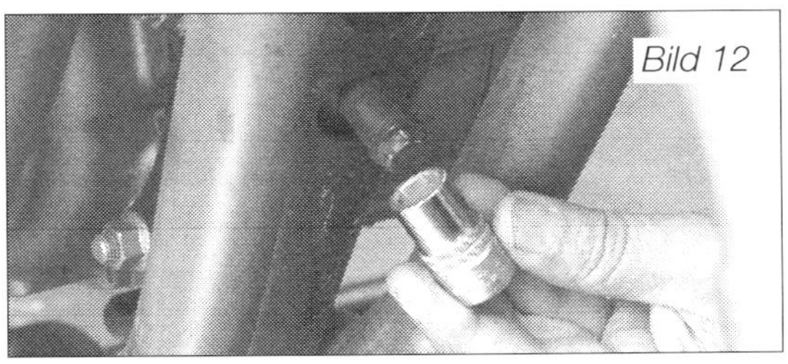

Bilder 12 und 13: Ölablassschrauben am Rahmenrohr und Motor bei XT 660.

Bild 14: Neuen Dichtring an der Ölablassschraube verwenden.

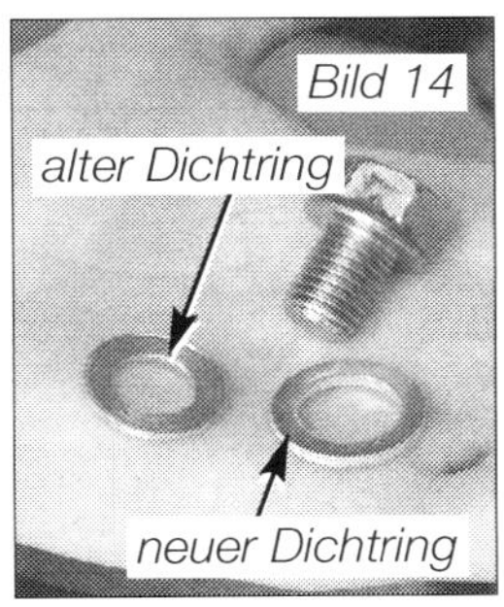

Sichtprüfung Messen

1.2. Ölfilter ganz abschrauben.
Achtung: Auspuffrohre sind heiß!
2. Altöl auch aus dieser Öffnung lange genug auslaufen und abtropfen lassen.
3. Anlageflächen des Ölfilters am Motor mit sauberem Lappen abwischen.

Bilder 15 bis 18: Seitlich in das Motorgehäuse eingesetzter Ölfilter bei der Yamaha XT 660.

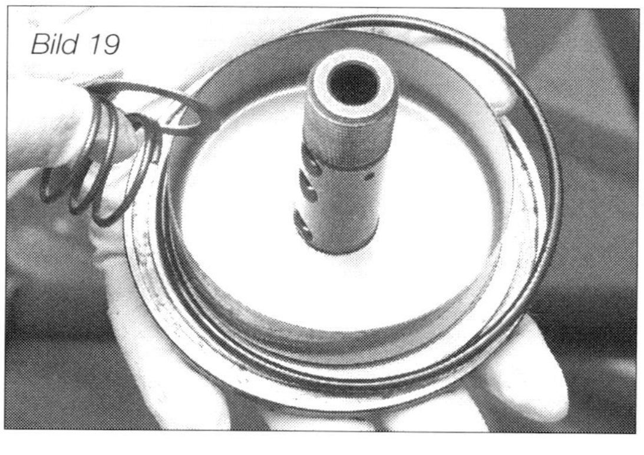

Bild 19: Ölfilterdeckel mit Befestigungsschraube, Feder, Scheibe und O-Ring einer Kawasaki ZR7.

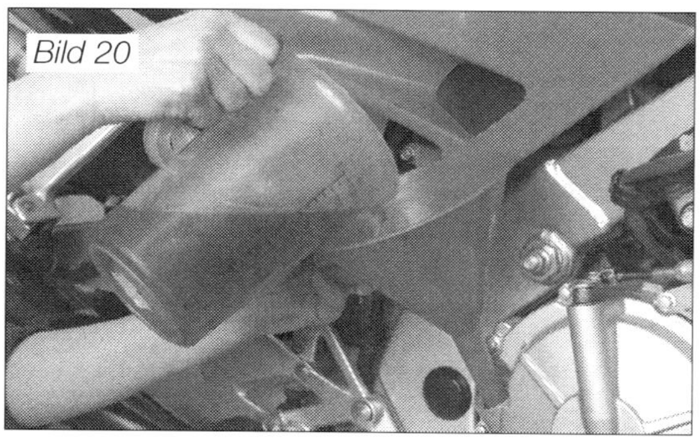

Bild 20: Mit einem Trichter frisches Motoröl einfüllen.

4. Dichtring und Einschraubgewinde des neuen Ölfilters mit frischem Motoröl einölen (Bild 11).
5. Ölfilter exakt am Gewinde des Motors ansetzen, von Hand andrehen, bis der Dichtring an der Dichtfläche am Motorgehäuse anliegt.
6. Ölfilter mit Ölfilterschlüssel und Verlängerung mit dem vorgeschriebenem Anziehdrehmoment festziehen (meist 18 bis 24 Nm).

Ins Motorgehäuse eingebauten Ölfilter wechseln (Beispiel Yamaha XT 660)
1. Befestigungsschrauben des Ölfilterdeckels lösen und ausschrauben (Bild 15).
1.1. Ölfilterdeckel abnehmen, Ölfilter ausziehen: Merken, wie er eingebaut war: Inneren und äußeren Bund beachten Bilder 16 und 17).
Öl ablaufen lassen.
2. Ölfiltergehäuse mit sauberem Lappen putzen.
3. Zustand der O-Ringe im Deckel kontrollieren: Wenn sie in Ordnung sind, können sie wieder verwendet werden (Bilder 16 und 18). Falls nicht, bitte erneuern. Wer auf »Nummer Sicher« gehen will, verwendet immer neue O-Ringe.
4. Neuen Ölfilter richtig herum in das Ölfiltergehäuse einsetzen.
■ Bei der XT 660 ist ein weiterer, kleiner O-Ring unten in einem Sitzbund im Motorgehäuse eingebaut. Mit etwas Fett »ankleben« (Bild 18).
5. Ölfilterdeckel aufsetzen, Schrauben eindrehen und in mehreren Schritten mit dem vorgeschriebenen Anziehdrehmoment festziehen (Bild 15).

Wichtig: Es gibt verschiedene Konstruktionen von Ölfiltern und ihrer Einbaulage. Zum Beispiel sitzt dieser bei der Kawasaki ZR7 unten im Motorgehäuse. Feder und Scheibe müssen richtig eingebaut werden. Der Ölfilterdeckel wird mit einer Schraube, in die das Ölüberdruckventil eingebaut ist, befestigt. An Schraube und im Deckel sind O-Ringe eingebaut (Bild 19). Deswegen kümmere dich VOR Beginn eines Ölwechsels, was bei deinem Motorrad alles zu beachten ist: Entweder den Markenhändler fragen, wenn du bei ihm die benötigten Teile und das frische Öl kaufst oder du besorgst dir eine Reparaturanleitung für deine Maschine.

Neues Motoröl einfüllen
1. Wichtig: Ölablassschraube mit neuem Dichtring bestücken und einschrauben (Bild 14):
1.1. Ölablassschraube von Hand einschrauben, dann mit dem vorgeschriebenen Anziehdrehmoment festziehen (meist 18 bis 28 Nm).
■ Schraube exakt ansetzen, sonst wird das Gewinde beschädigt.

2. Trichter in die Einfüllöffnung, frisches Öl in der vorgeschriebenen Menge einfüllen (Bild 20).
■ Nicht zu viel Öl auf einmal einfüllen, sonst schwappt es über.
3. Verschluss bzw. Ölmessstab in die Öleinfüllöffnung eindrehen und handfest anziehen.
4. Motor starten und mindestens fünf Minuten im Leerlauf laufen lassen: Der Motor muss richtig warm werden, der Ölfilter muss sich füllen und das frische Öl durch den Kreislauf gepumpt werden, damit es sich gleichmäßig verteilt.
4.1. Während der Motor läuft, Rand des Ölfilters und die Ölablassschraube auf Dichtheit prüfen.
5. Motor abstellen. Nach einigen Minuten den Ölstand im Schauglas bzw. am Messstab kontrollieren, er sollte etwas über der Mitte zwischen den beiden Markierungen sein.

Öldruckschalter

Öldruckschalter

Beim Einschalten der Zündung leuchtet im Cockpit eine Öldruck-Kontrollleuchte auf, meistens ist es eine rote Leuchte mit einem Ölkännchen-Symbol (Bild 21). Nach dem Starten des Motors erlischt sie, wenn sich genügend Öldruck aufgebaut hat.

Falls die Öldruck-Kontrollleuchte nicht erlischt, stimmt etwas nicht.
1. Wenn der Motor abnormale Geräusche von sich gibt, z. B. laut klappert, rasselt oder mahlt, stelle ihn SOFORT ab!
■ Er ist dann ein Fall für die Fachwerkstatt: Auf Anhänger oder im Transporter zur Werkstatt bringen.
■ In jedem Fall NICHT fahren, denn ein Motor, dessen Ölkreislauf gestört ist, kann schon nach wenigen Umdrehungen kaputt sein!
2. Wenn er dagegen mit normalem Geräuschniveau läuft, stelle ihn ab und überprüfe den Stand des Motoröls.
2.1. Leuchtet die Öldruck-Kontrollleuchte trotz korrektem Motorölstand, deutet dies auf einen defekten Öldruckschalter.

Wichtig: Bei einigen wenigen Motorrädern, wie z. B. Yamaha FZ6, ist die rote Kontrollleuchte mit dem Ölkännchen keine Öldruck-, sondern eine Ölstand-Kontrollleuchte, sie leuchtet also dann auf, wenn der Ölstand unter eine bestimmte Marke absinkt. Schau im Fahrzeughandbuch nach, dort sind die Kontrollleuchten beschrieben.

Öldruckschalter überprüfen

Den Öldruckschalter kannst du recht einfach selbst überprüfen, er sitzt am Motorgehäuse (Bilder 22 und 23).
1. Gummikappe über dem Öldruckschalter abziehen (Bild 22), Kabelschuh abschrauben.
2. Motor starten und mit etwas erhöhter Leerlaufdrehzahl laufen lassen: leicht Gas geben bis auf ca. 1500 bis 2000/min.
3. Abgeschraubten Öldruckschalter-Kabelschuh an den Rahmen oder Motorblock legen, somit bekommt er Masse (Bild 24): Lampe im Cockpit sollte jetzt ausgehen.
3.1. Wenn sie ausgeht, ist der Öldruckschalter defekt und muss erneuert werden.
3.2. Wenn sie nicht ausgeht, muss das Zuleitungskabel zur Kontrolllampe überprüft werden, vielleicht ist es irgendwo aufgescheuert. Falls du nichts findest, ab in die Werkstatt.

Öldruckschalter wechseln

1. Öldruckschalter mit passendem Schlüssel ausdrehen.
2. Innengewinde im Motorblock reinigen.
3. Neuen Öldruckschalter eindrehen:
3.1. Wenn eine Dichtscheibe eingebaut werden muss, eine neue einbauen.
3.2. Wenn keine Dichtscheibe eingebaut wird, das Gewinde des neuen Öldruckschalters mit Silikondichtmittel einschmieren (Bild 25), ablüften lassen, Schalter eindrehen.
4. Öldruckschalter mit dem vorgeschriebenen Anziehdrehmoment festziehen (liegt meist zwischen 15 und 22 Nm).

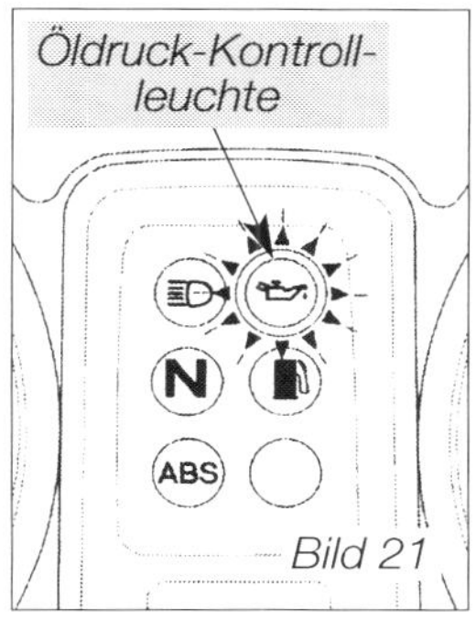

Bild 21: Öldruck-Kontrollleuchte im Armaturenbrett.

Bilder 22 und 23: Öldruckschalter am Motorgehäuse.

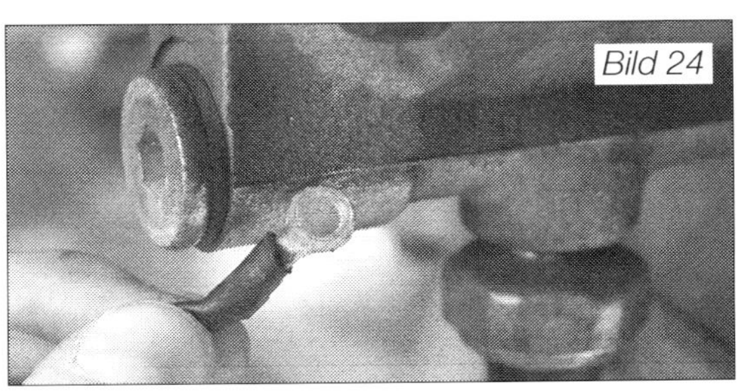

Bild 24: Überprüfen des Öldruckschalters: Kabelschuh abschrauben und an Masse legen.

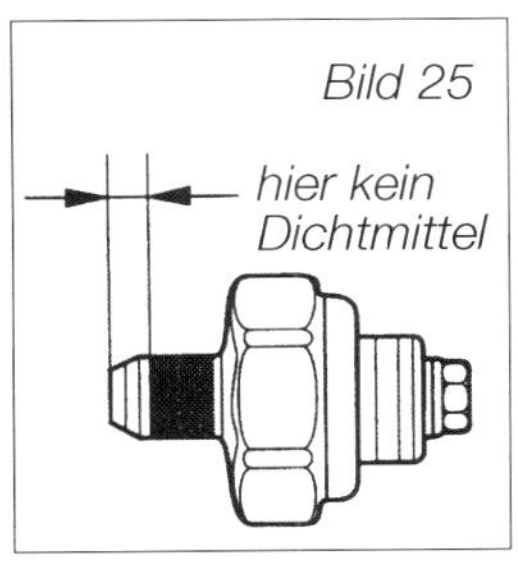

Bild 25: Beim neuen Öldruckschalter im vorderen Bereich kein Dichtmittel aufbringen.

Kühlsystem

In diesem Kapitel: Verschiedene Kühlsysteme · Kühlflüssigkeit prüfen, ergänzen, wechseln · Thermostat aus-, einbauen, prüfen · Kühlsystem prüfen · Kühlerventilator · Probleme mit der Kühlung.

Verschiedene Kühlsysteme

Luftkühlung

Die Luftkühlung nutzt den Fahrtwind, der mit einer möglichst großen Oberfläche des Motors in Kontakt kommen muss, damit die Motorwärme wirkungsvoll abgeführt werden kann. Luftgekühlte Motoren haben mehr oder weniger große Kühlrippen an Zylinder und Zylinderkopf. Vorteile der Luftkühlung sind einfache Bauweise, geringes Gewicht und zuverlässiger Betrieb nach dem Motto: »Wo nix ist kann nix kaputt gehen«.

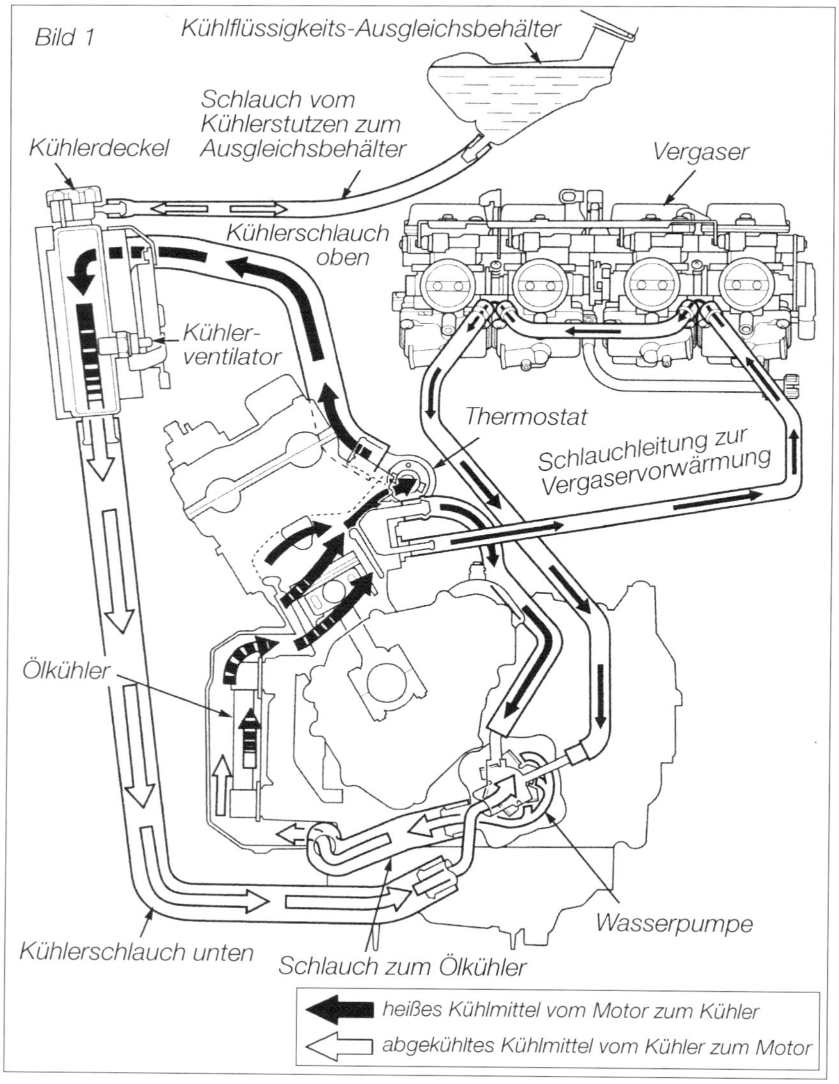

Bild 1: Schemazeichnung eines Kühlsystems. Bitte beachten, dass die »Vergaservorwärmung« nur sehr selten vorhanden ist.

Nachteil ist, dass der Motor ohne Fahrtwind nicht gekühlt wird und deswegen im Stand überhitzen kann, wenn er sehr lange im Standgas läuft.

Um dies zu vermeiden, gibt es eine so genannte »Gebläsekühlung«, bei der ein auf der Kurbelwelle sitzendes Schaufelrad Luft durch eine Art »Haube«, die um den Zylinder gelegt ist, drückt. Die Gebläsekühlung ist heute nur noch sehr selten bei Motorrollern zu finden.

Bei luftgekühlten Motoren darauf achten, dass die Kühlrippen immer sauber sind. Verschmutzung führt dazu, dass der Motor heißer wird als er soll (siehe auch Kapitel 5 »Pflege«)!

Wasserkühlung

Die Wasserkühlung hat die Luftkühlung mehr und mehr verdrängt, weil die Motorleistungen (und damit auch die thermische Belastung der Triebwerke) immer mehr angestiegen sind und eine sichere Kühlung auch bei extremer Belastung nur durch Wasserkühlung erreicht werden kann. Weiterhin werden die Motorgeräusche durch den (den Zylinder und Zylinderkopf umgebenden) »Wassermantel« gedämpft, und durch gezielte Abstimmung des Temperaturhaushalts kann der Schadstoffausstoß minimiert werden: Beides ist, zulassungsrechtlich gesehen, immer wichtiger.

Technisch richtig müsste die Wasserkühlung eigentlich »Flüssigkeitskühlung« heißen, denn es ist ja kein Wasser, das im Kühlsystem zirkuliert, sondern eine Mischung verschiedener chemischer Komponenten, die man als »Kühlflüssigkeit« fertig gemischt kaufen kann. Diese Kühlflüssigkeit ist frostsicher bis –35 °C, trägt zur Schmierung der Wasserpumpe bei und verhindert Korrosion im Kühlsystem. Sie sollte also immer verwendet werden, selbst wenn man nur im Sommer fährt und keine Minustemperaturen zu erwarten sind.

Der **Kühler** ist vorne am Motor angebracht. Während der Fahrt werden seine Lamellen vom Fahrtwind durchströmt, wodurch die darin sich befindliche, vom Motor kommende Kühlflüssigkeit abgekühlt wird.

Vom Kühler wird die abgekühlte Kühlflüssigkeit zurück in den Motor gepumpt, wo sie die von ihm erzeugte, überschüssige Wärme erneut aufnimmt. Dieser gesamte Kühlkreislauf wird von einer **Wasserpumpe** angetrieben und über den **Thermostat** kontrolliert. Da der Kühlkreislauf ein geschlossenes System ist und sich Flüssigkeiten bei Erwärmung ausdehnen, steigt bei laufendem Motor das Gesamtvolumen der Kühlflüssigkeit. Um diesen Volumen-Effekt auszugleichen, befindet sich ein Ausgleichsbehälter im Kühlkreislauf, der das überschüssige Kühlmittel aufnehmen und bei Bedarf wieder abgeben kann.

Direkt am Kühler ist ein Ventilator angebracht. Wenn z. B. beim Leerlauf oder langsamer Fahrt im Stau der kühlende Fahrtwind nicht ausreicht, wird bei einer bestimmten Temperatur der Kühlerventilator eingeschaltet, bläst Luft durch den Kühler und wirkt so gegen eine Überhitzung.

Die regelmäßige Reinigung des Kühlers ist sehr wichtig: Bei der Motorradwäsche den Kühler mit reichlich klarem Wasser und einer Bürste von Schmutz und Insekten befreien.

Nachteile der Wasserkühlung sind die Gefahr des Einfrierens bei großer Kälte und zusätzliche Fehlerquellen, wie z. B. ein undichter Kühler, Schläuche oder ein Defekt der Wasserpumpe, wodurch das Kühlmittel im Kühlkreislauf »steht«, also nicht mehr umgewälzt wird und der Motor überhitzt.

Ölkühlung

Einen nur mit Öl (anstatt »Kühlmittel«) gekühlten Motor gibt es im Motorradbau nicht. Der Begriff »ölgekühlt« wird bei einigen Suzuki-Modellen und BMW-Boxermotoren verwendet im Zusammenhang von »luft-ölgekühlt« und umschreibt Folgendes:

- Im Motor befindet sich eine größere Menge Schmieröl als es technisch zur Schmierung eigentlich nötig wäre (z. B. 4,5 Liter statt nur 3,5 Liter). Durch Düsen, die im Schmierölkreislauf eingebaut sind, werden thermisch hochbelastete Bauteile direkt mit Öl »angespritzt« (z. B. die Innenseiten der Kolben), wodurch die Hitze vom Öl aufgenommen wird. Wenn das Öl zurück in die Ölwanne abgelaufen ist, wird die Wärme über Kühlrippen an die Luft abgegeben. Meistens sind solche thermisch hoch belasteten Motoren, gleich ob luft- oder wassergekühlt, mit einem Ölkühler ausgestattet, der in den Ölkreislauf integriert ist.

Für den Ölkühler gilt das schon beim Wasserkühler Gesagte: Er muss jederzeit sauber sein, damit Kühlluft durchströmen kann und seine Anschlüsse müssen dicht sein, damit kein Öl herausläuft.

Kühlflüssigkeit

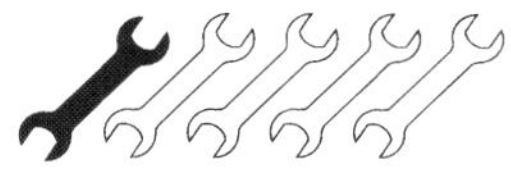

Wenn du neue Kühlflüssigkeit kaufst, achte darauf, dass diese für Aluminiummotoren und Aluminiumkühler geeignet ist: Keine Kühlflüssigkeit für Graugussmotoren, wie sie meistens in Autos oder LKW eingebaut sind, verwenden, denn diese zerfrisst deinen Alukühler!

Die Kühlmittelmenge im Kühlkreislauf eines Motorradmotors beträgt zwischen 1,2 und 2,5 Liter, sie ist abhängig von Hubraum und Anzahl der Zylinder: Ein kleiner Motor hat wenig, ein großer Motor viel Kühlflüssigkeit.

Bild 2: Explosionszeichnung einer mechanisch angetriebenen Wasserpumpe.

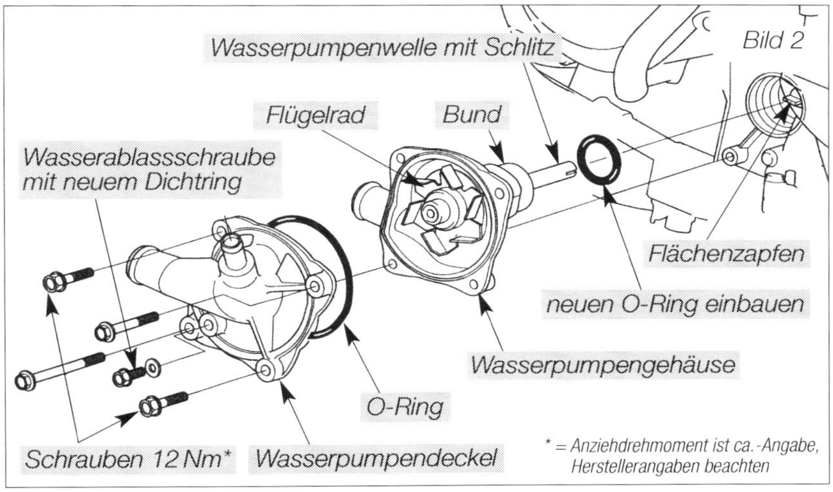

Sicherheitshinweise Achtung und Tipps

⚠ NIEmals den Deckel des Kühlers oder des Ausgleichbehälters bei heißem Motor öffnen, denn das heiße Kühlmittel steht unter Druck, schießt heraus und verbrüht dich!

⚠ Kühlflüssigkeit nicht verschütten, denn sie kann den Lack beschädigen und auf blankem Metall Flecken hinterlassen. Aus- oder übergelaufene Kühlflüssigkeit mit reichlich klarem Wasser neutralisieren und trocken putzen! Altes Kühlmittel umweltgerecht entsorgen!

⚠ Kaufe neue Kühlflüssigkeit NICHT im Baumarkt oder gar in der Kfz-Abteilung eines Lebensmittel-Supermarktes, auch wenn das Preisangebot scheinbar noch so verlockend ist! Kaufe sie entweder beim Motorradhändler oder im Motorradbzw. Kfz-Zubehör-Fachgeschäft!

⚠ Kühlmittel kann Haut und Augen sowie innere Organe schädigen. Jeglichen Körperkontakt vermeiden, keinesfalls trinken. Falls Haut oder Augen damit in Berührung kommen, mit reichlich klarem Wasser ab- bzw. ausspülen. Nach Verschlucken sofort zum Arzt gehen oder die Giftnotzentrale anrufen.

⚠ Wenn die Kühlflüssigkeit gewechselt und der Kühlkreislauf entlüftet wird, muss der Motor laufen: Sorge bei Arbeiten mit laufendem Motor in geschlossenen Räumen für ausreichende Belüftung! Abgase enthalten giftiges und geruchloses Kohlenmonoxid, das Bewusstlosigkeit verursachen und zum Tod führen kann. Alle Fenster und Türen öffnen!

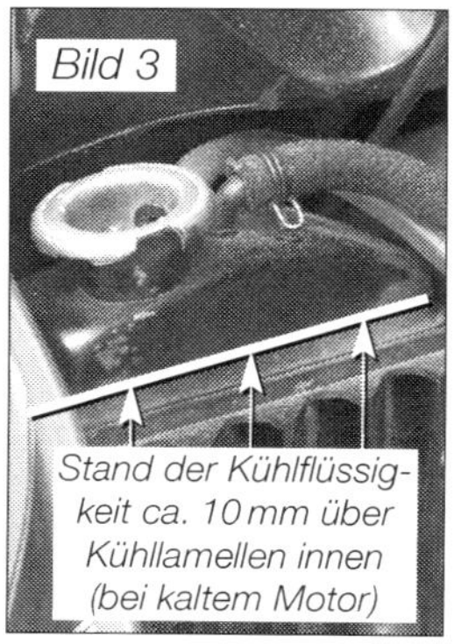

Bild 3: Im Kühler muss ein Luftpolster vorhanden sein, weswegen er nicht ganz voll gefüllt werden darf.

Bild 4: Der Stand der Kühlflüssigkeit im Ausgleichsbehälter muss zwischen »LOW« und »FULL« sein.

Bild 5: Deckel des Kühlsystems nur bei kaltem Motor öffnen!

Bilder 6 und 7: Wasserablassschraube an der Wasserpumpe öffnen, Kühlflüssigkeit in einem geeigneten Behältnis auffangen.

Bei den großen Inspektionen bzw. einmal im Jahr müssen der Stand der Kühlflüssigkeit, alle Schläuche, ihre Anschlüsse und Schlauchschellen kontrolliert werden. Die Kühlflüssigkeit sollte alle zwei Jahre erneuert werden, spätestens aber nach drei Jahren, denn durch die ständige Erhitzung und Abkühlung wird sie stark beansprucht.

Kühlflüssigkeit prüfen und ergänzen
Mach dich im Fahrzeughandbuch schlau, wo der Kühlflüssigkeits-Ausgleichbehälter sitzt, denn der regelmäßige Blick auf den Kühlflüssigkeitsstand im Ausgleichsbehälter (Bild 4) beruhigt die Nerven: Der Pegelstand muss sich zwischen der oberen Markierungslinie »F« (full) und der unteren »L« (low) bewegen (Bild 4).

Wenn der Pegelstand unter die untere Markierungslinie abgesunken ist, stimmt etwas nicht: Entweder ist die Kühlflüssigkeit schon zu lange drin und ein Teil davon ist während dieser Zeit verdunstet oder das Kühlsystem hat ein Leck. Bevor du jetzt aber den kompletten Kühlkreislauf umkrempelst, fülle zuerst einmal den Ausgleichsbehälter mit Kühlflüssigkeit auf und fahre einfach weiter. Beobachte, wo das Zeug bleibt. Denke daran, dass der Stand der Kühlflüssigkeit im Ausgleichsbehälter bei heißem Motor etwas höher ist als bei kaltem: Volumen-Effekt!

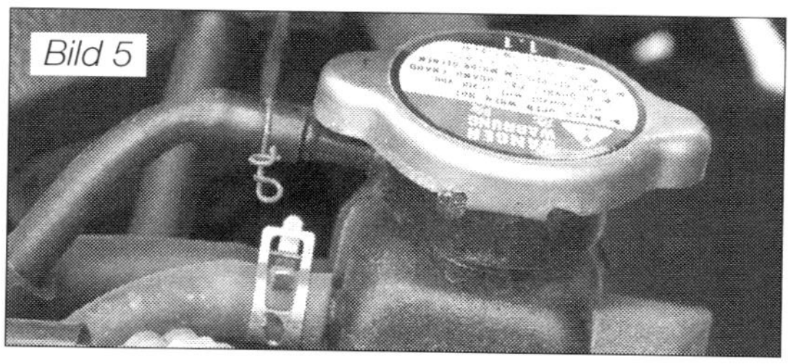

Wenn kein Ausgleichsbehälter vorhanden ist (wie bei manchen Enduros): Kühlerverschlussdeckel bei **kaltem** Motor öffnen (Bild 3) und nachsehen, ob die Kühlflüssigkeit die Oberseite der Lamellen bedeckt. **Kühler NICHT randvoll füllen**, es muss ein kleines Luftpolster vorhanden sein!

Kühlflüssigkeit wechseln
1. Etwas mehr neue Kühlflüssigkeit besorgen als das Volumen des Kühlsystems beträgt.
2. Motorrad senkrecht auf den Hauptständer oder Montageständer stellen.
Wichtig: Der Motor muss kalt sein, maximal handwarm.
3. Kühlsystem-Verschlussdeckel abdrehen und abnehmen (Bild 5). Deckel vom Ausgleichsbehälter abziehen bzw. abschrauben.
4. Kühlmittel-Auffangbehälter mit mindestens fünf Liter Fassungsvermögen unter den Motor stellen.
■ Einen großen, flachen Behälter verwenden, z. B. einen alten Plastikkanister aufschneiden.
5. Kühlflüssigkeits-Ablassschrauben ausdrehen:
■ Eine sitzt an der Wasserpumpe, sie ist entweder mit einem Dreieck oder einem roten Punkt gekennzeichnet (Bild 6).
■ Oft sitzt noch eine zweite Kühlflüssigkeits-Ablassschraube am Zylinder auf Höhe der untersten Kühlrippe bzw. am Übergang von Zylinder zum Motorgehäuse.
6. Vor dem Ausdrehen der Schrauben den Auffangbehälter in die entsprechende Position bingen: Wenn die Schraube ausgedreht ist, schießt das Kühlmittel heraus (Bild 7).
6.1. Kühlwasserschläuche von Hand durchwalken, Kühlmittel austropfen lassen.
7. Wasserablassschrauben mit neuem Dichtring wieder eindrehen, mit 10 bis 12 Nm festziehen.
8. Schlauch vom Ausgleichsbehälter abziehen, Kühlflüssigkeit aus dem Behälter ablassen.
8.1. Ausgleichsbehälter mit heißem Wasser reinigen (dazu am besten abbauen).
9. Ausgleichsbehälter anschrauben, Schrauben gut handfest anziehen, Schläuche anbringen, auf exakten Sitz der Klemmschellen achten.
10. In den Einfüllstutzen des Kühlsystems die vorgeschriebene Menge an frischem Kühlmittel einfüllen.
10.1. In den Ausgleichsbehälter bis zur oberen Markierung frisches Kühlmittel einfüllen.

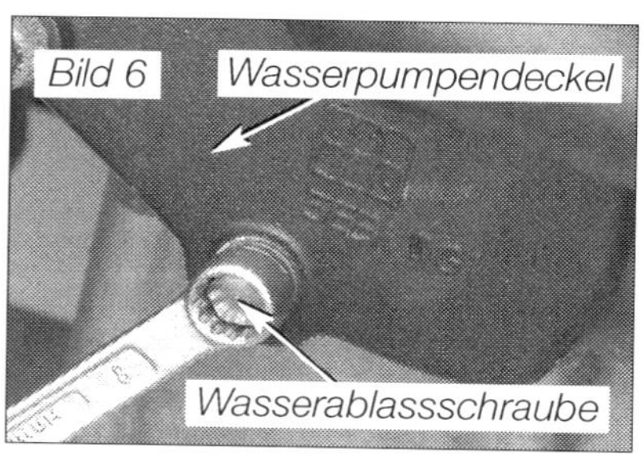

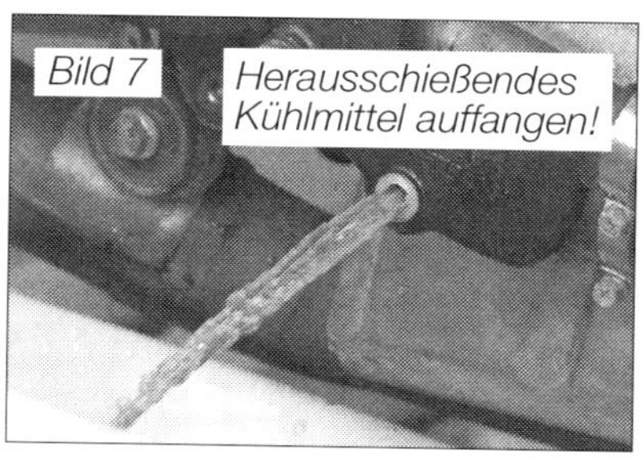

Kühlsystem entlüften
1. Bei manchen Motoren ist auf dem höchsten Punkt des Kühlsystems eine M6-Schraube eingedreht, die zur Entlüftung des Kühlkreislaufs zwei bis drei Gewindegänge geöffnet werden muss: Warten, bis Kühlwasser ausläuft, Schraube wieder festziehen mit 10 Nm.
1.1. Motor starten und zwei bis drei Minuten laufen lassen.
2. Zum Ende des Probelaufs drei- bis viermal kräftig Gas geben, die Kühlflüssigkeit wird ordentlich durch alle Leitungen gejagt und die im Kühlsystem enthaltene Luft verschwindet.
3. Motor abstellen, Flüssigkeitsstand im Kühlsystem prüfen, ggf. auffüllen.
4. Kühlsystem-Verschlussdeckel aufsetzen und fest zudrehen, Einrastung muss leicht knacken.
5. Kühlflüssigkeitsstand im Ausgleichsbehälter prüfen, ggf. bis zur oberen Markierung auffüllen, Deckel aufdrücken oder aufschrauben.

Thermostat

Wenn sich beim Wechsel der Kühlflüssigkeit zeigt, dass die alte Kühlflüssigkeit sehr dunkel, schmutzig oder gar schlierig ist, dann war sie wahrscheinlich viel zu lange im Motor. Dann solltest du den Thermostat ausbauen und reinigen und die Innenwände des Thermostatgehäuses ebenfalls. Der Thermostat sitzt meistens zwischen Kühler und Kühlwasser-Einlauf am Zylinderkopf in einem extra Gehäuse (Bild 8).

Ausbau: Schrauben im Deckel des Thermostatgehäuses ausdrehen, Thermostat herausnehmen. Darauf achten, dass der O-Ring nicht zerreißt, er klebt gerne an seinen Dichtflächen fest (Bild 8)!

Reinigen: Thermostat einige Stunden in Essig legen. Mit einem mit Essig getränkten Lappen das Thermostatgehäuse gut ausputzen.

Einbau: Thermostat mit dem gefederten Teil nach innen in das Gehäuse einsetzen. O-Ring kontrollieren, wenn in Ordnung: Leicht einfetten, in seine Nut im Gehäuse einsetzen, Thermostatdeckel aufsetzen, Befestigungsschrauben eindrehen und mit 12 Nm festziehen.

Thermostat prüfen und durchmessen
Eine solche Arbeit wird nötig, wenn der Motor »überkocht«, also zu heiß wird. Zur Prüfung des Thermostats benötigst du eine elektrische Heizplatte (oder Gasflamme/Gasherd oder Campingkocher), einen Topf mit 5 Liter Fassungsvermögen, der zur Hälfte mit Kühlflüssigkeit gefüllt wird, ein Stück stabile Schnur, ein Reifenmontiereisen (großer Schraubenschlüssel geht auch) und ein großes Thermometer mit einem Messbereich bis mindestens 120 °C (Bild 9).

> **Tipp:** Falls der Thermostat verschmutzt oder verkalkt (Bild 12) ist und deshalb klemmt und nicht mehr öffnet, lege ihn einige Zeit in Haushaltsessig. Dadurch löst sich der Kalk und das Thermostatventil wird wieder freigängig. Möglich, dass er danach wieder richtig funktioniert.

1. Thermostatventil, Termostatgerüst und Feder auf Risse, Klemmstellen und Kalkablagerungen prüfen. Wenn defekt, ersetzen.
2. Öffnungstemperatur des Thermostatventils messen: Schnur durch den Flansch des Thermostats ziehen und ihn daran frei schwebend in den Wassertopf hängen.
■ Thermostat und Thermometer dürfen das Metallgefäß nicht berühren, sonst werden die Messergebnisse verfälscht!
3. Wasser erwärmen und den Temperaturanstieg am Thermometer verfolgen.
3.1. Das Thermostatventil muss bei ca. 80 °C beginnen zu öffnen.

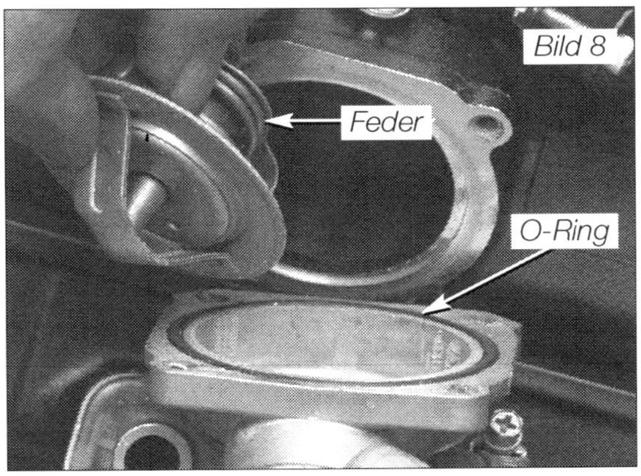

Bild 8: Der Thermostat wird mit der Feder nach innen eingesetzt. Darauf achten, dass der O-Ring einwandfrei in Ordnung ist.

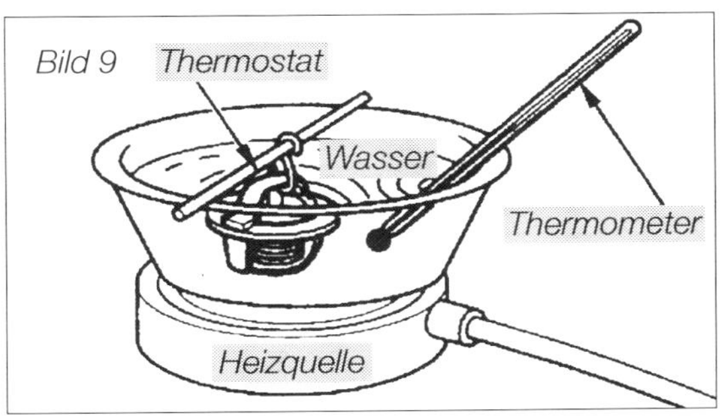

Bild 9: Ob ein Thermostat korrekt öffnet und schließt, kann mit dieser Prüfmethode festgestellt werden.

Sichtprüfung Messen

4. Zum Messen des Ventilhubs Wasser weiter erwärmen.

4.1. Bei ca. 95 °C muss sich das Thermostatventil um ca. 8 mm angehoben haben.

5. Fehlerhaft arbeitenden Thermostat erneuern.

Kühlsystem prüfen

Eine Prüfung des Kühlsystems auf Dichtheit unter Druck wird mit einem Kühlerprüfgerät durchgeführt. Dabei können Lecks lokalisiert werden. Kühlerprüfgeräte gibt es im Kfz-Zubehörhandel und sind ähnlich einer Luftpumpe mit Manometer aufgebaut (Bild 10).

Achtung: Bei einer Dichtprüfung des Kühlsystems den vom Fahrzeughersteller vorgeschriebenen Prüfdruck nicht überschreiten, denn zu hoher Druck kann einzelne Bauteile beschädigen!

■ **Anhaltswert:** Der maximal zulässige Prüfdruck liegt meistens bei 1,3 bar.

Kühlerventilator

Wenn das Motorkühlmittel mehr als 100 °C heiß wird, schaltet sich der Kühlerventilator ein und durchbläst den Kühler mit Luft. Wenn er sich nicht einschaltet, wird der Motor übermäßig heiß, die rote Warnlampe im Cockpit geht an und eventuell wird sogar Kühlflüssigkeit aus dem Motor gedückt: Motor sofort ausschalten!

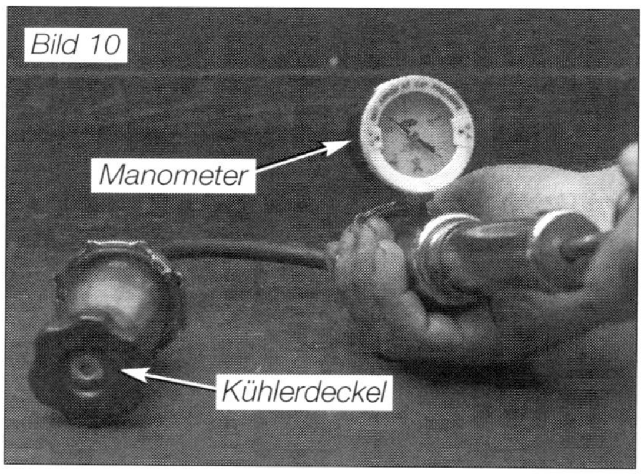

Bild 10: Der Öffnungsdrucks des Kühlsystem-Verschlussdeckels wird mit einem Kühlerprüfgerät geprüft. Dieses Gerät wird auch zur Druckprüfung des gesamten Kühlsystems benutzt.

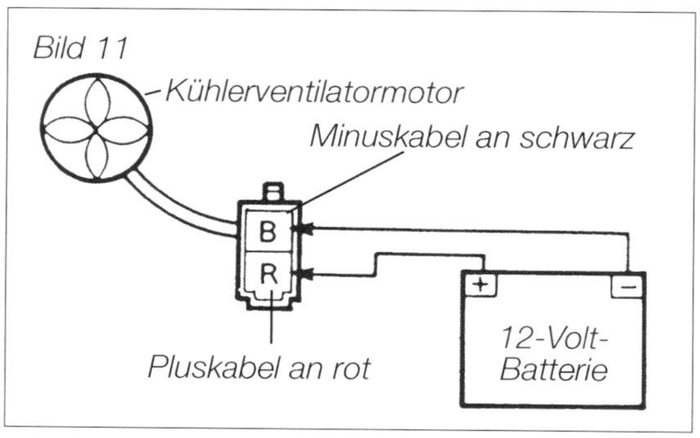

Bild 11: Kühlerventilatormotor mit einer voll geladenen Batterie prüfen.

Kühlerventilator defekt?

Wenn der Motor überhitzt, kann neben einem klemmenden Thermostat (siehe Text weiter vorne) ein nicht anlaufender Kühlerventilator der Grund sein.

Dafür kommen sechs Bauteile in Betracht:

■ Kühlerventilatorsicherung: Sie sitzt im Sicherungskasten unter der Sitzbank (siehe Kapitel 16 »Sicherungen · Relais · Stecker«).

■ Batterie hat zu geringe Spannung (siehe Kapitel 17 »Batterie«).

■ Zündschloss auf Wackelkontakte und Durchgang prüfen.

■ Kühlerventilator-Relais (siehe Kapitel 16 »Sicherungen · Relais · Stecker«).

■ Kühlerventilatormotor.

■ Kühlmitteltemperatur-Sensor, er sitzt meistens direkt am Kühler oder am Thermostatgehäuse.

Bevor eine umfangreiche Messaktion gestartet wird, zuerst alle in Frage kommenden Steckverbindungen auf einwandfreien Kontakt und Korrosion prüfen.

Kühlerventilatormotor überprüfen

1. Steckverbinder von dem Kabel abziehen, das direkt zum Kühlerventilatormotor führt.

2. Eine voll geladene 12-Volt-Batterie an den Steckverbinder des Kühlerventilators anschließen (Bild 11).

■ Pluskabel von der Batterie an rot.

■ Minuskabel von der Batterie an schwarz.

3. Ergebnis werten:

■ Dreht sich der Motor jetzt mit direktem Batterieanschluss, aber dann nicht mehr, wenn er über den Stecker wieder an den Kabelbaum angeschlossen wird, müssen die entsprechenden Kabel und Steckverbindungen auf Kurzschluss und eventuelle Korrosion überprüft werden.

■ Sofern Sicherung und Relais in Ordnung sind und der Motor sich nicht dreht, ist er defekt und muss erneuert werden.

Probleme mit der Kühlung

Problem: Motortemperatur zu hoch.

Möglicher Grund 1: Zu wenig Öl im Motor.

Abhilfe: Motoröl bis zum vorgeschriebenen Ölstand auffüllen.

Möglicher Grund 2: Kühlsystem-Verschlussdeckel defekt, lose: Kühlmittel tritt aus.
Abhilfe: Kühlsystem-Verschlussdeckel richtig aufsetzen und einrasten. Falls dein Motorrad älter ist, kaufe sicherheitshalber einen neuen Deckel und fülle Kühlmittel auf.

Möglicher Grund 3: Zu wenig Kühlmittel.
Abhilfe: Kühlmittel auffüllen und nachsehen, aus welcher Öffnung bzw. aus welchem Leck das Kühlmittel entschwunden ist.
■ Wenn der Kühlsystem-Verschlussdeckel oder der Deckel des Ausgleichsbehälters lose waren, ist nach dem Auffüllen meist wieder alles in Ordnung.
■ Wenn eine Kühlerschlauchschelle locker war und deswegen Kühlflüssigkeit ausgetreten ist, Schelle anziehen und Kühlmittel auffüllen. Bei nächster Gelegenheit neue Schelle anbringen.
■ Wenn ein Schlauch porös (alt, falsches Schlauchmaterial), geknickt (weil zu lang) oder von seinem Sitz gerutscht ist (weil zu kurz oder Schelle lose), umgehend einen neuen, serienmäßigen Schlauch einbauen.

Möglicher Grund 4: Durchgänge im Kühlsystem und Kühler verstopft, verschmutzt, verkalkt.
Abhilfe: Kühlsystem reinigen.
■ Kalkablagerungen im Lamellenkühler und in den Schläuchen kommen daher, dass lange Zeit nur normales Wasser eingefüllt war. Gib Kaffeemaschinen-Entkalter ins System und fahre den Motor einige Kilometer ordentlich heiß. Mit dieser brutalen Methode kannst du feststellen, ob und wo das System undicht ist, denn der Entkalker macht versteckte Lecks wieder frei, die vorher durch Kalkablagerungen dicht waren.
■ Motor abstellen, Gemisch ablassen und das Kühlsystem gut mit heißem Wasser durchspülen.

Möglicher Grund 5: Luft im Kühlsystem.
Abhilfe: Kühlmittel auffüllen, System entlüften.

Möglicher Grund 6: Wasserpumpe.
Abhilfe: Nachsehen, ob sie defekt ist. Wenn ja, muss sie erneuert werden.

Möglicher Grund 7: Thermostat hängt auf »geschlossen«, z. B. weil verkalkt (Bild 12).
Abhilfe: Neuen Thermostat einbauen. Wenn der Thermostat hängt, ist er meistens alt.

Möglicher Grund 8: Kühlerventilatormotor defekt.
Abhilfe: Neuen Kühlerventilatormotor einbauen.

Möglicher Grund 9: Schalter des Kühlerventilators defekt.
Abhilfe: Neuen Schalter einbauen.

Möglicher Grund 10: Zylinderkopfdichtung defekt.
Abhilfe:
■ Zylinder außen auf Höhe der Zylinderkopfdichtungen auf Lecks und ausgetretenes Kühlwasser untersuchen.
■ Finger in den Kühlwassereinfüllstutzen stecken (Motor vorher kalt werden lassen!) und die Konsistenz der Kühlflüssigkeit »erfühlen«: Fühlt sie sich schmierig an und schwimmen Fettaugen auf ihr, ist wahrscheinlich die Kopfdichtung hinüber.
■ Motoröl auf Wasserbeimengung untersuchen, dazu mit der Taschenlampe in die Öleinfüllöffnung leuchten: Wenn die Oberfläche hell und schaumig ist, ist wahrscheinlich Wasser im Motoröl.
■ Dieser Schaum ist auch am Ölmessstab oder im Ölschauglas zu sehen. Wenn die Zylinderkopfdichtung defekt ist, muss sie erneuert werden.

Problem: Leck im Kühlsystem.
Möglicher Grund 1: Schlauchverbinder oder Schlauchklemme locker.
Abhilfe: Hat sich die Schelle eines Kühlerschlauches gelockert oder war diese nicht richtig angezogen und hatte sich an einer solchen Stelle ein Leck gebildet, die Schelle anziehen. Falls die Schelle gebrochen oder im Gewinde nicht mehr in Ordnung ist (oder eine nicht serienmäßige Schelle angebaut ist!), bei nächster Gelegenheit eine neue Schelle anbringen.

Möglicher Grund 2: Wasserschlauch gealtert, beschädigt oder defekt.
Abhilfe: Ein Schlauch kann mit dem Alter porös werden; es kann auch ein Schlauch aus falschem Material montiert sein; er kann geknickt sein, weil er zu lang ist oder von seinem Sitz rutschen, wenn die Schelle sich gelöst hat: In solchen Fällen einen neuen Originalschlauch (Bilder 13 und 14) mit neuen Schlauchschellen einbauen.

Möglicher Grund 3: Gleitringdichtung oder O-Ringe der Wasserpumpe defekt.
Abhilfe: Neue Wasserpumpe und/oder neuen O-Ring einsetzen.

Möglicher Grund 4: Kühlsystem-Verschlussdeckel defekt.
Abhilfe: Kühlsystem-Verschlussdeckel richtig aufsetzen und einrasten, ggf. einen neuen Deckel verwenden. Kühlmittel auffüllen.

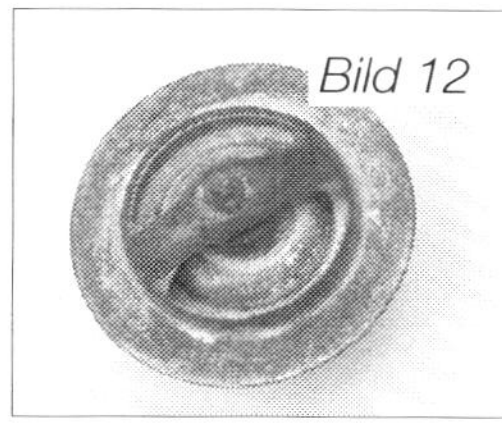

Bild 2: Verkalkter Thermostat.

Bild 13: Einen echten Kühlwasserschlauch erkennt man beim Blick auf die Schnittstelle: Das Schlauchmaterial ist mit Gewebefäden durchzogen.

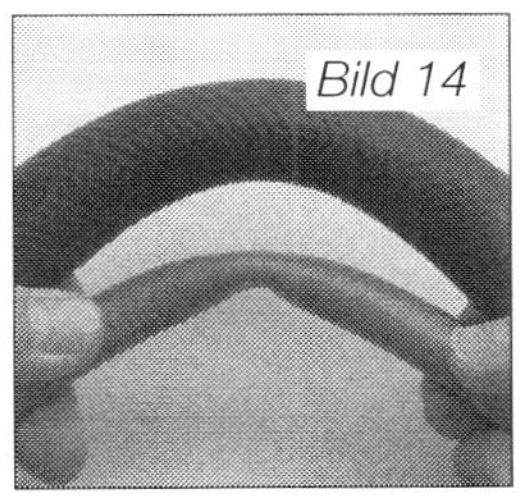

Bild 14: Der originale Kühlwasserschlauch hat einen vorgeformten Bogen, der Gartenschlauch dagegen knickt leicht ab.

Sichtprüfung Messen

Kupplung · Schaltung

In diesem Kapitel: Kupplung · Kupplungsbauarten · Neuen Kupplungszug einbauen · Schaltung · Schaltgestänge prüfen.

Kupplung

Aufgabe: Die Kupplung verbindet den Antriebsmotor mit dem Getriebe. Der Fahrer kann zum Schalten diese kraftschlüssige Verbindung zwischen Motor und Getriebe unterbrechen, damit die Gänge gewechselt werden können. Weiterhin ist erst durch die Kupplung ein kontrolliertes Anfahren möglich: Beim kontrollierten Einkuppeln wird die Motorkraft durch die Reibung innerhalb der Kupplung auf das Getriebe übertragen.

Bild 1: Einscheiben-Trockenkupplung wie sie im BMW-Boxer eingebaut ist.

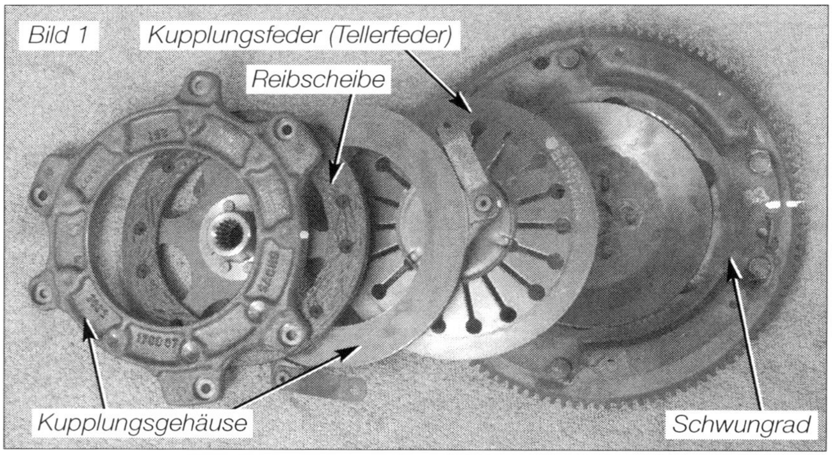

Bilder 2 und 2a: Mehrscheibenkupplung, sie kann sowohl innerhalb des Motors als Nasskupplung oder außerhalb als Trockenkupplung laufen.

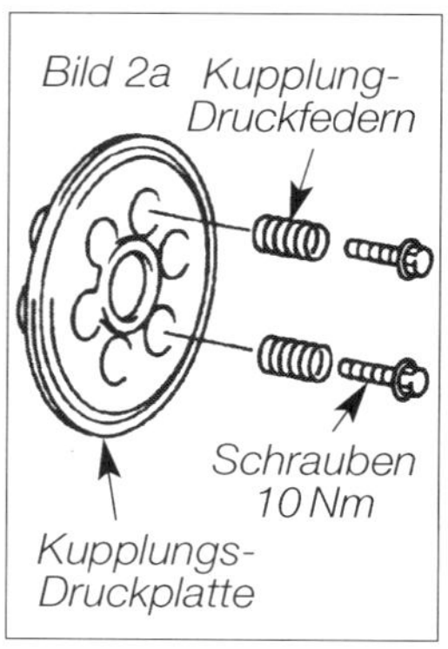

Über den Kupplungs-Handhebel wird die Kupplung kontrolliert und dosiert betätigt:

- Bei eingelegtem Gang und gezogener Kupplung steht das Getriebe still.
- Wenn du den Kupplungshebel loslässt, rückt die Kupplung ein und die Motorkraft wird zum Getriebe und von dort zum Hinterrad übertragen.

Funktion: Die Kraft wird von der Kurbelwelle über Zahnräder (»Primärantrieb«) auf den Kupplungskorb übertragen. Dieser ist drehbar auf der Getriebeeingangswelle gelagert. Die Reibscheiben greifen mit ihrer Außenverzahnung in die Nuten im Kupplungskorb ein. Zwischen den Reibscheiben befindet sich jeweils eine Stahlscheibe mit einer Innenverzahnung, die in die Nuten auf der Kupplungsnabe eingreifen, welche fest mit der Getriebewelle verbunden ist. Eine von Federn an die Reib- und Stahlscheiben gepresste Druckplatte drückt das Scheibenpaket zusammen, wodurch eine kraftschlüssige Verbindung entsteht.

Wenn der Kupplungshebel betätigt wird, drückt die Kupplungs-Druckstange gegen die Kupplungs-Druckplatte und hebt diese gegen die Federkraft an, Reib- und Stahlscheiben lösen sich voneinander, Kupplungskorb und Kupplungsnabe können sich frei drehen («Kupplung ist entkoppelt«). Die Kupplungsdruckstange wird durch den Ausrückhebel, der über den Kupplungszug mit dem Kupplungshebel am Lenker verbunden ist, betätigt (oder entsprechend hydraulisch).

Kupplungsbauarten

- Bei der **Einscheiben-Trockenkupplung** ist zwischen Motor (bzw. dessen Schwungrad) und Getriebeeingangswelle eine Reibscheibe eingebaut. Solche Kupplungen werden bei BMW-Boxern und Moto Guzzi V2 verwendet.
- Eine **Mehrscheiben-Trockenkupplung** ist in den meisten Ducati-Motoren drin. Das Rasseln dieser Kupplung ist eines der charakteristischen Markenzeichen der V2 aus Bologna, ungeübte Ohren diagnostizieren daraus einen Motorschaden. Im Aufbau ist die Mehrscheiben-Trockenkupplung gleich wie die folgende Mehrscheiben-Nasskupplung, außer dass sie außerhalb des Motors (bzw. Getriebes) läuft und damit auch nicht innerhalb des Motor- bzw. Getriebeöls

(deswegen »Trockenkupplung«).

- In den meisten Motorrädern ist eine **Mehrscheiben-Nasskupplung** eingebaut, diese läuft innerhalb des Motors (bzw. Getriebes) im Ölbad.

Diese drei Kupplungsbauarten können verschieden betätigt werden:

- **Mechanische Betätigung** über Seilzug vom Handhebel zum Hebel (»kurzer Kuppungshebel«) unten am Motor. Der Kupplungszug muss ein gewisses Spiel (»Luft«, Bild 3) in sich haben, damit die Kupplungsscheiben nicht schon beim leichten Berühren des Handhebels zueinander schleifen. Dadurch würde die Kupplung sehr schnell verschleißen.
- **Hydraulische Betätigung** mit einem Druckgeber oben am Lenker (Bild 7) und Nehmerzylinder unten am Motor (bzw. am Kupplungsgehäuse), der direkt auf die Kupplungsdruckstange wirkt (Bild 8). Die Funktion entspricht ungefähr dem Bremssystem und es ist auch am Handhebel ein Vorratsbehälter mit Bremsflüssigkeit angebracht. Der Pegelstand im Vorratsbehälter muss sich immer über der »LOW«-Markierung befinden. Die Flüssigkeit verbraucht sich mit der Zeit und muss deswegen alle zwei Jahre gewechselt werden. Wenn deine Maschine eine hydraulisch betätigte Kupplung hat, lies bitte im Kapitel 12 »Bremsen« nach, dort steht alles über Wartung, Bremsflüssigkeit und Systementlüftung.

Neuen Kupplungszug einbauen

Besonders bei älteren Motorrädern besteht die Gefahr, dass der Kupplungszug jederzeit reißen kann: entweder durch Bruch des inneren Zugs oder durch Abreißen eines Nippels.

Alten Zug ausbauen

1. Meistens müssen Sitzbank, einige Verkleidungsteile und Tank abgebaut werden.

2. Unten am Motor: Kontermutter lösen und abdrehen (Bild 5).

2.1. Einstellmutter einige Gewindegänge vom Widerlager wegdrehen.

3. Nippel des Zuges aus Lasche aushängen (Bild 6): Hebel dazu mit dem Finger gegen die Federkraft zum Widerlager hin drücken.

4. Zugführungsrohr nach vorne aus Widerlager ziehen (Bild 5), Kupplungszug nach oben aus dem Schlitz des Widerlagers nehmen.

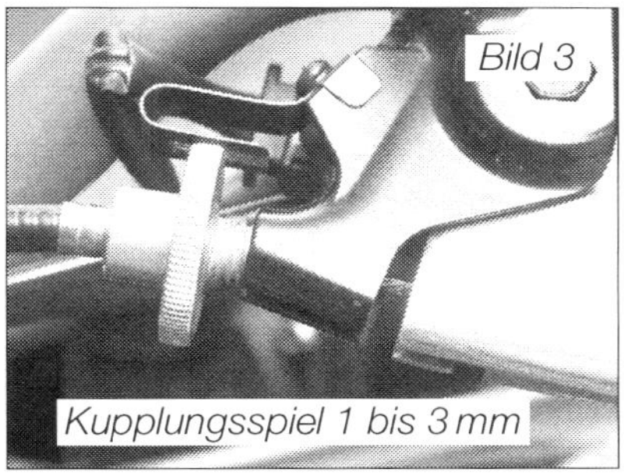

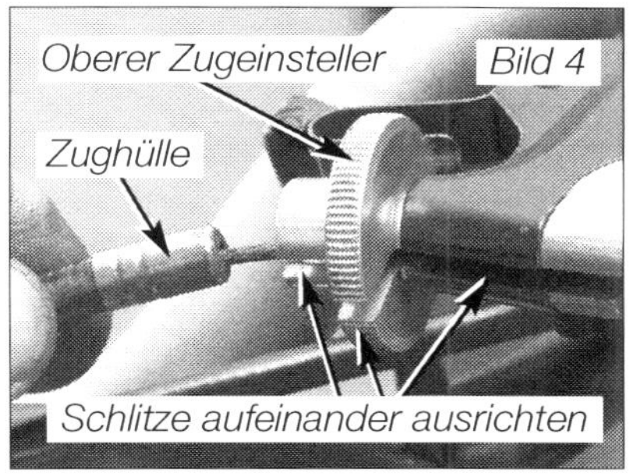

Bilder 3 bis 6: Zum Herausnehmen und Einbauen des Kupplungszugs den Schlitz des oberen Zugeinstellers in Deckung zum Schlitz im Halter bringen.

- *Kontermutter unten lösen, Einstellmutter ganz zurückdrehen.*
- *Nippel und Kupplungszug aus der Lasche nehmen.*
- *Danach das korrekte Spiel von 1 bis 3 mm einstellen.*

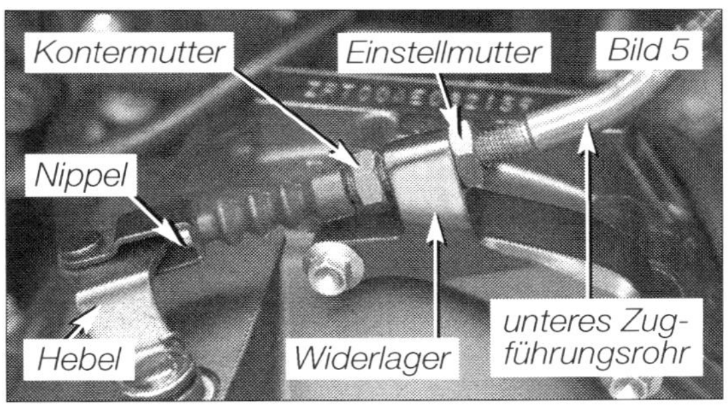

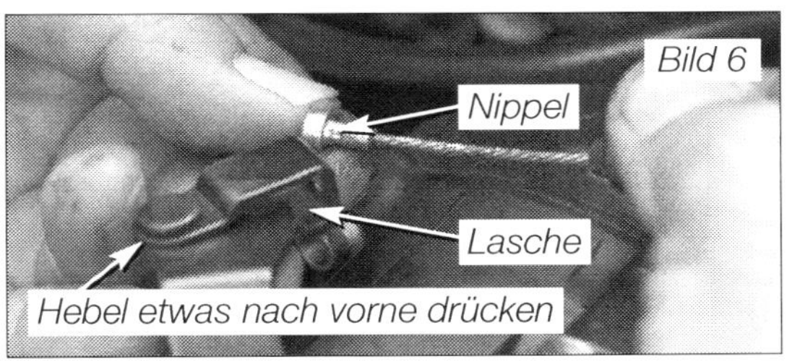

Bilder 7 und 8: Die hydraulische Kupplungsbetätigung ist mit Bremsflüssigkeit befüllt. Sie wird unten am Nehmerzylinder entlüftet.

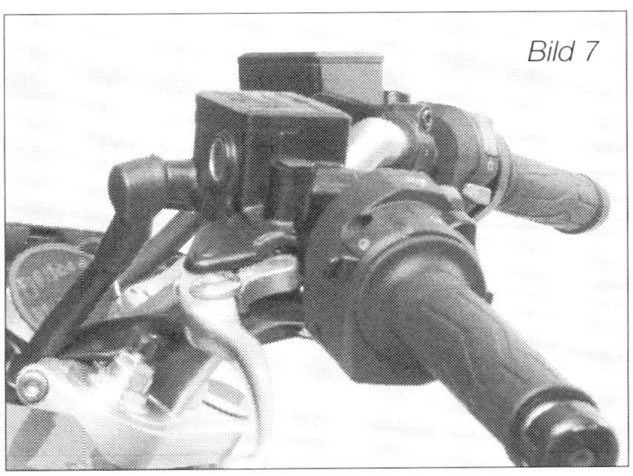

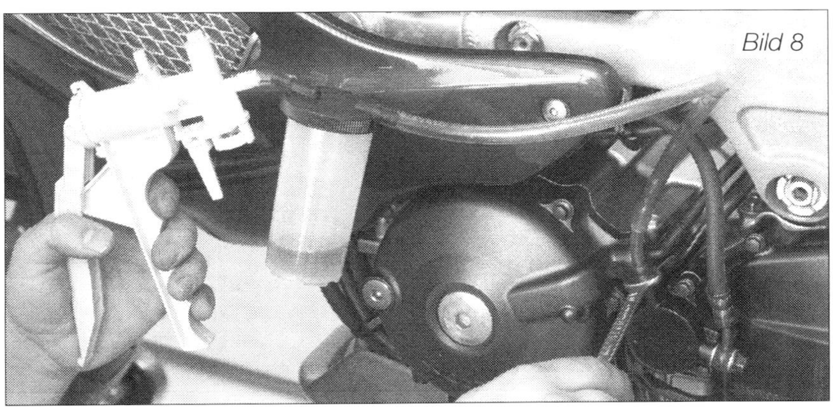

Sichtprüfung Messen

Bilder 9 und 10: Schaltbetätigung über Gestänge. Beachten, dass der kleine Schalthebel senkrecht aufgebaut werden muss, egal ob er nach unten oder nach oben steht.

Bilder 11 und 12: Beide Bilder verdeutlichen, wie über Schaltwalze und Schalgabeln die Zahnräder verschoben und die Gänge eingelegt werden.

5. Oben am Handhebel: Zugeinsteller eindrehen: Schlitz so hindrehen, dass er sich mit dem Schlitz des Handhebels deckt (Bild 4).
5.1. Nippel oben aus dem Handhebel nehmen. Kupplungszug NOCH NICHT herausziehen!

Neuen Zug einbauen

1. Neuen Zug parallel zum alten Zug verlegen.
2. Nippel des neuen Zugs in Kupplungshandhebel einhängen, Zug durch Schlitz und Einsteller einführen, Ende der Zughülle ganz in den Einsteller einsetzen.
3. Untere Zugführung in Widerlager einsetzen, Nippel in Lasche am kurzen Kupplungshebel unten am Motor einsetzen (Bild 6). Hebel dazu mit dem Finger gegen die Federkraft zum Widerlager hin drücken.
4. Alten Kupplungszug herausziehen.
5. Oberen Einsteller so hindrehen, dass sein Gewinde ca. 1/3 bis 1/2 im Innengewinde ist.
6. Unten am Motor: Einstellmutter so weit gegen das Gewinde des Widerlagers drehen, dass das Kupplungsspiel ungefähr stimmt.
6.1. Kontermutter gegen das Widerlager »gut handfest« kontern.
7. Kupplungsspiel mit der oberen Einstellschraube fein einstellen, dass 1 bis 3 mm Spiel zwischen Kupplungshebel und Hebelaufnahme besteht (Bild 3, auch Kapitel 6 »Einstellungen«).
8. Letzte Kontrolle: Lenkung voll rechts und links einschlagen: Kupplungszug darf nirgendwo anstehen, spannen oder Kabel einquetschen.

Schaltung

Die Schaltung ist der Teil des Getriebes, die ihm »sagt«, welcher Gang eingelegt werden soll. Sie besteht aus Schalthebel, Schaltwelle, Schaltwalze und Schaltklauen. Auf der Schaltwelle sitzt der Schalthebel, der mit dem Fuß betätigt wird, wenn ein anderer Gang eingelegt werden soll. Von der Schaltwelle wird eine Schaltklinke bewegt, wodurch die Schaltwalze um einen bestimmten Betrag gedreht wird. Schaltklauen sind

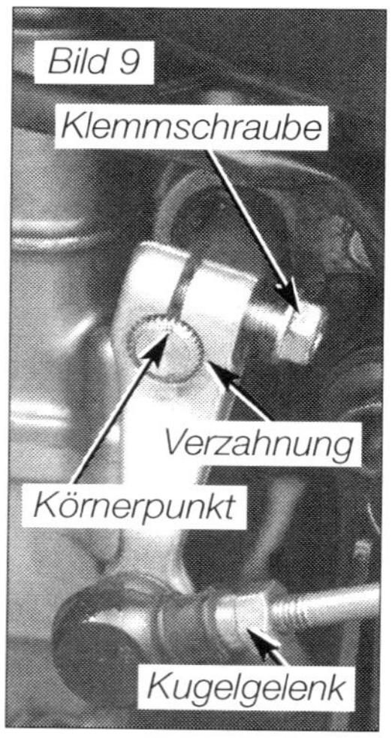

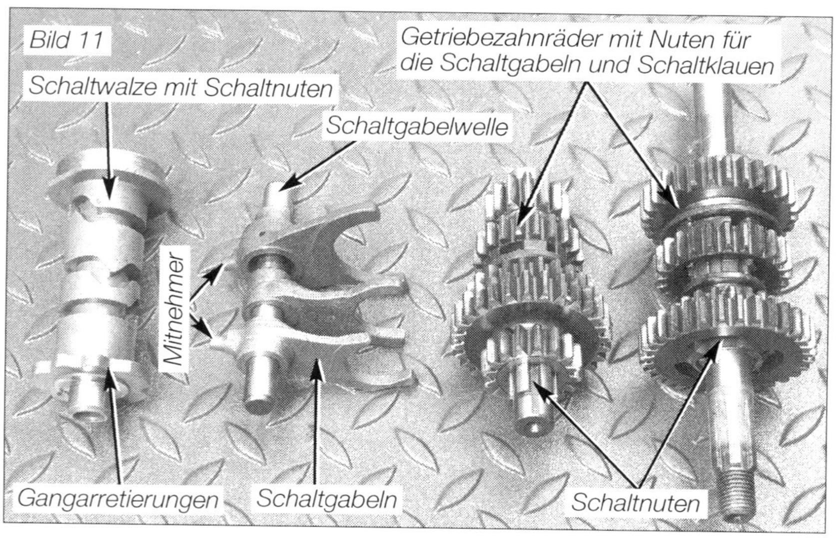

über Stifte mit der Schaltwalze verbunden, und wenn sich die Schaltwalze dreht, werden die Schaltklauen axial bewegt und die Zahnräder des Getriebes in entspechende Position geschoben (sorry, ist etwas kompliziert, aber wenn du zum Text auch die Bilder 10 bis 14 ansiehst, wird die Funktion klar).

Schaltgestänge prüfen

Schaltpobleme haben oft ihren Grund in der Kupplungsbetätigung und/oder im Schaltgestänge (siehe dazu bitte in Kapitel 6 »Einstellungen« nach). Wenn sich die Gänge nicht mehr leicht und exakt einlegen lassen, überprüfe Folgendes:

■ Ist am Schaltgestänge etwas locker oder verbogen (eventuell durch einen Umfaller)?
■ Wenn alles in Ordnung ist, kontrolliere als Nächstes das Seilzugspiel am Kupplungshebel: Es muss etwas »Luft« sein am Kupplungshebel.
■ Bei einer hydraulischen Kupplung muss erstens genügend Bremsflüssigkeit und zweitens darf keine Luft im System sein: Ggf. Bremsflüssigkeit auffüllen, System entlüften.

Bauteile des Schaltgestänges prüfen
Wenn sich die Gänge nicht exakt einlegen lassen:
■ **Prüfen:** Klemmschraube des kleinen Schalthebels gut festgezogen? Falls nicht: Festziehen mit 12 Nm, entspricht »handfest« (Bild 10).
■ **Prüfen:** Verzahnungen in Schalthebel und an Schaltwelle noch einwandfrei (Bild 9)? Wenn die Klemmschraube lose war, sind wahrscheinlich die Außenverzahnung der Schaltwelle sowie die Innenverzahnung des Schalthebels beschädigt (»Spitzen abgenutzt«).
Problem beseitigen: Schalthebel abziehen, Verzahnung mit einer Messingbürste putzen, etwas Fett an die Verzahnung geben, Schalthebel aufstecken. Neue Klemmschraube verwenden!
Beachten: Schalthebel senkrecht auf die Schaltwelle aufbauen (Bilder 9 und 10).
■ **Prüfen:** Schalthebellagerung ausreichend freigängig bzw. korrodiert?
Problem beseitigen:
1. Befestigungsschraube der Fußraste ausdrehen, sie ist von hinten erreichbar.
2. Fußschalthebel von Lagerstelle abziehen, Simmerringe herausziehen.
3. Korrosion mit Schmirgelpapier beseitigen.
4. Lagerstelle gut einfetten, neue Simmerringe einsetzen, Fußschalthebel auf Lagerstelle setzen.
5. Loctite »mittelfest« auf das Gewinde der Fußrasten-Befestigungsschraube geben, eindrehen und mit ca. 35 Nm festziehen. U-förmige Aufnahme der Fußraste dabei etwas schräg stellen.
■ **Prüfen:** Kugelgelenke an beiden Enden der Schaltstange in Ordnung? Sie dürfen nicht zu viel »Luft« haben, müssen sich leicht bewegen. Wenn defekt, neue Kugelgelenke einbauen (Bilder 9 und 10).
■ **Prüfen:** Stimmen die Einstellungen des Fußschalthebels? Siehe dazu auch Kapitel 6 »Einstellungen«.

Bilder 13 und 14: Bauteile der Schaltung.

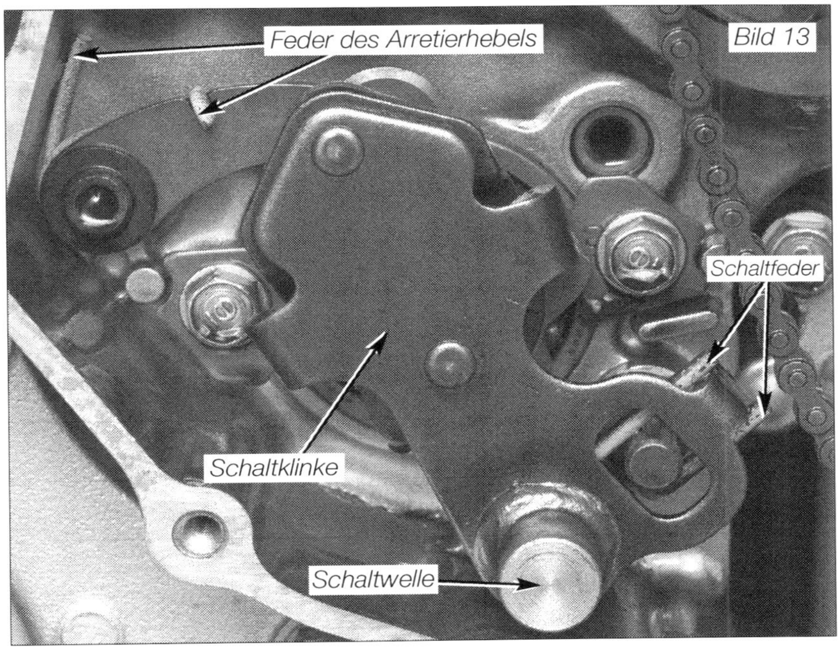

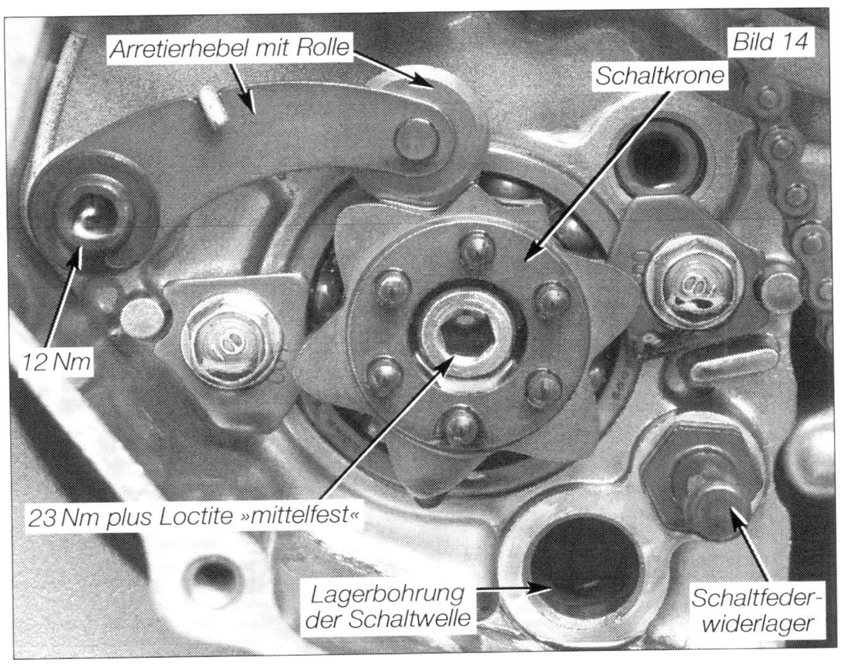

Anlasser

In diesem Kapitel: Anlasser · Anlasserrelais und Diode · Anlasserfreilauf · Anlasser aus- und einbauen.

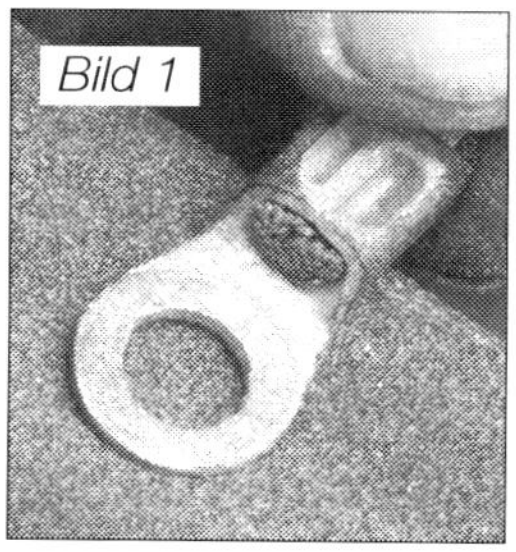

Bild 1: Kabelklemme abnehmen, abschmirgeln und wieder anbauen wirkt oft Wunder.

Bild 2: Der Anlasserfreilauf sitzt im Motor. Bei einem Defekt muss der Lichtmaschinenrotor abgebaut werden, wozu Spezialwerkzeug erforderlich ist (Sache für die Werkstatt).

Anlasser

Beim Druck auf den Starterknopf wird Batteriestrom zum Anlasser geleitet, dieser dreht sich und setzt den Motor in Bewegung. Der Anlassermotor ist ein kleiner Elektromotor, dessen Drehbewegung über Zwischenzahnräder und einen »Anlasser-Freilauf« auf die Kurbelwelle übertragen wird. Der Anlasser sitzt unten am Motor vor oder hinter dem Zylinderfuß (Bild 3).

Anlasser reagiert nicht

Falls der Anlasser nicht reagiert, wenn der Starterknopf betätigt wird, zuerst Folgendes prüfen:

- Steht der Motorabstellschalter (»Killschalter«) oben am Lenker auf RUN bzw. ON?
- Leerlauf eingelegt? Nicht immer ist der Leerlauf drin, wenn das grüne Licht im Armaturenbrett leuchtet!
- Seitenständer hochgeklappt? Wenn sich der Anlasser beim Betätigen des Starterknopfes nicht drehen will, mit ganz gezogenem Kupplungshebel noch einmal versuchen.
- Batterie in Ordnung? Wenn der Motor gestern noch problemlos ansprang und heute nicht mehr will, ist möglicherweise die Batterie hinüber.

Es kann aber auch sein, dass der Strom auf seinem Weg von der Batterie zum Anlasser schlechten Kontakt hat: Steckverbindungen und Kontaktzungen, Kabelanschlüsse an der Batterie, Verbindung des Massekabels zum Rahmen sowie die entsprechenden Sicherungen auf festen Sitz und Korrosion prüfen.

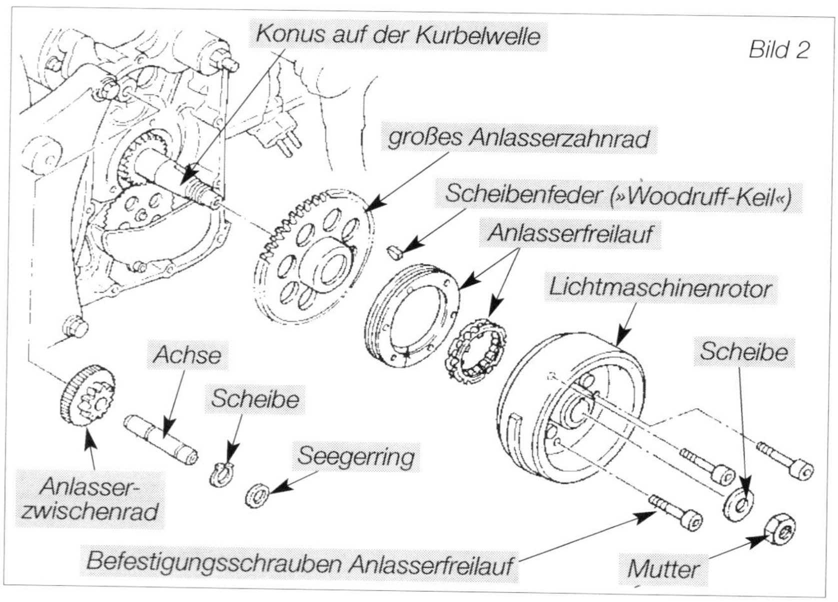

Anlasserrelais und Diode

Wenn der Anlasser trotz Starthilfekabel nicht reagiert, kann die Batterie total hinüber sein oder der Anlasser ist defekt oder beides. Es kann aber auch am Anlasserrelais oder der Diode liegen.

Anlasserrelais

Das Anlasserrelais sitzt meist in der Nähe der Batterie. Eine Hörprobe machen:

1. Zündung einschalten, Anlasserknopf betätigen.
2. Genau hinhören: Ist ein Klicken aus dem Relais zu hören?

- Falls »Ja«, ist das Relais in Ordnung.
- Falls »Nein«, ist es entweder defekt oder bekommt keinen Strom: Entweder testweise ein erwiesenermaßen funktionsfähiges Relais einbauen und/oder für sichere Stromzufuhr sorgen.

Anlasserdiode

Die Anlasserdiode verhindert ein Anlaufen des Anlassers bei laufendem Motor, wenn versehentlich der Anlasserknopf gedrückt wird. Sie befindet sich meist neben dem Anlasserrelais oder im Sicherungskasten. Wenn die Diode defekt ist, verhindert sie auch das Anlaufen des Anlassers bei stehendem Motor.

Wenn es ein offensichtliches Problem am Startsystem gibt, gehst du am besten in eine Fachwerkstatt. Dort können mit (zum Teil sehr teuren!) Messinstrumenten alle Bauteile durchgemessen und das defekte Teil aufgespürt werden.

Anlasserfreilauf

Der Anlasserfreilauf sitzt im Motor und überträgt bei Betätigung des Anlassers dessen Drehung auf die Kurbelwelle. Wenn der Motor läuft, macht der Freilauf »auf« und trennt die kraftschlüssige Verbindung. Normalerweise geht am Anlasserfreilauf und den Teilen, die zur Übertragung der Drehbewegung der Anlasserwelle zum Anlasserfreilauf nötig sind, nichts kaputt.

Bei einem älteren Motorrad, das entsprechend oft gestartet wurde, kann der Anlasserfreilauf defekt werden. Ein solcher Defekt kündigt sich durch einen schlecht greifenden Freilauf langsam an: Der Anlasser dreht dann nur alleine durch, er treibt also die Kurbelwelle nicht an, wenn der Starterknopf gedrückt wird: Erst einmal leer, dann greift er wieder, dann zwei- bis dreimal leer, dann greift er wieder, bis bald überhaupt nichts mehr geht und der Anlasser nur noch hohl dreht.

Dies ist ein deutliches Indiz dafür, dass der Anlasserfreilauf defekt ist. Dann haben sich die Freilaufrollen in die Oberfläche des am großen Anlasserzahnrads angebrachten Mitnehmerbundes eingearbeitet und das Teil muss erneuert werden.

Weil zum Ausbau des Anlasserfreilaufs in den meisten Fällen der Lichtmaschinenrotor von der Kurbelwelle abgezogen werden muss und dazu Spezialwerkzeug erforderlich ist, lässt du es am besten in der Werkstatt reparieren.

Anlasser aus- und einbauen

Wenn der Anlasser nicht funktioniert, kontrolliere zuerst, ob das Kabel, das von der Batterie zum Anlasser führt, locker oder korrodiert ist. Einen korrodierten Kabelanschluss kannst du mit feinem Schmirgelpapier säubern (Bild 1). Danach nochmals prüfen, ob es funktioniert, falls nicht: Anlasser ausbauen und in der Werkstatt überprüfen lassen.

Anlasser ausbauen

1. Bei verkleideten Maschinen entsprechende Teile abbauen, um an den Anlasser zu kommen.
2. Plus- und Minuskabel an der Batterie abklemmen und sicher zur Seite hängen.
3. Gummikappe über Kabelbefestigung am Anlasser abziehen, Mutter abdrehen, Kabelklemme abnehmen.
4. Befestigungsschrauben des Anlassers lösen und ausdrehen. Darauf achten, ob ein extra Massekabel angeschlossen ist!
5. Anlasser aus Motorgehäuse herausziehen.

Anlasser einbauen

1. O-Ring in der Nut am Anlasser leicht fetten.
2. Anlasser in seine Position im Motorgehäuse schieben.
3. Schrauben eindrehen und festziehen (12 Nm).
4. Anlasserkabel gut handfest anschrauben.
5. Plus- und Minuskabel an Batterie anschließen.

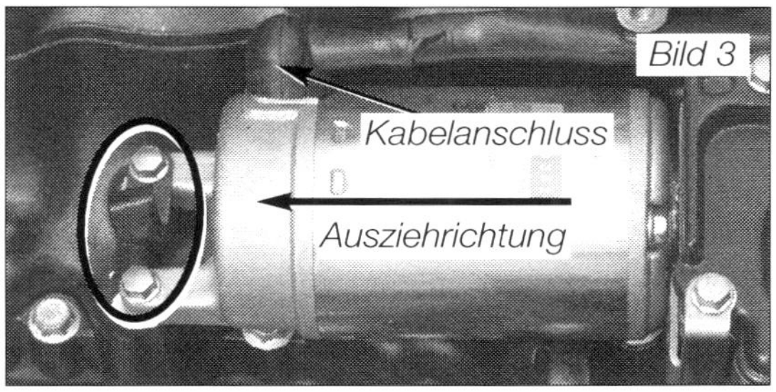

Bild 3: Zum Ausbau des Anlassers die beiden Befestigungsschrauben (Oval) ausdrehen, Kabelanschluss abnehmen und Anlasser herausziehen.

Bild 4: Explosionszeichnung eines Anlassers mit genauer Positionierung der einzelnen Bauteile.

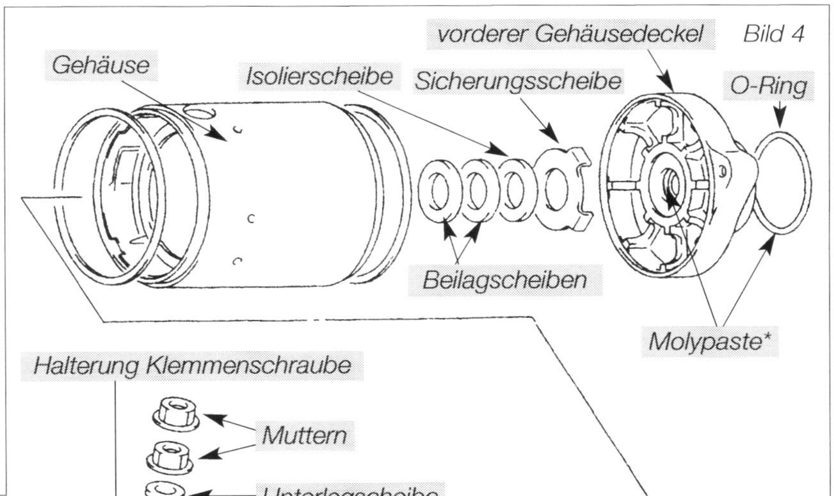

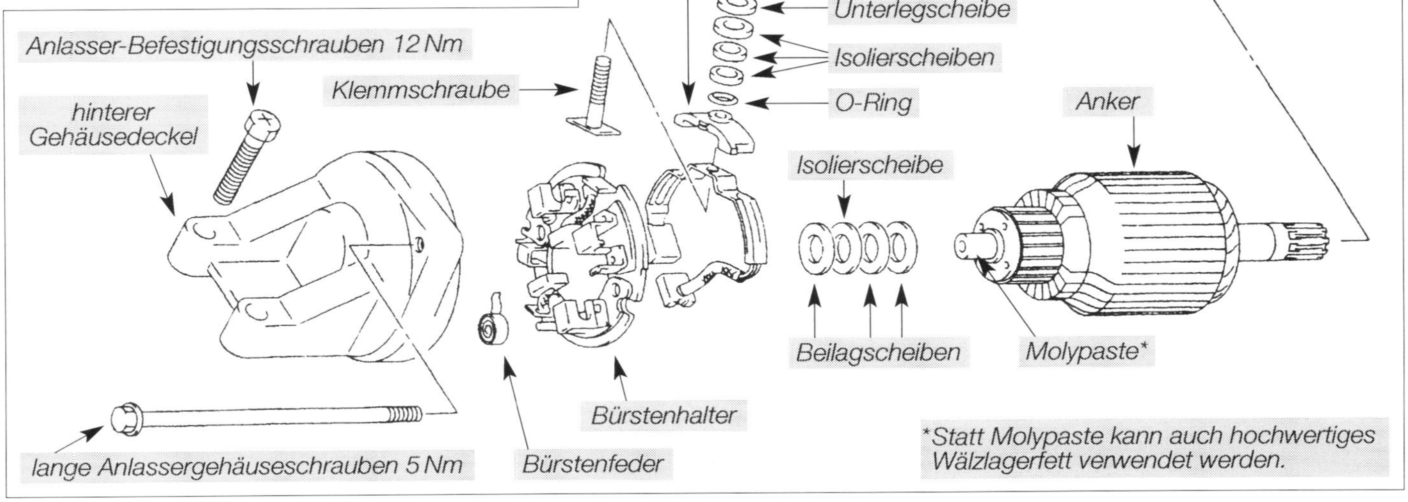

Sichtprüfung · Messen

Bilder 1 bis 4: Ventilbetätigung eine und zwei Nockenwellen.

Ventilspiel

In diesem Kapitel: Ventiltrieb · Ventilspiel · Ventilspiel prüfen und einstellen beim OHC-Motor mit Kipphebeln · Ventilspiel prüfen beim DOHC-Motor mit Tassenstößeln.

Bild 1 Ventilbetätigung über eine obenliegende Nockenwelle und Kipphebel (OHC-Motor)

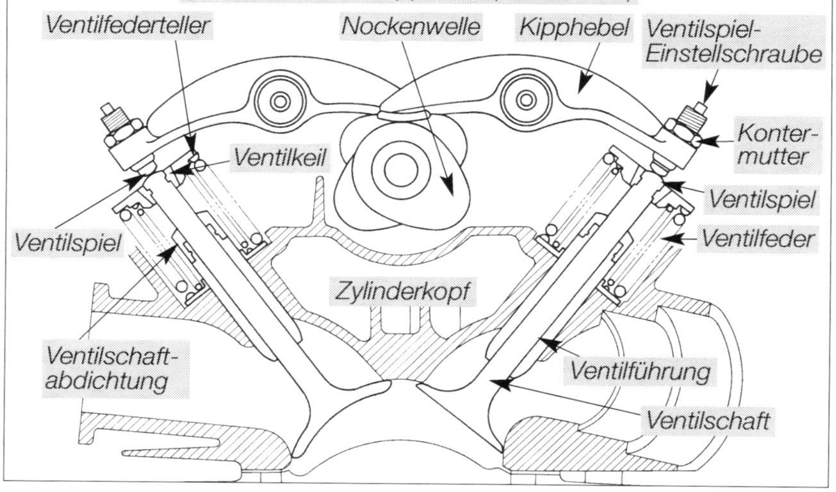

Bild 2 Ventilbetätigung über zwei obenliegende Nockenwellen und Tassenstößel mit innen liegenden Einstellplättchen (DOHC-Motor)

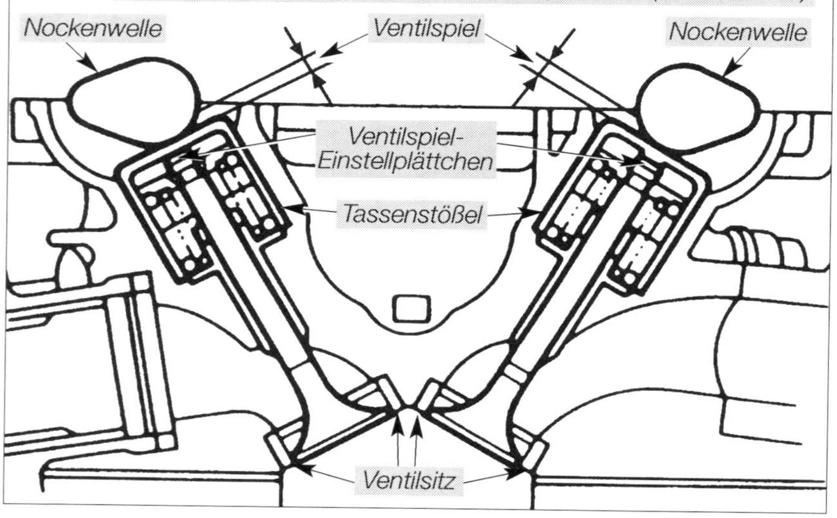

Bild 3 Tassenstößel eingesetzt

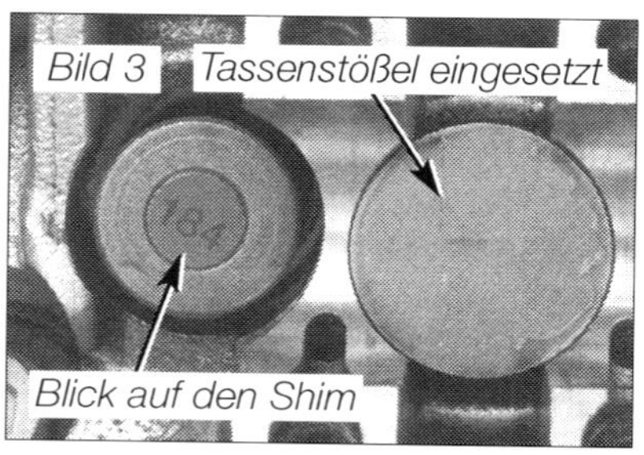

Bild 4

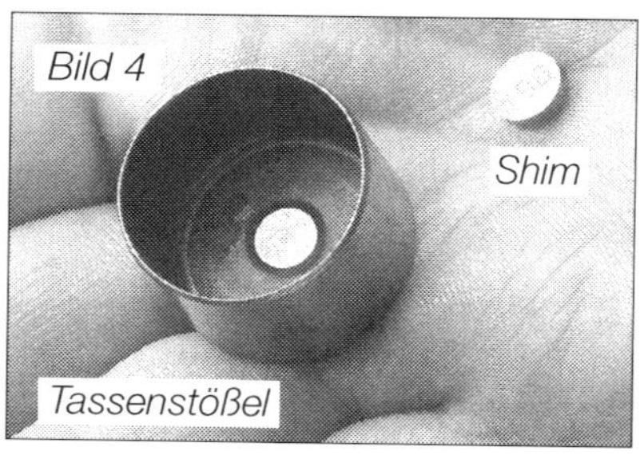

Ventiltrieb

Moderne Viertaktmotoren haben zwei, drei oder vier Ventile pro Zylinder, die über eine oder zwei obenliegende Nockenwellen betätigt werden. In diesem Kapitel behandeln wir die Ducati-Desmodromik nicht, denn sie würde durch die komplizierte Bauweise und die vielen Bauteile den Rahmen dieses Kapitels sprengen.

■ **OHC-Motor: O**ver **H**ead **C**amshaft, obenliegende Nockenwelle (Bild 1). OHC-Motoren sind meistens in Ein- oder Zweizylindermaschinen mit nicht so hoher Leistung eingebaut, zum Beispiel in Enduros, Chopper und Straßenmaschinen.

BMW-Boxermotoren: Eine Zwischenlösung sind die Ventiltriebe in den BMW-Boxermotoren der neuen Generation; diese haben je eine halbhoch liegende Nockenwelle pro Zylinder mit kurzen Stößelstangen, aber auch bei ihnen gibt es Kipphebel mit Ventilspiel-Einstellschrauben. Bei den ganz alten BMW-Boxermotoren (»Zweiventiler«) liegt eine Nockenwelle unten im Motor über der Kurbelwelle; von dort aus führen lange Stößelstangen nach oben zu den Kipphebeln mit Einstellschrauben.

■ **DOHC-Motor: D**ouble **O**ver **H**ead **C**amshaft, zwei obenliegende Nockenwellen (Bild 2). Die DOHC-Bauart ist sehr weit verbreitet, denn alle gängigen Drei- und Vierzylindermaschinen sind damit ausgestattet, aber auch immer mehr moderne Zwei- und Einzylinder.

Ventilspiel

Das »Ventilspiel« ist die »Luft« zwischen Ventilkopf und Ventilspiel-Einstellschraube. Dieses ist unbedingt nötig, damit die Ventile in der »ZU«-Stellung nicht etwas geöffnet sind, sondern den Brennraum bei allen Betriebstemperaturen dicht abschließen, kein Gas unkontrolliert entweicht und die Wärme am Ventilsitz gut abgeleitet werden kann.

Von richtiger Wartung und Pflege hängt das Wohl und Wehe des Ventiltriebs entscheidend ab:

■ Wenn das Ventilspiel zu weit ist, besteht die Gefahr der Pittingbildung auf den Nockenlaufbahnen und den Tassenstößeln sowie des Einschlagens der Ventilsitze.

■ Wenn das Ventilspiel zu eng ist, besteht die Gefahr, dass die Ventilsitze einschlagen und verbrennen.

Bis die vielen Lager- und Kontaktstellen des Ventiltriebs aufeinander eingelaufen sind, braucht es eine gewisse Laufzeit: Nockenwellenlager, Nockengleitbahn, Kipphebel, Kipphebellagerung, Einstellschrauben-Kontakt zum Ventilkopf, Ventilsitze im Zylinderkopf – es sind eine ganze Menge Bauteile, die sich »setzen« müssen. Wenn vom Fahrzeughersteller eine Kontrolle und Einstellung der Ventile bei der ersten Inspektion bei 1000 km vorgeschrieben ist, ist diese sehr wichtig.

Ventilspiel selbst einstellen?
Im Zylinderkopf eines OHC-Motors und bei den BMW-Boxermotoren auch, sind zur Übertragung der Nockenbuckel auf den Ventilkopf (und damit zum Öffnen der Ventile) generell Kipphebel mit Einstellschrauben eingebaut. Das Ventilspiel kann leicht selbst geprüft und ggf. eingestellt werden (kommt später).

Bei fast allen DOHC-Motoren ist die Sache weitaus schwieriger, denn die Ventile werden von der Nockenwelle direkt über Tassenstößel mit innen liegenden Einstellplättchen (»Shim«, Bilder 3 und 4) betätigt. Wenn das Ventilspiel zu eng oder zu weit ist, müssen zum Einbau neuer (dickerer oder dünnerer) Shims die Nockenwellen ausgebaut werden, weswegen das Einstellen des Ventilspiels eine sehr komplizierte Arbeit ist.

Man muss allerdings dazu auch sagen, dass sich das Ventilspiel bei einem modernen DOHC-Motor kaum verändert, weil die bei den Bauteilen des Ventiltriebs verwendeten Materialien sehr verschleißfest und die Teile extrem präzise gefertigt sind. Eine regelmäßige Kontrolle des Ventilspiels bei einem DOHC-Motor mit Tassenstößel muss nach den km-Angaben des Herstellers durchgeführt werden. Wenn auch nur an einem Ventil das Spiel zu eng oder zu weit ist, müssen zur Neueinstellung die Nockenwellen ausgebaut werden – und das ist Sache der Werkstatt, eine Hobbymechanikerin ist damit überfordert!

Prüf- und Einstellintervalle
Das Ventilspiel muss bei den meisten OHC-Motoren mit Kipphebel alle 5000 km überprüft und, wenn notwendig, eingestellt werden. Bei DOHC-Motoren sind die Ventilspiel-Einstellintervalle bei 12 000 km oder 18 000 km, im Extremfall bei 40 000 km (Yamaha FZ6 und Fazer).

Das Ventilspiel wird bei kaltem Motor (höchstens 35 °C, entspricht handwarm) kontrolliert und eingestellt.

OHC-Ventilspiel prüfen, einstellen

Ventilspiel-Einstellwerte: Die für deinen Motor geltenden Ventilspiel-Einstellwerte und das Anziehdrehmoment der Kontermuttern der Ventilspiel-Einstellschrauben findest du entweder im Fahrzeughandbuch bei »Technische Daten« oder beim Markenhändler. Standardwerte sind:
- Ventilspiel Einlass................. 0,15 bis 0,20 mm
- Ventilspiel Auslass .... 0,22 bis 0,30 mm
- Kontermutter Einstellschraube ...... 8 bis 12 Nm

Ventilspiel prüfen
1. Motorrad sicher aufbocken. Entsprechende Verkleidungsteile (ggf. auch Tank) abschrauben.
2. Zündung muss AUSgeschaltet sein. Zündkerze(n) ausbauen. Ventildeckel abschrauben.
3. Oberen Totpunkt suchen:
3.1. Unten am Lichtmaschinendeckel die beiden Verschlussstopfen ausschrauben (Bilder 5 und 5a). Am Kopf der Polradschraube einen exakt passenden Steckschlüssel ansetzen und die Kurbelwelle damit drehen, bis die auf dem Polrad (bzw. Lichtmaschinenrotor) angebrachte »F« oder»T«-Markierung im Fenster erscheint und sich mit der Gehäusemarkierung deckt (Bild 5a):
3.2. Beim BMW-Boxer den vorderen Motordeckel abschrauben (Bild 6). Im Motorgehäuse rechts oben hinter dem rechten Zylinder den Gummistopfen ausziehen, mit einer Taschenlampe reinleuchten. Mit einem Schlüssel auf der Riemenscheibenschraube die Kurbelwelle drehen, bis »SOT« erscheint (Bild 6a).

Bilder 5 und 5a: Verschlussstopfen am Motordeckel ausdrehen und Kurbelwelle über das Sechskant der Kurbelwellenschraube drehen, Markierungen auf dem Lichtmaschinenrotor weisen auf OT (Oberer Totpunkt) hin.

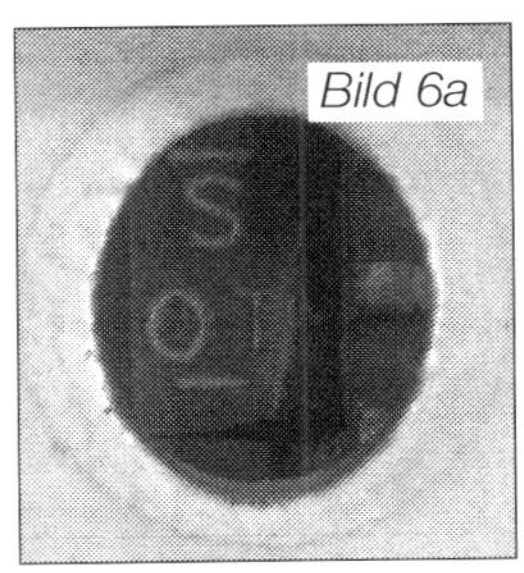

Bilder 6 und 6a: Bei den BMW-Boxermotoren wird die Kurbelwelle über die Riemenscheibenschraube gedreht, bis im Fenster im Motorgehäuse »SOT« auf dem Schwungrad erscheint.

Sichtprüfung Messen

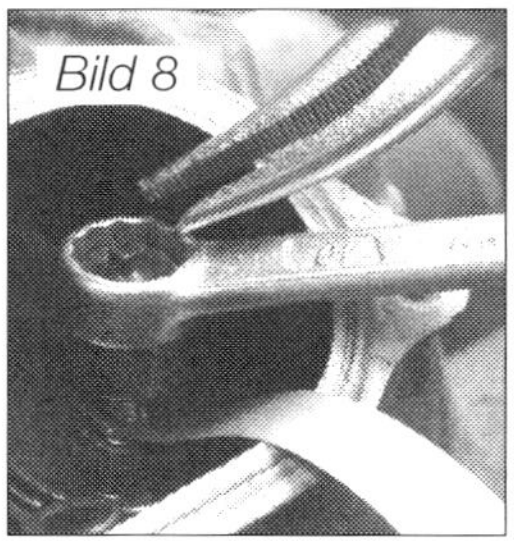

Bilder 7 bis 16 auf dieser und der nächsten Seite: Im Lauftext sind die zu den Bildern gehörenden Arbeitsschritte nummeriert beschrieben.

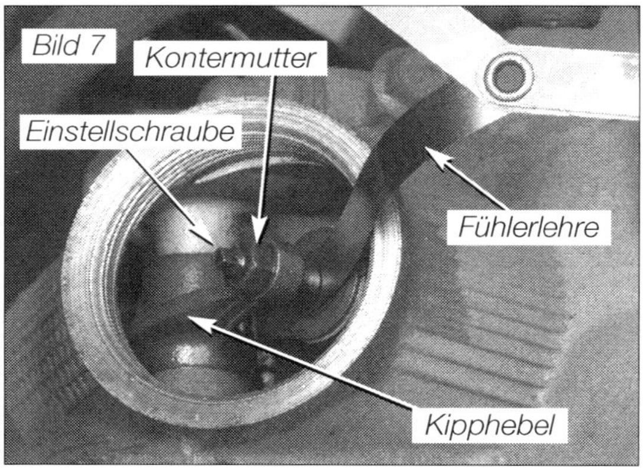

3.3. Motor nur in Laufrichtung durchdrehen!
Wichtig: Kolben steht nur jede zweite Kurbelwellen-Umdrehung im Kompressions-OT, in dem sich dann beide Kipphebel in Ruhestellung befinden und etwas Spiel zwischen Ventileinstellschraube und Ventilkopf zu spüren ist.
4. Ventilspiel prüfen: Fühlerlehre zwischen Einstellschraube und Ventilkopf durchziehen (Bilder 7 und 9). So lange mit verschieden dicken Fühlerlehren prüfen, bis du ein Plättchen gefunden hast, das sich zwischen Ventilkopf und Ventilspiel-Einstellschraube satt durchziehen lässt. Dies nennt man »Ist-Ventilspiel«.
■ Wenn das Ist-Ventilspiel zu weit oder zu eng ist, muss es korrigiert werden.

Ventilspiel einstellen
1. Kontermutter der Ventilspiel-Einstellschraube lösen. Ventilspiel-Einstellschraube etwas ein- oder ausdrehen, bis das Ventilspiel stimmt: Fühlerlehre muss sich satt durch den Spalt zwischen Ventilspiel-Einstellschraube und Ventilkopf durchschleifen lassen.
2. Ventilspiel-Einstellschraube kontern: Sie dabei auf Zug in Position halten (Bild 10) und die Mutter gegen den Kipphebel kontern.
Wichtig: Mutter nicht zu fest anziehen, sonst reißt die Ventilspiel-Einstellschraube ab. Aber auch nicht zu lose festziehen, sonst löst sie sich, wenn der Motor läuft! Also: »Gut handfest und mit Gefühl« festziehen (oder eben mit einem kleinen Drehmomentschlüssel exakt nach Werksangabe festziehen).
3. Nach dem Kontern das Ventilspiel noch einmal prüfen.
4. Zündkerze(n) einschrauben, Ventildeckel aufschrauben, abgebaute Teile anbauen.

DOHC-Ventilspiel prüfen

Beim Doppelnocken-Zylinderkopf wird das Ventilspiel zwischen dem Grundkreis der Nocken-

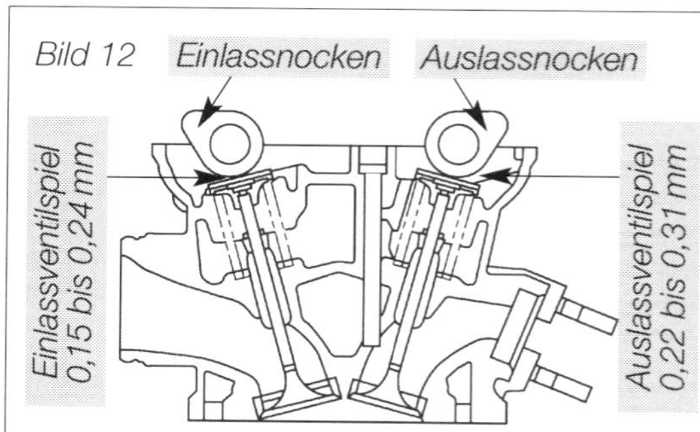

Beispielhafte Ventilspielwerte eines modernen Motors (Kawasaki Z 1000)

laufbahn und dem Tassenstößel gemessen (Bilder 2 und 12). Allerdings gibt es keine Standard-Ventilspielwerte für einen DOHC-Motor, du musst die exakten Maße für deinen Motor selbst besorgen.

Prüfstellung suchen

Bei sehr viele Motoren sind auf dem Zündrotor, der auf der Kurbelwelle aufgeschraubt ist, einige Markierungen zu finden, mit denen die Kolben der betreffenden Zylinder in den oberen Totpunkt gestellt werden können und dann das Ventilspiel gemessen werden kann. Zur weiteren Kontrolle sind auf den Nockenwellen-Kettenrädern entsprechende Markierungen angebracht, die sich mit der Dichtfläche des Zylinderkopfs decken müssen.

1. Folgende Teile abbauen: Verkleidung, Tank, Zündkerzenstecker abziehen, Zündkerzen ausbauen. Ventildeckel abbauen: Vorher Stecker vom Nockenwellenpositions-Sensor ausziehen und die Deckel vom Sekundärluftsystem abschrauben.
2. Motorseitendeckel über dem Zündrotor abschrauben.
3. Mit einem Schlüssel auf dem Sechskant der Kurbelwellenschraube die Kurbelwelle langsam drehen, bis der Strich bei der Markierung »T1·4« mit der Gehäusetrennfuge fluchtet.
3.1. Gegenkontrolle: Die Markierung »EX« und »IN« auf den Kettenrädern müssen mit der Dichtfläche fluchten (siehe dazu Bilder 13, 14 und 16).
4. Letzte Kontrolle: Mit der Taschenlampe unter die Nockenwellendeckel leuchten, die Nocken der Zylinder 1 und 4 müssen nach oben schräg vom Stößel wegzeigen.
5. Ventilspiel messen zwischen Nocken und Stößel (Bild 15).

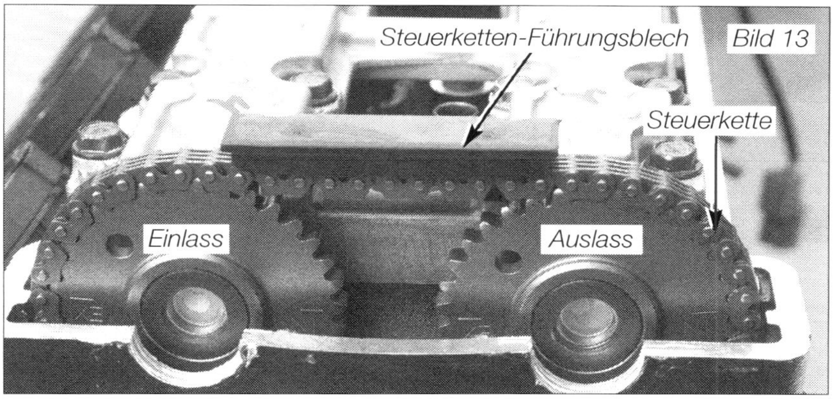

Bild 13

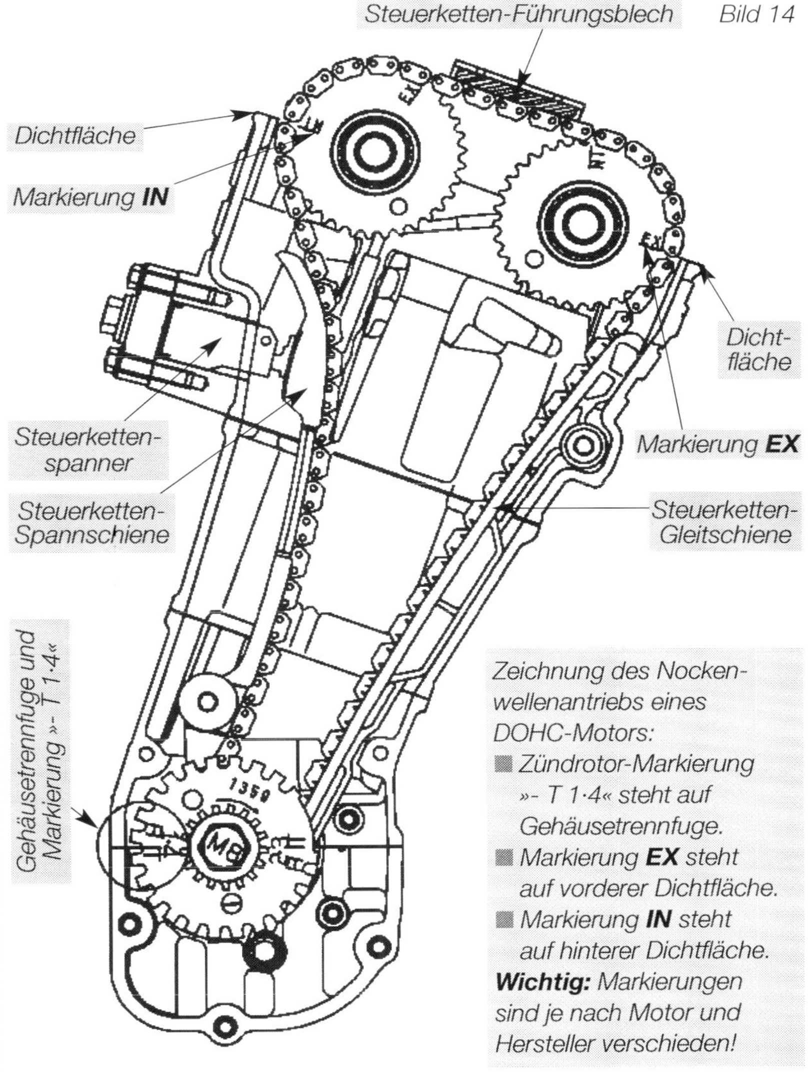

Bild 14

Zeichnung des Nockenwellenantriebs eines DOHC-Motors:
- Zündrotor-Markierung »- T 1·4« steht auf Gehäusetrennfuge.
- Markierung **EX** steht auf vorderer Dichtfläche.
- Markierung **IN** steht auf hinterer Dichtfläche.

Wichtig: Markierungen sind je nach Motor und Hersteller verschieden!

Bild 15

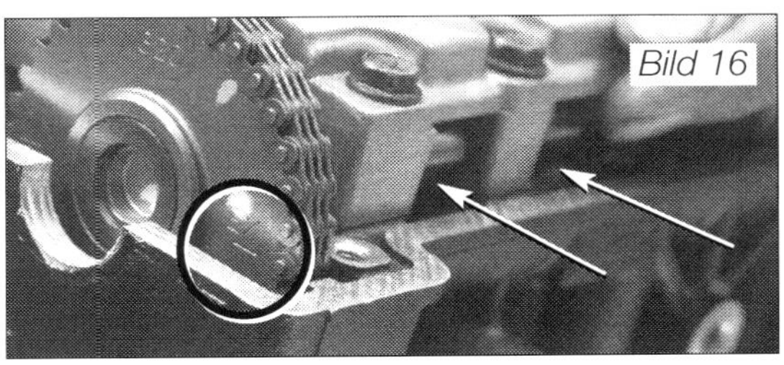
Bild 16

Motorradjargon

Wie in jeder Szene gibt es auch unter Motorradfahrern einen Jargon, der über die reine Beschreibung von Technik rund um das Thema hinausgeht. Wir haben hier eine kleine Zusammenstellung verfasst.

A

Ace Cafe: Legendärer Motorradtreffpunkt der 60er-Jahre in der Nähe von London. Damals der Ausgangspunkt vieler illegaler Straßenrennen mit sog. ➔ *Cafe Racern*. Heute wieder ein beliebter Treffpunkt der englischen Motorradszene.

Allrounder: Vereint in sich die Eigenschaften unterschiedlicher Motorräder. Meist leistungstark, gutes Fahrwerk und komfortabel. Taugt für die Hausstrecke wie für die Urlaubsreise, z. B. Kawasaki Z1000, Yamaha Fazer, BMW GS 1150.

Altherrentour: Gruppenausfahrt erfahrener, schon in die Jahre gekommener Motorradfahrer, die eine zügige Fahrweise pflegen.

Angstnippel: Diese sind an den Enden der Fahrerfußrasten angebrachte, zur Fahrbahn hin gerichtete Stifte, die mehr oder weniger frühzeitig den Fahrer mit einem lauten, schleifenden Geräusch vor einem Zuviel an Schräglage warnen. Je nach ihrem Zustand, abgeschliffen oder neuwertig, wird von den Betrachtern am Motorradtreffpunkt über die Fahrweise des Fahrers spekuliert.

Angststreifen: Der mehr oder minder breite Rand nicht angefahrenen Profils am Hinterreifen von sportlichen Motorrädern. Er ist der sichtbare Beweis für einen eher ruhigen und StVO-konformen Fahrstil.

Anti-Dive-System: Eine Entwicklung aus den 80ern, die das starke Eintauchen der ➔ *Telegabel* beim Bremsen verhindern sollte. Hat bei keinem Hersteller je richtig gut funktioniert. Besitzer einer Suzuki Katana klemmten es sogar ab, um eine bessere Bremswirkung zu erzielen.

Ape Hanger: Lenker mit sehr hohen Enden. Hatte seine »Hoch«-Zeit in den 70ern. Wird heute aber wieder vermehrt an ➔ *Custom-Bikes* auf ➔ *Chopper-Basis* gesehen.

Applauskurve: Fahrerisch anspruchsvolle Kurve auf einer öffentlichen Straße. Meist direkt an einem Motorradtreffpunkt gelegen und mit den notwendigen Sitz- und Stehplätzen an der Leitplanke für das den Fahrstil kommentierende »Fach«-Publikum.

B

Bahnplatten: Meist durch exzessiven Autobahnbetrieb hervorgerufene reifenmittige Profilminimierung.

Bikini-Verkleidung: Sie besteht aus einer Cockpitverkleidung (dem BH) und dem Bugspoiler (dem Tanga). Beides ohne großen aerodynamischen Effekt. Meist aus dem Zubehör erworben, um dem bisherigen, eher langweiligen ➔ *Nakedbike* oder einem verunglückten Supersportler mit zerstörter Vollverkleidung ein zweites Leben als aggressiver ➔ *Streetfighter* zu schenken.

Blade: Bezeichnung für eine Honda CBR Fireblade.

Bremspunkt: Begriff aus dem Rennsport, der den Punkt vor der Kurve bezeichnet an dem der Fahrer anfangen sollte die Bremse zu betätigen (»in die Eisen zu gehen«). Je nach Bremsleistung und Einstellung des Motorrads sowie der Erfahrung und den Mut des Fahrers, kann sich der Bremspunkt um einige Meter auf die Kurve zu bewegen.

Bremsrubbeln: Durch eine verwellte Bremsscheibe hervorgerufenes Vibrieren des Bremshebels oder -pedals.

Burn out: Begriff für ein qualmendes und durchdrehendes Hinterrad bei stehendem Motorrad. Mit angezogener Vorderradbremse bei gleichzeitigem Gas geben wird der Hinterreifen in kürzester Zeit auf so hohe Temperaturen gebracht, dass er sich in (stinkenden) Rauch auflöst. Dabei hinterlässt der Reifenabrieb einen schwarzen Fleck auf der Straße. Spezialisten lassen das Motorrad dabei um das Vorderrad einen Kreis ziehen und hinterlassen mit dem Abrieb einen schwarzen Kreis auf dem Asphalt: den ➔ *Donut*.

Busa: Bezeichnung für eine Suzuki GSX1300R Hayabusa. Das erste Serienmotorrad der Welt, welches die 300 km/h Marke knackte.

C

Cali: Bezeichnung für eine Moto Guzzi California.

Charakter: Summe der im Laufe der Zeit erworbenen Mängel eines Motorrads. Unabhängig ob schon vom Werk oder im Laufe der Jahre.

Chopper: Im ursprünglichem Sinne ein Motorrad, bei dem alles Unnötige abgebaut wurde (vom englischen »to chop« = abhacken). Heute wird darunter eher ein Motorrad mit langer Gabel, vorverlegten Fußrasten und niedriger Sitzposition verstanden. Gerne auch mit individuellen Verzierungen, Anbauteilen und aufwändigen Lackierungen.

Cafe Racer: Moderne Motorräder, wie z. B. die Triumph Thruxton, die sich im Stil an die Cafe Racer der 60er anlehnen; alte, meist englische, Straßensport-Motorräder der Marken Norton, BSA oder Triumph. Ziel der illegalen Straßenrennen, die mit diesen Maschinen gefahren wurden, war es, eine bestimmte Strecke zurückgelegt zu haben, bis das Lied in der Jukebox endete.

Crosser: Reines Geländesportmotorrad ohne Straßenzulassung.

Cruiser: Eine in den 90er-Jahren aus den sog. ➔ *Softchoppern* entstandene Motorradgattung zum eher gemütlichen Bummeln. Langer Radstand, tiefer Schwerpunkt, vorverlegte Fußrasten und breiter Lenker. Heute entwickeln sich daraus sog. ➔ *Power-Cruiser* wie z. B. die Triumph Rocket, die mit ihrer extrem hohen Motorleistung beim Ampelstart fast jeden ➔ *Supersportler* in die Schranken weisen kann.

Customizing: Steht für das Individualisieren des Motorrades durch den Besitzer. Dies kann mit Kleinigkeiten, z. B. den sog. ➔ *Kellermännern* (Mini-Blinkern aus dem Zubehör) anfangen und geht bis zum kompletten Umbau des Motorrades nach dem Geschmack des Besitzers, dem ➔ *Custom Bike*. Ob der Besitzer selber umbaut oder einen Spezialisten beauftragt oder hinzuzieht, ist dabei nicht relevant.

Custom Bike: Steht für ein individuell verändertes oder völlig eigen konstruiertes bzw. zusammengebautes Motorrad. Der Begriff trifft auf alle Umbauten von Motorrädern zu, unabhängig von der Basis aus der sie entstanden sind. Auch ein edel aufgebauter und individualisierter ➔ *Supersportler* ist in diesem Sinne ein Custom Bike. ➔ *Customizing* ist angesagter Trend in vielen Bereichen der Motorradszene.

D

Dämpfung: Wäre ein Motorrad nur mit Federn ausgestattet, dann wäre es unfahrbar, denn schon nach dem Überfahren der kleinsten Bodenwelle würde die Maschine »nachschwingen« und spätestens ab der übernächsten Bodenwelle anfangen zu springen wie ein Bock. Für das Abklingen dieser Nachschwingungen ist die Dämpfung zuständig, sie setzt der Ausfederkraft einen kontrollierten Widerstand entgegen, damit sie nicht so schnell ausfedern kann.

Desmo-Twin: V2-Motor der Marke Ducati mit der von Dr. Taglioni perfektionierten desmodromischen Ventilsteuerung. Der Begriff wird auch auf Motorräder mit einem solchen Motor angewendet.

Dickschiff: Weitläufige Bezeichnung für ein schweres und/oder breites Motorrad, z. B. BMW K 1200 S oder Honda Goldwing.

Donut: ➔ *Burn Out*, bei dem das Motorrad mit gezogener Handbremse und durchdrehendem Hinterreifen um das Vorderrad gedreht wird und durch den Gummiabrieb einen schwarzen Kreis, den Donut, auf dem Asphalt hinterlässt. Nur etwas für Spezialisten, die auch wirklich wissen, was sie da tun!

Dose: Motorradfahrerjargon für Auto.

Drehzahlbegrenzer: Technische Vorrichtung, die verhindert, dass der Motor höher als eine durch den Hersteller vorbestimmte Drehzahl gedreht wird (überdreht). »In den Begrenzer gedreht« wird gerne von Fahrern als Ausrede verwendet, die durch ein Verschalten den Anschluss an den Vordermann verpasst haben.

Drift: Beabsichtigtes, durch Beschleunigen in der Kurve verursachtes, seitliches Auswandern bzw. Ausbrechen des Hinterrades. Dabei wird das Motorrad mit durchdrehendem Hinterrad quer (versetzt zum natürlichen Kurvenradius) durch eine Kurve gefahren. Bevorzugter Fahrstil im ➔ *Moto Cross* und ➔ *Super Moto* (Letztere werden auch als »Quertreiber« bezeichnet). Auch Straßensportfahrer (z. B. in der ➔ *Superbike WM*) nutzen diese Technik, um damit den Radius der Kurve zu verkürzen. Der Drift ist zwar in der Kurvengeschwindigkeit etwas langsamer, dafür ist die Wegstrecke auch kürzer. Ein ➔ *Slide* ist die engl.-amerikanische Bezeichnung für einen Drift im Straßenrennsport, wird aber im deutschsprachigen Raum eher als Ausdruck für einen ungewollten Rutscher verwendet.

Druckstufe: Bezeichnet das Einfedern der Dämpfung. Lässt sich das Motorrad kaum herunterdrücken, braucht es weniger Druckstufe(ndämpfung) (➔ *Zugstufe*).

Drücken: Fahrtechnik, bei der das Motorrad mit aufrechtem Oberkörper in die notwendige Schräglage in die Kurve (runter)gedrückt wird. Bevorzugter Fahrstil im Gelände mit ➔ *Crossern* oder ➔ *Enduros*. Auch für Straßenfahrer sinnvolle Technik, um schnelle Ausweichmanöver zu fahren oder auf unübersichtlichen, kleinen Passsträßchen durch den aufrechten Oberkörper ein mehr an Überblick zu behalten.

E

Eintopf: Bezeichnung für Einzylinder-Motor oder ein Motorrad mit eben diesem Motor (➔ *Single*).

Elefantentreffen: Alljährlich stattfindendes Motorrad-Wintertreffen im Bayerischen Wald und am Nürburgring. Geht auf das ursprüngliche (Marken-)Treffen der Zündapp KS 601-Fahrer zurück, welches beweisen sollte, dass diese Fahrer und ihre »Grüner Elefant« genannten KS 601 besonders »wetterfest« waren.

Enduro: Vom Prinzip eine leichte Geländemaschine mit Lichtanlage und größerem Tank, um abseits asphaltierter Straßen längere Wegstrecken zurücklegen zu können. Daraus wurden über die Jahren immer größere, schwerere und mehr oder weniger geländetaugliche Motorräder für Fernreisen oder den täglichen Allround-Einsatz auf der Straße, z. B. BMW 1200 GS.

F

Fahrstuhleffekt: Der besondere Aufstellmoment des Kardans beim Gasgeben bei alten BMW-Boxer-Motorrädern, den sog ➔ *Gummikühen,* ohne die heutige Doppelgelenkschwinge. Originale Gummikühe wie BMW R 80/7 wollen immer mit Gas durch eine Kurve bewegt werden, da sie sich ansonsten in der Kurve so tief absenken können, dass sie mit Fahrer in der nächsten Wiese landen (gilt auch für alte Moto Guzzis und andere Kardanmaschinen dieses Alters).

Federbein: Das Federbein ist eine Einheit aus einer Feder und einem hydraulischen Stoßdämpfer. Oben wird es am Rahmen angeschraubt, unten über eine ➔ *Umlenkung* mit der Schwinge verbunden. Das Federbein dient dazu, das Motorrad abzufedern und gleichzeitig Schwingungen des Motorrades zu unterdrücken bzw. schnell abklingen zu lassen.

Flattern: Schnelles Hin- und Herbewegen des Lenkers zwischen 60 und 80 km/h, hervorgerufen durch ein schlecht abgestimmes Fahrwerk, verschlissene Lager, abgefahrene Reifen, falschen Reifenluftdruck oder Unwucht der Räder.

Fly Bar (auch Segelstange): Sehr breiter Lenker. Gerne verwendet als Umbau bei ➔ *Custom Bikes*.

FMX (auch Freestyle Motocross): Eine junge und sehr aktive Motorsportszene, bei der die Fahrer mit ihren leicht modifizierten Motocross-Maschinen über Sprungschanzen springen und in der kurzen Zeit zwischen Absprung und Landung waghalsige Manöver vorführen. Je nach Wettbewerb werden ein einzelner Sprung oder eine Reihe von Sprüngen in vorgegebener Zeit von Kampfrichtern, den Judges, bewertet. Der Fahrer mit der höchsten Wertung gewinnt.

G

Ganzkörperkondom: Bezeichnet eine einteilige Regenkombi.

Gixxer: Bezeichnung für Motorräder der Suzuki GSX-R Baureihe.

Grip: Das Notwendigste beim Motorrad fahren: Haftung des Reifens auf dem Untergrund.

Grüne Hölle: Die Nordschleife des Nürburgrings. Länge 20,8 km. Kurvenanzahl mehr als 100. Hier ein paar Kurvennamen um auch ohne Nordschleifenkenntnisse protzen zu können: Karussell, Kesselchen, Hatzenbach, Galgenkopf.

Gummikuh: BMW mit 2-Ventil-Boxermotor und dem altem Fahrwerk mit ➔ *Fahrstuhleffekt*, z. B. die BMW R 80/7. Moderne Boxer BMW mit 4-Ventiltechnik und modernem Fahrwerk werden als ➔ *Kuh* oder ganz trendy als ➔ *Q* bezeichnet! BMW-Fahrer als Kuhtreiber oder Q-Treiber.

H

Hanging Off: Fahrstil, bei dem durch Körperverlagerung des Fahrers seitlich zum Motorrad der gemeinsame Schwerpunkt zum Kurveninneren verlagert wird. Gut erkennbar am weit zum Kurveninneren geneigten Oberkörper und dem herausgestreckten Knie des Fahrers. Auf der Rennstrecke sehr sinnvoll, um bei gleicher Schräglage eine höhere Kurvengeschwindigkeit zu erreichen. Auf der Straße eher unsinnig und unnötig, da u. a. durch den zum Kurveninneren geneigten Oberkörper die Übersicht teilweise verloren geht.

Highsider: Spektakulärer und meist sehr schmerzhafter und kostenintensiver Sturz über die der Neigung des Motorrads abgewandten Seite. Das Hinterrad rutscht und verliert damit kurzzeitig seinen Grip, um diesen dann urplötzlich wieder aufzubauen. Dadurch kommt es zu einem extremen, kaum mehr unter Kontrolle zu bringenden Aufstellmoment, der den Fahrer aus dem Sitz und meist über den Lenker hebelt. Highsider sind oft »Schreckfehler« von Fahrern die bei Gripverlust vom Gas gehen, statt mit dem rutschenden Hinterrad versuchen durch die Kurve zu ➔ *driften*!

Hog: (amerikanisch: "Sau") Kosename, den Harleyfahrer in den USA ihrem Motorrad geben. Steht auch für die Abkürzung der Harley Owners Group (H.O.G.).

HoYaSuKa: Zusammenfassend und meist abwertend für japanische Motorräder. Kunstwort aus den Anfangsbuchstaben der vier großen japanischen Hersteller HOnda YAmaha, SUzuki und KAwasaki. Die Reihenfolge der Silben ist dabei beliebig und kann je nach Laune und Jambus umgestellt werden.

Hubraum: Bezeichnet das Innenvolumen aller Zylinder. Ein ➔ *Vier-Zylinder Reihenmotor* mit 1000 cm³ hat pro Zylinder 250 cm³.

I

Ideallinie: Bergriff aus dem Rennsport, der den schnellste Weg durch eine Kurve beschreibt. Auf der Straße nicht immer der Sinnvollste.

J

Joghurtbecher (auch Plastikbecher): In die Jahre gekommene Bezeichnung für ein vollverkleidetes Motorrad aus japanischer Produktion.

K

Kaltverformung: Begriff beschreibt das Zerstören oder Beschädigen eines Motorrades bei einem Sturz .

Kampflinie: Begriff aus dem Rennsport (wird von manchen aber auch gerne für die Straße interpretiert.) Als Vorausfahrender die Fahrlinie so wählen, dass der Gegner am Überholen gehindert wird, bzw. als Überholender den Vorausfahrenden zwingen, den Weg frei zu machen indem man sich auf der Innenlinie der Kurve an ihm vorbei presst.

Kellermänner: Mini-Blinker der Firma Kellermann, werden gerne als Erstes einer sehr langen Liste von Umbaumaßnahmen (➔ *Customizing*) verbaut.

Killschalter: Notausschalter zur Unterbrechung des Zündstroms des Motors. Jedes Motorrad muss diesen Schalter besitzen. Wenn urplötzlich am Motorrad nichts mehr geht, sollte der erste Blick zum Killschalter gehen um sicher zu gehen, dass dieser nicht von einem guten Freund auf OFF gestellt wurde.

Kilogixxer: Bezeichnung für die Suzuki GSX-R 1000.

Knieschleifer: Auf der Rennstrecke ein wichtiges Utensil, um mit dem Knie die gefahrene Schräglage zu erfühlen. Wenn »angeschliffen«, werden sie von sportlichen Fahrern auch gerne auf der Straße am Lederkombi getragen. In Kombination mit einem ➔ *Angststreifen*, ist davon auszugehen, dass die Knieschleifer bei eBay erworben worden sind und der Fahrer ein echter ➔ *Poser* ist.

Knieschluss: Der klassische aufrechte Fahrstil wo die Knie am Tank bleiben.

Kuchenblech (auch Pizzablech): Ein großes Kennzeichen, insbesondere Saisonkennzeichen. Kommt sehr schlecht an modernen ➔ *Supersportlern* mit ➔ *Underseat-Auspuffanlagen*.

Kuh: Modernes BMW-Boxermotorrad mit 4-Ventiltechnik (➔ *Q*, ➔ *Gummikuh*).

Kuhtreiber: Fahrer eines modernen BMW-Boxermotorrads mit Vier-Ventiltechnik (➔ *Q-Treiber*).

Kupferwurm: Synonym für einen schwer auffindbaren Elektrofehler.

Kurvenkratzen: Schnelles Durchfahren von Kurven mit aufsetzenden Fahrzeugteilen wie z. B. Fußraste, Auspuffendtopf, Seitenständer, Hauptständer oder den Zylinderköpfen bei BMW-Boxern (➔ *Angstnippel*).

Kurvenräubern: Schnelles Durchfahren von Kurven ohne aufsetzende Fahrzeugteile.

kW (Kilowatt): 1 kW = 1,36 PS

L

Langnesekombi: Bonbonfarben gestylte Kombi eines bekannten italienischen Markenherstellers. Markenunabhängig auch gerne als »Papageienkombi« bezeichnet.

Lederbiker: Auch »Gaybiker« oder »gayler Biker«. Inserate von Lederbikern findet man im Internet unter Kontakte oder, der Grund warum wir diesen Begriff hier erklären, bei eBay unter der Rubrik Motorradkombis. Lederkombis, die mit diesen Begrifflichkeiten angeboten werden, wurden dann eher nicht zum Motorradfahren verwendet. Das ist mitunter gut zu wissen, bevor ein günstiger Kombi ersteigert wird.

Lenkerschlagen (auch Kick Back): Plötzliches, heftiges Ausschlagen des Lenkers. Meist hervorgerufen durch ein entlastetes Vorderrad bei starkem Beschleunigen. Kann im Extremfall über den gesamten Lenkausschlag reichen und zum Sturz führen. Gegenmittel: Anbau eines Lenkungsdämpfer.

Lenkgeometrie: Die ausgewogenheit eines Fahrwerks zeigt sich darin, wie weit es die Konstrukteure verstanden haben, die unterschiedlichen Kräfte, die auf ein Motorrad wirken, gegeneinander auszuspielen, um einen guten Kompromiss zwischen Handlichkeit und Stabilität zu erzielen. Eckpunkte dafür liefert die Lenkgeometrie, die aus ➔ *Lenkwinkel*, ➔ *Nachlauf* und ➔ *Radstand* besteht.

Lenkkopf: Eines der höchstbeanspruchten Bauteile am Motorrad. Alle vom Vorderrad kommenden Kräfte (Fahrbahnstöße, Verzögerungen, Seitenkräfte) wirken darauf. Wenn das Lager des Lenkkopfes defekt, ausgeschlagen, verschlissen ist, wirkt sich dies deutlich auf das Fahrverhalten und die Sicherheit aus. Ein defektes Lenkkopflager ist wie ein Reifen mit eingefahrenem Nagel – es muss sofort ausgetauscht werden.

Lenkwinkel: Dieser bezeichnet die Neigung des am Rahmenvorderteil angeschweißten ➔ *Lenkkopfes*. Je steiler dessen Winkel (also je »mehr senkrecht« zur Fahrbahnebene), desto handlicher ist die Maschine, wird jedoch auch nervöser im Hochgeschwindigkeitsbereich. Der Lenkwinkel ist ein wichtiges Maß bei der ➔ *Lenkgeometrie* eines Motorrades. ➔ *Chopper* und ➔ *Cruiser*, die einen sturen Geradeauslauf bevorzugen, besitzen »flache« Lenkwinkel, mit dem die Gabel sich optisch weit nach vorne reckt. Bei sportlichen Straßenrennern steht die Gabel steiler, bei ➔ *Crossern* und ➔ *Super Motos* noch steiler. Der Lenkwinkel hat auch direkten Einfluss auf den ➔ *Nachlauf*.

LiMa: Kurzwort für Lichtmaschine.

Lowsider: Sturz zur Neigungsseite des Motorrades, wird meist durch ein »einklappendes« oder wegrutschendes Vorderrad verursacht oder auch durch ein zu langes Halten der Vorderradbremse, wenn der ➔ *Bremspunkt* der Kurve deutlich überschritten wurde. Auf der Rennstrecke überstehen Fahrer und Maschine diesen Sturz meist ohne größere Folgen für Geldbeutel und Körper. Im Gegensatz zum ➔ *Highsider*. Auf der Straße nicht – da endet dieser meistens im Gegenverkehr.

M

MC: Abkürzung für Motorrad Club.

MC Grün-Weiß: Motorrad-Polizei.

Michelin-Männchen: Fahrender Motorradfahrer mit übergezogener, zu großer und durch den Fahrtwind aufgeblasener Regenkombi.

Moto Cross: Motorsport mit reinrassigen Geländemaschinen ➔ *Crossern*.

Motorbauarten:
■ **Reihenmotor quer:** Die Zylinder sind in einer Reihe quer zur Fahrtrichtung angeordnet.
■ **Reihenvierzylinder:** Der Motorbauklassiker aus Japan, z. B. Suzuki GSX-R 750.
■ **Reihensechszylinder:** Aus der Mode gekommene Bauweise ehemals starker Youngtimer, z. B. Honda CBX.
■ **Reihenmotor parallel:** Die Zylinder sind in einer Reihe parallel zur Fahrtrichtung angeordnet.
■ **Triple:** Reihenmotor mit 3 Zylindern. Einzigartiger Sound durch den gegenläufigen Kolbenlauf. Wurde wieder modern mit Erstarken der Marke Triumph. Einer der bekanntesten Vertreter ist die Triumph Speed Triple.
■ **V-Twin (V2):** Zwei Zylinder die hintereinander in Fahrtrichtung V-förmig angeordnet sind. V-Motoren unterscheiden sich im Winkel, in dem die Zylinder zueinander stehen. Bekannte Vertreter dieser Bauart sind die meisten Ducatis und Harleys.
■ **V-Four-Motor (V4):** Ähnlich aufgebaut wie der ➔ *V-Twin Motor* aber, wie der Name sagt, mit Vier-Zylindern, z. B. Honda VFR 800.
■ **V2 Quer:** Zwei Zylinder die gegenüberliegend, quer zur Fahrtrichtung, V-förmig angeordnet sind. Alle Moto Guzzis.
■ **Twin:** Zwei Zylinder in Reihe. Die klassische Bauweise älterer englischer Sportmaschinen. Es gibt Twins mit gleichlaufenden Kolben und gegenläufigen. Modernes Beispiel für einen Twin ist die Triumph Thruxton.
■ **Boxermotor:** Bei ihm liegen sich zwei Zylinder auf einer Ebene gegenüber. Der weltbekannteste Boxer-Motor ist von BMW.
■ **Einzylinder:** Wie der Name sagt: Ein Motor mit einem Zylinder. Wurde von den Herstellern seit ein paar Jahren, bedingt durch schärfere Umweltbestimmungen, in der Entwicklung nicht mehr vorangetrieben. Hat jetzt aber, gerade durch europäische Hersteller wie KTM, ein »leistungsstarkes« Comeback. Aktuelles bekanntes Modell: KTM 690.

N

Nachlauf: Der Abstand zwischen dem Aufstandspunkt des Vorderradreifens bis zum Schnittpunkt der gedachten Verlängerung der Mittelachse durch den ➔ *Lenkkopf* mit der Rad-Aufstandsfläche. Je größer der Nachlauf, desto stabiler ist der Geradeauslauf. Wichtiges Maß zur ➔ *Lenkgeometrie* eines Motorrades.

Naked Bike: Das klassische Straßenmotorrad ohne Verkleidung, z. B. Suzuki Bandit. Naked Bikes werden gerne als Basis für ➔ *Customizing* genommen.

Nisse: Bezeichnung für eine Honda Hornet.

NOS: Abkürzung für New Old Stock, vergessene originale Ersatzteile, die wieder auf dem Markt auftauchen oder für eine Lachgas (Stickoxid, NOx-) Einspritzung bei Dragstern. Letzteres wird als NOS-Flasche auch gerne für Streetfighter-Umbauten verwendet. Wenn sie im Rahmen der StVO auch nicht angeschlossen sein darf und nur eine aggressive Optik bietet.

O

Ochsenaugen: Nostalgische Blinker an den Lenkerenden.

P

Patch: Kleine Aufnäher mit z. B. den Logos von Motorradclubs oder angesagten Produktmarken.

Pendeln: Ein für den Fahrer sehr gefährliches »Wackeln« des Motorrads um die Hochachse bei sehr schneller Fahrt. Es kann sich so weit aufschwingen, dass ein Sturz unvermeidbar ist. Hervorgerufen durch ein schlecht abgestimmes Fahrwerk, verschlissene Lager, abgefahrene Reifen oder falschen Luftdruck.

Popometer: Bezeichnung für das geheimnisvollste und wichtigste Instrument des Motorradfahrers: seinen Hintern. Gerüchteweise soll er Straßenzustand, Fahrwerksabstimmung und Schräglage damit erfühlen können.

Poser: Abschätzig für Fahrer, die ihr Fahrkönnen in exhibitionistischer Weise an Ampeln und Eisdielen u. a. mit ➔ *Wheelies*, ➔ *Stoppies*, ➔ *Burnouts* zur Schau stellen oder mit extremen ➔ *Hanging Off* die ➔ *Applauskurve* durcheilen.

Power-Wheelie: Ausschließlich durch heftiges Gasgeben ohne zusätzliche Maßnahmen erzeugter Wheelie.

PS (Pferdestärke): Eine Leistungsangabe, die offiziell nicht mehr angewandt werden darf, aber immer noch ein sinniges Bild erzeugt *1 PS = 0,736 kW* (»120 Gäule die an meinem Karren ziehen!«) (➔ *kW, Kilowatt*).

Q

Q: Moderne Kurzform für Kuh, ein BMW-Boxermotorrad mit Vierventiltechnik (➔ *Kuh* ➔ *Gummikuh)*.

Q-Treiber: Fahrer eines modernen BMW-Boxermotorrads mit Vierventiltechnik (➔ *Kuhtreiber*).

Quirl: Schon in die Jahre gekommene Bezeichnung für Gasgriff. »am Quirl drehen« = Gas geben.

R

Radstand: Abstand von Mitte zu Mitte von Vorder- und Hinterradachse. Je länger der Radstand, desto stabiler verhält sich das Motorrad bei Geradeausfahrt. Je kürzer der Radstand, desto handlicher wird es (➔ *Lenkgeomertrie*, ➔ *Lenkwinkel*, ➔ *Nachlauf)*.

Rasseln: Das typische Geräusch einer Ducati ➔ *Trockenkupplung*, welches von Unkundigen gerne als kapitaler Motorschaden diagnostiziert wird.

Ratbike: Motorräder, deren Besitzer keinen Wert auf eine schöne und gepflegte Optik legen. Technisch meist in gutem Zustand, werden diese Motorräder gerne mit Absicht hässlich gestaltet, um einen Kontrapunkt zur üblichen Mainstream ➔ *Custom Bike* Szene zu geben.

Reis:
■ **-brenner:** Japanisches Sportmotorrad.
■ **-kocher:** Japanisches Motorrad mit Wasserkühlung.
■ **-schüssel:** Allg. Bezeichnung für ein japanisches Motorrad.

Rennleitung: Motorradfahrerjargon für die (Verkehrs-)Polizei, die einen mit Kelle auch zum Anhalten zwingen kann.

S

Schminkköfferchen: kleines Topcase.

Schnabeltier: Ursprüngliche Bezeichnung für eine heute eher seltene Suzuki DR 750/800 Enduro (»Dr. Big«). Mittlerweile wird diese Bezeichnung mehr auf BMW R 1100 GS, R 1150 GS und R 1200 GS, wegen der ungewöhnlichen Optik der Frontverkleidung angewendet.

Schneepflug: Tief angebrachter Motorspoiler. Der Tanga der ➔ *Bikini-Verkleidung*.

Schwinge: Sie dient zur Aufhängung und Führung des Hinterrades. Sie ist über die Schwingenachse quer zur Fahrtrichtung gelagert und somit von oben nach unten beweglich. Zwei Bauarten werden unterschieden:
■ **Zweiarmschwinge:** Konventionelle Konstruktion mit entweder einem ➔ *Federbein* oder zwei ➔ *Federbeinen* links und rechts.
■ **Einarmschwinge:** Asymmetrische Bauweise mit einem ➔ *Federbein*. Vorteile sind der geringere Trägheitsmoment, einfacher Radausbau

und tolle Optik. Meist sogar etwas schwerer als eine konventionelle Schwinge, da sie bauartbedingt stabiler ausgelegt sein muss. Bei BMW ist die Schwinge gleichzeitig das Kardanantriebs-Gehäuse.

Schräglagenfreiheit: Der mögliche freie Neigungsraum des Motorrads. Begrenzt wird dieser Raum durch Anbauteile (z. B. Fußrasten- oder Auspuffanlagen) oder, bei modernen Supersportlern, allein durch die Reifenhaftung. Gemessen wird die Schräglagenfreiheit im Stand in Grad. Im Fahrbetrieb verändert sich die Schräglagenfreiheit aber dynamisch; abhängig vom Fahrzustand (z. B. durch eine eingetauchte Federung) und Fahrhaltung des Fahrers.

Single: Bezeichnung für ein Einzylindermotor oder ein Motorrad mit ➔ *Einzylinder*.

Sissybar: Rückenlehne des Soziussitzes bei ➔ *Choppern* oder ➔ *Cruisern*. Meist verchromt oder mit Zierrat übersät.

Sitzbrötchen: Aus stilistischen Gründen reichlich klein geratenes Soziusplätzchen auf sog. ➔ *Supersportlern*.

Slide: Durch zu starkes Beschleunigen in der Kurve verursachtes, seitliches Auswandern bzw. Ausbrechen des Hinterrades (➔ *Drift*).

Softchopper: Der Versuch japanischer Marketingleute, die Motorräder der Marke Harley-Davidson zu kopieren, indem sie ihren damaligen Motorrädern einen tropfenförmigen Tank und hohen Lenker plus etwas Chrom verpassten. Aus diesen haben sich die heutigen ➔ *Cruiser* entwickelt.

Stoppie: Dabei wird das Motorrad mit der Vorderradbremse so stark abgebremst, dass das Hinterrad den Bodenkontakt verliert und abhebt. Er gilt als einer der gefährlichsten Stuntübungen, da es bei ihm, im Gegensatz zum ➔ *Wheelie*, einen »Point of no Return« gibt, ab dem sich der Überschlag nicht mehr vermeiden lässt.

Streetfighter (auch Fighter): Als Trend aus England gekommen (günstige Umbaumaßnahmen vollverkleideter Supersportler nach einem Sturz), gründete sich schon nach kurzer Zeit eine eigene Szene, die mit aufwändigen und martialisch sowie aggressiven Umbauten ihren eigenen Stil kreierte.

Superbike: Bezeichnung für eine Rennklasse für seriennahe Viertakt-Motorräder. Und bis zum Aufkommen der Bezeichnung ➔ *Supersportler* auch die Bezeichnung für sehr sportliche und potente Motorräder.

Supersportler: Kompromisslos auf Leichtbau und Schnelligkeit gebaut, mit dem Ziel auf der Rennstrecke Bestzeiten zu erzielen – trotzdem mit Straßenzulassung. Vergleichbar dem Fliegen eines Düsenjägers im Wohnzimmer. Bekannteste Vertreter dieser Motorradgattung sind Suzuki GSX-R 1000 und Yamaha R1.

SuMo: Kurzwort für Super Moto. Auch gerne abgekürzt mit SM.

Super Moto: Super Moto entstand aus der Idee, auf leichte Geländemaschinen (➔ *Crosser* wie ➔ *Enduros*) Straßenbereifung aufzuziehen und damit Rennen über Asphalt und Gelände zu fahren (75% Asphalt zu 25% Offroad). Da Straßenreifen eine andere Größe aufweisen, u. a. einen kleineren Durchmesser, wurden andere Felgen im 17-Zoll-Format verbaut. Kennzeichnend für diesen Motorsport sind die extrem wilden ➔ *Drifts* und Schräglagen, die die Könner dieser Sportart auf der Strecke, meist Kartbahnen, zeigen.

T

Telegabel: Die Telegabel muss vier Aufgaben erfüllen: Lenkung, Vorderradführung, Federung und Dämpfung. Sie ist über die obere und untere Gabelbrücke im Lenkkopf drehbar gelagert und besteht aus jeweils zwei Stand- und Tauchrohren, links und rechts. Das Standrohr wird in den beiden Gabelbrücken festgeklemmt, während das Tauchrohr die Vorderachse aufnimmt und auch die Halterungen für die Bremszangen aufweist. In den Gabelrohren ist eine Feder eingebaut und sie sind mit Gabelöl befüllt. Einfedern und Ausfedern sind Stoßbelastungen durch Fahrbahnunebenheiten, die nicht immer nur in Richtung der sich zusammenschiebenden Gabelrohre abgebaut werden können. Die Telegabel wird durch die beim Fahren auftretenden Belastungen auch in sich verbogen und verdreht. Um diesen Kräften entgegenzuwirken, wurde der Durchmesser der Gabelrohre im Laufe der Jahre immer weiter vergrößert, um ein Mehr an Steifigkeit zu erhalten. Diese Entwicklung stieß aber irgendwann bei den immer leistungsstärkeren Motorrädern an ihre Grenzen, da die ➔ *ungefederten Massen* durch diese Bauart immer größer wurden und der Fahrbarkeit entgegenwirkten. Ab diesem Zeitpunkt wurde die bis dahin nur im Rennsport eingesetzte ➔ *Upside-down-Gabel* auch für die Serienfertigung interessant.

Telelever: Eine Vorderradaufhängung für Zweiräder, auf die BMW das Patent besitzt. Telelever besteht aus einer Telegabel, die keine Federn aufweist und auch nicht als Federung arbeitet, einem Längslenker, der in Art und Bauweise einer Schwinge drehbar im Motorgehäuse gelagert ist, und einem Federbein, welches zwischen Lenkkopf und Längslenker sitzt. Die beiden Standrohre der Gabel sind ganz oben, die Tauchrohre unmittelbar über dem Rad durch je eine Gabelbrücke verbunden. An der oberen Gabelbrücke wird die Gabel im Lenkkopflager, an der unteren Gabelbrücke vom Längslenker geführt. Beim Ein- und Ausfedern ändern sich die Winkel von Gabel, Längslenker und Lenkkopf zueinander. Deshalb sind über Kugelkopf-Gleitlager die Standrohre in der oberen Gabelbrücke und die untere Gabelbrücke im Längslenker gelagert. Vorteile dieser Bauweise sind die hohe Stabilität und das fast nicht vorhandene Eintauchen der Front beim Bremsen. Nachteil ist der Mangel an Gefühl für das Vorderrad.

Touristencontainer: Motorradfahrerjargon für Reisebus.

Trial: Mit speziellen Motorrädern werden extreme Parcours in Halle oder Freigelände bewältigt. Bei einer Trialmaschine steht die Leistung im Hintergrund. Entscheidend sind der günstiger Schwerpunkt, niedriges Gewicht und Beherrschbarkeit für den Fahrer auch in extremen Fahrsituationen, z. B. beim Überwinden einer Zwei-Meter-Wand.

Trockenkupplung: Kommt direkt aus dem Rennsport und wird besonders bei Ducati gerne für die Straße verbaut. Deutlich hörbar an dem lautstarken ➔ *Rasseln*. Vorteile sind der etwas geringere Leistungsverlust an der Kupplung, die gute Zugänglichkeit und dass man sich als Fahrer keine Sorgen um falsches Öl im Motor machen muss, welches den Kupplungsgrip beeinflussen könnte.

Tüte: Ältere Bezeichnung für einen Endschalldämpfer. Bei modernen Motorrädern wird gerne der Begriff Brüllrohr verwendet.

U

Underseat: Elegante und sehr sportliche Auspuffführung, die unter dem Heck verläuft. Trendsetter dieser Bauweise war die Mutter aller Supersportschönheiten, die Ducati 916.

Umlenkung: Moderne Motorräder nutzen ein Hebelsystem um das ➔ *Federbein* mit der Schwinge zu verbinden. Die Umlenkung gewährleistet eine progressive Federrate: Je größer die Einfederung, desto stärker verhärtet sich das System, um ein Durchschlagen der Federung zu verhindern.

Ungefederte Massen: Schon bei der Konstruktion eines Motorrades gilt es diese möglichst klein zu halten, da sie im direkten Verhältnis zu den »gefederten Massen« eine negative Wirkung auf das Fahrverhalten haben. Eine einfache Definition: »Ungefederte Massen« haben mehr oder weniger direkten Kontakt zur Fahrbahn: alle Teile des Rades, der Teil der Gabel der sich mit dem Rad bewegt, Kettenrad, Schwinge, Federbein, Umlenkung. »Gefederte Massen« sind alle Bauteile, die sich oberhalb der Federelemente befinden: Rahmen, Tank, Motor, Verkleidung usw..

Upside-down Gabel: Von der Bauweise eine »umgedrehte« ➔ *Telegabel*. Bei ihr liegt das schwerere äußere Standrohr, welches für die Führung der ineinandergleitenden Gabelrohre zuständig ist, oben, das leichtere Tauchrohr aber unten. Diese Bauweise ermöglicht einen größeren Durchmesser der Gabelrohre und führt damit zu mehr Steifigkeit und Stabilität, reduziert aber nicht die ➔ *ungefederten Massen* und.

V

Ventilspiel: Ein gewisses Spiel zwischen Ventilkopf und der entsprechenden Ventilbetätigung (Kipp- oder Schlepphebel mit Einstellschraube oder Einstellkäppchen zum Tassenstößel hin) ist nötig, damit die Ventile den Brennraum bei allen Betriebstemperaturen dicht abschließen können, kein Gas unkontrolliert entweicht und die Wärme über den Ventilsitz gut abgeleitet werden kann.

Vorspannung: Diese wird über ein Verdrehen der Federeinstellhülse am Federbein eingestellt, wodurch die Feder mehr oder weniger stark vorgespannt wird. Dadurch wird die Federung nicht »härter« oder »weicher«, sondern das Fahrzeugheck wird entsprechend angehoben oder abgesenkt. Damit bleiben die Grundwerte der ➔ *Lenkgeometrie* erhalten.

W

Wheelie: Das kontrollierte Fahren auf dem Hinterrad. Im Gegensatz zum ➔ *Stoppie* kann man ein nach hinten »überzogenes« Wheelie mit einem Tritt auf die Fußbremse wieder retten.

Y

Ypse: Bezeichnung für die Yamahas YZF R6 und YZF R1.

Z

Zugstufe: Bezeichnet das Ausfedern der Dämpfung. Wippt das Motorrad nach dem Einfedern wieder sehr schnell hoch oder gar nach, braucht sie mehr Zugstufe(ndämpfung) (➔ *Druckstufe*).

Wichtige Adressen

In diesem Kapitel nennen wir wichtige Adressen für Motorradfahrerinnen. Die hier genannten Adressen können nur eine begrenzte Auswahl darstellen – ohne Wertung.

Wenn du spezielles Zubehör, Bekleidung oder ein anderes Produkt suchst, lies dich in Motorrad-Fachzeitschriften und -Kataloge ein und beachte deren Anzeigenteile.

Auf Telefon- und Faxnummern haben wir verzichtet, weil sich diese im Laufe der Zeit häufig ändern. Die Nummern findest du entweder im Telefonbuch oder du rufst die entsprechenden Internetseiten auf.

Im Internet findest du auch alle Motorrad-Händler: Gehe auf die Seiten der Hersteller und klicke dort den Button »Landesimporteure« an. Dort erhältst du nicht nur Adressen und Telefonnummern, sondern auch die Internet-Adressen der einzelnen Händler.

HERSTELLER

Bayerische Motoren Werke AG
BMW Motorrad
D-80788 München
www.bmw-motorrad.de

DUCATI Motor Holding SpA
Via Ducati, 3
I-40132 Bologna
www.ducati.com

Harley-Davidson Motor Company
Milwaukee, WI 53208
USA
www.harley-davidson.com

Honda Motor Co., Ltd.
No. 1-1, 2-Chome
Minamiaoyama, Minato-Ku
Tokyo 107-8556
Japan
www.honda.com

Kawasaki Heavy Industries, Ltd.
World Trade Center Building
4-1, Hamamatsu-cho, 2-chome
Minato-ku
Tokyo 105-6116
Japan
www.khi.co.jp

KTM Sportmotorcycle AG
Stallhofner Straße 3
A-5230 Mattighofen
www.ktm.at

Suzuki Motor Corporation
Hamamatsu-Nishi
Post Box 1
432-8611 Hamamatsu
Japan
www.suzuki-co.jp

Yamaha Motor Co., LTD.
2500 Shingai, Iwata,
Shizuoka 438-8501
Japan
www.yamaha-motor.co.jp

VERBÄNDE

Hier erhältst du z. B. Auskünfte über Termine von Fahrsicherheits-Lehrgängen und Trainings.

Industrie-Verband Motorrad Deutschland e. V.
Institut für Zweiradsicherheit e. V.
Gladbecker Straße 425
D-45329 Essen
www.ivm-ev.de
www.ifz.de

MOTORRAD-ZEITSCHRIFTEN

MOTORRAD, MOTORRAD Katalog, PS – Das Sport-Motorrad Magazin, mopped, MOTORRAD CLASSIC
Motor-Presse Verlag
Leuschnerstraße 1
D-70174 Stuttgart
www.motorradonline.de

Motorradfahrer, Tourenfahrer
Rainer R. Nitschke Verlags-GmbH
Eifelring 28
D-53879 Euskirchen
www.motorradfahrer-online.de

Motorradmagazin MO, Bikers MOTORRAD Katalog, MOTORRAD TEST, MO-Sonderhefte
MO Medien Verlag GmbH
Schrempfstraße 8
D-70597 Stuttgart
www.mo-web.de

motorrad, reisen & sport, MOTORRAD NEWS, Syburger, regionale Motorradhefte
Syburger Verlag GmbH
Hertinger Straße 60
D-59423 Unna
www.motorradnet.de

REISE MOTORRAD/ride on!
Lila Publishing Verlags-GmbH
Mondstraße 10
D-81518 München
www.reisemotorrad.de

Motorrad Magazin
Sportmagazin Verlag GmbH
Heiligenstädter Lände 29
A-1190 Wien
www.motorrad-magazin.at

Der Reitwagen
Obertriesting 49
A-2572 Kaumberg
www.reitwagen.at

MOTORSPORT aktuell
Postfach
CH-8603 Schwerzenbach

Moto Sport Schweiz
Büchler Grafino AG
Dammweg 9
Postfach
CH-3001 Bern
www.motosport.ch

BEKLEIDUNG UND ZUBEHÖR

AXO Deutschland
Im Strässle 6
D-71706 Markgröningen
www.axosport.de

Bikehome Faltgaragen Lang GmbH
Limburgstraße 14
D-67098 Bad Dürkheim
www.bikehome.com

Heino Büse Motorradzubehör und Bekleidung
Vennstraße 14, D-52159 Roetgen
www.buese.com

Dieter Braun GmbH
Schulstraße 68
D-89537 Giengen-Burgberg

Götz GmbH
Hinter Stöck 38
D-72406 Bisingen
www.goetz-motorsport.de
www.on2wheels.de

Harro
Ernst Harr GmbH & Co.KG
D-72229 Rohrdorf/Schwarzwald
www.harro.de

Held GmbH
Motorradbekleidung, ARAI-Import
An der Ostrach 7
D-87545 Burgberg-Erzflöße
www.held-biker-fashion.de

Hein Gericke GmbH & Co. KG
Reisholzer Werftstraße 19
D-40589 Düsseldorf
www.hein-gericke.de

Hepco & Becker GmbH
Motorrad-Koffersysteme
Birkenstraße
D-66989 Höhfröschen
www.hepco-becker.de

IXS Motorcycle Fashion
Hostettler GmbH
Neuenburger Straße 33
D-79379 Mülheim/Baden
www.hostettler.de

JF Motorsport GmbH
Dieselstraße 10
D-61239 Ober-Mörlen
www.jfmotorsport.de

Louis Fun Company
Rungedamm 35
D-21035 Hamburg
www.louis.de

Moto Parts
Onlineshop für Motorradzubehör
Neustraße 4
D-47809 Krefeld
www.motoparts.de

Polo Expressversand
Reisholzer Werftstraße 76
D-40589 Düsseldorf
www.polo-motorrad.de

Schuberth Head Protection Technology GmbH
Rebenring 31
D-38106 Braunschweig
www.schuberth.com

Schwabenleder
Fabrik für Motorradbekleidung GmbH
Fabrikstraße 22, D-73650 Winterbach
www.schwabenleder.de

Spidi Bekleidung
IMAG Germany Vertriebs GmbH
Hundsberger Straße 43
D-73642 Welzheim
www.imag-germany.de

AUSPUFFANLAGEN

Akrapovic Auspuffanlagen
JAMparts Fahrzeugtechnik
Vertriebs GmbH
Friedenstr. 2, D-71282 Hemmingen
www.akrapovic.de

Baldes Auspuffanlagen
Am Gewerbdepark 3a
D-92278 Illschwang
www.baldes-auspuff.de

Bos Auspuff GmbH
Reitgaarstr. 2, D-49828 Neuenhaus
www.bos-exhausts.com

BSM Auspuffanlagen
Hohlstraße 1, D-65510 Hünstetten
www.bsm-auspuff.de

Devil Auspuffanlagen
98 Rue des Champs Plans
F-74800 St. Pierre en Faucigny
www.devil.fr

Devil Deutschland
Wagnerstr. 27, D-76448 Durmersheim
www.bikeside.de

GPR Racing Auspuffanlagen
Schulgasse 4, D-89611 Obermarchtal
www.gpr-racing.de

Kess Tech GmbH
Supertrapp-Auspuffanlagen
Mühlenstraße 9
D-97531 Theres-Horhausen
www.kess-tech.de

Laser Auspuffanlagen
SO Products GmbH
Luxemburger Straße 54
D-48455 Bad Bentheim/Gildehaus
www.so-products.com

Micron Systeme GmbH
Micron Auspuffanlagen
Boxdorfer Straße 13
D-90765 Fürth-Sack
www.powercommander.de
Schweiz:
Wet Motos
Route de Neuchâtel 1
CH-2520 La Neuveville

Moriwaki
Auspuffanlagen, Tuning
Hideshi Ijuin
Hansastraße 12, D-41460 Neuss
www.moriwaki.co.jp

Remus – Forschungs- und Abgas-anlagenproduktionsgesellschaft m.b.H.
Dr.-Niederdorfer-Straße 25
A-8572 Bärnbach
www.remus-racing.com

Termignoni-Auspuffanlagen
Hänsle Motorradsport GmbH
Industriestr. 12, D-77955 Ettenheim
www.haensle.de

Zach Auspufftechnik GmbH
Voggendorfer Weg 7
D-93444 Kötzting-Haus
www.zachauspuff.de

BREMSEN, FAHRWERK, KETTEN

ABM hightech for fun
Im Gelbstein 25a, D-79206 Breisach
www.ab-m.de

BRAKING Deutschland
Mühlenweg 1, D-24796 Bredenbek
www.braking.de

Brune Motorradsport
Brembo-Generalvertretung
Wöste 6, D-48291 Telgte
www.brunegmbh.de

France Equipement
Beinheimer Straße 25
D-76437 Rastatt-Wintersdorf
www.FranceEquipement.de

G.M.D. Computrack Munich
Gewerbepark Gebäude 3
D-83052 Bruckmühl
www.strassmaier.de

Goodridge Deutschland
Talstraße 227, D-67434 Neustadt
www.goodridge.net

Köster
Jettinger Str. 10, D-89358 Goldbach
www.motorrad-koester.de

Krontec Bremsleitungen
Berliner Str. 31, D-93073 Neutraubling
www.krontec.de

Krüger & Junginger
Mühlestraße 12, D-73252 Lenningen
www.motorradschwingen.de

Lucas Girling
Rudolf-Diesel-Str. 7, D-56566 Neuwied
www.lucas-bikersworld.com

Motorrad Schüller
Jahnstraße 10
D-68649 Groß-Rohrheim
www.enuma.de

Öhlins Zupin Moto-Sport
Trostberger Straße 26
D-83301 Traunreut
www.zupin.de

PVM Vetterolf
Mundenheimer Straße 39
D-68199 Mannheim
www.pvm.de

Racetech Hubert Hofmann
Bellinostr. 22, D-72108 Rottenburg
www.hh-racetech.de

Roadrunner Bikeshop GmbH
Richten von Rahmen, Rädern,
Gabeln, Schleifen von Bremsscheiben
Johannes-Kepler-Straße 1
D-55129 Mainz-Hechtsheim
www.roadrunner-bikeshop.de

Emil Schwarz Präzisionsteile
Daimlerstraße 8, D-73660 Urbach
www.emilschwarz.de

WP Suspension Germany
Waldkraiburger Straße 14
D-93073 Neutraubling
www.wp-germany.com

Wilbers Products
Alfred-Mozer-Straße 84
D-48527 Nordhorn
www.wilbers.de

TUNING, SPEZIALBETRIEBE

ABM Fahrzeugtechnik GmbH
Technikteile, Superbike-Umbauten
Im Gelbstein 25a, D-79206 Breisach
www.ab-m.de

AC Schnitzer Motorrad-Technik
Tuning und Spezialteile
Neuenhofstr. 160, D-52078 Aachen
www.ac-schnitzer.de

Alpha Technik GmbH & Co. KG
Leistungsumrüstung, Reifenfrei-gabe, TÜV-Gutachten, Stahlflex-leitungen, Tieferlegungen, Zubehör, Motortuning
Äußere Salzburger Straße 201
D-83071 Stephanskirchen
www.alphatechnik.de

Baier Tuning Motor GmbH
Münchner Straße 25
D-83043 Bad Aibling

BMC Motorsport GmbH
Luftfiltersysteme
Hauptstraße 7, D-79379 Müllheim
www.bmcairfilter.de
und:
Berger Motorsport Handels GmbH
Hauptstraße 147 A, Top A1
A-3031 Pressbaum
www.berger-motorsport.com

CFP Driesch GmbH
Driesch Carbon Fibers
Nachtweide 41
D-67433 Neustadt/Weinstraße
info@cfp-driesch.de

Der Tank-Spezialist
Sanierung von Motorradtanks
Blumenstraße 12
D-72793 Pfullingen
www.tank-spezialist.de

Dynotec GmbH
Motortuning und Messtechnik
Alzeyer Straße 33–37
D-67592 Flörsheim-Dalsheim
www.dynotec.de

Ernemotos AG
Motorsport-Parts
Sihlquai 6
CH-8005 Zürich
www.motoforza.ch

Fechter Drive Motorsport GmbH
Sportbike-Zubehör
Michael-Becker-Straße 22
D-73235 Weilheim/Teck
www.fechter.de

Gilles Tooling KG
Fußrastenanlagen, Lenker, Zubehör
Max-Planck-Straße 29
D-54516 Wittlich
www.gillestooling.com

Gimbel Motorradtechnik GmbH
Tuning, Zubehör, Umbauten
Kesslerstraße 7, D-79206 Breisach
www.gimbel-motorradtechnik.de

Großewächter Racing Parts
Soar 25, D-32139 Spenge
www.gw-racing-parts.de

HERU Carbontec
Carbon- und GFK-Teile
Wolffstraße 2, D-56746 Kempenich
www.heru-carbontec.de

Ilmberger Carbonparts
Hahilingastraße 5
D-82041 Oberhaching
www.ilmberger-carbon.de

Israel GmbH
Ersatz- und Gebrauchtteile,
Motoren, Getriebe, Tuning
Hauptstraße 54
D-56335 Neuhäusel
www.motoren-israel.de

Jäger Motorsport
Aluminium- und Titanschrauben
Blücherstraße 63
D-58332 Schwelm
www.jaeger-motorsport.de

LSL-Motorradtechnik GmbH
Technikteile, Umbauten
Heinrich-Malinga-Straße 107
D-47809 Krefeld
www.lsl-motorradtechnik.de

Mizu Motorradtechnik
Höherlegungssätze, Zubehör
Weidgang 3, D-78247 Hilzingen
www.mizu.de

Moto Forza
Reifen- und Gabelwärmer
Lindgesfeld 8G (Gewerbepark)
D-42653 Solingen
www.motoforza.de

Phoenix Motorrad-Tuning
Neuenhofstraße 160
D-52078 Aachen
www.phoenix-motorrad.de

Roadrunner Bikeshop GmbH
Richten von Rahmen, Rädern,
Gabeln, Schleifen von Bremsscheiben
Johannes-Kepler-Straße 1
D-55129 Mainz-Hechtsheim
www.roadrunner-bikeshop.de

SCHMIER- UND PFLEGEMITTEL

Aral AG Schmierstoffe
Wittener Straße 45
D-44789 Bochum
www.aral.de

Bel Ray
Meneks AG
Öle und Pflegemittel
Nersingerstraße 10
D-89257 Elchingen
www.bel-ray.de

Caramba Chemie
Rostlöser, Pflegemittel
Wanheimer Straße 334–336
D-47055 Duisburg
www.caramba.de

Castrol Schmiermittel
Max-Born-Straße 2
D-20761 Hamburg
www.castrol.de

Elf Schmiermittel
Total-Fina-Elf GmbH
Kirchfeldstraße 61
D-40217 Düsseldorf
www.totalfinaelf.de
www.elfmoto.de
und:
Elf Competition
Rennbenzin und Spezialöle
Manfred Fischer Competition
Seligenstädter Straße 53
D-63456 Hanau
www.elf-racing.de

Fuchs Europe Schmierstoffe GmbH
Silkolene Zweiradschmierstoffe
Friesenheimer Straße 17
D-68169 Mannheim
www.fuchs-oil.de

Motul Deutschland GmbH
Kölner Straße 263
D-51149 Köln
www.motul.de

Shell Motorradvertrieb und Shell Racingakademie
Shell-Motorradöle, -Pflegemittel
Im MOTOPARK Oschersleben
Motopark Allee 20–22
D-39387 Oschersleben
www.shell-advance.de
und:
SAV GmbH
Postfach 1206
D-59702 Arnsberg

WERKSTATTBEDARF

Boehm Synchrontester
Peter-Kreuder-Straße 21
D-81245 München
www.boehm-synchrontester.de

Champion Zündkerzen
Norsk-Data-Straße 1
D-61352 Bad Homburg

Denso Europe B.V. Zündkerzen
Hogeweyselaan 165
NL-1382 JL Weesp
www.denso-europe.com

Dynojet Leistungsprüfstände
Micron-Systems GmbH
Boxdorfer Str. 13, D-90765 Fürth-Sack
www.powercommander.de
und:
Moto Parts
Neustraße 4, D-47809 Krefeld
www.motoparts.de

Friedrich & Hitschfel GmbH
Mittelrüsselbach 38
D-91338 Igensdorf
www.fritec.de

GL Motorradtechnik
Beta-Werkzeug, Montageständer, Messwerkzeuge
Konrad-Adenauer-Straße 106
D-72461 Albstadt-Trochtelfingen
www.gl-motorradtechnik.de

Hazet-Werk
Spezialwerkzeuge für Kraftfahrzeuge
Postfach 100461
D-42804 Remscheid
www.hazet.de

Helicoil Gewindeeinsätze
Böllhoff GmbH
Archimedesstraße 1–4
D-33649 Bielefeld
www.boellhoff.de

Kern Montagetechnik
Montageständer, Hebebühnen
Gewerbestraße 13–15
D-79364 Malterdingen
www.kern-stabi.de

Loctite Deutschland GmbH
Schraubenkleber
Arabellastraße 17, D-81925 München
www.henkel.com
www.loctite.com

Matthies Motorradteile GmbH
Hammerbrookstraße 78
D-20097 Hamburg
www.matthies.de

Mobil-Tech OHG
Montageständer, Messgeräte, Abgastester, Tuning-Zubehör, Anti-Hopping-Kupplungen
Hindenburgstraße 65
D-78549 Spaichingen
www.mobil-tech.de

NGK Spark Plug Europe GmbH
Harkortstraße 41
D-40880 Ratingen
www.ngkntk.de

Profi Products
Kettenfluchttester, Spurprüfsysteme
Mühlstraße 1a
D-67707 Schopp
www.profi-products.de

Scheibner Messtechnik
Rahmen- und Gabelvermessung, Messwerkzeuge
Scheibner und Schäfer GbR
Am Hauptgüterbahnhof 22
D-38126 Braunschweig
www.www.scheibner.de

FRAUEN-MOTORRADCLUBS

Frauen-Motorradclub Baden-Württemberg
Gegründet: 2000
Mitglieder: ca. 180
www.fmc-bw.de

Hexenring
Gegründet: 1979
Mitglieder: ca. 260
www.hexenring.istcool.de

WIMA Deutschland
Gegründet: 1950
Mitglieder: 2000 weltweit
www.wima-germany.de

Women On Wheels e.V.
Gegründet: 1985
Mitglieder: ca. 260
www.wow-germany.de

FRAUEN-MOTORRADREISEN

Sachsenbike Tours
Motorradreisen in Ostdeutschland. Bieten auch Trainings an.
www.sachsenbike-tours.de

Sister Act
Motorradreisen in Deutschland und Kreta.
Bieten auch Technikkurse und Trainings an.
www.sister-act.com

Sunshine Biketravel
Motorradreisen in Deutschland, Schweiz, Frankreich, Toskana.
www.sunshine-biketravel.de

Towanda
Motorradreisen durch Neuseeland, Australien, Norwegen.
www.towanda.org

Adressen der Reifenhersteller und Importeure in D, A, CH

Avon

- **Cooper Tire & Rubber Company Deutschland GmbH**
  Hans-Böckler-Straße 4
  D-64823 Groß-Umstadt
  www.avon-motorradreifen.de
- **Autoplus GmbH**
  Richard-Strauss-Straße 14, A-1232 Wien
  www.avonmotorcycle.com
- **Cooper Avon (Suisse) S.A.**
  Hagackerstrasse 12, CH-8953 Dietikon
  www.avontyres.com

Bridgestone

- **Bridgestone Deutschland GmbH**
  Du-Pont-Straße 1
  D-61352 Bad Homburg v.d.H.
  www.bridgestone.de
- **Bridgestone Austria GmbH**
  Laxenburgerstraße 252, A-1232 Wien
  www.bridgestone.at
- **Bridgestone Schweiz**
  Limmatpark
  Pfadackerstr. 6, CH-8957 Spreitenbach
  www.bridgestone.ch

Continental

- **Continental AG**
  Abt. Motorradreifen
  Büttnerstr. 25, D-30165 Hannover
  www.conti-moto.de

Dunlop

- **Dunlop GmbH & Co. KG**
  Abteilung PM-M
  Dunlopstraße 2, D-63450 Hanau
  www.dunlop.de
- **Goodyear Dunlop Tires Austria GmbH**
  Richard-Strauss-Straße 19, A-1230 Wien
  www.dunlop.at
- **Goodyear Dunlop Tires Suisse SA**
  Industriestrasse 21, CH-8604 Hegnau
  www.dunlop.ch

Heidenau

- **Reifenwerk Heidenau GmbH & Co. KG**
  Hauptstraße 44, D-01809 Heidenau
  www.reifenwerk-heidenau.de
- **Reifen Brawenec GmbH point-S**
  Triester Straße 342, A-1230 Wien
  www.reifen-brawenec.at
- **Josef Faber GmbH**
  Kirchstetterngasse 21, A-1160 Wien
  www.faber.at
- **RSD-Jelinek Motorradreifen**
  Hubertsgasse 14, A-1160 Wien
  www.jelinek.at
- **Ofrag Vertriebsgesellschaft**
  Hübelacherstrasse 1, CH-5242 Lupfig
  www.ofrag.ch

Weitere Kooperationspartner:

- **RH Reifen Service AG**
  Amriswilerstrasse 41, CH-8589 Sitterdorf
  www.rh-reifen.ch
- **Hostettler AG**
  Haldenmattstrasse 3, CH-6210 Sursee
  www.yamaha-motor.ch

IRC

- **IXS Germany Hostettler GmbH**
  Neuenburger Str. 33, D-79379 Mühllheim
  www.hostettler.com
- **Hostettler AG Pneuservice**
  Haldenmattstrasse 3, CH-6210 Sursee
  www.pneu-service.ch

Maxxis

- **Maxxis International GmbH**
  Kaddenbusch 31, D-25578 Dägeling
  www.maxxis.de

Metzeler

- **Pirelli Deutschland AG Metzeler Motorradreifen**
  Gneisenaustraße 15, D-80992 München
  www.metzelermoto.de
- **Metzeler Motorradreifen**
  Salzburger Straße 196, A-4600 Wels
- **Hostettler AG Pneuservice**
  Haldenmattstrasse 3, CH-6210 Sursee
  www.pneu-service.ch

Michelin

- **Michelin Reifenwerke AG & Co. KGaA**
  Michelinstraße 4, D-76185 Karlsruhe
  www.michelin-motorrad.de
- **Michelin Verkaufsgesellschaft**
  Wiegelestraße 10, A-1231 Wien
- **SA des Pneumatiques Michelin**
  Route Jo Siffert 36, CH-1762 Givisiez

Pirelli

- **Pirelli Deutschland AG Pirelli Motorradreifen**
  Gneisenaustraße 15, D-80992 München
  www.pirellimoto.de
- **Pirelli Austria**
  Salzburger Straße 196, A-4600 Wels
- **Hostettler AG Pneuservice**
  Haldenmattstrasse 3, CH-6210 Sursee
  www.pneu-service.ch

Reifenfreigaben

- **Alpha Technik GmbH & Co. KG**
  Reifenfreigaben, TÜV-Gutachten
  Äußere Salzburger Straße 201
  D-83071 Stephanskirchen
  www.alphatechnik.de
- **D. Theobald M&A Reifenhandel**
  Reifen-Großhändler
  Lindenstraße 4, D-97892 Kreuzwertheim
  www.dtheobald.de

Störungssuche

In diesem Kapitel: Störungssuche in Motor, Kraftübertragung, Fahrwerk, Elektrik, Beleuchtungsanlage.

Wenn an deinem Motorrad Fehler auftreten, sind es in den meisten Fällen ganz banale Ursachen. Deshalb solltest du nicht immer gleich vom schlimmsten Fall ausgehen, sondern immer zuerst die einfachsten Dinge kontrollieren. Ist die Batterie funktionstüchtig, sind alle elektrischen Steckverbindungen fest und korrosionsfrei? Sitzen alle Schläuche richtig oder ist einer eingeklemmt? Vielleicht ist auch nur eine Sicherung defekt oder ein Kabel aufgescheuert.

Regelmäßige Pflege deines Motorrades und Überprüfung aller Verschleißteile wie Reifen, Bremsen, Kette und Motoröl sind die besten Voraussetzungen, damit dir größere Reparaturen erspart bleiben. Hast du doch einmal einen Defekt, dessen Ursache tiefer liegt, kann dir dieses Kapitel dabei helfen ihn aufzuspüren. Lese es sorgfältig Punkt für Punkt durch und es wird dir eine gute Hilfe bei der Störungssuche sein. Einige Fehler kannst du dann eventuell selber beseitigen, bei anderen weißt du, dass es Zeit wird die Werkstatt aufzusuchen, um noch größere Schäden zu vermeiden.

Fehler: Hier wird der Fehler beschrieben.
Grund: Hier wird eine der möglichen Ursachen beschrieben.
Abhilfe: *Hier sind Lösungsvorschläge in aller Kürze. Mit dem Hinweis → Kapitel 40 verweisen wir auf das Kapitel, in dem die Baugruppe in Text und Bild vertieft behandelt wird.*

In allen anderen Fällen raten wir dir, eine → Fachwerkstatt aufzusuchen.

Du wirst feststellen, dass sich Textpassagen unter »Grund« bei verschiedenen Fehlern wiederholen, weil sich unterschiedliche Ursachen oft in ähnlichen oder gleichen Fehlern zeigen. Außerdem kann ein Defekt gleich einen anderen nach sich ziehen und so eine ganze Fehlerkette bilden oder du hast mehr Probleme, die zufällig zur selben Zeit auftreten. Beispiel: Wenn ein Motorrad nach einer Wartungsarbeit nicht mehr anspringt, können folgende Fehler zusammenkommen: zu wenig Benzin im Tank, Spritleitungen nicht richtig angeschlossen und Zündkerze(n) geben keinen Funken ab, weil die Zündkerzenstecker nicht richtig aufgesteckt sind. In diesem Sinne: Frohes Fehlersuchen!

Motor

Fehler: Motor wird vom Kick- oder Elektrostarter durchgedreht, springt aber nicht an.
Grund: Kein Benzin im Tank.
Abhilfe: *Tanken.*

Grund: Benzinhahn geschlossen.
Abhilfe: *Benzinhahn öffnen bzw. auf »Reserve« stellen. → Kapitel 21*

Grund: »Schlechtes« (weil zu altes) oder verunreinigtes Benzin im Tank.
Abhilfe: *Frischen Sprit tanken. Vor dem Startversuch unbedingt die Schwimmerkammern am Vergaser entleeren und frischen Sprit nachlaufen lassen. → Kapitel 21*

Grund: Benzinhahnschlauch abgerutscht oder undicht.
Abhilfe: *Schlauch am Benzinhahn auf festen Sitz kontrollieren; falls der Schlauch porös oder undicht ist, durch einen neuen ersetzen. → Kapitel 21*

Grund: Benzinpumpe funktioniert nicht.
Abhilfe: *Benzinschlauch an der Benzinpumpe abziehen, Startversuch machen und nachsehen, ob Benzin kommt: Wenn »ja«, funktioniert die Benzinpumpe und der Fehler liegt irgendwo anders; wenn »nein«, ist wahrscheinlich die Benzinpumpe defekt.*

Grund: Benzin gelangt nicht in die Vergaser, weil Filter im Benzinhahn, Nachrüst-Benzinfilter oder Benzinschlauch verstopft sind.
Abhilfe: *Benzinschlauch direkt am Benzinhahn abziehen, Benzinhahn öffnen und nachsehen, ob Benzin läuft: Wenn »ja«, ist der Nachrüst-Benzinfilter verstopft und muss erneuert werden; wenn »nein« liegt der Fehler wahrscheinlich im Benzinhahn: Ausbauen und reinigen. → Kapitel 21 9*

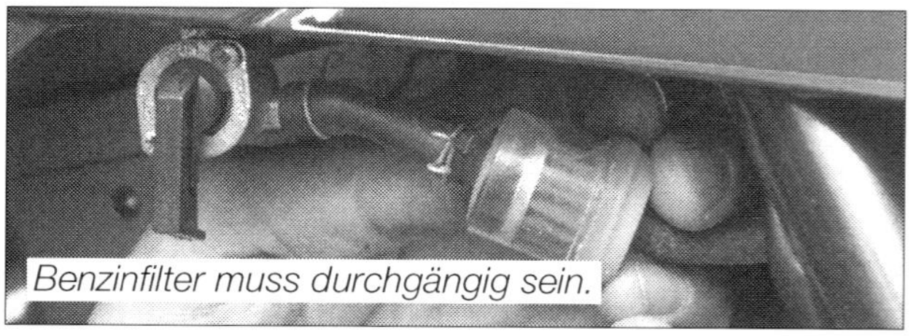
Benzinfilter muss durchgängig sein.

Grund: Motor mit Benzin überflutet (»ersoffen«).
Abhilfe: *Zündkerzen ausbauen und trocknen, Benzinhahn schließen, Licht aus: Motor mit Vollgas einige Male durchdrehen (E-Starter) bzw. durchtreten (Kickstarter bei ausgeschalteter Zündung). Benzinhahn darf nicht auf »PRI« (ganz offen) stehen. → Kapitel 19*

Grund: Luftfilter zugesetzt.
Abhilfe: *Luftfilter überprüfen, reinigen, erneuern. → Kapitel 20*

Grund: Kein Funke an den Zündkerzen.
Abhilfe: *Neue Zündkerzen einbauen. Zündkerzenstecker, Zündkabel und Zündspulen überprüfen.*
→ Kapitel 19

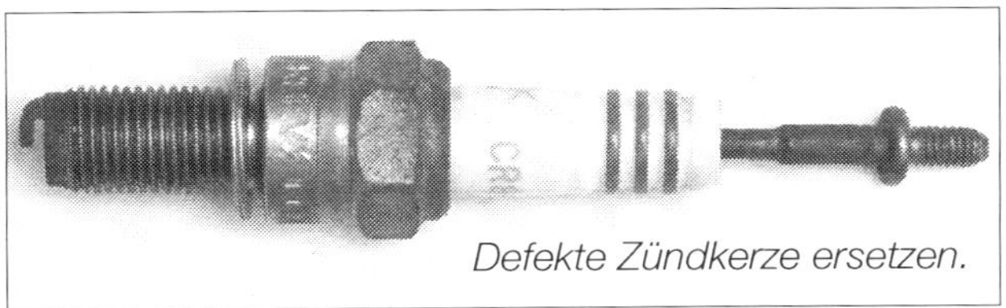
Defekte Zündkerze ersetzen.

Grund: Zünd-/Motorelektrik defekt.
Abhilfe: *Zuerst die Batterie prüfen, ob sie richtig angeschlossen und geladen ist. Versuchsweise eine voll geladene Batterie einbauen. Zündanlage auf trockene Anschlüsse und einwandfreie Verkabelung prüfen.*
→ Kapitel 17 19

Grund: Kompression zu niedrig: Zündkerzen lose, Kolbenringe verschlissen, Ventile blasen durch, Zylinderkopfdichtung defekt.
Abhilfe: *Zylinderkopf, Kolben und Zylinder überholen lassen.* → Kapitel 19 oder Fachwerkstatt

Fehler: Elektrostarter dreht sich nicht
Grund: Motorabstellschalter auf »Off«.
Abhilfe: *Auf »On« stellen, Startversuch wiederholen.*

Grund: Batteriespannung zu niedrig.
Abhilfe: *Batterie laden, erneuern.* → Kapitel 17

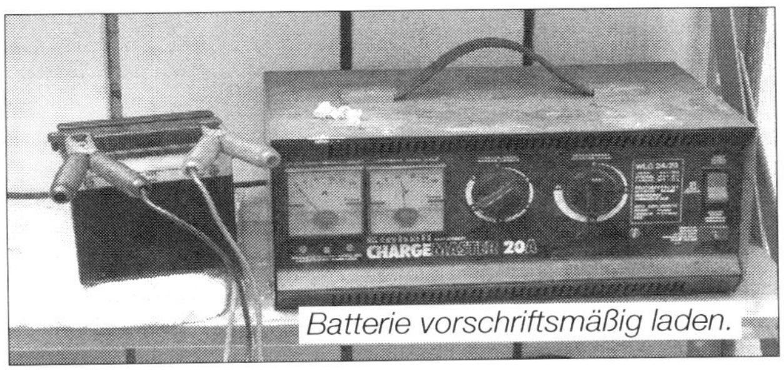

Batterie vorschriftsmäßig laden.

Grund: Schlechter Kontakt im Zündschloss oder Anlasserknopf.
Abhilfe: *Schalter öffnen, Kontakt herstellen z. B. durch Abschmirgeln der Kontaktflächen.*

Grund: Hauptsicherung oder Anlasserrelais defekt.
Abhilfe: *Defekte Teile erneuern, nach Grund des Defekts suchen und Störung beheben.* → Kapitel 16 26

Grund: Defekt im Anlasser: z. B. Stator- oder Ankerwicklung durchgebrannt, Anlasserkohlen verschlissen.
Abhilfe: *Anlasser ausbauen und in der Fachwerkstatt überprüfen und ggf. reparieren lassen.* → Fachwerkstatt

Fehler: Elektrostarter dreht Motor nur langsam durch
Grund: Schwache Batterie, Kabel schlecht angeschlossen.
Abhilfe: *Batterie laden, erneuern.* → Kapitel 17

Grund: Elektrostarter oder Anlasserfreilauf klemmt, ist defekt.
Abhilfe: *Anlasser ausbauen und in der Fachwerkstatt überprüfen und ggf. reparieren lassen.* → Fachwerkstatt

Fehler: Elektrostarter läuft, ohne den Motor durchzudrehen
Grund: Anlasserfreilauf defekt: Zahnräder am Anlasser und/oder Einrückritzel defekt.
Grund: Anlasser läuft rückwärts: Gehäuse falsch zusammengebaut oder Klemmen falsch angeschlossen.
Abhilfe: *Anlasser in eingebautem Zustand in der Fachwerkstatt überprüfen und ggf. reparieren lassen.*
→ Fachwerkstatt

Fehler: Anlasserrelais »klickt«, Motor wird vom Anlasser aber nicht durchgedreht
Grund: Anlasserkabel schlecht angeschlossen, Kurzschluss (Bruch) im Kabel.
Abhilfe: *Alle Kabelanschlüsse ab der Batterie auf festen Sitz prüfen, Korrosion beseitigen, Kabel mit Multimeter auf Durchgang prüfen.* → Kapitel 17 26

Grund: Anlasser »hängt«.
Abhilfe: *Mit einem Stein gegen den Anlasser klopfen, falls der Motor dann startet, »hängt« der Anlasser. Anlasser ausbauen und in einer Fachwerkstatt reparieren lassen.* → Fachwerkstatt

Grund: Defekt im Anlasser oder in der Übertragung der Drehbewegung (Anlasserfreilauf).
Abhilfe: *Anlasser in eingebautem Zustand in der Fachwerkstatt überprüfen und ggf. reparieren lassen.*
→ Fachwerkstatt

Grund: Kurbelwelle dreht sich nicht wegen Motorproblemen.
Abhilfe: *Wenn Kickstarter vorhanden ist, Motor damit durchdrehen. Wenn nur E-Starter: Zündung AUS-schalten, Benzinhahn ZU, Zündkerzen ausbauen, 2. Gang einlegen und Motorrad schieben: Ein fester Motor lässt sich so feststellen.*

Fehler: Motor springt schlecht an, läuft nur stotternd und geht oft wieder aus
Fehler: Unrunder Leerlauf
Fehler: Ruckeliges Hochdrehen beim Gas geben
Fehler: Motor patscht, produziert Fehlzündungen
Grund: Benzin verschmutzt: Dreck im Tank, in den Benzinleitungen, im Vergaser.

Abhilfe: *Benzin ablassen, Tank und Vergaser reinigen, unbedingt frisches Benzin einfüllen.* → Kapitel 21 9

Grund: Leerlaufdrehzahl zu niedrig eingestellt.
Abhilfe: *Leerlaufdrehzahl einstellen.* → Kapitel 4

Grund: Tankentlüftung verstopft.
Abhilfe: *Tankentlüftung (ist meistens im Tankdeckel eingebaut) reinigen. Prüfen, ob die Entlüftungsbohrung z. B. durch den aufgebauten Tankrucksack verschlossen ist.* ***Wichtig:*** *Entlüftungsschläuche müssen knickfrei nach unten verlegt sein.* → Kapitel 21 9

Grund: Chokezug hängt, Motor läuft deswegen zu fett.
Abhilfe: *Bowdenzug auf leichten Lauf kontrollieren, Einstellung am Anschlagblech kontrollieren, ggf. Chokezug erneuern.* → Kapitel 21 4

Grund: Falschluft wird angesaugt, weil Vergaser oder Ansaugstutzen lose oder rissig sind.
Abhilfe: *Vergaser und/oder Ansaugstutzen festschrauben, Ansaugstutzen auf Porosität untersuchen.* ***Wichtig:*** *Fehler müssen unbedingt und sofort beseitigt werden, sonst droht ein Motorschaden!* → Kapitel 21

Grund: Unterspannung in der Zündanlage.
Abhilfe: *Batterie laden, alle elektrischen Anschlüsse auf festen Sitz prüfen, Korrosion beseitigen, ggf. neue Zündkerzen, Stecker und Zündkabel montieren.* → Kapitel 17 19

Grund: Zündkerze(n) defekt: falscher Elektrodenabstand, Kerze hat Massenschluss.
Abhilfe: *Zündkerzenwärmewert und Zustand überprüfen, Elektrodenabstand einstellen, ggf. neue Zündkerzen montieren.* → Kapitel 19

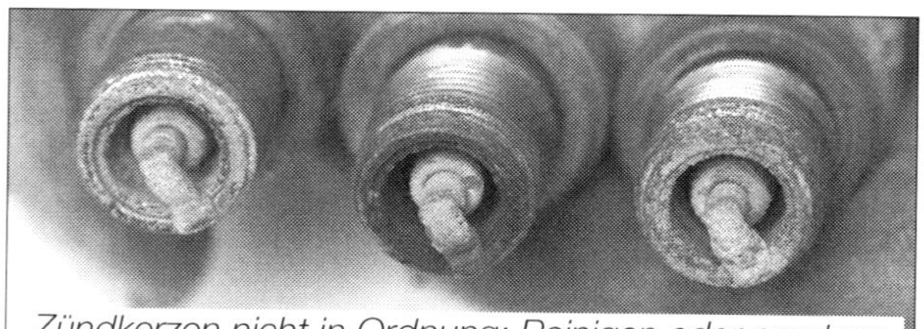

Zündkerzen nicht in Ordnung: Reinigen oder ersetzen.

Grund: Anschlusskabel oder Verbindungsstecker der Zündspulen und Zündkerzenstecker beschädigt: in sich gebrochen, Kerzenstecker nicht richtig auf Zündkerze aufgesteckt.
Abhilfe: *Zündkabel aus Bauteil ausziehen/ausdrehen, ein kleines Stück abschneiden und wieder einbauen/eindrehen. Kabelschuhe und kleine Stecker dahingehend prüfen, ob der Stecker in der Klemmung korrodiert ist und das Kabel in der Klemmstelle noch korrekt sitzt.* → Kapitel 19

Fehler: Motor springt schlecht an, hat geringe Leistung bei niedrigen Drehzahlen
Grund: Ventile falsch eingestellt, haben zu wenig Spiel.
Grund: Ventileinstellschrauben können lose oder die Kipphebel können verschlissen sein.
Grund: Nockenwelle defekt, abgenutzt.
Grund: Ventilfeder(n) gebrochen.
Grund: Falsche Ventilsteuerzeiten durch Montagefehler.
Abhilfe: *Ventilspiel prüfen und korrekt einstellen. Dabei auch die Ventileinstellschrauben, Kontermuttern, Kipphebel, Kipphebelachsen, Ventilfedern und Nockenlaufbahnen auf übermäßigen Verschleiß prüfen.* → Fachwerkstatt

Grund: Ventilsitze undicht, verbrannt, Ventilführung verschlissen, Ventil verbogen, sitzt fest.
Grund: Kolbenringe verklebt, verschlissen, gebrochen.
Grund: Zylinderlaufbahn und/oder Kolben verschlissen.
Abhilfe: *Kompression prüfen: Dazu wird ein Kompressionsdruckprüfer benötigt, der meistens nur in einer Werkstatt vorhanden ist. Vorher eine »Fingerprobe« machen: Benzinhahn ZU, alle Zündkerzen ausbauen, Daumen fest auf Zündkerzenöffnung drücken (eine nach der anderen), Motor mit Elektrostarter oder Kickstarter durchdrehen: Eine »korrekt hohe« oder »zu niedrige« Verdichtung lässt sich so zumindest mal deutlich erfühlen.* → Fachwerkstatt

Grund: Zylinderkopfdichtung undicht.
Grund: Zylinderkopf verzogen oder gerissen.
Abhilfe: *Sichtprüfung bei stehendem Motor: Nachsehen, ob außen am Übergang von Zylinder und Zylinderkopf bzw. im Bereich der Zylinderkopfdichtung Öl austritt. Dynamische Prüfung bei laufendem Motor: Prüfen, ob Verbrennungsgase ausgestoßen werden, indem man eine Hand (Heiß! Respektsabstand wahren!) nahe an die Zylinderkopfdichtung hält und eventuell austretende Gase spürt.* → Fachwerkstatt

Fehler: Motor hat nur geringe Leistung und braucht viel Benzin
Grund: Luftfilter verdreckt, Luftansaugsystem verstopft.

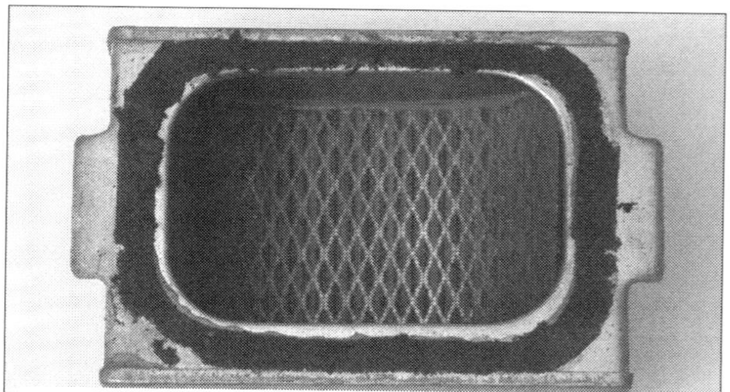

Verdreckten Luftfilter reinigen oder erneuern.

Abhilfe: *Luftfilter reinigen, eventuell erneuern. Prüfen, ob alle Luftansaugöffnungen frei sind und der Motor ungehindert Frischluft ansaugen kann: z. B. Lappen im Bereich der Luftansaugöffnung des Luftfilterkastens vergessen? Verdeckt eine zusätzliche Bordwerkzeugtasche den Ansaugschnorchel?* ➔ Kapitel 20

Grund: Zünd-/Motorelektrik defekt.
Abhilfe: *Bei Batteriezündung zuerst die Batterie prüfen, ob sie richtig angeschlossen und geladen ist. Versuchsweise eine voll geladene Batterie einbauen. Zündanlage auf trockene Anschlüsse und einwandfreie Verkabelung überprüfen.* ➔ Kapitel 17 19

Grund: Unterspannung in der Zündanlage.
Abhilfe: *Batterie laden, alle elektrischen Anschlüsse auf festen Sitz prüfen, Korrosion beseitigen, ggf. neue Zündkerzen, Stecker und Zündkabel montieren.* ➔ Kapitel 17 19

Grund: Zündkerze(n) defekt: falscher Elektrodenabstand, Kerze hat Massenschluss.
Abhilfe: *Zündkerzenwärmewert und Zustand überprüfen, Elektrodenabstand einstellen, ggf. neue Zündkerzen montieren.* ➔ Kapitel 19

Fehler: Unrunder Leerlauf
Grund: Ventilspiel nicht korrekt: zu weit oder zu eng
Abhilfe: *Ventilspiel einstellen.* ➔ Fachwerkstatt

Grund: Zündkerzen defekt: zu geringer oder zu großer Elektrodenabstand, Kerze hat Massenschluss.
Abhilfe: *Elektrodenabstand einstellen, ggf. neue Zündkerzen einbauen.* ➔ Kapitel 19

Grund: Zündkerzenstecker bzw. Zündspulen haben keinen richtigen Kontakt zu den Zündkerzen.
Abhilfe: *Zündkabel aus Bauteil ausziehen/ausdrehen, ein kleines Stück abschneiden und wieder einbauen/eindrehen.* ➔ Kapitel 19

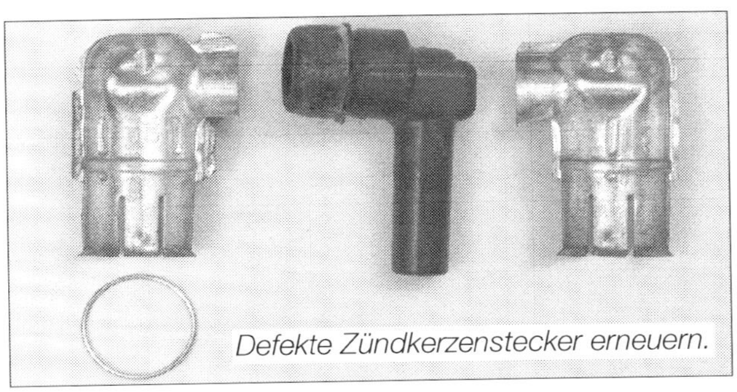

Defekte Zündkerzenstecker erneuern.

Grund: Zündbox defekt.
Abhilfe: *Zündbox eines anderen Motorrads gleichen Typs versuchsweise einbauen, auf guten Masseanschluss achten.* ➔ Kapitel 19

Grund: Vergaser nicht synchron.
Abhilfe: *Gleichlauf der Gasschieber einstellen.* ➔ Fachwerkstatt

Grund: Leerlauf falsch eingestellt.
Abhilfe: *Leerlaufdrehzahl korrekt einstellen.* ➔ Kapitel 4

Grund: Benzin verschmutzt: Dreck im Tank, in den Benzinleitungen, im Vergaser.
Abhilfe: *Tank leeren und reinigen. Benzinhahn und Vergaser ebenfalls reinigen.* ➔ Kapitel 21

Fehler: Ruckeln/Zündaussetzer beim Beschleunigen
Grund: Benzin verschmutzt: Dreck im Tank, in den Benzinleitungen, im Vergaser.
Abhilfe: *Tank leeren und reinigen. Benzinhahn und Vergaser ebenfalls reinigen.* ➔ Kapitel 21

Grund: Zündkerzen: falscher Elektrodenabstand oder Wärmewert.
Grund: Kerzenstecker nicht richtig angebracht.
Grund: Zündkerzenstecker schlagen durch.
Abhilfe: *Elektrodenabstand einstellen, ggf. neue Zündkerzen einbauen.* ➔ Kapitel 19

Grund: Feuchtigkeit bzw. Kontaktproblem in den Steckverbindungen der Motorelektrik.
Abhilfe: *Steckverbindungen kontrollieren.* ➔ Kapitel 16

Grund: Vergaser falsch eingestellt.
Abhilfe: *Vergaser korrekt einstellen, auf richtige Düsen achten.* ➔ Fachwerkstatt

---

Fehler: Motor patscht, produziert Fehlzündungen
Grund: Zündsystem defekt.
Abhilfe: *Bei Batteriezündung zuerst die Batterie prüfen, ob sie richtig angeschlossen und geladen ist. Versuchsweise eine voll geladene Batterie einbauen. Zündanlage auf trockene Anschlüsse und einwandfreie Verkabelung überprüfen.* ➔ Kapitel 17 19

Grund: Falscher Elektrodenabstand der Zündkerzen.
Abhilfe: *Elektrodenabstand einstellen, ggf. neue Zündkerzen einbauen.* ➔ Kapitel 19

Grund: Sicherung defekt (Beispiel Fadensicherung: Faden sieht »ganz« aus, könnte Wackelkontakt haben).
Abhilfe: *Sicherungen auf Beschädigungen und Korrosion kontrollieren, Einzelsicherung auf Verdacht wechseln.* ➔ Kapitel 16

Grund: Luftfilterkastenanschlüsse ziehen Nebenluft.
Grund: Ansaugstutzen rissig, gebrochen, lose bzw. nicht richtig befestigt (Falschluft).

Abhilfe: *Vergaser und/oder Ansaugstutzen festschrauben, Ansaugstutzen auf Porosität untersuchen. Anmerkung: Fehler müssen unbedingt und sofort beseitigt werden, sonst droht ein Motorschaden!* ➔ Kapitel 20 21

Fehler: Motor zieht nicht und raucht schwarz aus dem Auspuff (Gemisch zu fett)
Grund: Vergaserdüsen zu groß, Schwimmerstand zu hoch.
Abhilfe: *Kleinere Vergaserdüsen einbauen, Schwimmerstand einstellen, Vergaser einstellen.* ➔ Fachwerkstatt

Grund: Zündung defekt.
Abhilfe: *Zündanlage kontrollieren.* ➔ Kapitel 19

Fehler: Motor zieht nicht und raucht blau aus dem Auspuff (Motoröl gelangt in den Verbrennungsraum)
Grund: Zu viel Motoröl im Motor, wird über die Motorentlüftung in den Luftfilterkasten gedrückt und dort wieder angesaugt.
Abhilfe: *Bei kaltem Motor und senkrecht stehender Maschine den Ölstand kontrollieren und etwas mehr als das überschüssige Öl in ein sauberes Gefäß ablassen, dann Öl nach Vorgabe neu einfüllen. Luftfilter reinigen.* ➔ Kapitel 20 23

Grund: Zylinder und/oder Kolben verschlissen, haben Riefen oder Schrammen, Laufspiel zwischen Kolben und Zylinder zu groß.
Grund: Kolbenring(e) oder Ölabstreifring(e) verschlissen, gebrochen, keine Spannung mehr oder falsch montiert.
Abhilfe: *Kompression messen, wenn Wert zu niedrig: Zylinder, Kolben und Kolbenringe demontieren und Einbaumaße kontrollieren, erneuern, Zylinder ausschleifen.* ➔ Fachwerkstatt

Grund: Ventilführungen oder Ventilschäfte abgenutzt.
Grund: Ventilschaftabdichtung(en) defekt.
Abhilfe: *Zylinderkopf demontieren, Einbaumaße der Ventile und Ventilführungen kontrollieren, ggf. erneuern. Neue Ventilschaftabdichtungen einbauen.* ➔ Fachwerkstatt

---

Fehler: Motor zieht nicht richtig und wird zu heiß
Grund: Gemisch zu mager, weil Vergaserdüsen verstopft sind.
Abhilfe: *Benzin verdreckt! Sprit komplett aus dem Tank ablassen, Vergaser zerlegen und reinigen, unbedingt frisches Benzin einfüllen.* ➔ Fachwerkstatt

Grund: Gemisch zu mager, weil Vergaser falsch eingestellt.
Abhilfe: *Vergaser korrekt einstellen, ggf. größere Vergaserdüsen einbauen – aber immer mit den vom Werk vorgeschriebenen Düsengrößen beginnen!* ➔ Fachwerkstatt

Grund: Benzinleitung gequetscht, eingeklemmt, Schlauch geknickt.
Abhilfe: *Ganz genau prüfen, ob alle Benzinschläuche ohne Knicke oder Klemmung von den Benzinhähnen zu den Vergasern verlegt sind. Ebenfalls nachsehen, ob eventuell ein Befestigungsriemen vom Tankrucksack den Benzinschlauch unter dem Tank klemmt!* ➔ Kapitel 9

Grund: Tankentlüftung verstopft.
Abhilfe: *Tankentlüftung (ist meistens im Tankdeckel eingebaut) reinigen. Prüfen, ob die Entlüftungsbohrung z. B. durch den aufgebauten Tankrucksack verschlossen ist.* ***Wichtig:*** *Entlüftungsschläuche müssen knickfrei nach unten verlegt sein.* ➔ Kapitel 21 9

Grund: Falschluft wird angesaugt, weil Vergaser oder Ansaugstutzen lose oder rissig sind.
Abhilfe: *Vergaser und/oder Ansaugstutzen festschrauben, Ansaugstutzen auf Porosität untersuchen. Anmerkung: Fehler müssen unbedingt und sofort beseitigt werden, sonst droht ein Motorschaden!* ➔ Kapitel 20 21

Grund: Zu wenig Öl im Motor.
Abhilfe: *Öl auffüllen, korrekten Ölstand schaffen.* ➔ Kapitel 23

Grund: Ölpumpe defekt oder Ölkreislauf verstopft.
Abhilfe: *Motor sofort abstellen!* ➔ Fachwerkstatt

Grund: Starke Ölkohle-Ablagerungen im Brennraum.
Abhilfe: *Maximal zwei Liter Sprit in den Tank füllen, eine halbe Dose Brennraumreiniger (z. B. »Fuel Guard«) zugeben, Motor einige Zeit mit wechselnder Drehzahl laufen lassen: Die Ölkohle wird eingeweicht und entfernt sich selbst.* ***Sehr wichtig:*** *Das Kleingedruckte auf der »Brennraumreiniger«-Dose beachten, Motor nur im Freien laufen lassen, Abgase nicht einatmen! Wenn der Motor nach einer solchen Kur wieder ordentlich läuft, war sie erfolgreich; wenn nicht, müssen die Zylinderköpfe abgebaut und die restlichen Rückstände der Ölkohleablagerungen im Brennraum und auf dem Kolbenboden manuell entfernt werden.* ➔ Fachwerkstatt

Grund: Motor hatte einen Kolbenklemmer, läuft aber dennoch.
Abhilfe: *Zylinder und Kolben demontieren, Klemmer beseitigen.* ➔ Fachwerkstatt

---

Fehler: Starke Geräuschentwicklung
Grund: Ventile falsch eingestellt: zu viel Spiel.
Abhilfe: *Ventilspiel korrekt einstellen.* ➔ Fachwerkstatt

Grund: Ventilfeder gebrochen, ermüdet.
Abhilfe: *Zylinderkopf demontieren, Einbaumaße der Ventile und Ventilführungen kontrollieren, ggf.*

erneuern. Neue Ventilschaftabdichtungen einbauen.
→ Fachwerkstatt

Grund: Nockenwellen und/oder Stößel beschädigt: Verschlissen (abgeschabt), Härteschicht gebrochen.
Abhilfe: *Ventildeckel abschrauben, um Nockenwellen und Stößel ansehen zu können, Teile begutachten: Bei Beschädigung erneuern. → Fachwerkstatt*

Grund: Steuerkette lose.
Abhilfe: *Steuerkette spannen. → Fachwerkstatt*

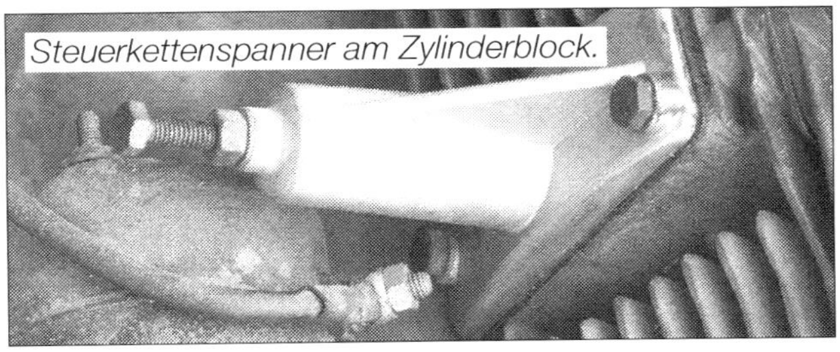

Steuerkettenspanner am Zylinderblock.

Grund: Steuerkettenspanner defekt.
Abhilfe: *Steuerkettenspanner ausbauen, kontrollieren, instand setzen. → Fachwerkstatt*

Grund: Kurbelwellenhaupt- oder Pleuellager verschlissen.
Abhilfe: *Motor muss zerlegt werden: Lager optisch und hinsichtlich der Einbau- und Verschleißmaße kontrollieren. Kurbelwelle immer komplett neu lagern.*
→ Fachwerkstatt

Grund: Zylinder und/oder Kolben verschlissen.
Grund: Kolben gebrochen.
Grund: Kolbenbolzen oder Kolbenbolzenbohrung verschlissen.
Abhilfe: *Zylinder und Kolben demontieren. Teile begutachten und vermessen. Zylinder ausschleifen, neue Kolbenringe und/oder neue Kolben bei Bedarf.*
→ Fachwerkstatt

Grund: Getriebelager verschlissen.
Abhilfe: *Motor bzw. Getriebe muss zerlegt werden: Alle Lager optisch und technisch kontrollieren, Getriebe immer komplett neu lagern. → Fachwerkstatt*

Fehler: Motor klopft
Grund: übermäßige Ölkohleablagerung an der Kolbenoberseite oder im Brennraum.
Abhilfe: *Maximal zwei Liter Sprit in den Tank füllen, eine halbe Dose Brennraumreiniger (z. B. »Fuel Guard«) zugeben, Motor einige Zeit mit wechselnder Drehzahl laufen lassen: Die Ölkohle wird eingeweicht und entfernt sich selbst.* **Sehr wichtig:** *Das Kleingedruckte auf der »Brennraumreiniger«-Dose beachten, Motor nur im Freien laufen lassen, Abgase nicht einatmen! Wenn der Motor nach einer solchen Kur wieder ordentlich läuft, war sie erfolgreich; wenn nicht, müssen die Zylinderköpfe abgebaut und die restlichen Rückstände der Ölkohleablagerungen im Brennraum und auf dem Kolbenboden manuell entfernt werden. → Fachwerkstatt*

Grund: Zündzeitpunkt zu früh.
Abhilfe: *Zündung richtig einstellen. → Fachwerkstatt*

SCHMIERSYSTEM

Fehler: Ölstand zu niedrig, hoher Ölverbrauch
Grund: zu wenig Öl im Motor.
Abhilfe: *Öl auffüllen, korrekten Ölstand schaffen.*
→ Kapitel 23

Grund: Öl läuft aus, Dichtungen lassen Öl durch.
Abhilfe: *Sind kurz nach dem Abstellen Ölflecken unter dem Motorrad, ist Ölnebel am Motor? Undichte Stelle suchen: Ausgetretenes Öl mit sauberem Lappen abwischen. Leckstelle beobachten: Wenn weiterhin Öl austritt, entsprechende Dichtung(en) erneuern. → Kapitel 23*

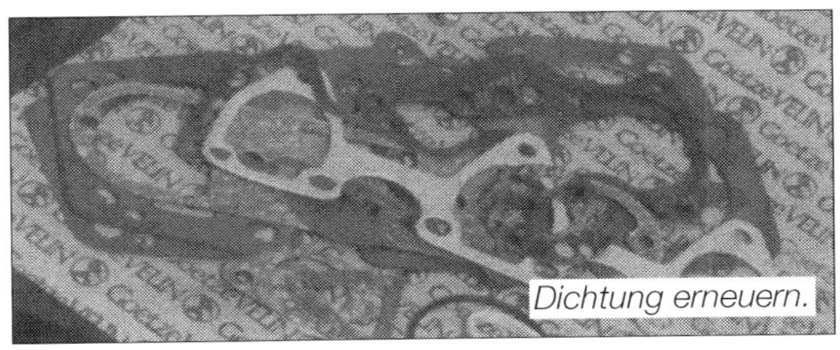

Dichtung erneuern.

Grund: Zylinder, Kolbenringe und/oder Ölabstreifringe verschlissen, gebrochen oder falsch eingebaut.
Grund: Kolben gebrochen.
Grund: Öl wird durch Überdruck im Motorgehäuse aus der Entlüftung gedrückt: verschlissene Kolbenringe, Ventilführungen oder Ventilschaftdichtungen.
Abhilfe: *Zylinder und Kolben demontieren. Teile begutachten und vermessen. Zylinder ausschleifen, neue Kolbenringe und/oder neue Kolben bei Bedarf.*
→ Fachwerkstatt

Fehler: Öl stark verschmutzt
Grund: Öl zu alt, Öl und Ölfilter nicht rechtzeitig gewechselt.
Abhilfe: *Öl und Ölfilter nach Vorgabe wechseln.*
→ Kapitel 23

Grund: Auslass-Ventilführungen verschlissen.
Grund: Auslass-Ventilschaftabdichtung(en) defekt.
Abhilfe: *Zylinderkopf demontieren, Einbaumaße aller Ventile und Ventilführungen kontrollieren, ggf. erneuern. Neue Ventilschaftabdichtungen einbauen.*
→ Fachwerkstatt

Verstopfter (links) und neuer Ölfilter.

Fehler: Öl stark verdünnt
Grund: Kolbenringe verschlissen oder gebrochen, weswegen angesaugtes Gemisch aus dem Verbrennungsraum am Kolben vorbei ins Öl gelangt.
Abhilfe: *Zylinder und Kolben demontieren. Teile begutachten und vermessen. Zylinder ggf. ausschleifen, neue Kolbenringe montieren, neue Kolben bei Bedarf.*
→ Fachwerkstatt

Fehler: Ölkontrollleuchte brennt und signalisiert: »Öldruck zu niedrig«
Grund: Ölstand zu niedrig.
Grund: Zu dünnes Öl im Motor.
Abhilfe: *Öl auffüllen, ggf. wechseln, korrekten Ölstand schaffen. Öl mit einer vom Hersteller empfohlenen Viskosität verwenden. → Kapitel 23*

Grund: Öldruck zu niedrig, weil die Ölpumpe oder ihr Antrieb defekt ist.
Abhilfe: *Motor sofort abstellen, Fehler suchen, finden und beheben. Bei Notfall unterwegs: Zugang zur Ölpumpe schaffen und nachsehen, ob sie noch angetrieben wird: Sind alle Zähne auf dem Ölpumpen-Antriebsritzel vorhanden, sitzen alle Ölleitungs-Anschlüsse richtig, sind sie dicht? → Kapitel 23*

Grund: Falscher Ölfilter montiert (meist ist dieser zu kurz), Öl läuft daran vorbei und es kann sich kein Öldruck aufbauen.
Abhilfe: *Vorgeschriebenen Ölfilter einbauen, ggf. Beilagscheiben auf der richtigen Seite des Ölfilters einbauen.*
→ Kapitel 23

Kraftübertragung

Fehler: Kupplung rutscht beim Beschleunigen durch
Grund: Graphit- oder Molybdänzusatz im Öl.
Abhilfe: *Öl erneuern! Öl mit der vom Hersteller empfohlenen Viskosität und ohne jegliche Zusätze verwenden.*
→ Kapitel 23

Grund: Kupplungsbeläge verschlissen, abgenutzt oder ausgebrochen.
Grund: Kupplungsfedern ermüdet.
Grund: Kupplungs-Scheibe(n) verzogen, verschlissen.
Abhilfe: *Kupplung ausbauen, Einbau- und Verschleißmaße kontrollieren, verschlissene Teile erneuern.*
→ Fachwerkstatt

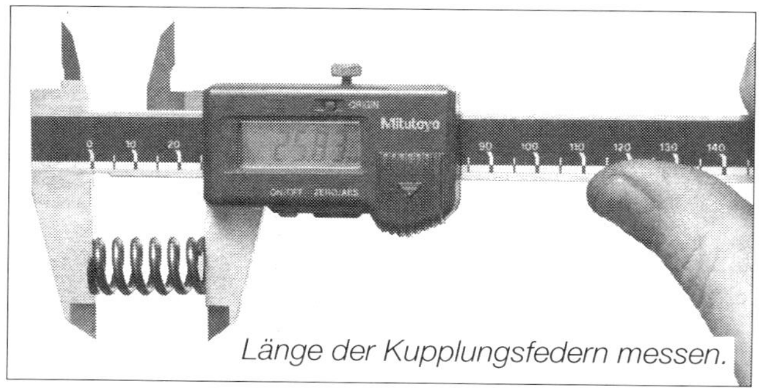

Länge der Kupplungsfedern messen.

Fehler: Kupplung rückt nicht aus
Grund: Kupplungsscheibe(n) verzogen.
Grund: Kupplungs-Ausrückmechanismus defekt.
Abhilfe: *Kupplung ausbauen, Einbau- und Verschleißmaße kontrollieren, verschlissene Teile erneuern.*
→ Fachwerkstatt

Grund: Kupplungszug nicht richtig eingestellt, defekt.
Abhilfe: *Kupplungszug am Handgriff und am unteren Widerlager korrekt einstellen. → Kapitel 4 25*

Fehler: Kupplung rupft bei Betätigung
Grund: Kupplungsscheiben-Klauen eingeschlagen.
Grund: Kupplungsreibscheiben-Belag ausgebrochen, verbrannt.
Abhilfe: *Kupplung ausbauen, eingeschlagene Stellen im Kupplungskorb und in der Kupplungsnabe abfeilen, Kupplungsscheiben möglichst komplett erneuern.*
→ Fachwerkstatt

Grund: Kupplungszug nicht richtig eingestellt, defekt.
Abhilfe: *Kupplungszug am Handgriff und am unteren Widerlager korrekt einstellen. Beschädigten Zug erneuern, auf korrekte Verlegung achten. → Kapitel 4 25*

Grund: Kette so lose, dass sie über Kettenritzel und Kettenrad springt.

Kette muss korrekt gespannt sein.

Abhilfe: *Kette korrekt spannen. Verschleiß von Kettenritzel und Kettenrad kontrollieren.* → Kapitel 13

Fehler: Motorrad ruckelt bei langsamer Fahrt, unregelmäßiges Geräusch vom Hinterradantrieb her
Grund: Kette verzogen, unregelmäßig gelängt.
Abhilfe: *Kette auf Verschleiß kontrollieren, ggf. Kette und Kettenräder ersetzen.* → Kapitel 13

Grund: Lager im Antrieb ausgeschlagen.
Grund: Hinterradlager ausgeschlagen.
Abhilfe: *Motorrad so aufbocken, dass Hinterrad frei ist, Hinterrad drehen und daran wackeln: Defekte Lager lassen sich so feststellen. Ggf. Lager erneuern!* → Kapitel 11

Fehler: Motorrad schiebt sich schwer, dabei knackendes Geräusch vom Antrieb her
Grund: Lager im Getriebe oder im Hinterachsantrieb (Kardan) defekt.
Abhilfe: *Öl aus Getriebe oder Hinterachsgetriebe ablassen und auf Sicht sowie zwischen den Fingerspitzen prüfen: Wenn Abrieb oder Späne im Öl, sind das Hinweise auf Schäden. Baugruppe demontieren, zerlegen, Lager erneuern.* → Fachwerkstatt

Grund: Hinterradlager ausgeschlagen.
Abhilfe: *Motorrad so aufbocken, dass Hinterrad frei ist, Hinterrad drehen und daran wackeln: Defekte Lager lassen sich so feststellen. Ggf. Lager erneuern!* → Kapitel 11

Grund: Achse verbogen.
Grund: Achsdistanzen falsch eingebaut oder vergessen.
Abhilfe: *Motorrad aufbocken, Räder und Achsen ausbauen, kontrollieren ob Achsdistanzen vorhanden sind und richtig sitzen. Achsen auf Verbiegung kontrollieren.* → Kapitel 11

Grund: Bremsen defekt: Bremskolben festgefressen, Bremsbeläge in den Bremssätteln nicht freigängig.
Abhilfe: *Motorrad so aufbocken, dass Vorder- und Hinterrad frei sind, Bremsscheiben auf Riefen und blaues Anlaufen hin kontrollieren, Bremsbeläge kontrollieren, Räder ggf. dazu ausbauen, ggf. Bremse zerlegen.* → Kapitel 12

Grund: Trommelbremsen defekt: Bremsbackenlager festgefressen, Bremsfedern ziehen die Bremsbacken nicht zurück.
Abhilfe: *Wenn Bremshebel nicht von selbst in Ursprungsstellung zurückgeht, ist dies ein Zeichen für eine festgefressene Bremsbacke: Motorrad so aufbocken, dass Vorder- und Hinterrad frei sind, Vorder- und Hinterradbremse einzeln prüfen, Seilzüge auf Beschädigung kontrollieren, ggf. Bremse zerlegen und reinigen.* → Fachwerkstatt

Fahrwerk

LENKUNG UND FRONTPARTIE

Fehler: Lenkung schwergängig
Grund: Reifenluftdruck zu niedrig.
Abhilfe: *Reifenluftdruck bei kalten Reifen prüfen und korrigieren.* → Kapitel 10

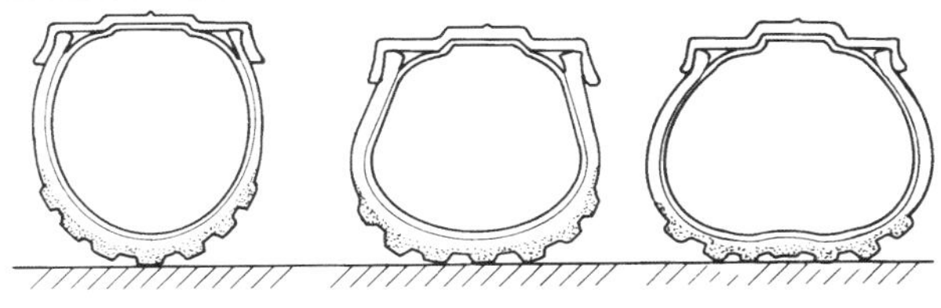

Grund: Bowdenzüge oder Kabel falsch verlegt.
Abhilfe: *Bowdenzüge und Kabel im Bereich des Lenkkopfs auf Knick- oder Scheuerstellen kontrollieren. Kontrolle auch bei voll nach links und rechts eingeschlagenem Lenker durchführen.* → Kapitel 14

Grund: Lenkkopflager stark verschmutzt, verrostet, nicht geschmiert.
Abhilfe: *Motorrad so aufbocken, dass die Lenkung frei ist. Lenkkopflager von außen genau auf Verschmutzung kontrollieren: Wenn das Lenkkopflager schlecht geschmiert, verdreckt und/oder verrostet ist, ist dies an auslaufenden Rostschlieren zu sehen. Ggf. mit Ölspray einsprühen, ziehen lassen und genau beobachten, ob das Ölspray wieder stark verschmutzt ausläuft. Mehrmals einsprühen und kontrollieren, woher die Verschmutzung tatsächlich stammt. Bei Bedarf zerlegen, reinigen und neu einfetten.* → Fachwerkstatt

Grund: Fremdteile im Bereich Gabel, Gabelbrücken, Verkleidung, Verkleidungshalter.
Abhilfe: *Gabel, Gabelbrücken, Verkleidung und Halter auf Fremdteile hin absuchen, diese entfernen.*

Grund: Lenkkopflagermutter(n) zu fest angezogen.
Abhilfe: *Motorrad so aufbocken, dass das Vorderrad frei steht. Lenker von Anschlag zu Anschlag schwenken: Falls das Lager zu fest eingestellt ist, hakt die Lenkung beim Einschlagen.* → Kapitel 14

Grund: Lenkkopflager schadhaft, z. B. Lagerrollen in Sitz eingeschlagen oder gebrochen.
Abhilfe: *Motorrad so aufbocken, dass das Vorderrad frei steht. Lenker von Anschlag zu Anschlag schwenken: Wenn der Lenker in einer Stellung einrastet, sind die Lenkkopflager schadhaft und müssen erneuert werden.* → Kapitel 14

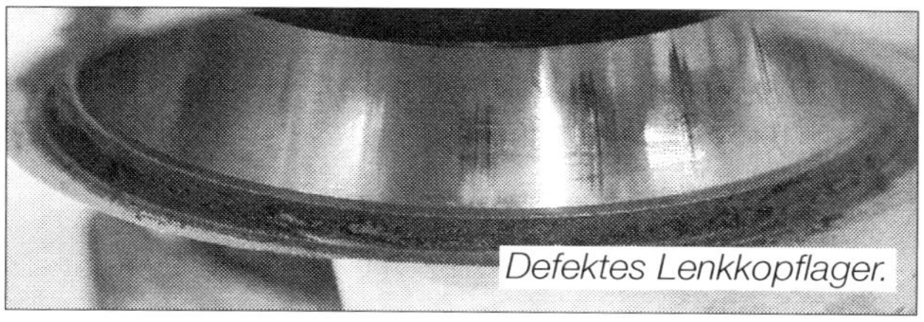

Defektes Lenkkopflager.

Fehler: Motorrad zieht nach einer Seite
Grund: Lenkkopflager defekt.
Abhilfe: *Motorrad so aufbocken, dass das Vorderrad frei steht. Lenker von Anschlag zu Anschlag schwenken: Wenn der Lenker in einer Stellung einrastet, sind die Lenkkopflager schadhaft und müssen erneuert werden.* → Kapitel 14

Grund: Gabelbeine verzogen/ungleich eingestellt.
Grund: Gabelstandrohr(e) und/oder Tauchrohr(e) verbogen.
Abhilfe: *Zunächst Gabelöl wechseln, vogeschriebene Menge und Viskosität einfüllen. Alle Schrauben lösen und mit vorgeschriebenem Drehmoment neu anziehen. Tritt keine Verbesserung ein, Gabel ausbauen und reparieren.* → Fachwerkstatt

Grund: Vorderachse verbogen.
Abhilfe: *Vorderachse ausbauen, auf Verbiegung kontrollieren. Falls die Achse mehr als 0,2 mm Schlag hat, immer nur gegen eine neue Achse austauschen.* → Fachwerkstatt

Grund: Radachsdistanzen falsch eingebaut.
Abhilfe: *Motorrad aufbocken, Räder und Achsen ausbauen, auf richtigen Sitz und vorhandene Achsdistanzen kontrollieren. Falls Schleifspuren vorhanden sind, ist dies ein Hinweis auf falsch eingebaute Radachsdistanzen.* → Kapitel 11

Grund: Radlager ausgeschlagen.
Abhilfe: *Motorrad so aufbocken, dass Vorder- und Hinterrad frei sind. Am Rad wackeln: Ist spürbares Spiel festzustellen, dann sind die Lager ausgeschlagen.* → Kapitel 11

Grund: Schwingenlager verschlissen.
Abhilfe: *Motorrad so aufbocken, dass das Hinterrad frei steht. An Schwinge wackeln, falls Spiel spürbar, sind die Lager verschlissen.* → Fachwerkstatt

Grund: Hinterradschwinge verbogen, Rad läuft aus der Spur.
Abhilfe: *Schwinge auf von außen sichtbare Risse oder Beschädigungen überprüfen. Steht das Hinterrad sichtbar schief? Falls von außen keine Schäden sichtbar sind, Spur in Fachwerkstatt vermessen lassen.* → Fachwerkstatt

Grund: Rahmen verzogen.
Abhilfe: *In* → Fachwerkstatt *Rahmen vemessen lassen.*

Fehler: Vorderrad flattert
Grund: Lenkkopf, Achse und Klemmschrauben lose.
Abhilfe: *Lenkkopf, Achse und Klemmschrauben einzeln auf festen Sitz kontrollieren, ggf. mit korrektem Drehmoment festziehen.* → Kapitel 14 11

Grund: Tauchrohre der Gabel zueinander verspannt oder verklemmt, Gabel kann nicht frei federn.
Abhilfe: *Motorrad so aufbocken, dass das Vorderrad frei steht, Tauchrohre und Gabel auf Funktion prüfen, ggf. alle Befestigungsschrauben lösen und neu anziehen, um mögliche Verspannung zu beseitigen.* → Kapitel 11

Grund: Rad verzogen, hat zu viel Seitenschlag (»eiert«).
Abhilfe: *Rad ausbauen, auf Schlag kontrollieren. Bei Speichenrädern hilft Kontrolle und evtl. Nachspannen der Speichen.* → Kapitel 11

Rad auf Rundlauf kontrollieren.

Grund: Vorderradlager ausgeschlagen, defekt (Kugeln gebrochen).
Abhilfe: *Motorrad so aufbocken, dass das Vorderrad frei steht. Falls es im Lager beim Drehen knackt und das Rad Luft hat, ist dies ein Hinweis auf defekte Lager.* → Kapitel 11

Grund: Reifen falsch montiert, sitzt nicht richtig in der Felge (»eiert«), Laufrichtung nicht beachtet.
Grund: Reifen defekt oder unwuchtig.
Abhilfe: *Beide Reifen einzeln auf richtigen Sitz und Laufrichtung kontrollieren. Luftdruck kontrollieren, Ventilkappe nicht vergessen! Wuchtgewichte auf Vollständigkeit und festen Sitz prüfen.* → Kapitel 10

TELEGABEL, VORDERRADFEDERUNG

Fehler: Federung zu weich
Grund: zu geringer Reifendruck.
Abhilfe: *Reifenluftdruck bei kalten Reifen kontrollieren und korrekten Luftdruck einstellen.* → Kapitel 10

Grund: zu wenig Gabelöl/falsche Viskosität (zu dünnes Öl).
Abhilfe: *Gabelöl wechseln und vorgeschriebene Menge mit entsprechender Viskosität einfüllen.* → Fachwerkstatt

Grund: Gabeltragfedern ermüdet.
Abhilfe: *Telegabel ausbauen, überholen.* → Fachwerkstatt

Fehler: Federung zu hart
Grund: Zu hoher Reifendruck.
Abhilfe: *Reifenluftdruck bei kalten Reifen kontrollieren und korrekten Luftdruck einstellen.* → Kapitel 10

Grund: Gabelbeine verbogen/verzogen
Abhilfe: *Telegabel ausbauen, reparieren.* → Fachwerkstatt

Grund: Gabelöl: zu viel, zu dick.
Abhilfe: *Gabelöl wechseln und vorgeschriebene Menge mit entsprechender Viskosität einfüllen.* → Fachwerkstatt

Grund: Gabelbeine verspannt eingebaut.
Abhilfe: *Motorrad so aufbocken, dass das Vorderrad frei ist, ggf. ausbauen, Gabelbeine auf leichten Lauf prüfen, ggf. alle Befestigungsschrauben lösen und neu anziehen, um mögliche Verspannung zu beseitigen.* → Kapitel 11

Grund: Vorderradachse verbogen.
Abhilfe: *Vorderachse ausbauen, auf Schleifspuren oder Riefen kontrollieren. Falls die Achse sichtbar verbogen ist, immer nur gegen eine neue Achse tauschen.*

Fehler: Geräusche beim Einfedern
Grund: Bowdenzug knarzt an Kante der Verkleidung.
Abhilfe: *Bowdenzug richtig verlegen.* → Kapitel 21 25

Grund: Gabelgleitrohre/Führungsbuchsen abgenutzt.
Grund: Telegabel-Anbauteile lose: Gabelbrücken, Kotflügel, Vorderachse.
Grund: Gabelinnereien lose, gebrochen.
Abhilfe: *Bei losen Anbauteilen: Anbauteile mit richtigem Drehmoment festziehen, sonst: Telegabel ausbauen und zerlegen.* → Kapitel 14 oder → Fachwerkstatt

Grund: zu wenig Gabelöl in den Gabelbeinen.
Abhilfe: *Gabelöl in der vorgeschriebenen Menge einfüllen.* → Fachwerkstatt

HINTERRADSCHWINGE, -FEDERUNG

Fehler: Klackgeräusche beim Ein- und Ausfedern
Grund: Federbeinbefestigung lose/ausgeschlagen.
Abhilfe: *Federbeinbefestigung kontrollieren, ggf. festziehen. Auch kontrollieren, ob alle nötigen Distanzbuchsen in der Federbeinbefestigung eingebaut sind.* → Kapitel 14

Grund: Feder reibt am Stoßdämpfergehäuse. Feder kann auch gebrochen und in den Windungen zueinander verschoben sein.
Abhilfe: *Federbein instand setzen.* → Fachwerkstatt

Grund: Hinterradlager ausgeschlagen.
Abhilfe: *Motorrad so aufbocken, dass Hinterrad frei ist, Hinterrad drehen und daran wackeln: Defekte Lager lassen sich so feststellen. Ggf. Lager wechseln!* → Kapitel 11

Fehler: Federung zu weich oder zu hart
Grund: Reifendruck zu niedrig bzw. zu hoch.
Abhilfe: *Reifenluftduck korrekt einstellen.* → Kapitel 10

Grund: Stoßdämpferfeder ermüdet.
Abhilfe: *Feder prüfen.* → Kapitel 14

Grund: Federung falsch eingestellt.
Abhilfe: *Richtig einstellen.* → Kapitel 14

Grund: Federbein undicht (Gas- und/oder Ölleck) und/oder Dämpferstange verbogen.
Abhilfe: *Federbein überholen oder erneuern.* → Fachwerkstatt

Grund: Schwingenlager defekt: Nicht geschmiert, Lager festgefressen.
Abhilfe: *Wenn Schmiernippel vorhanden: Satt abschmieren. Wenn keine vorhanden: zerlegen, reinigen, schmieren, defekte Teile erneuern.* → Kapitel 14

RÄDER

Wichtige Anmerkung: In den folgenden Teilen »Räder«, »Bremsen« und »Elektrik« nennen wir auftretende »Fehler« und »mögliche Gründe« dafür. Wegen der Vielfalt und Komplexität der Lösungsmöglichkeiten verweisen wir direkt in die Kapitel, in denen du »Abhilfe« findest.

Fehler: Trommeln oder seitliches Flattern des Rades
Mögliche Gründe:
- Felge verzogen, starker Seitenschlag (»eiert«) → Kapitel 10
- Reifen defekt oder unwuchtig → Kapitel 10
- zu geringer Reifendruck → Kapitel 10
- Reifen sitzt nicht richtig in der Felge → Kapitel 10
- Radschrauben und Muttern lose → Kapitel 11
- Radlager gebrochen → Kapitel 11
- Schwingenlagerung defekt → Kapitel 14

Fehler: Rad schwergängig
Mögliche Gründe:
- Radlager defekt → Kapitel 10
- Achse verbogen → Kapitel 11
- Bremse schleift → Kapitel 12

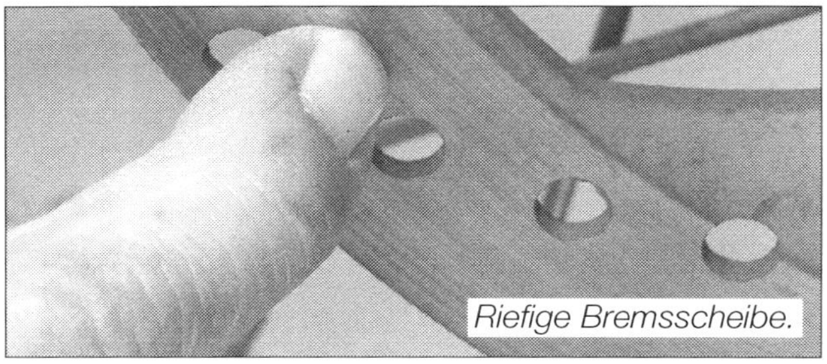
Riefige Bremsscheibe.

BREMSEN

Fehler: Schlechte Bremsleistung
Mögliche Gründe:
- Trommelbremse: Bowdenzug schwergängig, geknickt, innen aufgespleißt, Nippel im Nippellager schwergängig → *Kapitel* **12**
- Trommelbremse: Radbremshebel schwergängig oder lose → *Kapitel* **12**
- Luft im Hydrauliksystem → *Kapitel* **12**
- Bremssystem undicht → *Kapitel* **12**
- Bremsbeläge abgenutzt, verschmutzt, verglast → *Kapitel* **12**
- Bremsscheiben verschmutzt, riefig oder »geschirmt«: durch Überhitzung tellerförmig aufgeworfen → *Kapitel* **12**
- Bremsscheiben oder Bremstrommel wegen undichtem Radlager-Simmerring mit Fett verschmiert → *Kapitel* **12**
- Kolben in Bremssätteln schwergängig → *Kapitel* **12**
- Bremskolben-Dichtringe in den Bremssätteln gequollen, verformt → *Kapitel* **12**

Fehler: Bremshebel wippt, pumpt, pulsiert (»Bremse rubbelt«)
Mögliche Gründe:
- Bremsscheibe hat zu viel Seitenschlag (»eiert«) → *Kapitel* **12**
- Bremsscheibe unterschiedlich dick (ab 2/100 mm können Probleme auftreten) → *Kapitel* **12**
- Bremstrommel oder Bremsscheibe verzogen, gerissen → *Kapitel* **12**
- Bremsscheiben-Befestigungsschrauben lose → *Kapitel* **12**
- Bremskolben im Bremssattel einseitig fest → *Kapitel* **10**
- Bremsbelag falsch, Trägerplatte zu klein, zu viel Spiel im Bremssattel → *Kapitel* **12**

Fehler: Nachlassende Bremswirkung unter starker Belastung (z. B. bei Passabfahrten), Hebelweg wird länger, Bremse wird »teigig«
Mögliche Gründe:
- Bremsflüssigkeit überaltert, sie »kocht sich auf« → *Kapitel* **12**
- Bremsbeläge schräg/total abgenutzt → *Kapitel* **12**
- Bremsbeläge ausgebrochen oder von der Trägerplatte gerissen → *Kapitel* **12**

Fehler: Bremse schleift
Mögliche Gründe:
- Bremsbelag, Bremsscheibe oder Bremstrommel verschmutzt → *Kapitel* **12**
- Rad nicht korrekt eingebaut → *Kapitel* **11**
- Bremsschlauch bzw. Hydrauliksystem verstopft → *Kapitel* **12**
- Bremsscheibe verzogen oder verformt → *Kapitel* **12**
- Bremskolben im Bremssattel einseitig fest → *Kapitel* **12**
- Trommelbremse: Bremsbelag-Rückholfedern lose/gebrochen/keine Spannung mehr, Bremsnocken schwergängig, Bowdenzug schwergängig → *Kapitel* **12**

Fehler: Bremse quietscht, hat zu wenig Bremsleistung
Mögliche Gründe:
- Bremsbeläge verölt, verglast oder abgenutzt → *Kapitel* **12**
- Bremsbeläge im Bremssattel fest: verschmutzt, falsche Beläge mit zu großer Trägerplatte → *Kapitel* **12**
- Bremsbelagplatte zu groß, zu wenig Seitenspiel → *Kapitel* **12**
- Bremskolben im Bremssattel festgefressen → *Kapitel* **12**
- Bremskolben-Dichtringe in den Bremssätteln gebrochen, gequollen oder verschlissen → *Kapitel* **12**
- Bremskolben im Bremssattel einseitig fest → *Kapitel* **12**
- Trommelbremse: Bremsbacken auf der Ankerplatte fest → *Kapitel* **12**

Elektrik

BATTERIE UND BORDELEKTRIK

Fehler: Kein Strom trotz eingeschalteter Zündung
Mögliche Gründe:
- Batterie leer oder altersbedingt funktionsunfähig → *Kapitel* **17**

Säurestand auf vorgeschriebenen Stand bringen.

- Säurestand zu niedrig, spezifische Säuredichte zu gering → Kapitel 17
- Plus- oder Minuskabel lose oder nicht richtig an die Batteriepole angeschlossen → Kapitel 17
- Massekabel in sich gebrochen oder hat keine zuverlässige Masseverbindung (»schlechter Kontakt«) → Kapitel 17
- Kontakte der Steckverbindungen korrodiert → Kapitel 16
- Kontaktstellen korrodiert → Kapitel 16
- Hauptsicherung durchgebrannt, gebrochen, Kontaktflächen korrodiert → Kapitel 16
- Störung im Ladekreis → Kapitel 17 18
- Zündschalter (Zündschloss) defekt. → Fachwerkstatt

Fehler: Schwacher Strom bei eingeschalteter Zündung, Anlasser dreht langsam durch, Motor springt nicht an

Mögliche Gründe:

- Batterie leer, zu niedrige Spannung (nicht aufgeladen) → Kapitel 17
- Säurestand zu niedrig, spezifische Säuredichte zu gering → Kapitel 17
- Störung im Ladesystem → Kapitel 17 18
- Batterieanschlüsse lose → Kapitel 17
- Anlasserkabel lose → Kapitel 26

Fehler: Schwacher Strom bei laufendem Motor

Mögliche Gründe:

- Batterie unzureichend geladen → Kapitel 17
- Säurestand zu niedrig, spezifische Säuredichte zu gering → Kapitel 17
- Batterie hat eine/mehrere »tote« Zellen → Kapitel 17
- Störung im Ladekreis → Kapitel 17 18
- Kontakte der Steckverbindungen korrodiert → Kapitel 16
- Regler/Gleichrichter defekt → Kapitel 18

Fehler: Zeitweilig aussetzender Strom

Mögliche Gründe:

- lose Kabelanschlüsse (»Wackelkontakte«) → Kapitel 16
- Sicherung(en) defekt → Kapitel 16
- Kurzschluss in der Anlage: Kabelbaum. Stecker um Stecker trennen, bis der entsprechende Kabelbaumabschnitt lokalisiert ist. → Fachwerkstatt

Fehler: Störung im Ladekreis

Mögliche Gründe:

- Kabel oder Anschlüsse lose, gerissen oder kurzgeschlossen (Isolation durchgescheuert) → Kapitel 16
- Regler oder Generator defekt → Kapitel 18

Fehler: Kein Funke an den Zündkerzen

Mögliche Gründe:

- Motorabstellschalter auf »Off«/defekt
- Stromkreisunterbrechung bzw. Kontaktmangel durch schlecht angeschlossene(s) oder gerissene(s) Kabel → Kapitel 16 17 18
- Zündimpulsgeber defekt → Kapitel 19
- Zündschloss defekt → Fachwerkstatt
- Seitenständerschalter defekt → Kapitel 8
- Zündspule defekt → Kapitel 19
- Batterie nicht ausreichend geladen → Kapitel 17

BELEUCHTUNG

Fehler: Schwaches Licht

Mögliche Gründe:

- schlechte oder verschmutzte elektrische Kontakte → Kapitel 16
- Schwungrad entmagnetisiert → Kapitel 18
- Glühlampenstärke überprüfen, Birne erneuern → Kapitel 15

Fehler: Scheinwerfer-/Rücklichtlampe brennt immer wieder durch

Mögliche Gründe:

- schlechte Masseverbindungen
- Vibrationen oder Wackelkontakte in der Zuleitung
- Scheinwerferbirne mit zu geringer Wattzahl eingebaut → Kapitel 15
- Stromführendes Kabel hat Masseschluss

Abhilfe:

- *Masseverbindungen überprüfen, Anschlüsse blank putzen.*
- *Verbindungen und Schalter prüfen.*
- *Glühbirne überprüfen, Birne mit vorgeschriebener Wattstärke einbauen.* → Kapitel 15
- *Stromführendes Kabel auf Massekontakt(e) überprüfen, isolieren.*

Fehler: Beleuchtung komplett ausgefallen

Mögliche Gründe:

- Zündschloss defekt, Kabelstrang defekt, Lüsterklemmenverbindung defekt

Abhilfe:

- *Kabelstrang zum Schalter untersuchen, Zündschloss-überprüfen.* → Fachwerkstatt

Fehler: Scheinwerfer- oder Rücklichtlampe brennt nicht

Mögliche Gründe:

- Glühbirne(n) defekt, Sitz korrodiert → Kapitel 15
- schlechte Masseverbindung
- Kabelstrang zur Lampe unterbrochen

Abhilfe:

- *Glühbirne erneuern, Korrosion beseitigen.* → Kapitel 15
- *Masseverbindung mit Hilfskabel überbrücken, sicheren Massekontakt schaffen.*
- *Prüfung durch Hilfskabel, Kabelstrang erneuern.*

Kolibri 360 GmbH
Ferdinand-Jühlke-Straße 7
99095 Erfurt, Deutschland
produktsicherheit@kolibri360.de

Druck:
CPI Druckdienstleistungen GmbH
im Auftrag der
Kolibri 360 GmbH
Ferdinand-Jühlke-Str. 7
99095 Erfurt